BEIHEFTE ZUR
ZEITSCHRIFT FÜR ROMANISCHE PHILOLOGIE

BEGRÜNDET VON GUSTAV GRÖBER
HERAUSGEGEBEN VON GÜNTER HOLTUS

Band 342

VERENA CÄCILIA DEHMER

Aristoteles Hispanus

Eine altspanische Übersetzung seiner Zoologie aus dem Arabischen und dem Lateinischen

MAX NIEMEYER VERLAG TÜBINGEN
2007

Gedruckt mit Hilfe der Geschwister Boehringer Ingelheim Stiftung für Geisteswissenschaften in Ingelheim am Rhein

Für Thomas

Die vorliegende Arbeit wurde von der Philosophischen Fakultät der Universität Zürich im Wintersemester 2004/2005 auf Antrag von Prof. Dr. Georg Bossong als Dissertation angenommen.

Bibliografische Information der Deutschen Nationalbibliothek

Die Deutsche Nationalbibliothek verzeichnet diese Publikation in der Deutschen Nationalbibliografie; detaillierte bibliografische Daten sind im Internet über *http://dnb.ddb.de* abrufbar.

ISBN 978-3-484-52342-5 ISSN 0084-5396

Printed in Germany.
Gedruckt auf alterungsbeständigem Papier.
Satz: epline, Kirchheim unter Teck
Druck: AZ Druck und Datentechnik GmbH, Kempten
Einband: Norbert Klotz, Jettingen-Scheppach

Inhalt

Vorbemerkung

Die vorliegende Arbeit wurde im Wintersemester 2004/2005 von der Philosophischen Fakultät der Universität Zürich als Dissertation angenommen. Sie ist über Jahre hinweg und mit ideeller und finanzieller Unterstützung des Cusanuswerkes gewachsen und hat sich verändert, um schließlich, wie Aristoteles sagen würde, am Ziel, also dem *eidos*, im Modus der Wirklichkeit *(energeia)* anzukommen. Im Laufe des kinetischen Prozesses (um bei Aristoteles zu bleiben) haben viele Menschen mir mit Rat und Tat zur Seite gestanden, manche nur punktuell in einem wichtigen Moment oder Abschnitt, manche kontinuierlich über Höhen und Tiefen hinweg.

So gilt mein Dank Prof. Paul Sappler, der überhaupt den Anstoß zu einer wissenschaftlichen Arbeit im mediävistischen Bereich gegeben hat und mir bei der paläographischen Erfassung der Handschrift umsichtig geholfen hat. Dankbar gedenke ich auch Prof. Brigitte Schlieben-Lange, die mir nicht nur meine romanistische Ausbildung gab, sondern mich auch zu meinem Vorhaben ermutigte und in den Anfängen noch begleitete.

Für die zahlreichen Gespräche und Anregungen sowohl mündlicher als auch schriftlicher Art möchte ich mich bedanken bei Prof. Charles Burnett, Prof. Gerold Hilty, Prof. Fernando Gómez Redondo, Prof. Ángel Gómez Moreno, Dr. Nicola Zotz, Dr. Gundula Greb und Prof. Johannes Fried, Prof. Christian Hünemörder, Prof. Nigel Palmer, Dr. Lou Filius, Prof. Johannes Kabatek und Dr. Konstanze Jungbluth, Raquel Montero Muñoz und vielen anderen mehr. Corina Maetzler gilt mein besonderer Dank für ihre Unterstützung in redaktionellen und technischen Fragen.

Bei der Übersetzung aus dem Arabischen haben mir Dr. Raphaela Veit, Ahmad Dimassi, Susanne Kurz und Hans-Jörg Döhla mit viel Geduld zur Seite gestanden. Prof. Benedikt Konrad Vollmann möchte ich herzlich danken für die freundliche Überlassung der Transkription des lateinischen Textes. In der Endphase meiner Arbeit haben die Anregungen von Prof. Martin-Dietrich Gleßgen geholfen, die Konturen manch schwieriger Punkte klarer und schärfer herauszuarbeiten.

Danken möchte ich auch Prof. Günter Holtus für die Aufnahme meiner Dissertation in die Reihe der Beihefte zur *Zeitschrift für romanische Philologie*.

Mein besonderer Dank gilt aber meinem Doktorvater Prof. Georg Bossong, der mein Projekt stets mit großer Begeisterung, mit scharfem Blick und wertvoller Kritik begleitet hat. Vor allem seine Unterstützung in der schwierigen Phase nach Prof. Schlieben-Langes Tod hat entscheidend zum Gelingen der Arbeit beigetragen. Vielen herzlichen Dank!

Allgemeine Hinweise

Jahreszahlen

Grundsätzlich werden die abendländischen Jahreszahlen angegeben, doch ist es üblich, für den muslimischen Bereich die islamische Zählung zu ergänzen. Letztere steht in dieser Arbeit aber niemals alleine.

Namen

Arabische Namen werden in der lateinischen Transkription wiedergegeben; Ausnahmen bilden allerdings Personennamen, die in der latinisierten Form gängig und unverwechselbar sind wie z. B. Avicenna oder Averroes. Bei allen anderen Namen wurde versucht, ein möglichst hohes Maß an Einheitlichkeit zu erlangen. Spanisch-christliche (Alfonso oder Jaime) wie spanisch-jüdische Namen (Yehuda) stehen in der landesüblichen Lautung. Alle anderen Namen werden, wenn möglich, in der lateinischen Namensform angegeben.

Zeichenerklärungen[1]

« »	Zitate; zitierte Bedeutungsangaben und Definitionen
‹ ›	Zitat im Zitat
‘ ’	semantischer Inhalt; Bedeutungsangaben und Definitionen, die keine Zitate sind
*	rekonstruierte, nicht belegte Form
kursiv	Lexeme, die Gegenstand der Untersuchungen sind; fremdsprachliche Termini in lateinischer Schrift.

[1] Weitere Zeichenerklärungen für die Textsynopsen: v. VII.1.

«Nicht nur um Neues zu entdecken, sondern auch um die vielen Geheimnisse der Natur wieder freizulegen, die Gottes Weisheit bereits den Juden und Griechen und anderen antiken Völkern offenbart hatte und die Gott auch heute noch manchen Ungläubigen offenbart [...]. All diese Kenntnisse muss eine christliche Wissenschaft sich wieder aneignen und sich gewissermaßen zurückholen von den Heiden und Ungläubigen *tamquam ab iniustis possessoribus*».

William von Baskerville in:
Umberto Eco, *Der Name der Rose*.

I. Aristoteles Hispanus

In den Archiven der Biblioteca Nacional de Madrid lagert ein unscheinbares Manuskript mit Pergamenteinband aus der ersten Hälfte des 15. Jahrhunderts, die Seiten angefüllt mit einer eiligen, oft schwer lesbaren Handschrift, mit wenigen Abschnitten oder Überschriften, ohne viele Streichungen oder Glossen.[1] Der Text beginnt: «En nonbre de dios aqui comjença el prjmero ljbro de aristvtiles entitulado el ljjbro de animalibus». Das zoologische Hauptwerk des Aristoteles auf Altspanisch!

Michael Scotus, wie der Name vermuten lässt ein schottischer Gelehrter, übersetzte wohl um 1217 in Toledo genau dieses Werk *De animalibus* aus dem Arabischen ins Lateinische. Aus welcher Quelle schöpfte der spanische Übersetzer: aus der arabischen oder aus der lateinischen? Oder aus beiden? Wer überhaupt war der Übersetzer und wann und wo fertigte er diese Arbeit an? Auf all diese Fragen geben die Handschriftenkataloge und Bibliographien keine Antwort. Unterdessen wird klar, dass mit der Bearbeitung des unbekannten[2] Manuskriptes nicht nur der Biologiegeschichte ein neuer Abschnitt hinzugefügt werden kann, wo man von einer volkssprachlichen Übersetzung vor dem 19. Jahrhundert bislang noch nichts wusste,[3] sondern dass diese Handschrift auch ein neues Licht auf die Übersetzungstätigkeiten auf der iberischen Halbinsel im Mittelalter wirft. An *Aristoteles Arabus*[4] und *Aristoteles Latinus*[5] schließt sich nun der *Aristoteles Hispanus* an, wobei einschränkend noch ein *biologus* zu ergänzen wäre.

Dem Leser dieser Arbeit soll vorab ein Überblick über die historischen und allgemeinen wissenschaftsgeschichtlichen Hintergründe des spanischen Mittelalters gegeben werden, um dann den Aufbau und die Zielsetzung der vorliegenden Untersuchung darstellen zu können.

---

1 Cf. Kapitel VI für die ausführliche Beschreibung.

2 Mit unbekannt ist gemeint, dass es zwar durchaus im Bestand der Biblioteca Nacional archiviert ist, dass es aber noch keinerlei Untersuchungen über das Manuskript gibt.

3 Man ging bisher davon aus, dass die erste nicht-lateinische Übersetzung von Thomas Taylor stammte, der zwischen 1808 und 1810 in London u. a. die zoologischen Schriften auf Englisch edierte.

4 Drossaart Lulofs 1968.

5 Lacombe 1939 und 1955.

1. *convivencia* und Wissenschaftskultur

Das muslimische Spanien des 10. und 11. Jahrhunderts stellt in vielerlei Hinsicht einen historischen Höhe- und Glanzpunkt dar. Die Unabhängigkeit vom Kalifen in Bagdad war erkämpft worden, Al-Andalus, wie die Muslime ihr Herrschaftsgebiet auf der iberischen Halbinsel nannten, war politisch einigermaßen befriedet und vereint, Muslime, Christen und Juden lebten zwar überwiegend in streng voneinander getrennten Stadtteilen, aber doch in gegenseitigem Austausch zusammen, Wirtschaft und Wissenschaft florierten, vor allem in Córdoba.

Córdoba war zu dieser Zeit schätzungsweise eine Millionenstadt mit unzähligen Moscheen, mit öffentlichen Bädern und Krankenhäusern, mit gepflasterten Straßen und Straßenbeleuchtung. Die Bibliothek des Kalifen soll 400.000 Bände gezählt haben, von denen angeblich nur noch ein einziges Manuskript in Fez erhalten geblieben ist.[6] Doch Ruhm und Ansehen der Stadt beruhten nicht allein auf ihrer Größe und ihren architektonischen Meisterwerken, sondern auch darauf, dass die Kalifatsstadt ein Zentrum für Künste und Wissenschaften war, ein Umschlagplatz für Bücher aus aller Welt, vor allem natürlich aus dem Orient. Wie Flasch es formuliert, war es «eine Schicksalsfrage der europäischen Kultur und Wissenschaft, ob es gelang, sich den überlegenen Stand der arabischen Wissenschaft anzueignen»,[7] wie er in Córdoba gepflegt und dann in Toledo weitergeführt wurde.

Die nun folgende Skizze der historischen Begebenheiten wird begleitet von der Vorstellung bedeutender Gelehrter der einzelnen Epochen.

1.1 Al-Andalus – das muslimische Spanien

Mit der Errichtung des Kalifats von Córdoba (929–1031) unter ʿAbd al-Raḥmān III. erlangte Al-Andalus seine Unabhängigkeit von den Herrschern in Bagdad. Es war die Zeit des wirtschaftlichen und kulturellen Aufschwungs mit Córdoba als blühendem Zentrum. Die Nachfolger von ʿAbd al-Raḥmān III. interessierten sich weniger für Politik als vielmehr für die Künste und die Wissenschaften.[8]

> «En este período califal existió una gran tolerancia religiosa y política. Los científicos de distintas razas y religiones colaboraron estrechamente».[9]

Aber nicht nur in der Wissenschaft, sondern in allen Bereichen des Alltags herrschte ein überwiegend friedliches Zusammenleben der verschiedenen Volks- und Religionsgruppen. Die Grundlage hierfür legte der Koran, der die Aner-

---

[6] Flasch 1986, p. 264; Vernet 1999, p. 62. Auch wenn solche Zahlen freilich einen mehr abenteuerlichen denn historischen Wert haben, so muss doch die Bibliothek von außergewöhnlichem Umfang gewesen sein.

[7] Flasch 1986, p. 265.

[8] Arié 1982, p. 23.

[9] Vernet 1999, p. 64.

kennung der Juden und Christen als Buchreligionen vorschreibt (3. Sure, 63). Castro prägte den Begriff der «convivencia»,[10] mit dem er die Interaktion auf verschiedenen kulturellen Ebenen meinte. Dieses Zusammenleben und -wirken war keineswegs auf die muslimischen Teile Spaniens beschränkt. Ein Zeugnis dafür ist das Epitaphium des Sarkophags von König Fernando III in Sevilla (1252), das nicht nur auf Lateinisch, Spanisch, Arabisch und Hebräisch abgefasst, sondern auch noch inhaltlich leicht angepasst wurde an die jeweilige Volksgruppe, so dass also z. B. im Vergleich zum spanischen Text auf der arabischen und der hebräischen Tafel Al-Andalus statt España geschrieben steht, oder dass muslimische und jüdische Jahreszahlen anstelle der christlichen Zahlen angegeben wurden.[11] Die Christen, die unter Muslimen lebten, wurden *mozárabes* genannt; ihre Liturgie wich von der der römisch-katholischen Kirche ab, und ihre Alltagssprache war ein arabisiertes romanisches Idiom. Auch für die unter Christen lebenden Muslime gab es eine eigene Bezeichnung: es waren die *mudéjares*.

Zu den angesehenen Gelehrten der Kalifatsepoche gehörte der Arzt und Botaniker Ḥassān Ibn Ǧulǧul al-Andalusī, der in der 2. Hälfte des 10. Jahrhunderts in Córdoba lebte. Von ihm ist uns die älteste Geschichte über arabische Ärzte erhalten, das *Ṭabaqāt al-aṭibbā' (Die Klassen der Ärzte)*. Ein weiterer Gelehrter war Ḥasdāy ben Šaprūt. Er war Arzt und Wesir am Hofe ʿAbd al-Raḥmān III., aber auch die Astronomie und die Mathematik gehörten zu seinem Betätigungsfeld.[12] Der Muslim Ibn Ǧulǧul und der Jude Ḥasdāy ben Šaprūt waren Schüler eines byzantinischen Mönchs namens Nicolaus, der sich in Córdoba aufhielt, um mit den verschiedenen arabischen Übersetzungen der *Materia medica* des Dioskurides zu arbeiten. Damit soll ein Beispiel für die *convivencia* über Religions- und Ländergrenzen hinweg angeführt sein. Noch bis ins 14. Jahrhundert hinein war es übrigens keine Seltenheit, dass ein Jude, wie z. B. Ḥasdāy ben Šaprūt, bei Hof solch ranghohe Ämter bekleidete.

Für die Wissenschaftsgeschichte noch wichtiger ist aber die sich anschließende Epoche der *reinos de taifas* (1031–1091), 38 politisch voneinander unabhängige Kleinstaaten, die nach der Auflösung des Kalifats entstanden waren:

> «La época de los taifas fue la de máximo esplendor de la ciencia española, que se cultivó a todo lo largo y ancho de nuestra geografía con gran intensidad».[13]

Nun gab es nicht mehr nur ein Zentrum – Córdoba –, sondern viele kleinere, darunter Toledo und Sevilla. Ibn al-Wāfid (lat. Abencenif, 398–467/1007–1074) gründete den Botanischen Garten in Toledo und schrieb bedeutende Medizinbücher sowie einen Traktat über die Agrikultur, dessen Einfluss bis in die Renaissance reichte (v. III.2). Ibn Bāǧǧa (lat. Avempace, gestorben 532/1138

---

[10] Castro 1966, p. 40 s.
[11] Castro 1966, p. 38 s.
[12] Vernet 1999, p. 63.
[13] Vernet 1999, p. 66.

in Fes) stammte aus Zaragoza und war dort als Philosoph,[14] Mathematiker, Arzt und Musiktheoretiker tätig; seine philosophischen und astronomischen Werke waren von großem Einfluss im Mittelalter. Die Werke von Abū Isḥāq Ibrāhīm ibn Yaḥya al-Zarqāla (lat. Azarquiel, gestorben 493/1100), «el más eminente entre la gente de nuestro tiempo»,[15] wurden sowohl ins Lateinische übersetzt als auch unter Alfonso X ins Kastilische. Dazu gehören der *Tratado de la azafea*, der *Libro de la lámina de los siete planetas* und die *Tablas toledanas*.[16]

Nach dem Untergang der *reinos de taifas* beherrschten bis in die ersten Jahrzehnte des 13. Jahrhunderts berberische Glaubenskrieger die politischen Verhältnisse in Al-Andalus und veränderten damit auch die Bedingungen für das Zusammenleben. Vom Ausgang des 11. Jahrhunderts an kam es immer wieder zu größeren Wanderbewegungen, in denen religiös verfolgte oder bedrohte Gruppen in ein anderes Königreich flüchteten, seien es nun Juden und Christen, die vor den islamischen Glaubenskriegern flohen, oder seien es Muslime und Juden, die sich aus den von den Christen eroberten Gebieten in den Süden flüchteten. Da diese politischen Veränderungen vor allem Auswirkungen auf die Juden hatten, welche wissenschaftsgeschichtlich eine große Rolle spielten, sollen diese Hintergründe kurz dargestellt werden.

Zunächst waren es die Almoraviden,[17] die das erste Mal 1086 auf Bitten der andalusischen Könige nach Spanien gekommen waren, um diesen im Kampf gegen Alfonso VI beizustehen, dann aber in der Folgezeit ganz die Macht übernahmen und die Könige der *taifas* des Landes verwiesen. Die Juden hatten bis dahin in Frieden und kulturell stark assimiliert unter den muslimischen Herrschern gelebt. Die strenge Religionsauslegung der Almoraviden aber bewirkte eine Massenflucht der Juden in den christlichen Norden.[18] Den Almoraviden folgten die Almohaden[19] als Herrscher in Al-Andalus. Ihr Staat war jedoch die meiste Zeit politisch wie militärisch eher schwach, so dass sie den

---

[14] Ibn Bāǧǧas Hauptwerk *Tadbīr al-mutawaḥḥid (Die Führung der Einsamen)* zeichnet ihn als Al-Fārābī-Schüler aus und stellt im neuplatonischen Sinne die stufenweise Entwicklung der Seele und geistige Vollendung des Menschen dar (Anawati im LexMA 1991).

[15] «[...] el más eminente entre la gente de nuestro tiempo en las observaciones astronómicas y en la ciencia de la estructura de las esferas y en el cálculo de sus movimientos, y es el más sabio de todos ellos en la ciencia de las tablas astronómicas y en la invención de instrumentos para la observación de los astros» (Zitat von Ibn Ṣā'id; in: Millas Vallicrosa 1949, p. 31).

[16] Millas Vallicrosa 1949, p. 125ss.

[17] Die Almoraviden (arab. *al-murābiṭūn*) sind Anhänger einer religiös-mystischen Bewegung, die sich von Südmarokko ausgehend den ganzen Maghreb erobert hatten (Watt 1970, p. 107ss.).

[18] Viguera Molins 2000, p. 35.

[19] Bei den Almohaden handelt es sich ebenfalls um eine muslimische Reformbewegung von maghrebinischen Berbern. Ibn Tūmart, der Gründer, forderte eine Erneuerung des islamischen Dogmas der 'Einzigartigkeit' Gottes, arabisch *tawḥīd*, woraus sich der Name seiner Anhänger ableitet, die *al-muwaḥḥidūn* 'die Verteidiger der Einzigartigkeit' (Watt 1970, p. 118ss.).

christlichen Heeren in vielen Schlachten unterlagen, bis schließlich ab 1232 nur noch ein kleines Gebiet, das Königreich Granada, übrig blieb, dessen Herrscher allerdings ein Vasallenverhältnis mit Fernando III, König von Kastilien-León, eingehen musste. Viele Muslime und Juden flüchteten nun aus dem Norden nach Granada, das sich als strenggläubiger Muslimstaat definierte.

Im 12. Jahrhundert blieben Sevilla und Córdoba noch unter muslimischer Herrschaft, wo trotz aller politischer Unruhen so große Gelehrte wie Averroes, Maimonides und Avenzoar tätig waren (v. III.2.2). Maimonides aber, ein jüdischer Arzt und Philosoph, musste aufgrund seiner Religion das Land verlassen und ging an den Hof des Königs Saladin in Kairo, wo er die meisten seiner Werke verfasste.

1.2 Das christliche Spanien

Die christlichen Reiche im Norden der Halbinsel waren nach dem Zerfall des Westgotenreiches 711 zunächst damit beschäftigt, sich neu zu organisieren. Eroberungszüge gegen christliche Nachbarn sowie in den muslimischen Süden verfolgten kein anderes Ziel als den Landgewinn. Der Begriff der *reconquista* ist im Mittelalter selbst nicht nachgewiesen. Dennoch hat es die Idee, das Westgotenreich in seinen alten Grenzen wiederherzustellen, gegeben, allerdings nicht im Verbund mit der Idee eines religiös motivierten Kampfes gegen die Heiden. Das änderte sich erst im Laufe des 11. Jahrhunderts, als zum einen der im restlichen Europa verbreitete Kreuzzugsgedanke auch nach Spanien gelangte, zum anderen mit den Almoraviden islamische Glaubenskämpfer die Macht in Al-Andalus übernahmen. Fortan waren der politische und der religiöse Charakter der Kämpfe nicht mehr voneinander zu trennen.[20]

Am Ende des 11. Jahrhunderts erlangte Alfonso VI die Königskrone von Kastilien, León und Galicien und verbündete sich mit den anderen christlichen Reichen, um gegen die Mauren, wie die Muslime in Al-Andalus genannt wurden, vorgehen zu können. Daraus resultierte die Eroberung von Toledo im Jahre 1085. Doch schon ein Jahr später musste er bei Zallāqa/Sagrajas durch die Almoraviden eine schwere Niederlage hinnehmen. Nach dem Tod von Alfonso VI kam es erneut zu einer Aufteilung seines Reiches, zu Kämpfen untereinander und zu wachsender Einflussnahme aus Rom, die sich effektiv in Heiratspolitik und Exkommunikationen manifestierte. Im Jahre 1209 war es der Erzbischof von Toledo, Rodrigo Jiménez de Rada, der erneut eine christliche Allianz von Navarra, Aragón-Katalonien und Kastilien zur Vertreibung der Mauren zu schaffen vermochte.[21] Tatsächlich wurde 1212 die entscheidende Schlacht bei Las Navas de Tolosa gegen die Almohaden geschlagen, deren Untergang nun nicht mehr aufzuhalten war. Fernando III (1217–1252) konnte wieder die Königreiche von Kastilien, León und Galicien unter einer Krone vereinen. Er

---

[20] Vones 1993, p. 79 s.
[21] Vones 1993, p. 102.

trieb den Krieg gegen die Mauren voran, bis nur noch das Königreich Granada als Vasallenstaat bestehen blieb. Sein Sohn Alfonso X (1252–1284), bekannt als el Sabio, ist weniger durch politische und militärische Erfolge in die Geschichte eingegangen als vielmehr als Förderer von Sprache und Wissenschaft (v. IV.2). In Kastilien kam es im 14. Jahrhundert nach dem Tod von Alfonso XI (1350) zu massiven Auseinandersetzungen um die Thronfolge, was zu einem Dynastiewechsel führte. Die neuen Herrscher stellte nun das Haus Trastámara, aus dem später auch die Königin Isabela I hervorgehen sollte, bekannt mit dem Beinamen la católica.

Im Pyrenäenraum bildete sich im Laufe der Jahrhunderte das Königreich Aragón neu heraus. Mit Jaime I (1213–1276) gab es in Aragón, ähnlich wie etwa zur gleichen Zeit in Kastilien, einen König, der sich für Wissenschaft interessierte und als Geschichtsschreiber und Gesetzgeber über seine Zeit hinaus wirkte.[22] Er eroberte Valencia und Mallorca und dehnte seinen Machtbereich bis Sardinien aus. 1479 wurde Aragón durch die Heirat von Fernando II und Isabela I mit Kastilien verbunden. Dieses Königspaar, genannt los reyes católicos, besiegte 1492 endgültig Granada, alle Juden wurden des Landes verwiesen, sofern sie sich nicht taufen lassen wollten, und den verbleibenden Muslimen wurden harte Konditionen auferlegt. Damit war das Ende der muslimischen Herrschaft auf iberischem Boden erreicht.

Für die abendländische Wissenschaftsgeschichte kann die Eroberung Toledos 1085 als ein Wendepunkt angesehen werden, da von nun an Toledo das Zentrum für Übersetzung, Studium und Forschung arabischer Wissenschaft war, wohin Christen aus allen Teilen Europas kamen (v. IV.1). Im 13. Jahrhundert setzte Alfonso el Sabio dann neue Ziele, indem er das Lateinische weitestgehend durch die Volkssprache ersetzte, was weit reichende Auswirkungen auf die Ausbildung derselben als Wissenschafts- und Kultursprache hatte.[23]

1.3 Das arabische und arabisch-vermittelte Erbe

Die abendländische Kultur verdankt den Arabern nicht nur die Verbreitung von Genussmitteln wie Kaffee und Zucker und anderen Dingen, die noch im Namen ihre arabische Provenienz verraten. Auch die Ziffern sind arabisch, die Optik als wissenschaftliche Disziplin gehört zum arabischen Erbe ebenso wie die Alchemie als Vorgängerin der modernen Chemie. Doch war die arabische Wissenschaft selbst in ihren Ursprüngen auch nicht arabisch, sondern baute ihrerseits auf persischem oder griechischem Erbe auf, und so finden sich denn in den Bibliotheken in Al-Andalus Autoren vom Hindus bis zum Guadalquivir. Daher ist es hilfreich, zwischen genuin arabischer und arabisch-vermittelter Wissenschaft zu unterscheiden, wenn man es z. B. mit einem Werk des Aristoteles zu tun hat. Griechische Texte nicht nur des Aristoteles wurden ohne weitere

[22] Vones 1993, p. 127.
[23] Niederehe 1978.

Zufügungen als arabische Fassungen nach Al-Andalus gebracht und dort weiter übersetzt, wobei in den hervorragend ausgestatteten Bibliotheken in der Regel auch zur Hand gewesen sein dürfte, was arabische Gelehrte an Kommentaren dazu verfasst hatten. Diese arabische Kommentarliteratur spielte in der lateinischen Rezeption eine ebenso große Rolle wie die kommentierten Texte selbst.

Bei allen wissenschaftshistorischen Betrachtungen dieser Zeit stehen natürlich die Bereiche im Vordergrund, die auch damals das Hauptinteresse bestimmten, nämlich vor allem die angewandten Naturwissenschaften wie Astronomie und Astrologie, Mathematik, Alchemie und technische Wissenschaften. Von den beiden (aus heutiger Sicht) biologischen Disziplinen Botanik und Zoologie war vor allem erstere bedeutsam, da sie sowohl in der Heilpflanzenkunde wie auch in der Landwirtschaft praktisch angewendet werden konnte. Die Tierkunde interessierte als Hilfswissenschaft der Veterinärmedizin oder in der Jagdliteratur. Die Grundlagenwerke der Zoologie wurden wie so viele andere von den Griechen über die Araber auf iberischem Boden an die lateinischsprachigen Christen weitergegeben: Die drei zoologischen Hauptschriften des Aristoteles – *Historia animalium (HA)*, *De partibus animalium (PA)* und *De generatione animalium (GA)* –, welche in der arabischen Überlieferung zu einem großen Buch mit dem Titel *Kitāb al-Ḥayawān (Buch der Tiere)* zusammengefasst worden waren, wurden zwischen 1210 und 1220 in Toledo von Michael Scotus aus dem Arabischen ins Lateinische übersetzt und nahmen von dort aus ihren Weg ins christliche Europa.

2. Aufbau und Zielsetzung der Arbeit

Bislang war man davon ausgegangen, dass es keine Übersetzung dieser Bücher ins Kastilische gegeben habe:

> «Another element which is a symptom or a cause of the apparent lack of study of natural philosophy after the end of the thirteenth century is the fact that none of the *libri naturales* of Aristotle or his Greek and Arabic followers was translated into Castilian».[24]

Mit der vorliegenden Arbeit wird zumindest der zweite Teil der Aussage von Burnett revidiert, da hier eine altspanische Übersetzung der aristotelischen Tierbücher vorgestellt und in das arabisch-lateinisch-romanische Beziehungsgeflecht eingeordnet werden wird.

Die Handschrift Mss 10198 der Biblioteca Nacional de Madrid enthält an erster Stelle den *Libro de los animales* in kastilischer Sprache,[25] der in insgesamt neunzehn Bücher unterteilt ist. Diese Handschrift ist bisher noch nicht bearbeitet worden, ebenso wenig wie andere Textzeugen einer spanischen

---

[24] Burnett 1999, p. 38.

[25] An zweiter Stelle folgt eine Kriegslehre, das *Strategematon*; v. VI.1.

Übersetzung der zoologischen Schriften des Aristoteles bekannt sind.[26] Das hat zur Folge, dass alle Fragen zu Autorschaft, Entstehungszeit und -ort, Auftraggeber und Gebrauchskontext noch offen sind. Der zu diskutierende Entstehungszeitraum erstreckt sich vom 13. Jahrhundert, als unter Alfonso el Sabio die ersten wissenschaftlichen Übersetzungen in kastilischer Sprache angefertigt wurden, bis hin zum Beginn des 15. Jahrhunderts, als der vorliegende Textzeuge entstand. Diesen Fragen nachzugehen ist Ziel der Arbeit, die dementsprechend gegliedert ist in einen ersten, wissenschaftsgeschichtlichen (I.–IV.) und in einen zweiten, philologischen Teil (V.–VIII.), in welchem Ausschnitte aus der Handschrift im Vergleich mit der arabischen und der lateinischen Fassung präsentiert werden. Die Darstellung der Biologie des Aristoteles (II.) fällt relativ ausführlich aus, werden hier doch philosophische Grundbegriffe erläutert, die man für das bessere Verständnis der Textsynopsen braucht; ferner müssen z. B. für die Fragen nach einem möglichen Autor und Auftraggeber Inhalt und Struktur der zoologischen Schriften bekannt sein.

2.1 Die Quellenfrage

Bei einer altspanischen Übersetzung eines arabisch-vermittelten Aristotelestextes drängt sich der Gedanke auf, dass hierfür eine arabische Vorlage benutzt worden sei. Es wurden zwar auch Übersetzungen aus dem Lateinischen angefertigt, jedoch in sehr viel geringerem Maße. Wie schon erwähnt, hatte Michael Scotus in Toledo bereits eine arabisch-lateinische Übertragung vorgenommen, so dass sein Text ebenfalls für den Vergleich mit herangezogen werden sollte, um überprüfen zu können, ob beide eventuell dieselbe Quelle benutzt hatten. Eine andere arabisch-lateinische Übersetzungsarbeit als die von Scotus ist nicht bekannt,[27] so dass folglich kein weiterer Referenztext hinzugezogen werden kann. Die im Folgenden vorgestellten Beispiele werden die methodische Vorgehensweise eines solchen Textvergleiches darlegen.

Die Synopse der ersten Handschriftenseite mit der arabischen Fassung und dem lateinischen Scotus-Text bestätigte sofort die Annahme einer direkten Übersetzung aus dem Arabischen. Einzelheiten und ausführlicher Kommentar dazu können unter VII.2 eingesehen werden. Eine weitere Stelle, diesmal aus dem sechsten Buch, macht deutlich, dass die Tiernamen eine gute Vergleichsmöglichkeit bieten. Oppenraaij hatte festgestellt, dass Michael Scotus einer arabischen Vorlage folgte, in der in den Büchern I–V die meisten Tiernamen aus dem Griechischen übersetzt waren, ab dem sechsten Buch aber in vielen Fällen nur noch transliteriert wurden.[28]

---

26 Das wurde von Ángel Gómez Moreno, Madrid, Mitherausgeber der *Bibliography of Old Spanish Manuscripts* (v. Bibliographie: Faulhaber ^{3}1984), und Alan Deyermond, London, bestätigt (pers. Mitteilung).

27 Zur Überlieferungsgeschichte v. Kapitel V., insbesondere V.3.

28 Oppenraaij 1999, p. 37.

HA VI. Buch

Altspanisch [Mss 10198, f. 29v/30r]	**Arabisch[29] [Badawi, p. 256]**	**Lateinisch [Vaticanus Chigi, f. 24r]**
(563a28)[30] E asi fasen las otras aves de grande cuerpo	(563a28) Und so machen es die übrigen Vögel die großen an Körper	(563a28) Et est istud tempus in quo aves magnae cubant sua ova,
asi como las ansares & sus semejantes	wie z. B. die Gans und dergleichen.	sicut anseres et otidez.
E las aves de mediano cuerpo se asientan sobre los hueuos & escallenta (!) los veynte dias asi como los milanos & las espeçias de los falcones	Und was betrifft den Vogel den mittleren an Körper, so sitzt er auf den Eiern und bebrütet sie 20 Tage wie der Milan und die Arten der Falken.	Et aves mediocres cubant viginti diebus, sicut milvus et accipiter.
& milanos ponen dos hueuos en lo mas E a las veses ponen tres hueuos & sacan de ellos tres pollos	Und die Milane legen zwei Eier und meistens mehr als das und oft legen sie drei Eier und bringen aus ihnen drei Küken heraus.	Et anchatinez in maiori parte ovat duo ova, et forte pullificabit tres pullos.

Man erkennt, dass der spanische Übersetzer wörtlich dem arabischen Text folgt, wenn er *aves de grande cuerpo* (Z. 2) statt schlicht *aves grandes* (die *aves magnae* bei Scotus) schreibt. Scotus bietet zudem noch eine zusätzliche Information, die in den anderen beiden Texten fehlt: *cubant sua ova* (Z. 3). Auch Z. 5/6 *& sus semejantes – und dergleichen* zeigt die wörtliche Entsprechung zwischen dem Arabischen und dem Spanischen, wo der Lateiner einen transliterierten Vogelnamen stehen hat (von ὠτίς). Ebenso gibt der spanische Anonymus in Z. 9/10 wörtlich den arabischen Text wieder.

Was nun die Tiernamen betrifft, so bestätigen sie die direkte Beziehung zwischen der spanischen und der arabischen Fassung. Scotus indessen arbeitete mit einer Quelle, die das griechische ὠτίδι[31] ('Trappe') offenbar nur transliteriert hatte, so dass er *otidez* las. Interessant ist auch, dass der Milan (ἰκτῖνος) in der lateinischen Fassung einmal übersetzt (Z. 10), einmal transliteriert (Z. 15) erscheint, was bereits in der arabischen Vorlage von Scotus so gewesen sein muss.

Doch solchen Belegen stehen andere gegenüber, bei denen sich die spanische Übersetzung nicht anders als auf einer lateinischen Quelle beruhend erklären lässt. Das ist z. B. bei der folgenden Stelle aus dem IV. Buch der Fall, wo es um die inneren Organe der Schnecken geht.

---

[29] Die deutsche Übersetzung hält sich ganz eng an das Arabische, um damit Entsprechungen in der spanischen Übersetzung verdeutlichen zu können.

[30] Mit dieser Zählung wird die Referenz im Gesamtwerk des Aristoteles angegeben. Näheres dazu unter II.2.

[31] Peck, *HA* VI, p. 246.

HA IV. Buch

Altspanisch [Mss 10198, f. 21v]	**Arabisch [Badawi, p. 168/69]**	**Latein [Vaticanus Chigi, f. 16v]**
(528b16) & por quanto temen meten la	(528b16) Wenn sie also erschrecken, dann ziehen sie sich zurück und ziehen den Kopf ein in das Innere der Schale.[32]	(528b16) et quando timuerint, reponent ipsum.
E algunos han dientes en la boca asy como hyalex Ca tienen dientes pequeños agudos delgados	Und einige von ihnen haben Zähne in ihren Mundöffnungen wie jenes Tier, das auf griechisch Quhlīās genannt wird, denn sie haben scharfe, kleine und feine Zähne.	Et quedam habent dentes in ore, ut hallez, quoniam habet dentes parvos, accutos, subtiles.
[...]	[...]	[...]
(529a1) E despues del hueso es el vientre & en cada vno es papo como el papo de la aue	(529a1) Und hinter den Mundöffnungen liegen die Bäuche und für alles andere gibt es einen Kropf ähnlich dem Kropf der Vögel.[33]	(529a1) Et post os est venter, et in quolibet est papa sicut papa avis.

Im Lateinischen ist der Akkusativ Singular von *os, oris* n. 'Mund' und *os, ossis* n. 'Knochen' in der Schrift nicht voneinander zu unterscheiden, so dass es durch Unachtsamkeit beim Übersetzen bzw. auch durch Unklarheit bezüglich der anatomischen Gegebenheiten dazu kommen kann, *post os* (Z. 15) mit *despues del hueso* wiederzugeben statt mit *despues de la boca*, wohingegen natürlich der Ablativ in Z. 6 *in ore* richtig übersetzt wurde. Im Arabischen steht zweimal das Wort فم *fam*, pl. افواه *'afwāh* 'Mund, Maul, Öffnung' ('Knochen' hieße عظم *ʿaẓm*). Hier liegt also der spanischen Übersetzung unzweifelhaft die lateinische Quelle zugrunde.

Aus diesen Beispielen ergibt sich in Bezug auf die Handschrift die Frage, wie viele und welche der Bücher aus dem Arabischen, welche aus dem Lateinischen ins Spanische übersetzt wurden. Im Textteil der vorliegenden Arbeit wird daher von jedem der neunzehn Bücher eine Seite der spanischen Handschrift transkribiert und dem arabischen Text in deutscher Übersetzung sowie dem lateinischen gegenübergestellt und die Abhängigkeit voneinander untersucht. Ein inhaltliches Kriterium für die Auswahl der Textstellen wäre weder dem Aufbau des Werkes noch der Überlieferung gerecht geworden, wie noch gezeigt werden wird.

---

[32] *Schale*: cf. Kommentar Buch V, Z. 66 und 71. Im Arabischen steht eigentlich das Wort 'Ton'.

[33] Im griechischen Text (Edition von Peck, *HA* IV, p. 36/37) bezieht sich der zweite Teilsatz auf die Schlange: «Immediately after the mouth is the stomach; in the snail it is similar to a bird's crop». Die Schlange ist aber bereits in der arabischen Überlieferung abhanden gekommen.

II. Die Biologie des Aristoteles

1. Philosophie und Biologie

Wenn im Mittelalter der Philosoph erwähnt wurde, musste weiter kein Name genannt werden. Die Bezeichnung war eindeutig und zeugt von dem hohen Ansehen, welches Aristoteles genoss. 'Philosophie' bedeutete zunächst einmal ganz allgemein 'Wissenschaft', welche dann unterteilt wurde in die praktischen Wissenschaften wie z. B. Politik, Ökonomie oder Ethik, deren Erkenntnisgewinne auf die Umsetzung und Verwirklichung hin ausgerichtet waren, und im Gegensatz dazu die theoretischen Wissenschaften, welche das Wissen selbst als Ziel hatten.[1] Zu dieser Gruppe zählen die Philosophie im engeren Sinne, aber auch die Physik und die anderen Naturwissenschaften.

Aristoteles bearbeitete außer der Mathematik und der Medizin so gut wie alle Forschungsbereiche seiner Zeit: Logik, Poetik, Politik, Ethik, Rhetorik, Physik und andere naturwissenschaftliche Disziplinen und letztlich die Metaphysik als Erste Philosophie. Seine naturphilosophischen Werke werden in der Regel folgendermaßen eingeteilt:[2]

a) Untersuchungen zu den Grundlagen der Erklärung von Naturphänomenen, also von Begriffen wie: Natur, naturgemäß, Prozesshaftigkeit, Kausalität, Ort, Zeit, Kontinuität. Hierher gehören die acht Bücher der *Physica.*[3]
b) Studien über Zusammensetzungen der Körper, über deren Entstehen und Vergehen, die Elemente, Kosmos, Einfluss der Himmelskörper auf irdisches Geschehen, über Wind, Wetter, Erdbeben: *De caelo*, *De generatione et corruptione*, *Meteorologica*.
c) Physiologie und Natursystematik: alle biologischen Schriften *(HA, PA, GA, De motu, De incessu animalium)*.
d) Psychologie: Beschreibung und Analyse der Beseeltheit, i. e. der spezifischen Lebensfähigkeit und Leistungen der verschiedenartigen Lebewesen: *De anima* und kleinere naturwissenschaftliche Schriften.

---

[1] Craemer-Ruegenberg 1980, p. 9/10.

[2] Nach Seeck 1975, p. XXI.

[3] Es ist Usus in der Forschungsliteratur, die Werke des Aristoteles mit den lateinischen Namen zu zitieren. Es scheint dies noch ein Nachklang davon zu sein, dass die große abendländische Rezeption – beginnend im Mittelalter – auf lateinischen Übersetzungen beruhte.

Aristoteles beginnt die *Metaphysica* mit den berühmten Worten:

> «Alle Menschen sind von Natur aus eifrig bemüht ums Wissen, das beweist ihre Liebe zu den Sinnen».[4]

Dieses naturgegebene Streben ist grundsätzlich frei von Nützlichkeitserwägungen, und so verbietet sich auch eine höhere Bewertung der einen oder der anderen wissenschaftlichen Disziplin. Aus dieser Haltung heraus wird verständlich, dass Aristoteles seinen Kollegen gegenüber verteidigen kann, warum er sich mit den Lebewesen beschäftigt, wo doch der Kosmos viel höher stehe. Aristoteles selbst geht von der Erhabenheit des Kosmos aus, argumentiert aber damit, dass die Verwandtschaft des Menschen mit den Pflanzen und Tieren doch größer sei als die mit den göttlichen Gestirnen und dass außerdem die zweifelsfrei in ungeheurer Menge zur Verfügung stehende Materialfülle zu einem größeren wissenschaftlichen Ertrag führe (*PA* I, 644b22ss.). Sein letztes Argument ist ein außerwissenschaftliches, im Grunde ein sehr subjektives: Ein noch so unansehnliches Objekt entbehrt nicht der Faszination für den, der es zu durchdringen vermag.[5]

Aristoteles' Interesse an biologischen Fragestellungen ist letztlich ein philosophisches, behauptet er doch, dass mehr erforderlich sei als nur die Gesetze der Physik, damit aus dem Froschei ein Frosch würde.[6] Nicht nur das Wie will er ergründen, sondern auch das Warum. Der ewige Kreislauf von Entstehen und Vergehen, wie er sich im Tier- und Pflanzenreich zeige, lasse tiefere Einblicke in die Organisation der Welt zu. Folglich widmete Aristoteles der Biologie einen Großteil seiner Forschungstätigkeiten, so dass die Gruppe der biologischen Schriften die umfangreichste in seinem Gesamtcorpus darstellt.[7] Keiner vor ihm und auch lange Zeit keiner nach ihm hat eine solche Fülle an Material zusammengetragen, um den Körperbau, die Lebensweise, Fortpflanzungsbiologie und Ernährung von Tieren beschreiben zu können. Seine eigenen Beobachtungen und Untersuchungen (darunter auch Sektionen) ergänzte er durch Berichte von Fischern, Jägern, Vogelfängern, Imkern etc., aber auch die überlieferte Literatur zu den einzelnen Bereichen diente ihm als Quelle.

Doch bevor auf die biologischen Werke näher eingegangen wird, sollen erst noch einige Begrifflichkeiten erläutert werden, die Aristoteles in anderen Schriften *(Physica, Analytica Posteriora)* entwickelt hatte, um sie dann auch zur Erklärung und Beschreibung seiner Tierbeobachtungen einzusetzen. Dem Leser dieser Arbeit sollen sie zum besseren Verständnis der Texte im Übersetzungsvergleich helfen.

---

[4] Gohlke 1951, p. 35.

[5] «Denn auch bei denjenigen Dingen, die ein für unser Auge weniger reizvolles Äußeres haben, gewährt die Natur dadurch, dass sie bei der wissenschaftlichen Betrachtung ihre Schaffenskraft enthüllt, denen, die die Struktur des Naturgeschehens zu erkennen vermögen und eine natürliche Veranlagung für wissenschaftliche Forschung haben, unbeschreibliche Freude» (*PA* I, 645a5ss.; Deutsch aus Düring 1966, p. 515).

[6] Mayr 1984, p. 74.

[7] Höffe 1999, p. 130.

1.1 Das Verhältnis von Materie und Form

In der Naturphilosophie ist der Untersuchungsgegenstand die materielle Natur in Abgrenzung zur immateriellen und göttlichen, der sich die Metaphysik widmet. Die Naturgegenstände sind dadurch gekennzeichnet, dass sie ständigen Prozessen oder Bewegungen unterliegen.[8] Der am tiefsten greifende Prozess ist der des Entstehens und Vergehens, der den Gegenstand in seiner substantiellen Existenzform betrifft, anders als alle anderen Veränderungen, die mit dem Begriff κίνησις (*kinēsis* 'Bewegung, Veränderung, Prozess' oder μεταβολή *metabolē*) erfasst werden. Damit sind Qualitäts-, Quantitäts- und Raumveränderungen gemeint. In der belebten Natur sind die Bewegungen das Fragenswerte. Das, woran sich die Veränderung vollzieht, nennt Aristoteles ὕλη (*hylē* 'Materie'), und es existiert nur in der Verbindung mit Eigenschaften. Die Bewegung muss einen Ausgangspunkt haben: στέρησις (*sterēsis* 'Mangel, Beraubung'), und einen Zielpunkt: εἶδος (*eidos* 'Form'). Im Gegensatz zur *hylē* ist die Form ewig und unveränderlich.[9] Der Begriff *sterēsis* mutet zunächst etwas seltsam an und soll durch ein Beispiel erläutert werden. Ein Same z. B. ist bereits ein ausgewachsener Baum *(eidos)*, aber noch im Zustand des Mangels; ihm fehlt noch die volle Entwicklung. Eine Krankheit ist der Zustand des Mangels an Gesundheit, die gewollte Veränderung im Heilungsprozess soll wieder den Voll-Zustand herstellen.[10]

Materie und Form erklären in ihrem Zusammenspiel die Entstehung eines Gegenstandes, i. e. sie können nicht unabhängig voneinander vorkommen, sondern reflektieren nur zwei unterschiedliche Aspekte eines einzigen Objektes. Um das Wesen der Veränderung beschreiben zu können, sind vor allem zwei Begriffe entscheidend: δύναμις *(dynamis)* und ἐνέργεια *(energeia)*. Mit *dynamis* meint Aristoteles die 'Möglichkeit' oder 'Potenz', welche durch die Form zur *energeia* ('Verwirklichung, Wirklichkeit') gelangt. Also: Der unbehauene Stein trägt im Modus der Möglichkeit *(dynamis)* die fertige Statue in sich, welche aber erst im Modus der Wirklichkeit *(energeia)* als solche realisiert ist. Ebenso ist der Bildhauerlehrling schon ein fertiger Bildhauer, allerdings erst aus der Perspektive des Rückblicks. Mit dem Begriff *energeia* ist der der ἐντελέχεια *(entelecheia)* eng verwandt,[11] bezieht er sich doch auf tatsächlich vollzogene, erfüllte Verwirklichung (cf. Teleologie).

Mit anderen Worten: an der Materie *(hylē)* vollzieht sich eine Bewegung, auch Veränderung genannt *(kinēsis* oder *metabolē)*, von einem Mangel-Ausgangszustand *(sterēsis)* hin zu einem Zielpunkt, der Form *(eidos)*. Die Materie trägt aber schon, bevor sich die *kinēsis* hin zur *energeia* (Wirklichkeit) am *eidos* vollzieht, die *dynamis* (Möglichkeit) derselben in sich. Als Ausgangs- und

---

[8] Craemer-Ruegenberg 1980, p. 10.
[9] Düring 1966, p. 519.
[10] Düring 1966, p. 519/520; Höffe 1999, p. 113.
[11] Höffe 1999, p. 113.

Zielpunkt alles Seienden[12] nimmt Aristoteles einen unbewegten Beweger an, also ein absolutes Bewegungsprinzip, das dennoch unberührt von den Prozessen bleibt.[13]

Aus diesen theoretischen Begriffen lassen sich methodische Vorgaben ableiten, die erst allgemein, dann in Bezug auf die Biologie erörtert werden. Am besten folgen wir zunächst dem Beispiel der Bronzestatue (Phys. II 3),[14] sie sei der zu untersuchende Gegenstand. Als erstes gilt es zu klären, aus welchem Material sie besteht. Zweitens muss man sich fragen, welche Form der Gegenstand hat, also nach welchem geistigen Entwurf des Künstlers sie gestaltet wurde. Drittens: Wer oder was gab Anlass für die Veränderung des Materials, oder: welcher Künstler war hier am Werk *(kinēsis)*? Und schließlich fehlt noch die Frage nach dem Zweck oder dem Ziel des Objektes, was in dem Fall die Bestimmung der Statue für den kultischen Bereich oder einfach als Dekorationsgegenstand sein könnte.

Vier Fragen werden also gestellt, vier Prinzipien oder Ursachen (αἰτία *aitia* 'Grund, Ursache') müssen erforscht werden, um den Untersuchungsgegenstand in seiner vorliegenden, dinglichen Wirklichkeit erfassen zu können. In der mittelalterlichen Aristotelesrezeption sind sie bekannt als:

a) *causa materialis*	Stoffursache, Stoff, Materie
b) *causa formalis*	Form, Gestalt, Seele
c) *causa movens*	Bewegungsursache, Antrieb, Motor
(auch: *causa efficiens*	Wirkursache)
d) *causa finalis*	Zweckursache, Ziel, Sinn.

Je nach Untersuchungsgegenstand können auch mehrere *causae* zusammenfallen. Im Bereich der Biologie lauten diese Fragen: a) aus welchen Bestandteilen setzt sich ein Organismus zusammen, b) zu welcher Gattung oder Gruppe gehört ein Tier, c) welche physiologischen Prozesse stehen dahinter und d) welche Funktion hat das Organ.[15]

Mit der letzten Frage ist man bei einem zentralen Gedanken aristotelischer Philosophie angekommen, nämlich der Teleologie: Die Natur ist ein geordnetes Ganzes, in dem Zweckmäßigkeit herrscht. So existieren z. B. die Organe und Gewebe um der Funktion willen, die sie erfüllen: die Adern, um das Blut zu leiten; die Leber, um die Nahrung zu kochen, also zu verdauen, etc.[16] Aus ganz allgemeinen Beobachtungen lässt sich des Weiteren ableiten, dass sich ein jedes Lebewesen auf ein τέλος *(telos)* hin entwickelt, in dieser Gestalt eine Zeit lang existiert und sich reproduziert, um dann wieder zugrunde zu gehen. Das voll-

[12] Kullmann beschreibt den Begriff des Seins οὐσία als einen nur schwer greifbaren, dessen Bedeutung aber in *PA* und *GA* meist 'essentia', also Wesen, meint (Kullmann 1998, p. 161ss.).

[13] Höffe 1999, p. 159; Jahn ^{3}1998, p. 63.

[14] Höffe 1999, p. 119.

[15] Hünemörder 1997, p. 398/399.

[16] Kullmann 1998, p. 265.

kommene Lebewesen (also das adulte Tier oder die Imago) ist selbst das Ziel, wobei der Prozess vorbestimmt ist, denn aus einem Vogelei wird ein Vogel, aus einem Kirschkern ein Kirschbaum.[17] Das *telos* wird demnach nicht von außen gesetzt, sondern ist immanent *(entelecheia)*. Die Aufgabe der Tierkunde besteht nun darin, den Lebewesen aus Stoff und Form mit ihrem *telos* auf den Grund zu gehen.[18]

Im Bereich der Zoologie beschränkt sich Aristoteles ausschließlich auf interne Finalitäten. Er macht also keine Aussagen in der Richtung, dass eine Art dazu da sei, um von einer anderen gefressen zu werden, oder welchen Gesamtzweck ein Lebewesen innerhalb des Kosmos hat.[19]

1.2 Klassifikation und Artbegriff

Aristoteles gilt als der Begründer der vergleichenden Methode, da er anatomische Untersuchungen, Fortpflanzungsbiologie und Verhalten der Tiere untereinander vergleicht, um dann übergeordnete Schlüsse daraus zu induzieren.[20] Die Klassifizierungen, die er aufgrund von Analogieschlüssen aus solchen Beobachtungen den Phänotypen entsprechend vornimmt, haben aber nicht das Ziel einer großen, widerspruchsfreien Systematik, sondern beweisen letztlich nur seine Theorie von der Stufenleiter der Natur (der *scala naturae*), i. e. einer Hierarchie der Lebewesen nach dem Komplexitätsgrad. Mehrmals weist er darauf hin, dass die mit den Sinnen wahrgenommenen Informationen höher zu bewerten seien als a priori gesetzte Theorien (z. B. *GA* 760b28).[21]

Für den Bereich der Biologie lehnt Aristoteles die von Platon entwickelte diairetische Methode ab, nach der es immer nur zwei Aufteilungsmöglichkeiten gibt.[22] Zwar behält er das System der fortschreitenden Teilung bei, aber es reiche nicht, eine Gattung in zwei Spezies zu untergliedern, wo es doch in der Regel mehrere sind. Überhaupt kann man keine Zuordnung nach nur einem Merkmal vornehmen. Er verfährt also folgendermaßen: Von einer größten beobachteten Klasse ausgehend (z. B. Tier) gelangt er auf die nächste Ebene mit zwei oder mehr Unterklassen (z. B. Bluttiere und blutlose Tiere) usw. Von dem Merkmal ‘eierlegende Tiere’ z. B. muss er notwendigerweise mehrere Untergruppen erhalten (Vögel, Fische, Reptilien, Insekten etc.), ebenso bei ‘Vierfüßler mit Hufen’ (Pferde, Schweine, Ziegen ...). Dabei wird in der Regel die zu unterteilende Ebene ‘Gattung’ genannt, die zu erreichende Ebene ‘Spezies’.[23]

---

17 Cf. Fritz 1975, p. 243.

18 «Aristoteles’ *eidos* ist ein teleonomes Prinzip, das in seinem Denken genau dasselbe leistet, wie das genetische Programm des modernen Biologen» (Mayr 1984, p. 73).

19 Evolution und Ökologie sind verhältnismäßig junge biologische Disziplinen.

20 Kollesch 1997, p. 368.

21 Düring 1966, p. 521.

22 Jahn ^{3}1998, p. 67.

23 Mayr 1984, p. 121/122.

Die kleinste, nicht mehr teilbare Stufe entspricht dann in etwa der tatsächlichen biologischen Art (Löwe, Fischadler, Purpurschnecke).

Die Begriffe '*genus* – Gattung' und '*species* – Art' sind bei Aristoteles und in den folgenden Jahrhunderten nicht terminologisch fixiert, wie es heute der Fall ist.[24] Sie können vielmehr auf den verschiedenen Ebenen je nach Bedarf eingesetzt werden. In den biologischen Schriften unternimmt Aristoteles keinen Versuch, einen Artbegriff im modernen Sinn (also als Fortpflanzungsgemeinschaft) zu definieren. Für ihn ist die Art die Form der sich im Einzelwesen verwirklichenden Materie. Jede abstraktere Stufe der Klassifikation ist daher jeweils eine entferntere Stufe der Potentialität. Wenn nun aber die Form ewig und unveränderlich ist und jedes Lebewesen einer Art die Form verwirklicht, dann ist eine Entwicklung im evolutionsbiologischen Sinne undenkbar.

Man kann sehen, dass Aristoteles für die Klassifikation in zwei Schritten arbeitet.[25] Zuerst folgt er der induktiven Methode, indem er aufgrund von Untersuchungen am Einzelwesen zu allgemeineren Schlüssen gelangt, zu Gruppen von Tieren, zu Einteilungskriterien. Um diese Erkenntnisse dann ordnen zu können, geht er den umgekehrten, also den deduktiven, Weg und lässt sich dabei von seiner Theorie der *scala naturae* leiten. Auf höchster Stufe entscheidet demnach die Beseeltheit: Pflanzen haben nur eine vegetative Seele, Tiere des Weiteren eine Bewegungs- und Wahrnehmungsseele und der Mensch als einziges Wesen noch das Denkvermögen. Dann entscheidet der Grad der Körperwärme, demzufolge z. B. die Frau minderwertiger als der Mann ist, da von geringerer Wärme, und schließlich die Zusammensetzung des Organismus (je komplexer, umso höher stehend).[26]

2. Die biologischen Schriften des Aristoteles

2.1 Vita des Aristoteles und Chronologie der biologischen Schriften

Das Leben des großen Philosophen lässt sich in vier Abschnitte gliedern: 1.) Kindheit und Jugend in Stageira (geboren 384 v. Chr.), 2.) zwanzig Jahre in Athen an der Akademie zuerst als Schüler Platons, dann als sein Kollege in der Lehre, 3.) die Zeit der Reisen und 4.) nochmals eine Phase in Athen, wo er seine eigene Schule, das Lykeion, gründete (gestorben 322 in Chalkis). Die Vorarbeiten zu den biologischen Schriften dürften schon früher begonnen haben, ihre Entstehung fällt aber wohl in die letzten zwei Lebensabschnitte. Ihre Chronologie ist noch nicht endgültig geklärt, aber im Allgemeinen findet man in der Forschungsliteratur folgende Anordnung:[27]

---

[24] «‹genos› und ‹eidos› in der Biologie des Aristoteles», Balme 1975.
[25] Kullmann 1998, p. 55.
[26] Düring 1966, p. 530.
[27] Hier jetzt aus Bäumer 1991, I, pp. 39/40.

A. Die Zeit der Reisen: Assos, Lesbos, Makedonien: 347–334 v. Chr.
- Περὶ τὰ ζῷα ἱστορίαι *(Geschichte der Tiere) – Historia animalium* (Buch I–VI, VIII)
- Περὶ ζῴων μορίων *(Über die Teile der Tiere) – De partibus animalium* (Buch II–IV)
- Περὶ ζῴων πορείας *(Über die Fortbewegung der Tiere) – De incessu animalium*
- Die verloren gegangenen Materialsammlungen *Zoika*,[28] *Anatomai*
- Περὶ ψυχῆς – die erste überwiegend biologische Fassung der Schrift *De anima*
- Die verlorene Schrift zur Botanik

B. Die 2. Athenperiode, 334 bis zur Flucht aus Athen und seinem Tod in Chalkis 322 v. Chr.
- Περὶ ζῴων μορίων *(Über die Teile der Tiere) – De partibus animalium* (Buch I)
- Περὶ ζῴων γενέσεως *(Über die Fortpflanzung) – De generatione animalium*
- Περὶ ζῴων κινήσεως *(Über die Bewegung der Tiere) – De motu animalium*
- Eine Sammlung kleinerer Schriften, die so genannte *Parva Naturalia* in der erhaltenen Form
- Περὶ ψυχῆς *(Über die Seele) – De anima* in der tradierten Form

Aufgrund der Überlieferungslage und anderer Schwierigkeiten ist nicht bekannt, wie viele Tierarten in seinen zoologischen Schriften tatsächlich genannt werden. Laut Düring[29] kann man 581 Arten unterscheiden und davon 550 identifizieren, die bei Aristoteles wie folgt zugeordnet sind:

Säugetiere	75
Vögel	204
Amphibien und Reptilien	22
Fische	133
Weichtiere (Tintenfische)	7
Weichschaltiere (Krebstiere)	18
Insekten	83
Schaltiere (Schnecken, Muscheln, Seeigel, Schwämme u. a.)	39
	581

Bevor man den Plan der biologischen Schriften erkannt hatte, wunderte man sich oft genug, warum der Autor der Logik und der Rhetorik eine so scheinbar

[28] «Die sogenannte *Zoika* war eine nie veröffentlichte Materialsammlung, die in der Schule des Aristoteles aufbewahrt wurde. Es handelt sich um eine Sammlung von Tierbeschreibungen, die wie die erhaltenen Fragmente erkennen lassen, wohl systematisch angelegt waren und alle zugänglichen Informationen über die einzelnen Tiere enthielten» (Bäumer 1991, I, p. 40).

[29] Düring 1966, p. 524.

völlig ungeordnete Materialsammlung hinterlassen haben solle.[30] In der Tat stellten die Fülle des Materials und die Vielfältigkeit der untersuchten Aspekte für Aristoteles eine enorme Schwierigkeit in der Darstellung dar, weil er dauernde Wiederholungen vermeiden wollte. Die Lösungen für die einzelnen Schriften werden im Folgenden dargestellt werden. Die Aufgabe, die sich Aristoteles gestellt hatte, war, ein umfassendes Bild der Tierwelt abzugeben, und zwar angefangen bei Anatomie, Morphologie, Physiologie, über die Fortpflanzungsbiologie bis hin zur Lebensweise (Ernährung, Verhalten, Verbreitung etc.).[31] Überall stellte er die Frage nach der Ursache für die Vielfalt der Erscheinungen, nach ihren Strukturen und nach ihrem Sinn und Zweck.

Im Folgenden werden die drei ursprünglich unabhängigen, in der arabischen Überlieferung aber zusammengeführten Schriften *Historia animalium*, *De partibus animalium* und *De generatione animalium* in Inhalt und Struktur vorgestellt.

2.2 *Historia animalium*

Die *HA* ist ein aus kleineren Einheiten zusammengewachsenes und offensichtlich unvollendetes Werk, das vor allem auf Beobachtungen basiert und einen Überblick über das gesamte Tierreich geben will. Über das gesamte Werk finden sich fremde Zufügungen, die entweder von seinen Schülern oder auch noch in späteren Zeiten ergänzt worden sind.[32] Das IX. und das X. Buch gelten allgemein als unecht (v. V.1).

Die Bücher I–VI lassen einen einheitlichen Plan erkennen: I–IV beschäftigen sich mit der inneren und äußeren Anatomie sowie der Physiologie aller Tiere. Danach folgen in den Büchern V und VI die Ausführungen über Begattung, Zeugung und Entwicklung. Buch VI endet mit den Mäusen. Da nun aber Aristoteles zu Beginn des V. Buches angekündigt hatte, dass der Mensch mit seinen komplizierten Verhältnissen am Schluss besprochen werden sollte, und da die sonst übliche Rekapitulation fehlt, schließt man, dass das VI. Buch unvollendet sei.

Die komplexe Überlieferung und Textgeschichte hat zur Verwirrung in der Zählung der Bücher geführt. Da die arabisch-lateinische Tradition von der griechischen Referenzausgabe abweicht, müssen hier erklärende Worte vorweggenommen werden. Das Corpus Aristotelicum wurde um 1830 von Immanuel Bekker in einer Gesamtausgabe ediert, wobei er einer bestimmten Gruppe griechischer Handschriften folgte. Alle Referenzen wie 639b12, 487a15 etc. beziehen sich auf Seiten- und Spaltenzahlen in dieser Bekkerschen Ausgabe. Für die *HA* heißt das, dass die Bücher I–X ganz normal durchgezählt werden. In

30 Cf. z. B. Aubert/Wimmer 1868, p. 34.

31 Kollesch 1997, p. 367; Hünemörder 1997, p. 397.

32 Vara Donado spricht in seiner Edition von einem «texto abierto, sometido a un proceso continuo de adiciones postaristotélicas ocurridas dentro del Liceo» (Vara Donado 1990, p. 12).

der arabisch-lateinischen Tradierung weicht die Reihenfolge im Vergleich dazu ab und folgt der alexandrinischen Redaktion:[33] I–VI, VIII, IX, VII, X, nur werden auch hier die Bücher durchgängig gezählt. Daraus ergibt sich folgendes Bild:

Bekker (nach einer bestimmten Gruppe griechischer Handschriften):
I–VI VII VIII IX X

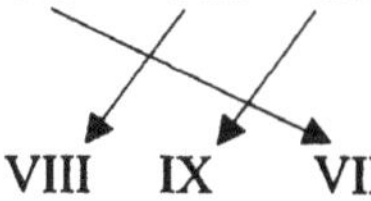

Arabisch-lateinische Überlieferung: I–VI VIII IX VII X

Die folgenden Buchangaben beziehen sich auf die Zählung nach Bekker, während von Buch VI an in Klammern und kursiv gedruckt die für diese Arbeit relevante arabisch-lateinische Zählung angegeben wird.

Beispiel: Buch VII *[IX]* bedeutet, dass das hier beschriebene Buch in den arabisch-lateinischen Handschriften an neunter Stelle steht.

BÜCHER I–IV: INNERE UND ÄUSSERE ANATOMIE UND PHYSIOLOGIE

Aristoteles unterteilt zunächst in zusammengesetzte und nicht zusammengesetzte Körperteile. Er geht dann weiter, die ersteren nach ihrer Zusammensetzung aus gleichen und ungleichen Teilen zu gliedern.

BUCH I handelt vornehmlich vom Menschen, von dessen äußerer Anatomie und den inneren Organen. Da es zu dieser Zeit noch an Erkenntnissen aus Sektionen mangelte, fällt die Darstellung im Vergleich zu den Verhältnissen bei den Tieren relativ ungenau aus, z. B. die Beschreibung von Herz und Gefäßen (496a).

BÜCHER II–III 1 verfolgen die Absicht, einen Überblick über die Bluttiere zu geben. Wieder beginnt er mit der Beschreibung der äußeren Teile (II 1–14) und wendet sich dann den inneren, ungleichteiligen zu (II 15–III 1).

BUCH III, 2–22: Hier geht es nun um die nicht zusammengesetzten Teile, und zwar um die festen (III, 2–18) wie Knochen, Hornmasse, Haut, Fleisch, Fett und um die flüssigen (19–22) wie Blut, Mark, Milch und Samen.

In BUCH IV 1–7 behandelt Aristoteles vergleichsweise sehr kurz die blutlosen Tiere (Weich-, Krusten-, Schalen- und Kerbtiere). In IV 8–11 werden die fünf Sinne beschrieben, womit er wieder zu den Bluttieren zurückkehrt; außerdem behandelt er die Stimme und Sprache der Tiere, ihre Schlafgewohnheiten und schließlich noch die Geschlechtsunterschiede.

BÜCHER V–VI: In den folgenden zwei Büchern steht unter konsequenter Anwendung des Analogieprinzips die Untersuchung der Fortpflanzung und Entwicklung aller Tiergruppen im Mittelpunkt. Diesmal will er den Menschen ans Ende der Reihe stellen.

BUCH V befasst sich mit dem Paarungsverhalten, den Paarungszeiten und den Zeiten der Geschlechtsreife. Ab V 15–VI 37 geht es um die Entwicklung und Aufzucht der Nachkommen.

[33] Cf. V.1.1.

BUCH VII *[IX]* erörtert die Verhältnisse beim Menschen (Keimesentwicklung, Mannbarkeit, Menstruation, Geburt etc.). Hünemörder meint, es sei in seiner prägnanten Kürze eine Kompilation von *GA*.[34]

BUCH VIII *[VII]*: Hier wendet sich Aristoteles den so genannten psychischen Tätigkeiten der Tiere zu: Ernährung, Einfluss der Jahreszeiten (Wanderungen, Vogel- und Fischzüge, Winterschlaf etc.), Tierkrankheiten und Verbreitung der einzelnen Gattungen, also Tiergeographie. Das alles gehört seiner Meinung nach zu der zweiten Hauptaufgabe der Tiere, nachdem er die erste, nämlich die Aufzucht der Nachkommen, zuvor bereits behandelt hatte.

BUCH IX *[VIII]*: Das neunte Buch beschäftigt sich mit dem Sozialverhalten der Tiere, also u. a. mit Aggressionen innerhalb der eigenen Art und gegen andere Arten; es werden auch Charaktereigenschaften von Männchen und Weibchen ebenso wie von einzelnen Arten beschrieben.

BUCH X *[X]*: Hier geht es um die Unfruchtbarkeit des Menschen.

2.3 *De partibus animalium*

Zwischen den Büchern der *HA* und *PA* gibt es zweifelsohne Überschneidungen. Die anatomischen Beschreibungen in der *HA* fallen in der Regel kürzer aus und gehen über die Darstellung nicht hinaus, während in *De partibus animalium* die Funktion der beschriebenen Organe sowie deren Zusammenhang mit anderen Organen im Mittelpunkt stehen. So hängt z. B. die ausführliche Beschreibung des Blutgefäßsystems in *PA* III mit der Frage nach der Seele zusammen, deren Sitz im Blut sei. In der *HA* verfolgen die morphologischen Unterscheidungen das Ziel einer Einteilung und Ordnung des Tierreiches, während es in *PA* dabei um die Organe selbst geht.

BUCH I *[XI]*

Den Büchern II–IV ist die vermutlich erst sehr spät entstandene so genannte biologische «Programmschrift»[35] der Methodendiskussion vorangestellt. Aristoteles liefert hier eine wissenschaftstheoretische Begründung der Zoologie als eigene Wissenschaft und erörtert die anzuwendenden Methoden im Vergleich zu den theoretischen Wissenschaften.

Er befasst sich mit Grundsatzfragen wie Ordnungsprinzipien, Ausgangsfragen und inneren Kriterien. Aristoteles selbst bemerkt (644b25), dass man eigentlich nach den Arten vorgehen müsse, da sie das Sein (οὐσία *usia*) verkörpern. Um aber Wiederholungen zu vermeiden, sei es besser, nach allgemeinen Eigenschaften vorzugehen. Die theoretischen Wissenschaften, so Aristoteles, fragten nach dem Sein an sich, die Biologie dagegen nach dem Werden und Entstehen. Daraus folge auch, dass sich Naturwissenschaften nicht nur mit der äußeren Gestalt der Lebewesen befassen könnten, sondern vor allem auch

[34] Hünemörder 1997, p. 401.
[35] Düring 1966, p. 509.

mit deren Form (641a15ss.), i. e. Materie allein mache noch kein Leben aus, sondern erst die Form, die Seele, belebe die Materie. Jedoch stehe nicht die ganze Seele in ihrer Komplexität zur Debatte, sondern nur ein Teil davon, nämlich das Bewegungsprinzip *(kinēsis, causa movens).*

Nach der allgemeinen Einleitung in Buch I folgt nun in den BÜCHERN II–IV *[XII–XIV]* die Beschäftigung mit den Körperteilen der Tiere und deren Funktionen.

BUCH II: Es werden drei Arten von Körpersubstanzen unterschieden: die Elemente, die homogenen Teile (Blut, Fett, Gehirn etc.) und die heterogenen Teile, i. e. die Organe, angefangen mit den äußeren wie z. B. Ohr, Nase etc.

BUCH III: Im dritten Buch wendet sich Aristoteles den inneren Organen in Kopf, Hals und Brust- und Bauchhöhle zu, von denen das wichtigste das Herz sei. Ausführlich wird das Blutgefäßsystem besprochen; die Vorstellungen des Aristoteles über die Aufgaben von Herz und Gehirn weichen von den modernen ab. Der Sitz der Seele sei im Herzen, i. e. hier finde Denken, Bewegung und Ernährung statt, außerdem werde hier ein Teil der Lebenswärme produziert. Daher sei es Aufgabe des Gehirns, zu hohe Wärme zu mäßigen.

BUCH IV: Im vierten Buch werden die internen und externen Teile der blutlosen Tiere behandelt, um dann aber wieder zu den Bluttieren zurückzukehren, und zwar zu deren äußeren Organen wie z. B. Extremitäten und Schwanz.

2.4 *De generatione animalium*

Die fünf Bücher *GA*, die sich mit der Zeugung der Tiere befassen, sind relativ spät entstanden und können als eine Art Synthese der biologisch geprägten Weltsicht des Aristoteles gelten:

> «Wie in keiner anderen Schrift sind hier die allgemeinen Prinzipien seiner Wissenschaftslehre und Physik, seine Ansichten über Entstehen und Vergehen, über das Verhältnis zwischen dem Physischen und dem Psychischen mit seinen biologischen Kenntnissen zu einer großartigen Gesamtanschauung verschmolzen. Das bedeutet einerseits, dass diese Schrift in höherem Grade spekulativ ist als die übrigen biologischen und psychologischen Schriften, andererseits, dass er über ein enormes Tatsachenmaterial verfügt, auf das er zurückgreifen kann».[36]

Wie entsteht Leben, wie entwickelt sich ein Embryo nach der Empfängnis weiter, was ist die bewegende Ursache – die Fragen, die Aristoteles hier stellt, konnten in seiner Zeit und mit den ihm zur Verfügung stehenden Hilfsmitteln nur äußerst unzulänglich beantwortet werden, so dass der oft spekulative Ton in dieser Schrift zwar überwiegt, sich aber dennoch nie über als Tatsachen anerkannte Beobachtungen hinwegsetzt. Die Lehre von der Zeugung beschäftigt sich also mit den Geschlechtszellen, der Embryologie, den Geschlechtsorganen,

[36] Düring 1966, p. 512.

Paarungszeiten etc., wobei eigene empirische Beobachtungen ebenso einfließen wie die Auseinandersetzung mit älteren Theorien (z. B. von Alkmaion von Kroton, Empedokles oder Leukipp und Demokrit).[37] Aristoteles entwickelt die Samenlehre von Parmenides und Diogenes von Apollonia (5. Jahrhundert) weiter, welche im Folgenden zusammengefasst wird:

Jeder Zeugungs- und Entwicklungsvorgang basiert auf der Entwicklung eines Stoffes *(hylē)*, der durch die Form *(eidos)* als Wesensprinzip bestimmt ist. Der Stoff wird vom weiblichen Teil, die Form vom männlichen Teil beigetragen. Sperma und Menstruationsblut (bzw. Ei) entstehen aus überschüssigem Blut. Die Vorstellung war die, dass die aufgenommene Nahrung im Körper gekocht wird und dass daraus die einzelnen Organe gebildet werden. Das Blut ist die Zwischenstufe, welche im Körper verteilt wird und potentiell alle Körperteile enthält. Das überschüssige Blut, das nicht zum Aufbau oder zur Erhaltung von Organen gebraucht wird, wird weitergekocht, und so entstehen Samen und Monatsblut, die damit aber auch potentiell alle Körperbestandteile in sich tragen. Weil die Frau über eine geringere Körperwärme verfügt als der Mann, kann sie das Blut nicht so weit – nämlich bis zum Samen – verkochen wie jener. Des Weiteren entwickeln sich epigenetisch, also aufeinander folgend, die verschiedenen Organe. Damit weicht Aristoteles von anderen Theorien ab, die im Samen ein vorgebildetes Lebewesen sahen, das nur noch wachsen müsse. Bei der sukzessiven Organentwicklung werden zuerst die allgemeinen, i. e. die Gattungsmerkmale ausgebildet, dann erst die spezifischen, also die Artmerkmale. Im Mittelpunkt des Interesses stehen die Säugetiere, allen voran der Mensch, aber auch alle anderen Tiergruppen werden behandelt.

Buch I *[XV]* behandelt die Geschlechtsorgane, die Beschaffenheit des Samens sowie des analog dazu gesehenen Monatsblutes.

Buch II *[XVI]* geht auf die unterschiedlichen Grade der Vollkommenheit des Zeugungsproduktes bei verschiedenen Tiergattungen ein. Aristoteles beginnt mit den Lebendgebärenden, die ihresgleichen zur Welt bringen wie z. B. der Mensch, und fährt in

Buch III *[XVII]* fort mit den Vögeln, welche vollendete Eier legen, während Fische, Weichtiere und Weichschalentiere unvollendete Eier legen; Insekten wiederum bringen entwicklungsfähige oder entwicklungsunfähige Würmer hervor.

In Buch IV *[XVIII]* geht es dann um Geschlechtsdifferenzierungen, Missbildungen, Krankheiten, Dauer von Schwangerschaften und Zeugungsperioden.

Buch V *[XIX]* schließlich handelt von der Entwicklung des Embryos und der Kinder.

---

[37] Einen kurzen Überblick bietet der Exkurs über antike Entwicklungstheorien in Bäumer 1991, I, p. 72–75.

III. Geschichte der Biologie von der Spätantike bis zur Renaissance

Im folgenden Überblick über die Wissenschaftsgeschichte von der Spätantike bis zur Renaissance mit dem Fokus auf der Biologie geht es schwerpunktmäßig um die Vererbung des hellenistischen Wissensschatzes und dessen Bereicherung und Umformung in den einzelnen Phasen, Kulturen und Religionen, i. e. der hier betrachtete Abschnitt der Wissenschaftsgeschichte ist dabei aufs Engste verknüpft mit der Geschichte der Übersetzungen (in annähernd chronologischer Reihenfolge): griechisch-syrisch, syrisch-arabisch, griechisch-arabisch, griechisch-lateinisch, arabisch-lateinisch, arabisch-hebräisch, arabisch-romanisch, lateinisch-volkssprachlich.

1. Gemeinsamkeiten zwischen Orient und Okzident

Muslimische und christliche Gelehrte des Mittelalters weisen in Anlehnung an das jüdische Erbe beider Religionen die wenig überraschende Übereinstimmung auf, dass sie die Welt und all ihre Erscheinungen als Schöpfung Gottes ansehen, i. e. dass sie gleichermaßen nicht von unabhängigen, in der Natur selbst liegenden Gesetzen ausgehen und dass die Erforschung der Natur mit dem Drang nach Gotteserkenntnis verbunden ist. Islam wie Christentum sind daher grundsätzlich der Naturkunde gegenüber offen und positiv eingestellt.[1]

Die wirklich weitreichende Bedeutung der aristotelischen Naturforschungen liegt in ihrem theoretischen Ansatz (v. II.1), auch wenn dieser in den folgenden Jahrhunderten wieder in Vergessenheit geriet.[2] Das Anliegen der Gelehrten – sowohl der muslimischen wie der christlichen – war das Bewahren und Weitergeben des Wissens, das durch eine Fülle an Material, an Einzelbeschreibungen, Erfahrungen und Entdeckungen ausgebaut und ergänzt wurde. Dabei standen die Anwendungsbereiche von Mathematik, Astronomie und Medizin im Vordergrund, da sie unmittelbar mit dem Leben der Menschen verbunden waren.

Die aristotelische Biologie wurde bereits in ihren Grundzügen dargestellt. Im Folgenden soll die Tierkunde im engeren Sinn in den verschiedenen Kulturkreisen besprochen werden, wobei jeweils wichtige Vertreter und ihre Werke vorgestellt, aber auch theoretische Grundlagen erörtert werden. Der große Be-

---

[1] Nabielek ^{3}1998, p. 113.
[2] Nabielek ^{3}1998, p. 126.

reich der Jagdliteratur wird nicht berücksichtigt, da es sich hier um einen sehr spezialisierten Typus handelt, in dem ornithologisches Fachwissen mit Tierheilkunde verbunden wird.

2. Die arabisch-islamische Periode

2.1 Das griechisch-persische Erbe des Islam

Die arabischen Gelehrten begriffen das Wissen der Griechen, Perser und Inder, das sie bei der Ausbreitung des Islam vorfanden, als eine Erbschaft, die es sowohl möglichst unverfälscht weiterzugeben als auch in philosophischen und philologischen Kommentaren zu erschließen galt. Für beide Aufgaben bildeten Übersetzungen die Grundlage. So machten sich diese Gelehrten nicht nur um ihre eigene Hochkultur verdient, sondern auch – aus heutiger Sicht – um die Wissenschaftsgeschichte überhaupt.

Im 9./10. Jahrhundert kam es zu einer Blüte der Wissenschaften, deren Verdienste besonders in den Bereichen der Astronomie und Medizin lagen.[3] Was die biologischen Disziplinen Botanik und Zoologie anbelangt, so wurden sie auf der einen Seite im Rahmen von Medizin und Alchimie betrieben, also von den Wissenschaften, die sich der Pflanzen und Tiere als Hilfsmittel bedienten, und auf der anderen Seite von Agrikultur und Jagdwesen, bei denen ebenfalls der praktische Nutzen im Vordergrund stand.[4] Eine Auseinandersetzung mit dem Material um tieferer Strukturerkenntnis willen, wie sie Aristoteles betrieben hat, lag nicht im Interesse der arabischen Gelehrten:

> «Eine beschreibende Naturwissenschaft – nicht philosophische Theorie von Bewegungsprozessen, nicht mathematische Erfassung von Größen und Proportionen, auch nicht Indienstnahme von Naturstoffen für Medizin und Alchimie, sondern Beschreibung, Sammlung und Ordnung der Naturphänomene aus empirischem und teleologischem Erkenntnisinteresse hat der mittelalterliche Islam nicht ausgebildet».[5]

Die arabisch-islamische Kultur in ihren Anfängen war die der nomadischen Beduinenstämme mit all den Kenntnissen und sozialen Verhaltenscodices, die das Leben in der Wüste erforderte.[6] Aber: «Der Islam wurde in die Welt des vorderasiatischen Hellenismus hineingeboren»,[7] wodurch der Kulturraum mit seinen sprachlichen und wissenschaftlichen Bedingungen charakterisiert wird. Über die schnelle Ausbreitung des Islam kamen die Araber in Kontakt mit den alten Hochkulturen in Ägypten, Palästina, Syrien und Persien.[8] Alexandria hatte in

---

[3] Vernet 1999, p. 41.
[4] Endress 1992, III, p. 141.
[5] Endress 1992, III, p. 138.
[6] Nabielek ^{3}1998, p. 112.
[7] Endress 1987, II, p. 407.
[8] Damaskus mit seiner alten hellenistischen Tradition war von 661–750 Sitz der Omayaden-Dynastie. Mit der Gründung Bagdads im Jahre 762 rückte der Kalifensitz in die Nähe des persischen Kulturbereiches (Nabielek ^{3}1998, p. 117).

Lehre und Forschung die Nachfolge Athens angetreten. Im ostaramäischen und persischen Sprachgebiet waren Antiochia, Edessa, Nisibis und Gondešāpūr wissenschaftliche Zentren von Rang und Namen. Von den Persern übernahmen die Araber vor allem die Sternenkunde und die Weisheitsliteratur.[9] Das Entscheidende in der Phase der Eroberungen war, dass der florierende Wissenschaftsbetrieb nicht zum Erliegen kam, sondern dass sich vielmehr die Araber lernend und nehmend verhielten.[10] Zudem eigneten sich die Eroberten sehr schnell die Sprache der neuen Herrscher als «Instrument sozialer und politischer Emanzipation an»,[11] so dass sich das Arabische im Laufe von zwei Jahrhunderten zur Kultur- und Wissenschaftssprache entwickelte, nicht zuletzt durch die zahlreichen Übersetzungen, welche unter den Abbasiden in Bagdad vorgenommen wurden.[12]

Bei der Vermittlung griechischen wie persischen Gedankengutes spielten die syrischen Christen eine zentrale Rolle. Die im 4. und 5. Jahrhundert intensiv geführten Auseinandersetzungen um Natur und Wesen Gottes, Jesu und die Bezeichnung Marias als Mutter Gottes oder als Gottesgebärerin führten zu Abspaltungen christlicher Gruppierungen, so z. B. den Arianern, zu denen die Westgoten auf der iberischen Halbinsel gehörten, oder den Nestorianern,[13] zu denen die Syrer zählten. Die Nestorianer fanden nach ihrer Vertreibung aus Konstantinopel im Sassanidenreich Aufnahme und bald schon war ihr Glaube von Syrien bis Indien verbreitet.[14] Die Ostkirche bediente sich ohnehin schon seit dem 4. Jahrhundert der syrisch-aramäischen Sprache sowohl im rituellen Bereich wie auch im Unterricht an den Klosterschulen, i. e. ein bedeutender Teil des griechischen und persischen Erbes lag bereits in Übersetzungen dieser Sprache vor.[15] Für die Folgezeit bedeutete dies, dass Übertragungen ins Arabische oftmals nicht einer Vorlage im griechischen Original folgten, sondern dass aus dem Syrischen übersetzt wurde. Dasselbe gilt für indische Quellen, die zunächst in persischer Sprache rezipiert wurden, bevor ab dem 5./11. Jahrhundert auch direkte Übersetzungen vorgenommen wurden.[16] Die Ströme griechischen und persisch-indischen Wissens flossen im 8. Jahrhundert nach Bagdad und von da aus weiter nach Córdoba.

---

9 Endress 1987, II, p. 412ss.

10 Flasch 1986, p. 263.

11 Endress 1987, II, p. 217.

12 Bossong bezeichnet diesen Prozess der Aneignung und Auseinandersetzung mit einer höheren Kultur als «Akkulturierung». Der Begriff wird ausführlicher unter IV.1.2 besprochen.

13 Nestorius, Patriarch von Konstantinopel von 428–431, vertrat die These, dass Christus wahrer Mensch und wahrer Gott zugleich sei, aber beide Naturen unvermischt in sich trage; und Maria habe nicht Gott geboren, sondern den mit Gott vereinten Christus. Für seine Lehren wurde er auf dem Konzil in Ephesus 431 verurteilt (Amato [3]1998).

14 Baumstark 1922, p. 100.

15 Endress 1992, III, p. 407.

16 Hier ist z. B. die *Sindhind*-Übersetzung des Al-Bīrūnī (gestorben 440/1048) aus dem Bereich der Astronomie zu nennen, oder *Kalīlā wa-Dimna* als Weisheitsliteratur (Endress 1992, III, p. 415).

Aus der Anfangszeit der Übersetzungen sei hier nur ein Gelehrter genannt: Yaḥyā ibn al-Biṭrīq. Am Hofe des Kalifen Al-Ma'mūn (regierte 198–218/813–833) als Arzt und Philosoph tätig, der wohl auch eigene Werke verfasst hatte, wird er in arabischen Quellen als der Übersetzer der zoologischen Schriften des Aristoteles genannt (v. V.2.3).[17]

Ein wenig später als Al-Biṭrīq und viel bedeutender als dieser war Ḥunain ibn Isḥāq (195–218/808–873), ein nestorianischer Christ, der wegen seines sprachschöpferischen Könnens sowie seiner aufwändigen philologischen Methodik bekannt war und der nicht nur medizinische Lehrbücher schrieb, sondern vor allem auch Übersetzungen aus dem Griechischen anfertigte, deren Umfang und Sorgfalt im wahrsten Sinne des Wortes Schule machten, auch wenn sein Perfektionismus als einmalige Erscheinung angesehen werden muss. Bevor er sich an die Übersetzung eines Textes machte, studierte er alle älteren, syrischen Versionen, die ihm zugänglich waren, verglich griechische Handschriften miteinander und mit den syrischen Fassungen und erstellte sich so einen kritischen Text.[18] Von ihm weiß man, dass anfänglich syrische Fassungen, z. B. von Galen, angefertigt wurden, die zum Gebrauch für christliche Ärzte bestimmt waren, dass aber zunehmend auch vermögende Muslime arabische Übersetzungen anforderten. Sein Sohn Isḥāq setzte die Tätigkeit des Vaters fort, erweiterte aber den Kreis der Texte um naturphilosophische, logische und ethische Werke.

2.2 Die Zoologie in der wissenschaftlichen Literatur der Araber

Obwohl die Tierkunde des Aristoteles schon relativ früh (9. Jahrhundert) in arabischer Sprache verfügbar war, folgte daraus kein besonderes Interesse an der Zoologie als wissenschaftlicher Disziplin. Pellat äußert sich durchaus verwundert über diesen Umstand:

> «Zoology has never been a very popular discipline [...]. This growing indifference to zoology shown by Arab thinkers is very difficult to explain when one considers the interest taken in animals by Muslim law, but it is probably due in great part to the absence of organized research and specialist works of truly scientific character».[19]

Wie eingangs erwähnt, wird sich in den darauf folgenden Jahrhunderten allein durch die Größe des islamischen Einflussbereiches die Materialfülle vergrößern, denn das Interesse an Informationen über Aussehen und Eigenschaften vor allem auch von weit entfernten Tieren war groß. Man wird auch die aristotelischen Schriften über die Tiere rezipieren, aber es wird keine aus dem Gegenstand selbst entwickelte Methodik geben, auf der sich ein eigenständiger Forschungsbereich aufbauen ließe, und es wird auch bis ins 8./14. Jahrhundert nicht zu einer systematischen Bearbeitung des Materials kommen. Vielmehr finden

[17] Endress 1987, II, p. 421.

[18] Endress 1992, III, p. 4; Drossaart Lulofs 1968, p. 409.

[19] Pellat 1971, Absatz 7.; v. auch Eisenstein 1990, p. 199.

sich tierkundliche Nachrichten in den verschiedensten literarischen Gattungen,[20] wobei die Tierkunde nicht interessant um ihrer selbst willen ist, sondern in ihrer Bedeutung für den Menschen bzw. im Rahmen der Theologie.[21] Daher überrascht es auch nicht, dass neben den Tieren und dem Menschen auch Engel und Dschinne[22] behandelt werden, da sie alle Geschöpfe Gottes sind.

Bei der Auseinandersetzung mit Aristoteles stellt sich den islamischen Theologen dasselbe Problem, das ein paar Jahrhunderte später die christlichen Gelehrten beschäftigen wird: Aristoteles lehrt, die Welt sei ewig, aber laut Schöpfungsbericht muss die Welt ex nihilo von Gott geschaffen worden sein.[23] Im Bereich des Islam gelingt Al-Fārābī (gestorben 339/950) die Harmonisierung mit der neuplatonischen Emanationslehre, Thomas Aquinus wird Ähnliches für den christlichen Kontext versuchen.[24]

Der aristotelische Gedanke von der Stufenleiter der Natur, der *scala naturae*, (vom Unvollkommenen zum Vollkommenen mit dem Menschen an der Spitze) fand hinwiederum problemlos Eingang in die arabisch-islamische Kultur. Daran schließt sich die Seelenlehre an. Da sich der Koran diesbezüglich nicht äußert, können sich die islamischen Gelehrten die antike Psychologie, nämlich Platons Seelenlehre und ihre Weiterentwicklung durch Aristoteles, zu Eigen machen. Die Iḫwān al-Ṣafā'[25] definierten nach Aristoteles im Rahmen ihrer Kosmologie das Tier als einen Körper, der sich ernährt (Ernährungsseele), der sich fortbewegen kann, wächst und Sensibilität besitzt (Empfindungsseele).[26]

Die arabischen Philosophen setzten sich, wie sie es auch bei anderen philosophischen Überlieferungen zu tun pflegten, vor allem in Form von Kommentarliteratur mit der Zoologie des Aristoteles auseinander. Das gilt z. B. für Ibn Sīnā (lat. Avicenna, 362–426/973–1037), einem Arzt aus Afšana im Iran, der in seinem ausführlichen Kommentar zu den Tierbüchern des Aristoteles im *Kitāb al-Šifā' (Buch der Heilung)* sehr viele Ergänzungen aus Galens Anatomie einfließen ließ.[27] Ebenso seien noch die beiden Andalusier Yaḥyā ibn al-Ṣāi'ġ ibn Bāǧǧa, dem Abendland als Avempace bekannt (gestorben 532/1138 in Zaragoza), und Ibn Rušd (lat. Averroes, 518–584/1126–1192, Córdoba) genannt. Beide beschäftigten sich mit den theoretischen Überlegungen, die Aristoteles in den Büchern *De partibus animalium* und *De generatione animalium* anstellte.[28]

---

[20] Ullmann 1972, p. 5.

[21] Eisenstein 1990, p. 202.

[22] Die جن *ǧinn* (koll.) sind Dämonen, deren es gute und böse gibt und die aus rauchlosem Feuer geschaffen werden (Sure 15,27).

[23] Nabielek ^{3}1998, p. 117.

[24] Flasch 1986, pp. 272ss. und 324ss.

[25] Die Iḫwān al-Ṣafā' werden zu deutsch 'die Lauteren Brüder von Baṣra' genannt; hier geht es um ihre *Sendschreiben* (*Rasā'il*, zwischen 350 und 370/961 und 980).

[26] Cf. II.1.2; Eisenstein 1990, p. 200.

[27] Ullmann 1972, p. 26.

Während Aristoteles das Tierreich nach anatomischen und physiologischen Gesichtspunkten gliederte, gab es unter den arabischen Gelehrten keine einheitliche Linie – weder in der Systematik, die weiter unten besprochen wird, noch beim Artbegriff.[29] Art und Gattung waren nicht eindeutig terminologisch festgelegt. Als bemerkenswerte Ausnahme muss der Artbegriff der Iḫwān al-Ṣafā' gelten. Sie definierten im Anschluss an Aristoteles, dass jedes Individuum die Form seiner Gattung und Art bewahre, dass also ein Kamel nie ein Pferd zur Welt bringe etc. Sie legten folglich die Art und Weise der Fortpflanzung zugrunde.[30] Im Großen und Ganzen muss man aber sagen, dass es in dieser Zeit keine einheitlichen Vorstellungen gab, was noch dadurch erschwert wurde, dass man ja sehr wohl Kreuzungen v. a. bei Pflanzen kannte und dass es außerdem dem Koran zufolge (z. B. Sure 2,65 oder 5,60) zu Metamorphosen *(masḫ)* kommen konnte, z. B. von Menschen in Schweine oder Affen. Daraus folgend ergab sich die Frage, ob etwa ein Schwein, das durch die Metamorphose eines Menschen entstanden war (wohl aus göttlicher Strafe), Nachkommen haben könne und ob gar alle Affen oder Schweine solche Nachkommen seien.[31] Von diesem Problem einmal abgesehen, galt es als bekannt, dass äußere Bedingungen Einfluss auf morphologische Merkmale wie Körpergröße, Haarfarbe oder Ähnliches haben können, dass sich also z. B. die Farbe von Kopfläusen verändere entsprechend der Haarfarbe des Wirtes.[32]

In der Anatomie und Physiologie hielt man sich an Aristoteles und Galen. Beide Bereiche wurden nicht im Sinne des Aristoteles als zoologische Disziplinen mit eigenem Erkenntniswert behandelt, sondern als Hilfswissenschaften der Medizin, so dass hier keine Einzelheiten ausgeführt werden.

2.3 Die *adab*-Literatur

Nach der Besprechung der wissenschaftlichen Literatur im engeren Sinne soll nun auf die Behandlung tierkundlichen Wissens in der so genannten *adab*-Literatur eingegangen werden, einer Literaturgattung, in der in belehrender, anekdotischer und kunstvoller Weise verschiedene Bereiche der so genannten feinen Bildung *(adab)* dem interessierten Leser dargeboten werden.[33] Es geht nicht um wissenschaftlich-systematische Unterweisung, sondern um Unterhal-

---

28 Die Kommentare des Averroes zu *De partibus animalium* und *De generatione animalium* sind nicht mehr in der arabischen Originalsprache, sondern nur noch in hebräischer und lateinischer Übersetzung überliefert (Ullmann 1972, p. 29).

29 Ullmann 1972, p. 56; Nabielek ^{3}1998, p. 120.

30 Es sei angemerkt, dass die bis heute (mehr oder weniger) gültige Definition des Artbegriffs von John Ray (1693) dahingehend lautet, die Art als Fortpflanzungsgemeinschaft zu bestimmen, i. e. zu einer Art gehören die, welche sich regelmäßig untereinander fortpflanzen und deren Junge auch ihrerseits wieder untereinander fortpflanzungsfähig sind (Ullmann 1972, p. 56; Wußing 1983, p. 142).

31 Pellat 1991, p. 737.

32 Nabielek ^{3}1998, p. 120.

tung und Erbauung. Hierher gehören auch Sammlungen von Tierfabeln, deren wichtigste die aus dem Persischen kommende *Kalīla wa-Dimna* ist.[34] Die im Folgenden vorgestellten Autoren nehmen in unterschiedlicher Weise eine Ordnung des Tierreiches vor.

Hier ist als erster Abū ʿUṯmān ʿAmr ibn Baḥr al-Ǧāḥiẓ aus Baṣra (150–255/767–868) zu nennen, der in seinem *Kitāb al-Ḥayawān* (*Buch der Lebewesen*, 233/874) 397 Tierarten nennt und beschreibt. Das Interesse des Autors ist aber erklärtermaßen der Beweis der Existenz Gottes, indem er Gottes Wirken in der Schöpfung darzulegen versucht. Die zahlreichen Tiere stehen bei ihm ungeordnet nebeneinander, und wenn er Zuordnungen vornimmt, so geschieht das nach äußerlichen Kriterien wie z. B. nach der Art der Fortbewegung. Er benutzt eine Vielzahl an verschiedenartigen Quellen, darunter philologische Monographien z. B. über Tauben oder Hunde, aber auch die Übersetzung der *Historia animalium* des Aristoteles. Al-Ǧāḥiẓ hat ebenso wenig wie die zwei folgenden Autoren eigene Forschungen angestellt, vielmehr sieht er sich in einer literarischen Tradition und erklärt, dass alle zoologischen Kenntnisse der Naturphilosophen und Ärzte in den Gedichten der Araber zu finden seien, denen er sich widmet.[35]

Weniger bekannt geworden ist das *Kitāb Ṭabāʾiʿ al-Ḥayawān (Buch von den natürlichen Eigenschaften der Lebewesen)* des Geographen Ṭāhir al-Marwazī (5./6. / 11./12. Jahrhundert im Osten des islamischen Reiches). Anders als Al-Ǧāḥiẓ bietet Al-Marwazī eine Einteilung in Tierklassen: Mensch; Haus-, Wild- und Raubtiere; Vögel; Reptilien; Insekten; Wassertiere. Tatsächlich liefert das Werk viele tierkundliche Informationen vermischt mit Anekdoten und Kuriositäten, ohne ein größeres philologisches Interesse wie bei Al-Ǧāḥiẓ erkennen zu lassen.[36]

In der Bedeutung ebenfalls nicht an Al-Ǧāḥiẓ heranreichend, ist die Enzyklopädie des Kamāl al-Dīn M. ibn Mūsā al-Damīrī (745–808/1344–1405), das *Kitāb Ḥayāt al-ḥayawān (Buch über das Leben der Tiere)*, zu erwähnen. In dieser groß angelegten Kompilation werden die Tiere benutzerfreundlich alphabetisch angeordnet, damit man nachschlagen kann, was in der arabischen Literatur zu einem Tier irgendwann einmal geschrieben wurde, seien es nun Erzählungen, Gedichte oder Mirabilien, aber auch Deutungen von Träumen, in denen das Tier vorkommt.[37]

Das Wissen der Antike im Bereich der Tierkunde wurde von den arabischen Gelehrten aus den verschiedenen Fachdisziplinen weitergegeben und bearbeitet. Da sind zu nennen Philosophen wie die Iḫwān al-Ṣafāʾ oder Averroes, die sich

---

33 Ausführliche Besprechungen dieser Werke finden sich bei Eisenstein 1990, p. 117–156.

34 Sezgin 1970, III, p. 345.

35 Pellat 1971, Absatz 7.; Sezgin 1970, III, p. 348 und 368ss.; v. auch Asín Palacios 1930.

36 Ullmann 1972, p. 29s.; Eisenstein 1990, p. 127ss.

37 Pellat 1971, Absatz 7.; Ullmann 1972, p. 39s.

mit methodischen, theoretischen und philosophischen Fragestellungen des Aristoteles auseinandersetzen, wie z. B. der Seelenlehre oder der *scala naturae*. Avicenna sei als Vertreter des Ärztestandes genommen, der sich von medizinischer Seite mit der Zoologie beschäftigte. Und schließlich waren es Schriftgelehrte wie Al-Ǧāḥiẓ, die sich für alle literarischen Äußerungen zeitgenössischer wie antiker Autoren über Tiere interessierten. Ein eigenständiger wissenschaftlicher Bereich wurde nicht entwickelt, da für die arabischen Gelehrten weder Bedarf noch Interesse dafür gesehen wurde.

3. Die christlich-lateinische Periode (5.–14. Jahrhundert)

3.1 Die christlichen Traditionen

Die Rezeption des hellenistischen Erbes im europäischen Raum ist von entscheidender Bedeutung für die späteren Entwicklungen in der Renaissance. Man kann hier zeitlich zwei Phasen unterscheiden: a) von der Spätantike bis ungefähr zum 12. Jahrhundert und b) die Phase nach der Entdeckung des Aristoteles. Vor allem für die erste Phase ist festzustellen, dass ein großer Teil des antiken Wissens über Jahrhunderte von den Geistlichen in den Klöstern durch Aufbewahrung, Abschreiben und Übersetzen erhalten und weitergegeben wurde.[38] Dieses konservatorische Verdienst darf nicht vergessen werden angesichts der Schwierigkeiten, welche die kirchlichen Strukturen in späteren Jahrhunderten den säkularen Wissenschaften bereiten werden.

In der christlichen Tradition herrschte bis ins 11./12. Jahrhundert hinein ein eher moralisch-religiöses denn ein wissenschaftliches Interesse an Nachrichten über Tiere.

> «Wie in Byzanz und bei den Arabern geht es in erster Linie darum, am Beispiel der vielgestaltigen Erscheinungen der belebten Natur die Existenz eines Schöpfergottes herauszustellen».[39]

Großer Beliebtheit erfreuten sich Schriften des *Physiologus*-Typs, also allegorische Tierbeschreibungen mit theologischem oder auch gesellschaftskritischem Bezug.[40] Überhaupt folgten die naturkundlichen Schriften dieser Zeit der Zeichenlehre des Augustinus und trachteten also danach, die richtige Interpretation eines Naturgegenstandes vorzulegen.[41] Ebenso wie bei den Arabern setzte eine theoretische Durchdringung des vorhandenen Materials erst durch die Begegnung mit antiken Autoren ab dem 11./12. Jahrhundert ein, als sich die arabisch-lateinischen Übersetzungen in Europa verbreiteten. Die metaphorische und

---

38 Nabielek ^{3}1998, p. 141; Störig 1965, p. 144.

39 Nabielek ^{3}1998, p. 142.

40 Der erste *Physiologus* entstand vermutlich im 2. Jahrhundert n. Chr. in Alexandria. Ausgehend von einer Bibelstelle, in der das zu behandelnde Tier erwähnt wird, folgt eine Mischung aus naturkundlicher Beschreibung und allegorischer Ausdeutung.

41 Die Arbeiten von De Boor 1966, Brinkmann 1970, Meier 1976 und 1978, Ohly 1966 und Speer 1995 führen ausführlich in dieses grundlegende Thema ein.

symbolische Bedeutungsebene tritt nun zurück, doch bleibt zunächst die Theologie als Rahmen für Wissenschaft überhaupt bestehen, was sich allein daran zeigt, dass ein Wissenschaftler im christlich-lateinischen Mittelalter eigentlich immer ein Kleriker war.

Für die Ausbildung der Mönche sowie als Hilfsmittel für die Bibelexegese waren Enzyklopädien gedacht, die möglichst umfassend das Wissen der Zeit darstellten. Von den großen Enzyklopädisten dieser Zeit seien genannt Cassiodorus (ca. 490–585), der eine Akademie wie z. B. die in Alexandrien hatte gründen wollen, doch ohne Erfolg blieb, und Isidorus Hispalensis (um 560–636), dessen *Etymologiae* zu den meistgelesenen Büchern des Mittelalters zählten.[42] Auch Beda Venerabilis (um 637–735) und Hrabanus Maurus (um 780–856) waren einflussreiche Autoren, deren Hauptquelle in Naturfragen Plinius war.[43]

Die Enzyklopädien-Tradition setzt im 13. Jahrhundert wieder neu ein, z. B. mit Bartholomaeus Anglicus (vor 1200 bis nach 1250) oder Thomas Cantimpratensis (1186–1270), der über seinen Lehrer Albertus Magnus mit den aristotelischen Tierschriften bekannt war. Im 14. Jahrhundert schrieb Konrad von Megenberg (1309–1374) das *Buch der Natur*, worin zum ersten Mal in deutscher Sprache die *Historia animalium* rezipiert wird. Die einzelnen Autoren unterscheiden sich in der Regel in der Anlage ihrer Werke, in der Gewichtung der Quellen und damit auch meist in Themenschwerpunkten. Allen gemeinsam ist aber das eine Ziel: Welterkenntnis zum Zwecke der Gotterkenntnis. Diese Universalwerke lassen sich einordnen in das Bildungswesen ihrer Zeit, welches sich zusammensetzte aus einer Grundausbildung in den *Septem artes liberales*[44] und einem weiterführenden Studium an der Universität in einer der drei *facultates*: Theologie, Jurisprudenz oder Medizin.[45] Im höheren Studium hatte also die Naturphilosophie keinen eigenen Platz, sie wurde entweder von Ärzten oder im Rahmen erweiterter theologisch-philosophischer Studien betrieben.

---

42 Nabielek ³1998, p. 141.

43 Gaius Plinius Secundus der Ältere (23/24–79 n. Chr., Como) schrieb die *Naturalis historia*, die bis zur Neuzeit beliebteste und meistpublizierte Naturgeschichte in 37 Bänden, welche 1469 zum ersten Mal in Venedig gedruckt wurde. Plinius war einer der wichtigsten Autoren der seinerzeit neu entstandenen Literaturgattung 'Enzyklopädie'. Er kompilierte unkritisch aus 2000 verschiedenen Quellen (nach eigenen Angaben), nahm keinerlei Klassifizierung vor und wollte einen Überblick über das gesamte verfügbare Wissen seiner Zeit geben (Bäumer 1991, II, p. 13).

44 Im Trivium wurden Grammatik, Rhetorik und Dialektik unterrichtet, während das Quadrivium die Arithmetik und die Geometrie, die Astronomie sowie die Musik umfasste.

45 Die ersten Universitäten werden im 12./13. Jahrhundert gegründet: 1119 Bologna als bürgerliche Universität, Neapel (1224) und Salamanca (1250) als staatliche Gründungen, Paris (um 1200) dagegen kirchlich.

3.2 Die Berührung mit der arabischen Wissenschaft

Die lateinischen Autoren hatten von den Arabern die Gattung der Kommentarliteratur als die übliche Form der wissenschaftlichen Darstellung übernommen.[46] Was die Zoologie anbelangt, so floss der älteste Kommentar zu *De animalibus* aus der Feder eines spanischen Autors, nämlich der des Petrus Hispanus (gestorben 1277), dem späteren Papst Johannes XXI. Ob der Kommentar nun in Spanien entstand, wo der Kontakt mit der arabischen Wissenschaft sehr eng war und der Autor seine wissenschaftliche Ausbildung genossen hatte, oder ob ihn Petrus zwischen 1246 und 1249 in Siena anfertigte, wo er als Medizinprofessor tätig war,[47] ist nicht geklärt. In 822 *quaestiones* beschäftigte er sich mit Aspekten der Naturphilosophie und der Medizin, wobei er neben dem Aristoteles-Text noch weitere theoretisch-medizinische Schriften von Avicenna, Averroes oder Galen heranzog[48] (v. auch V.3.3).

Als weiterer Kommentar zu den aristotelischen Tierbüchern sei der des Albertus Magnus (1193–1280) genannt. Albertus hielt sich eng an Aristoteles, doch scheute er sich nie, seinen eigenen Augen zu trauen, auch wenn das den anerkannten Autoritäten widersprach.[49] Aristoteles folgend hielt er sich nicht an ein einziges System zur Klassifizierung des Tierreichs, sondern wählte mal morphologische, mal ökologische und ein anderes Mal wieder fortpflanzungsbiologische Kriterien. Albertus gilt als der herausragendste Tierkundler des 13. Jahrhunderts.[50] Seine Bedeutung liegt nicht allein in diesem Werk begründet, sondern auch darin, dass er 1259 durchsetzte, dass Philosophie und Naturwissenschaften in die Studienordnung der Hochschule des Dominikanerordens aufgenommen wurden. Dieser Erfolg war von größter Tragweite sowohl für den Orden und die Kirche als auch für die Wissenschaftsgeschichte allgemein.

Überall dort, wo sich die christliche und die islamische Welt berührten, kam es zu einem wissenschaftlichen Austausch. So begann man am Ende des 11. Jahrhunderts in Salerno mit der Rezeption medizinischer Werke aus dem arabisch-islamischen Raum. Als der bekannteste Übersetzer dieser Zeit ist Constantinus Africanus (11. Jahrhundert) zu nennen, ein konvertierter Christ, dessen Arbeiten von medizinhistorischer Bedeutung sind.

Nach der Rückeroberung Toledos im Jahre 1085 wollten die christlichen Gelehrten auch die hier vorhandenen ungeheuren Schätze der arabischen Bibliotheken für den lateinischen Westen nutzbar machen (v. IV.1). Vor allem die Übersetzung der aristotelischen Schriften und ihrer arabischen Kommentatoren stellten eine Herausforderung für die westlich-abendländische Philosophie dar.

---

46 Crombie 1977, p. 143.
47 Asúa 1999, p. 189.
48 Asúa 1999, p. 190ss.
49 Crombie 1977, p. 150.
50 Fries ^{2}1978, p. 131.

Was nun die Biologie im engeren Sinne anbelangt, so gilt für sie dasselbe wie im arabisch-islamischen Bereich: Bis zum Beginn der Neuzeit blieb sie im christlich-lateinischen Mittelalter in etwa auf dem Stand der Antike. Das gilt für die Bereiche Anatomie, Physiologie, Zeugungslehre und die Taxonomie. Die Bedeutung der Leistungen der Wissenschaftler dieser Zeit liegt vor allem darin, das antike Erbe über die arabische Vermittlung aufzunehmen, zu bewahren und damit den Weg in die Neuzeit zu bereiten.

Zum Abschluss soll noch ein Werk vorgestellt werden, das «in seiner Art – jedenfalls in der lateinischen Welt – keine Vorläufer [hatte] und es sollte auf Jahrhunderte hinaus auch keine Nachfolger finden».[51] Es geht um das Falkenbuch von Friedrich II. von Hohenstaufen (1194–1250): *De arte venandi cum avibus*, das er vor 1248 fertig stellte. Darin vollbrachte er eine für seine Zeit einzigartige Leistung, nämlich die Verbindung von bildlicher Darstellung und Text. Er kannte Aristoteles' Tierbücher in der Übersetzung seines Hofastrologen Michael Scotus sowie weitere arabische und lateinische Autoren, er versammelte Falkner aus aller Welt um sich, doch letztlich machten seine eigenen Beobachtungen den Hauptteil aus.[52]

4. Die Situation auf der iberischen Halbinsel

Zahlreiche Monographien beschäftigen sich mit dem arabisch-islamischen Erbe, das dem Abendland über Spanien zugeflossen ist, wobei es sowohl um kulturelle wie auch um wissenschaftliche Hinterlassenschaften geht.[53] Immer wieder werden die herausragenden Leistungen der Araber auf den Gebieten der Astronomie, Astrologie, der Mathematik, der Geographie und der Philosophie betont, nicht zu vergessen die Medizin mit den Nebengebieten Botanik und Pharmakologie. Wie aber verhält es sich mit der Zoologie? Michael Scotus übersetzte vor 1220 in Toledo das wissenschaftliche Hauptwerk der antiken Zoologie, den *Liber de animalibus*, aus dem Arabischen ins Lateinische, und so wurde im lateinisch-christlichen Abendland eine neue Phase der Auseinandersetzung mit tierkundlichem Wissen eingeleitet. Doch soll zunächst ein chronologischer Überblick gegeben werden, der im arabischen Kulturraum anfängt.

Im Vergleich zu den arabischen Wissenschaftszentren in Bagdad und Kairo verlaufen die Entwicklungen in Al-Andalus entsprechend den politischen Rahmenbedingungen (v. I.1.1) etwas verzögert ab.[54] Aber bereits unter ʿAbd al-Raḥmān II. (regierte 206–237/822–852) treten die ersten Gelehrten auf, von denen eine herausragende Person genannt sei: ʿAbbās bin Firnās (gestorben 274/

[51] Fried 1996b, p. 125.

[52] Bäumer 1991, I, p. 135.

[53] Es sei vor allem auf die Arbeiten von Glick 1979, Hottinger 1995, Jayussi 1992, Mann 1992, Menéndez Pidal, Ramón, 1956, Millas Vallicrosa z. B. 1942 und 1949, Vernet z. B. 1999 hingewiesen.

[54] Millas Vallicrosa 1949, I, p. 23.

887), Astronom und Physiker. Er baute ein Planetarium und führte die astronomischen Theorien aus dem indischen *Sind Hind* in Spanien ein; zudem unternahm er einen Flugversuch, bei dem er sich wohl, mit einem Federgewand bekleidet, tatsächlich eine gewisse Strecke in der Luft halten konnte.[55]

Über Muslime aus dem Iran und Irak gelangten nicht nur persische und indische Mathematik und Astronomie nach Al-Andalus, sondern auch Gebräuche und Moden, die zum Teil bis heute fortleben, so z. B. das Schachspiel oder der Aberglaube, die Zahl 13 sei eine Unglückszahl. Aber auch landwirtschaftliche Produkte und Industriezweige werden aus dem Dār al-Islām eingeführt: Zuckerrohr, Baumwolle, Aprikosen etc. sowie die Seidenraupe und die Technik der Papierherstellung (Mitte 9. Jahrhundert).

> «Es ya la época del califato de Córdoba (929–1031) que inaugura el primero de los tres siglos de apogeo cultural español alimentado por los grandes tesoros bibliográficos – 400.000 volúmenes – encerrados en la Biblioteca del Palacio».[56]

Zweifelsohne sind das 11. und das 12. Jahrhundert trotz aller politischer Unruhen ein wissenschaftsgeschichtlicher Höhepunkt von großer Faszination damals wie heute. Die Epoche ist geprägt von religiöser wie politischer Toleranz, in der Wissenschaftler der verschiedenen Nationalitäten, Ethnien und Religionen zusammenarbeiten – die viel gepriesene *convivencia* (v. I.1).

In Bezug auf die Tierkunde stellt sich die Frage, welche Rolle sie im Rahmen des Wissenschaftsbetriebes in Al-Andalus und den christlichen Reichen spielte. Auch in Al-Andalus waren es Ärzte und Philosophen, die sich der Botanik und der Zoologie widmeten. Einer der größten Ärzte seiner Zeit war Abū Marwān (lat. Avenzoar, 485–556/1092–1161, Sevilla), der in seinem Therapiehandbuch, dem *Taysīr (Erleichterung),* zum ersten Mal den Perikard-Abszess beschreibt, ebenso wie er als erster die Tracheotomie empfiehlt.[57]

Averroes kann als einer der größten Philosophen seiner Zeit angesehen werden[58] und gilt zudem als der bedeutendste Aristotelesinterpret des Mittelalters.[59] Er war Zeit seines Lebens als Arzt tätig und ging für alle philosophisch-theologischen Überlegungen von einem rationalistisch-naturwissenschaftlichen Standpunkt aus. Seine Grundlage war das Werk des Aristoteles, welches er kommentierend erschloss. Ebenso wie sein jüdischer Arztkollege und Landsmann Maimonides (geboren 1135 in Córdoba, gestorben 1204 in Kairo) versuchte er eine Synthese zwischen Philosophie und Theologie herzustellen.[60]

---

55 Artikel von Terés 1960; Vernet 1999, p. 46.

56 Vernet 1975, p. 59.

57 Sein Werk wurde gleich zweimal ins Lateinische übersetzt: einmal von Juan de Padua (zw. 1262 und 1278) und das zweite Mal 1281 von Paravicius.

58 «Averroes (1126–1198) es posiblemente el español que mayor influjo ha ejercido sobre el pensamiento humano» (Vernet 1975, p. 67).

59 Ullmann 1970, p. 166.

60 Der *Führer der Unschlüssigen* (*Dalālat al-ḥā'irīn*) von Maimonides gilt als das bedeutendste Werk der jüdischen Philosophie des Mittelalters (Hödl im LexMA

In den Bereich der Biologie nach heutiger Definition fällt die Botanik, eng verbunden mit der Pharmakologie und damit mit der medizinischen Nutzanwendung auf der einen Seite oder aber mit der Landwirtschaft auf der anderen Seite. Hierher gehören Wissenschaftler wie Ibn Ǧulǧul al-Andalusī (geboren 332/944 in Córdoba), Ibn al-Wāfid aus Toledo (lateinisch Abencenif, 397–466/1007–1074) sowie sein Toledaner Kollege Ibn Baṣṣāl und Ibn Ḥaǧǧāǧ in Sevilla.[61] Stellvertretend für diese Wissenschaftler wird Ibn al-Wāfid vorgestellt, der Schriften sowohl im Bereich der Pharmakologie als auch der Agrikultur verfasste, die uns zwar nicht mehr im arabischen Original, dafür aber in lateinischer oder romanischer Sprache überliefert sind. Als Quellen dienten ihm antike Klassiker (Demokrit, Pseudo-Aristoteles, Theophrastos etc.), außerdem nachweislich das Pflanzenbuch des arabischen Autors Abū Ḥanifa al-Dīnāwarī (gestorben 282/895). Im *Tratado de agricultura* spart er therapeutische Anwendungen von Pflanzen weitestgehend aus, da er diese in seinem *Libro de los medicamentos simples* eigens behandelt, vielmehr widmet er sich hier ausschließlich der praktischen Nutzung. Dieses Werk ist Ausdruck des großen Interesses an landwirtschaftlich relevanten Fragestellungen; es hatte großen Einfluss in der Renaissance, v. a. im Werk des Gabriel Alonso de Herrera (1470–1539), der wahrscheinlich Ibn al-Wāfid folgte, als er die Geschlechtlichkeit der Pflanzen besprach. Ibn al-Wāfid begründete auch den Botanischen Garten in Toledo, wo er Pflanzen zu Studienzwecken kultivierte, ebenso wie er versuchte, ausländische Pflanzen zu akklimatisieren.

Neben dieser praxisorientierten Strömung gab es auch eine theoretische, gelehrte Beschäftigung mit dem Pflanzenreich, bekannt vor allem durch ein anonymes Glossar, das *ʿUmdat al-ṭabīb*, in dem eine Klassifikation nach Gattung *(ǧins)*, Art *(nawʿ)* und Varietät *(ṣinf)* vorgenommen wird und außerdem die synonymen Namen in den verschiedenen Sprachen der Halbinsel zusammengestellt werden.[62]

Die Zoologie hat auf iberischem Boden, soweit es die Quellenlage erkennen lässt, keine originellen Werke hervorgebracht, weder auf islamischer noch auf christlicher Seite. Man hatte die Tierbücher des Aristoteles in arabischer Sprache vorliegen, später dann auch in Latein. Diese Version nutzte Petrus Gallecus (gestorben 1267, Erzbischof von Cartagena), um zusammen mit dem Kommentar des Averroes zu *De partibus animalium* eine neue Bearbeitung vorzulegen.[63]

In Anknüpfung an die Enzyklopädien des lateinischen Westens entstand auf iberischem Boden der spanische *Lucidario* (1295) durch das Autorenteam Alonso Paredes und Pascual Gómez im Auftrag Sanchos IV. Selbige Autoren hatten zuvor *Li livres dou tresor* ins Kastilische übersetzt, welcher von Brunetto

1993). Es wurde mehrfach ins Hebräische und Lateinische (*Dux neutrorum*) übersetzt, zuerst wohl am Hofe Friedrichs II. in Palermo.

61 Millas Vallicrosa 1960, p. 131ss. und 153ss.

62 Edition von Asín Palacios 1943 (v. Bibliographie).

63 Ausführlichere Darstellung: v. Kapitel IV.2.2 und V.3.3.

Latini in Frankreich verfasst worden war (zwischen 1260 und 1267), nachdem er sich eine Zeit lang am Hofe von Alfonso X aufgehalten hatte.[64] Baldwin schreibt in seiner kastilischen Edition:

> «El *Libro del Tesoro* es un compendio de conocimientos clásicos que sigue una larga tradición de tales compendios con sus orígenes en la Baja Antigüedad y los primeros siglos de la Edad Media, una tradición que resiste durante muchos años la nueva ciencia greco-árabe de la Edad Media, para morir finalmente en el renacimiento, [...]».[65]

In dieser kastilischen Übersetzung erfreute sich der gesamte *Tesoro* großer Beliebtheit. Zusammen mit dem *Lucidario* markiert er in Spanien die Abwendung vom arabischen Wissen und die Anknüpfung an westlich-christliche Traditionen.

---

64 Gómez Redondo 1998, p. 866.
65 Baldwin 1989, p. i.

IV. Die Rahmenbedingungen der Naturwissenschaften auf der iberischen Halbinsel im Mittelalter

Mit diesem Kapitel soll versucht werden, ein Panorama der wissenschaftlichen Aktivitäten auf der iberischen Halbinsel vom ausgehenden 11. Jahrhundert bis zum Beginn des 14. Jahrhunderts zu entwerfen, da bei der Erschließung der Handschrift Mss 10198 auch die Fragen nach dem Gebrauchskontext diskutiert werden (v. VIII.3), i. e. es soll die Einordnung einer Übersetzungsarbeit in die bereits bestehenden Traditionen vorgenommen werden.

1. Die Übersetzerschule von Toledo

Nicht nur für die Christen der iberischen Halbinsel, sondern für das gesamte christliche Abendland war Toledo über Jahrhunderte hinweg ein wissenschaftlicher Anziehungspunkt von großer Stärke und Faszination. Doch reicht die Bedeutung der Stadt zurück bis zu ihren Anfängen. Bereits zu Römerzeiten war Toledo ein wichtiger Handelsknotenpunkt und avancierte anschließend zur Hauptstadt und dem kulturellen Zentrum des Westgotenreiches. Ihre Blütezeit erreichte die Stadt zu Zeiten der *reinos de taifas* (11. Jahrhundert).[1] Der Kontakt mit Córdoba garantierte die Verbindung zu den Wissensströmen, die aus der islamischen Welt nach Al-Andalus flossen,[2] das Handwerk und die verschiedenen Künste blühten auf.[3] Nach der Eroberung durch die Christen 1085 verlor die Stadt nicht an Bedeutung und sollte auch in den nächsten Jahrhunderten Regierungssitz leonesischer und kastilischer Könige bleiben. Im 13. Jahrhundert zählte Toledo mehrere hunderttausend Einwohner, darunter etwa 100.000 Juden, die in ihrem eigenen, durch eine Mauer abgetrennten Stadtteil, der *judería*, lebten.[4] Aber auch Muslime blieben nach der Reconquista in der Stadt.

> «Ninguna otra ciudad del Occidente cristiano podía ofrecer entonces un más variado mosaíco de razas, lenguas y culturas que Toledo. El carácter multirracial y multiconfesional no fue un fenómeno limitado a los años posteriores a la incorporación de la ciudad al reino castellano, sino que perduró hasta bien entrada la Edad Moderna. Unos

---

[1] Gonzálvez Ruiz 1997, p. 43ss.

[2] Bedeutende Wissenschaftler wie Ibn al-Wāfid, Said de Toledo oder Azarquiel stammten aus Toledo, ebenso zwei der berühmtesten Astrologen und Übersetzer von Alfonso el Sabio: Yehuda ben Mose ha-Kohen und Isaac ben Sid.

[3] Gil 1985, p. 22.

[4] Luff 1999, p. 251.

y otros grupos humanos se interferían pacífica o conflictivamente y, en definitiva, se enriquecían».[5]

Tatsächlich war es die außergewöhnliche Zusammensetzung der Bevölkerung, die Toledo zu einem Wissenschafts- und Kulturzentrum machte, und zwar über Jahrhunderte hinweg.

Es ist also kein Wunder, dass sich in dieser Stadt nach dem Ende der arabischen Herrschaft eine so genannte Übersetzerschule bildete, deren Ziel es war, das in den dortigen reichhaltigen Bibliotheken vorhandene Wissen in arabischer Sprache dem lateinisch-christlichen Abendland zugänglich zu machen. Zu dem Begriff 'Schule' kam es, weil neben den öffentlichen Vorlesungen vor allem nach einer gemeinsamen Vorgehensweise gearbeitet wurde, welche in den Handschriften überliefert ist: Mindestens zwei Leute arbeiteten zusammen an einer Übersetzung, davon beherrschte einer die Ausgangssprache (in der Regel Arabisch), der andere die Zielsprache (Latein, später auch Kastilisch). Gemeinsame Verständigungssprache war der romanische Dialekt.[6] Daraus ergibt sich, dass für das Verständnis des Textes im arabischen Original in den allermeisten Fällen Juden oder auch Mozaraber, seltener Muslime, aber jedenfalls im Regelfall Spanier in Frage kamen, während der Wissenschaftler mit den Lateinkenntnissen ein Christ, oft ein Ausländer war, der zu Forschungszwecken nach Toledo gekommen war. Folgendes Zitat von Iohannes Hispanus in seiner *De anima*-Übersetzung von Avicenna belegt diese Arbeitsweise:

> «[...] me singula verba vulgariter proferente, et Dominico archidiacono singula in latinum convertente, ex arabico translatum».[7]

Eine weitere Stelle zeigt, dass man auch hundert Jahre später noch nach demselben Verfahren arbeitete:

> «Hic est liber magnus completus quem Haly Abenragel summus astrologus composuit de Judiciis Astrologie, quem Juda filius Mosse de precepto domini Alfonsi illustrissimi regis Castelle et Legionis transtulit de Arabico in ydeoma maternum, et Alvarus dicti illustrissimi regis factura eius ex precepto transtulit de ydeomate materno in latinum».[8]

Diese Arbeitsweise hatte zur Folge, dass der christliche Wissenschaftler, da er aus dem Mündlichen, also aus dem Gehörten übersetzte, andere Fehler machte, als wenn er selber den arabischen Text vor Augen gehabt hätte. Darauf weist Glick ausdrücklich hin.[9] Andererseits konnte auf der mündlichen Zwischenstufe über schwierige Stellen gleich diskutiert werden, um die bestmögliche Übersetzung herauszufinden. Daher galten die Juden aufgrund ihrer hohen Bildung als bevorzugte Übersetzungspartner.

Zweifelsohne war Toledo nicht die einzige Stadt, in der Wissenschaft in Auseinandersetzung mit dem Arabischen und in Form von Übersetzungen

[5] Gonzálvez Ruiz 1997, p. 52.
[6] Menéndez Pidal, Gonzalo, 1951, p. 365.
[7] Zitiert nach Menéndez Pidal, Gonzalo, 1951, p. 364.
[8] Menéndez Pidal, Gonzalo, 1951, p. 365.
[9] Mann et al. 1992, p. 102.

betrieben wurde, aber es war die bedeutendste und glänzendste.[10] Bischof Michael (1115–1151) ließ in Tarazona eine Gruppe von Gelehrten für sich arbeiten, darunter auch den Galicier Hugo Sanctalliensis, der vor allem in den Bereichen okkulte Wissenschaften und Alchemie arbeitete. Aus Huesca kennt man Mosé Sefardí, der 1106 zum Christentum konvertierte und unter dem Namen Petrus Alfonsi mit seinem Werk *Dialogus contra Iudaeos* über die iberische Halbinsel hinaus bekannt wurde. In Katalonien übersetzte Plato Tiburtinus, ebenso Raimundus Martinus (1220–1285) und Raimundus Lullus (1235–1315).[11] Auch aus Segovia sind Werke bekannt.

1.1 Anfangs- und Blütezeit

In Toledo war Bischof Raimundus (1126–1152) der erste Kleriker, der die Wissenschaftler förderte. Die drei wichtigsten Gelehrten, die unter ihm arbeiteten, waren Iohannes Avendehut Hispanus, Dominicus Gundissalinus und Gerardus Cremonensis.

Iohannes Avendehut Hispanus, der unter vielen verschiedenen Namensformen erscheint[12] (u. a. als Avendaut oder Juan Hispalensis), war wahrscheinlich ein Mozaraber, der zwischen 1130–1150 als Übersetzer, Kompilator und Autor in Toledo tätig war. Seine Forschungsschwerpunkte waren Astrologie und Astronomie, Philosophie, Mathematik und Medizin und Gil bewertet ihn als «el intelectual más importante de la primera mitad del siglo XII».[13] Iohannes Hispanus arbeitete mit einem Archediakon aus Segovia, Dominicus Gundissalinus, zusammen, der zu Beginn seiner Tätigkeiten in Toledo (1130–1180) noch kein Arabisch konnte. Gundissalinus verfuhr sehr frei mit seinen Quellen; er war nicht in erster Linie Übersetzer, sondern sein Ziel war, die Synthese herzustellen zwischen antiken und arabischen Naturphilosophen und den christlichen Kirchenvätern. Sein Werk *De divisione philosophiae* fand weite Verbreitung im Abendland.

Neben diesen zwei Spaniern ist noch der Lombarde Gerardus Cremonensis zu nennen, «the central figure of the Arabic-Latin translation movement», wie ihn Burnett nennt.[14] In seiner Zeit in Toledo von 1167 bis zu seinem Tod 1187 übersetzte er zahlreiche Werke aus dem Arabischen und dem Griechischen ins Lateinische, darunter Werke der Dialektik, Geometrie, Astrologie, Medizin, Philosophie. Gerardus wurde vor allem als Übersetzer des *Almagest* von Ptolemäus bekannt.[15]

---

[10] Menéndez Pidal, Gonzalo, 1949, p. 282.
[11] Burnett 1999, p. 27.
[12] Zur Identität dieses Mannes: cf. Artikel von Burnett 1994a.
[13] Gil 1985, p. 37.
[14] Burnett 1997, p. 3.
[15] In dem eben zitierten Artikel von Burnett zeichnet selbiger den Plan nach, nach welchem man die Entstehung der vielfältigen Übersetzungen erklären kann: Zum

Einige weitere Übersetzer und Wissenschaftler waren Hermanus Dalmata, Alfredus Anglicus (*De plantis* – das pseudo-aristotelische Pflanzenbuch des Nicolaus Damascensus), Plato Tiburtinus (Italiener), Rodolfus Brugensis, Robert of Chester[16] und der Galicier Hugo Sanctalliensis, der wohl selbst direkt aus dem Arabischen übersetzte.[17]

Am Ende des 12. und in der ersten Hälfte des 13. Jahrhunderts entstehen vergleichsweise wenige Werke und Übersetzungen in Toledo. Weiterhin gilt das Interesse den aristotelischen Schriften, so dass im 13. Jahrhundert das Werkcorpus des Aristoteles fast vollständig in lateinischer Sprache vorliegt. In diese Übergangszeit bis zu einer Wiederbelebung der Aktivitäten durch Alfonso X (regierte 1252–1284) fallen die Arbeiten von Mauritius Hispanus (Übersetzungen aus dem Koran und anderen islamisch-theologischen Schriften), Michael Scotus, Marcus Toletanus und Hermanus Germanicus oder Alemannus (Übersetzung der *Rhetorica* und Averroes-Schriften).

1.2 Die alfonsinische Wende

Unter Alfonso ist bei den meisten Übersetzungen das Kastilische die Zielsprache, aber auch Latein oder andere Volkssprachen.

> «La creación de la prosa literaria en el siglo XIII tiene como claro centro espiritual la actividad literaria de Alfonso el Sabio. General y unánimamente se afirma que posee también un centro geográfico, la ciudad de Toledo, cuya habla – castellanizada después de la Reconquista – sirvió de modelo para la expresión literaria».[18]

Toledo wird also als Zentrum beibehalten ebenso wie die Arbeitsweise im Team aus zwei oder mehr Mitarbeitern.[19] Den Interessen des Königs entsprechend werden vor allem astronomische und astrologische Werke bearbeitet, wie z. B. die oben genannte Übersetzung von Aly Aben Ragel in Zusammenarbeit von Álvaro de Oviedo mit dem Judenspanier Yehuda ben Mose ha-Kohen (Mosca el Menor), oder der *Libro de la Açafeha*, der von Don Abraham Alfaqui übersetzt wurde.[20]

> «En el acto de traducir se revela con claridad excepcional la esencia de una lengua, sus límites, su estructura».[21]

einen sollten Versorgungslücken im Unterricht der Septem Artes geschlossen werden, zum anderen folgte Gerardus bei den aristotelischen Schriften der Anordnung bei Al-Fārābī.

16 Die lateinische Namensform könnte Robertus Anglicus lauten.

17 Burnett 1985, p. 168.

18 Hilty 1954, p. XXVI.

19 Menéndez Pidal, Gonzalo, 1951, p. 367.

20 Weitere Einzelheiten zu Übersetzern und ihren Werken sind bei Gil 1985, p. 57ss. nachzulesen.

21 Hilty 1954, p. XXXVI.

Übersetzungen an sich sind immer eine schwierige Aufgabe, die umso schwieriger ist, a) je verschiedener Ausgangs- und Zielsprache zueinander sind, wie das z. B. zwischen semitischen und europäischen Sprachen der Fall ist, und b) je unentwickelter die Zielsprache ist im Hinblick auf die Anforderungen. Damit ist in diesem Falle gemeint, dass das Kastilische bis zu Beginn des 13. Jahrhunderts noch nicht die Ausdrucksmöglichkeiten entwickelt hatte und schon gar nicht selbstverständlich bereitstehen hatte, die es brauchte, um komplexe Texte der verschiedenen arabischen Wissenschaftszweige übersetzen zu können. Auf diese Schwierigkeiten weisen alle Forscher hin, die sich mit einer sprachlichen Analyse der alfonsinischen Übersetzungsarbeiten befassen.[22]

> «Eine kulturell noch wenig entwickelte Gemeinschaft, deren Sprache bis dahin nur als ein lokales *vernacular* verwendet worden und daher in ihren Ausdrucksmitteln wie in ihrer Verwendbarkeit beschränkt geblieben ist, kommt in Kontakt mit einer hoch entwickelten Gemeinschaft und ihrer Sprache, die als Trägerin einer umfassenden Kultur über eine reiche und differenzierte Ausdrucksskala verfügt».[23]

Den Prozess der Auseinandersetzung mit und Aneignung von Leistungen der überlegenen Kultur, der sich vor allem im schriftsprachlichen Bereich vollzieht, nennt Bossong Akkulturierung. Ein Hauptmittel der Aneignung sind Übersetzungen, und es gilt nun, die Möglichkeiten und Hilfsmittel der eigenen *vernacular*-Sprache nach dem Vorbild der anderen Sprache zu kreieren.[24] Zu diesem Zwecke müssen lexikologische und syntaktische Probleme gelöst werden. Um die gefestigte wissenschaftliche Terminologie in das eigene Sprachsystem zu übertragen, das zu diesem Zeitpunkt noch nicht über die erforderlichen Ausdrucksmöglichkeiten verfügte, gab es für die spanischen Übersetzer neben Wortbildungen noch weitere Möglichkeiten: 1) direkte Lehnwörter aus dem Arabischen zu bilden (Arabismen), 2) indirekte Lehnwörter aus dem Lateinischen zu entlehnen, also Latinismen, die dem Arabischen nachgebildet sind, oder 3) vorhandene spanische Wörter mit einer neuen Bedeutung zu belegen *(calques linguistiques)*. Der letzte Weg war der bevorzugte.[25]

Millas Vallicrosa weist auf den «grado de fidelidad, verdaderamente admirable»[26] der Übersetzungen hin, so dass es auch nicht verwundert, wenn syntaktische Strukturen des Arabischen nachgeahmt wurden, wie z. B. die Voranstellung eines Satzgliedes, das betont werden soll, was eine sonst unübliche Konstruktion im Altspanischen ist.[27]

---

[22] Cf. z. B. Millas Vallicrosa 1933, p. 159, Hilty 1954 und Bossong 1979, p. 57, welche astronomische Schriften untersuchten, aber auch Galmés de Fuentes ²1996, p. 15 für den literarischen Bereich mit *Calila y Dimna*.

[23] Bossong 1979, p. 3.

[24] Bossong 1979, p. 5.

[25] Bossong 1987, p. 16; v. auch Kapitel VIII.2.

[26] Millas Vallicrosa 1933, p. 155.

[27] «Et quantas esperas nos fallamos fechas non se muda en ellas el axe» (Millas Vallicrosa 1933, p. 162; Zitat aus Azarquiel).

Aus dem sprachlichen Vergleich zwischen den Quellen und den kastilischen Zieltexten lassen sich Erkenntnisse über die Form der noch jungen Schriftsprache gewinnen. Hierfür sei auf die oben genannten Arbeiten verwiesen. In den Synopsen der vorliegenden Arbeit (VII. Kapitel) werden viele Einzelprobleme besprochen, die sich aus dem unmittelbaren Vergleich der Übersetzungen ergeben.

1.3 Sancho IV und das Ende einer Ära

Mit Alfonsos Tod ging die Blütezeit der Übersetzerschule von Toledo zu Ende. Nach 1300 entstanden zwar durchaus noch weitere Übertragungen aus dem Arabischen, aber nicht mehr in dem Umfang und nicht mehr mit großzügiger Förderung durch Bischöfe oder den König. Toledo hatte sich als naturwissenschaftliches Zentrum in der europäischen Wissenschaftskultur etabliert, so wie Salerno für Medizin, Bologna für Recht und Paris für Theologie. Doch gegen Ende des 13. Jahrhunderts änderte sich die Situation: Das Ansehen naturphilosophischer Studien sank und alles, was mit arabischer und jüdischer Kultur verknüpft war, wurde unter wachsendem Einfluss kirchlicher Autoritäten schnell der Häresie verdächtigt. Nicht Wissen an sich galt als böse oder gefährlich, sondern – und das warf Sancho IV seinem Vater Alfonso vor – das Bestreben, sich mit Hilfe dieses Wissens gottgleich zu machen.[28] Sancho bemühte sich daher, seinen Hof nach anderen Prioritäten zu organisieren, und die Fortführung einer Tradition wie der von Toledo gehörte eindeutig nicht dazu.[29]

Márquez Villanueva nennt es einen «intellectual war between the *saber de la thologia* and the *saber de las naturas*»,[30] der hier, anders als man vielleicht erwarten würde, nicht von der Kirche, sondern vom königlichen Hause ausgeht.

Gelehrte aus ganz Europa waren nach Spanien gekommen, um hier arabische und arabisch-vermittelte Wissenschaften zu studieren. Ihre Kenntnisse und Übersetzungen haben sie wieder mit in ihre Länder genommen und dort fruchtbar gemacht. In Spanien aber scheint mit dem Ende der Übersetzungstätigkeiten auch vorläufig ein Ende der naturwissenschaftlichen Studien erreicht zu sein.

2. Alfonso el Sabio und die Wissenschaftskultur im 13. Jahrhundert

Es ist immer wieder zu beobachten, dass die kulturelle Blüte eines Landes zeitlich verschoben auf eine Phase politischer Größe und Bedeutung folgt, aber nie gleichzeitig damit einhergeht.[31] Auch die kastilische Großmacht im 13. Jahr-

---

28 Wie sehr sich das Bild von Alfonso als Häretiker in den folgenden Jahrhunderten verselbstständigte, zeigt der Artikel von Funes 1993/1994.

29 Gómez Redondo 1998, p. 890s.

30 Márquez Villanueva 1990, p. 90; zitiert aus dem *Lucidario*. Die Schreibung *thologia* statt *theologia* findet sich ebenso in der Edition von Kinkade 1969, z. B. p. 79.

31 Torres Fontes 1960, p. 57.

hundert folgt diesem Muster: Nach der expansiven Politik Fernandos III ist sein Nachfolger durchaus geneigt, diese Politik fortzuführen, doch seine eigentlichen Verdienste werden auf den Gebieten Sprache, Schrift und Kultur liegen.

> «Alfons träumte gleichzeitig einen imperialen und einen kulturellen Traum: Er strebte eine Verlagerung des Imperium Romanum nach Kastilien an und wollte dieses neue Reich durch ein eigenes kulturelles Imperium stützen *(translatio imperii et studii)*. Beide Pläne konnte er nicht verwirklichen, doch war seinem kulturellen Vorhaben ungleich mehr Erfolg beschieden als seinem politischen».[32]

So sollen denn in diesem Kapitel die historische Gestalt Alfonso X vorgestellt, seine Außenpolitik angedeutet und vor allem die innenpolitischen und kulturellen Ziele des Königs der *convivencia* dargelegt werden.

2.1 Politische Biographie

Alfonso wurde als erster Sohn von Fernando III und Beatrix von Schwaben 1221 in Toledo geboren. Während seiner Kindheit und Jugend erobert sein Vater die Königreiche Córdoba (1236), Murcia (1243), Jaén und Sevilla (1248) und macht Granada zum Vasallenstaat. Ab 1238 nimmt Alfonso selbst aktiv an den Feldzügen teil. Im Jahre 1244 heiratet er Yolante, die Tochter von Jaime I von Aragón. Nach dem Tode Fernandos 1252 wird er König.

Alfonso betrachtete sich gemäß der Tradition in seiner Würde als König von León als Erbe des westgotischen Reiches, und als solcher strebte er nach der Herrschaft über das Imperium Hispanum. Diese Bestrebungen fanden in den anderen christlichen Reichen sowie in Granada keine Unterstützung.[33] Aber er versuchte nicht nur den spanischen Imperator-Titel, sondern auch die Kaiserwürde für das Heilige Römische Reich zu erlangen. Als wichtigen Schritt in diese Richtung ließ er sich 1257 zum deutschen König wählen, ein Anspruch, den er von mütterlicher Seite her geltend machte. Doch alle weiteren Bemühungen scheiterten sowohl am Widerstand des kastilischen Adels als auch an einer anders orientierten Politik des Papstes Gregor X. Während sich Alfonso noch wegen Verhandlungen bezüglich der Kaiserwürde in Frankreich befand, griffen die von Granada geholten marokkanischen Mariniden das Reich an. Sein ältester Sohn Fernando de la Cerda war gleich zu Beginn der Kämpfe gefallen, so dass der zweitgeborene Sohn Sancho die Führung übernahm. Von nun an hatte Alfonso mit zwei Problemen gleichzeitig zu kämpfen: mit den Mariniden und mit den Thronfolgestreitigkeiten. Alfonso de la Cerda, der Sohn des verstorbenen Infanten, beanspruchte den Thron ebenso wie Sancho. Letztlich gewann Sancho die Auseinandersetzungen und setzte 1282 in Valladolid die Entmachtung seines Vaters durch. Alfonso sollte es bis zu seinem Tod 1284 nicht mehr gelingen, diese Verhältnisse zu ändern.[34]

---

[32] Luff 1999, p. 217.
[33] Callaghan 1990, p. 15.
[34] Luff 1999, p. 216.

Innenpolitisch waren Alfonsos Bestrebungen daraufhin ausgerichtet, das große zusammengesetzte Reich (Kastilien, León, Toledo, Galicien, Sevilla, Córdoba, Murcia und Jaén) zu einen, und zwar sowohl von der administrativen und rechtlichen als auch von der wirtschaftlichen Seite her: Er führte eine zentrale Verwaltung ein und vereinheitlichte das Rechts- und Steuerwesen sowie Maß- und Gewichtseinheiten. Eine Schwierigkeit bei all diesen Maßnahmen stellten die muslimischen und jüdischen Bevölkerungsgruppen dar, die nach ihren eigenen Gesetzen leben durften, aber eben doch Sonderregelungen für das Zusammenleben erforderten.[35]

Im Auftrag Alfonsos wurden mehrere juristische wie legislative Werke in kastilischer Sprache verfasst, darunter die *Siete partidas*, der größte und umfassendste Rechtskodex des Mittelalters. In ihm sind unter anderem Gesetze aufgenommen, welche die Einflussnahme der Juden im öffentlichen Leben vermindern sollten, auch wenn Alfonso selbst weit davon entfernt war, sie umzusetzen.[36]

2.2 Kulturelle und wissenschaftsgeschichtliche Leistungen

Es steht außer Zweifel, dass Alfonsos Verdienste um Kultur und Wissenschaften von herausragender Bedeutung für Spanien, aber auch für Europa waren. Alborg bezeichnet diese Zeit als «una de las cimas culturales más elevadas de la Edad Media europea».[37] Er gilt als der Vater der kastilischen Prosa, und sein Hof war Anziehungspunkt für Trobadors und Dichter aus ganz Europa; zudem wurde in seinem Skriptorium übersetzt und es entstanden wissenschaftliche Werke. Er förderte nicht nur die Universitäten in seinem Reich, sondern schuf auch einen neuartigen Lehrbetrieb in Sevilla (s. u.). In seinem Auftrag entstand die erste Nationalgeschichte in einer europäischen Volkssprache, die *Estoria de España*. Eine Weltgeschichte wurde ebenfalls begonnen.[38] Aber auch religiöse Dichtungen wie die *Cantigas* oder Unterhaltungsliteratur *(Kalila e Digna, Libro de axedrez, dados y tablas)* entstanden an seinem Hof.

Den Ruf als Gelehrter mag er vor allem den astronomischen und astrologischen Werken verdanken, die mit seinem Namen verbunden sind. *Los Canones de Albateni* enthält die Übersetzung des *Kitāb al-zīǧ al-ṣābi'* von Al-Battānī, der als der größte arabische Astronom gilt.[39] Andere Werke enthalten Kompilationen und Bearbeitungen verschiedener Autoren wie z. B. der *Libro del saber de astrologia* (sechzehn Traktate über Sternenbeobachtung und den Bau von ent-

---

[35] Callaghan 1993, p. 96ss.

[36] Hillgarth 1976, I, p. 173; Kowallik 1993, p. 16.

[37] Alborg ^{2}1972, I, p. 154.

[38] Die *Grande e General Estoria*, die sich aus der Bibel, antiken Autoren, Epen und – ein Novum! – aus arabischen Quellen speiste, blieb ebenso wie die *Estoria de España* zu seinen Zeiten unvollendet, wurden aber beide von Sancho IV und Alfonso XI fortgesetzt.

[39] Bossong 1978, p. 2.

sprechenden Instrumenten). Um astronomische Berechnungen geht es in den *Tablas alfonsíes*, die in ihrer Präzision erst von Kopernikus und Kepler übertroffen werden sollen, bis dahin aber in der lateinischen Übersetzung[40] in ganz Europa verbreitet und in mehreren Druckauflagen erscheinen werden. Alfonsos Eigenanteil an den verschiedenen Produktionen wurde sicherlich einige Zeit überschätzt, dennoch steht fest, dass er seinen wissenschaftlichen wie musischen Neigungen nachging, sofern es ihm die politische Situation erlaubte. Wie viel Alfonso aber an der Qualität der in seinem Auftrag betriebenen Wissenschaft lag, zeigt sich daran, dass er Werke, die in einer ersten Phase von 1255–1259 entstanden waren, in einer zweiten von 1276/77 nochmals intensiv sowohl sprachlich als auch inhaltlich überarbeiten ließ.[41]

Alfonsos Plan war umfassend: Er wollte das gesamte Wissen seiner Zeit bearbeiten und fruchtbar machen, vor allem aber das antike und orientalische Wissen, das in den arabischen Bibliotheken auf der iberischen Halbinsel in Fülle zugänglich war.[42] Zu diesem Zweck ließ er Übersetzungen aus fast allen Wissensbereichen anfertigen, auch aus den so genannten okkulten Wissenschaften wie Alchemie oder Magie, also aus Bereichen, die auf keinen Fall für die Allgemeinheit gedacht waren.[43] Zweifelsohne galt sein persönliches Interesse den angewandten Naturwissenschaften, insbesondere der Astrologie und Astronomie, woraus eine gewisse Vernachlässigung der Philosophie folgte. Die Philosophie konnte auch an den Universitäten nicht recht Fuß fassen, so dass sie insgesamt im spanisch-christlichen Bereich eher ein Randdasein führte.

Bis dahin bildeten in Europa Bildung, Latein und Kirche eine Einheit, die nun das erste Mal durch Alfonso aufgelöst wurde: Er ließ hohes Wissensgut in die Volkssprache übersetzen und eröffnete oder führte Bildungseinrichtungen unabhängig von Kathedralen, Klöstern oder anderen klerikalen Einrichtungen weiter (bekannt sind Sevilla und Murcia). Es sei auch darauf hingewiesen, dass die Klöster in Spanien bei weitem nicht die Rolle im Bildungswesen einnahmen, die sie im restlichen Europa spielten. Als König der drei Religionen verfügte Alfonso in seinem Reich über alle nötigen wissenschaftlichen Kapazitäten, die er für sein großes Projekt brauchte. Er hatte das arabische Erbe, die jüdischen Gelehrten, die christlichen Mitarbeiter und zudem noch die Tradition der Toleranz und des Zusammenlebens, wobei man statt zusammen besser toleriert nebeneinander sagen sollte. In den Bibliotheken wurde allerdings tatsächlich die Zusammenarbeit praktiziert. Luff spricht hier von einem «multikulturellen Unternehmen».[44]

---

[40] Erst in der ersten Hälfte des 14. Jahrhunderts überträgt Johannes von Saxonia die *Tabulae Alphonsi* ins Lateinische (Luff 1999, p. 257).

[41] Bossong 1978, p. 4.

[42] Márquez Villanueva 1990, p. 76.

[43] Márquez Villanueva 1990, p. 90.

[44] Luff 1999, p. 250.

Exkurs: Philosophie im Abseits

Es ist ein schon oft mit Erstaunen bemerktes Faktum, dass die Philosophie im 13. Jahrhundert im Einflussbereich des weisen Königs nur eine kleine Nebenrolle im Vergleich zu den naturphilosophischen Studien spielte. Eine Erklärung dafür fällt nicht leicht, da die Tatsachen kein kohärentes Bild ergeben. Das persönliche Interesse Alfonsos lag eindeutig, wie bereits erwähnt, bei den angewandten Naturwissenschaften im Allgemeinen, bei Astrologie und Astronomie im Besonderen. Gleichzeitig aber fand z. B. die Medizin gar keine Aufmerksamkeit, die Veterinärmedizin ein wenig mehr, die Zoologie, soweit bekannt, ebenfalls keine. Aus dem Prolog zum *Libro de las cruzes* kann man einen Grund dafür erfahren, warum das Interesse Alfonsos so gewichtet war:

> «Et porque él [Alfonso X] leyera, et cada un sabio lo afirma, el dicho de Aristótil que dize que los cuerpos de yuso, que son los terrenales, se mantenen (!) et se goviernan por los movementos de los corpos de suso, que son los celestiales, por voluntat de Dios entendió et conoció que la sciencia et el saber en conocer las significationes d'estos corpos celestiales sobredichos sobre los corpos terrenales era muy necessaria a los homnes (1a, 26–36)».[45]

Da ist also auf der einen Seite Aristoteles, der Naturphilosoph, und auf der anderen Seite der Wille Gottes, die beide den Verstand und die Erkenntnisse des Königs leiten. Der Nutzen daraus, welcher sich dann in Politik und Ökonomie widerspiegeln wird, kommt dem König selbst sowie den Menschen (also seinen Untergebenen) zugute. Da nun Alfonso recht ehrgeizige Pläne zu verwirklichen strebte, unter anderem die Herrschaft über das gesamte Imperium Hispanum oder die Kaiserkrone, suchte er die Unterstützung der Wissenschaft für sein Regierungsgeschäft. Philosophische oder theologische Fragestellungen wären da von geringerem Nutzen gewesen.[46] Márquez-Villanueva sieht in Alfonsos Verhalten eine Nachahmung arabischer Vorbilder:

> «We should not forget the incorporation of Astronomy-Astrology into the idea of *scientific* government. Those were the times when sophisticated Muslim rulers often lived closley ruled in turn by their astrolabes».[47]

Es erscheint durchaus einleuchtend, dass Alfonsos Interesse an der gegenständlichen Natur ganz rational von praktischen und politischen Überlegungen geleitet wurde. So hängen denn Optik und Mechanik oder die Herstellung wissenschaftlicher Instrumente (wie z. B. Astrolabien) mit den Möglichkeiten der

---

[45] *Libro de las cruzes*, ed. Lloyd Kasten & Lawrence B. Kiddle, Madrid-Madison, CSIC, 1961. Hier wird allerdings nach Gómez Redondo 1998, p. 409–412 zitiert.

[46] Es ist keine einzige lateinisch-kastilische Übersetzung eines theologischen Werkes oder gar ein originäres Werk wie später der *Lucidario* von Alfonso in Auftrag gegeben worden. Im Gegensatz dazu steht folgende Bemerkung bei Juan Manuel im *Libro de la caza* (*Obras completas*, ed. Blecua 1981, p. 519): «Otrosi fizo trasladar toda [la] ley de los judíos et aun el su *Talmud* et otra sçiençia que an los judios muy escondida a que llaman *Cabala*». Daneben wurde wohl auch an eine Übersetzung des Korans gedacht.

[47] Márquez Villanueva 1990, p. 87.

Beeinflussung und Nutzbarmachung der Natur durch den Menschen zusammen. Doch wären dann nicht auch vertiefte Kenntnisse der Tierwelt wünschenswert, um z. B. neue Nahrungsquellen oder Nutztiere zu entdecken oder die Tierhaltung zu verbessern? Diese Frage, so modern sie auch scheinen mag, bildete doch aber gewiss die Grundlage für botanisch-pharmazeutische Forschungen im Mittelalter.

Alfonso el Sabio lenkte und initiierte persönlich in außerordentlichem Maße die wissenschaftlichen Tätigkeiten in seinem Reich und nahm persönlichen Anteil daran, sei es durch direkte Aufträge oder durch finanzielle und personelle Einrichtung von Bildungsstätten, wie es im Anschluss noch ausgeführt werden soll. Daher ist es nicht verwunderlich, dass sich das Meiste an seinen Interessen ausrichtete. Was nun die Philosophie anbelangt, können vielleicht die folgenden Überlegungen weiterhelfen. Nicht-spanische, an arabischer oder griechischer Philosophie interessierte, christliche Gelehrte konnten auf die lateinischen Arbeiten zurückgreifen, die in den vergangenen Jahrhunderten in Toledo entstanden waren. Ihre spanischen Kollegen dagegen beherrschten sowohl Latein als auch evtl. Arabisch (letzteres traf natürlich insbesondere auf die Mozaraber zu). Auf diesem Hintergrund ist nur schwerlich ein Auftraggeber für philosophische Werke in kastilischer Sprache vorstellbar.

Zusammenfassend kann man also sagen, dass die Philosophie offensichtlich als theoretische Wissenschaft nicht in die rational ausgerichteten Pläne des weisen Königs passten. Allerdings fielen dabei auch Fachrichtungen wie die Medizin oder die Zoologie heraus, so dass sich insgesamt eine eher physikalische oder technische Orientierung festhalten lässt.

Was die Rolle Alfonsos bezüglich der Ausbildung der kastilischen Sprache betrifft, sollen im Folgenden einige Ausführungen erläutern. Man sollte nicht übersehen, dass bereits sein Vater das Kastilische in der Verwaltung und Rechtsprechung eingesetzt hatte,[48] was nicht zuletzt damit zusammenhing, dass in den eroberten Gebieten in Südspanien das Arabische in den erwähnten öffentlichen Bereichen ersetzt werden musste. Da es dort aber weitgehend an Lateinkenntnissen mangelte, war es eine den Umständen angemessene Entscheidung, die Volkssprache zu wählen. Alfonso setzte diesen Weg fort.

Die grundlegende Arbeit von Niederehe zur Sprachauffassung Alfonsos el Sabio räumt mit einigen bis dahin etablierten Topoi diesbezüglich auf. So gelangt Niederehe nach einer gründlichen Untersuchung der Quellen zu dem Ergebnis, dass Alfonso ebenso wie sein Vater keine bewusste Sprachpolitik mit dem Ziel einer nationalen Identitätsstiftung betrieben habe, sondern dass es vielmehr pragmatische Gründe dafür gegeben habe, das öffentliche Leben in einer einheitlichen Landessprache zu gestalten, obwohl in den meisten gesellschaftlichen Bereichen Mehrsprachigkeit die Regel war.

---

[48] Márquez Villanueva 1990, p. 78.

«Alfons dem Weisen geht es nicht um eine sprachliche Monokultur, eine nationalsprachliche Grenzvermarkung: Mehrsprachigkeit ist für ihn die Norm».[49]

So wechselt er selbst das sprachliche Register, je nachdem, welches Kommunikationsziel er verfolgt, z. B. Latein in der Diplomatie, Okzitanisch oder Galicisch in der höfischen Literatur, Kastilisch in fast allen anderen Bereichen.

In seinem Auftrag entstanden zahlreiche Übersetzungen aus den Gebieten Astronomie, Optik, Mechanik, Uhrmacherei, wissenschaftliche Instrumente, Mineralogie, Magie und Tiermedizin. Es wurde aus dem Arabischen ins Kastilische, aber auch ins Lateinische oder gar ins Französische (z. B. *Escala de Mahoma*)[50] übersetzt. Auffällig ist sicherlich, dass die meisten wissenschaftlichen Übersetzungen in *romance* angefertigt wurden, auch in den Disziplinen, in denen es durchaus bereits lateinische Literatur gab, wie z. B. in Astronomie und Astrologie. Nun ist es aber bekannt, dass die Mitarbeiter seines Skriptoriums, die das Arabische beherrschten, zumeist Juden waren.[51] Diese jüdischen Wissenschaftler hatten die hohe arabische Bildung genossen, sprachen entweder Arabisch oder eine romanische Volkssprache als Muttersprache, verfügten aber meist über wenige bis gar keine Lateinkenntnisse,[52] was auch mit der Abneigung der Juden gegen die Kirchensprache begründet wurde.[53] Aufgrund ihrer sprachlichen und fachlichen Kompetenzen nahmen sie eine Schlüsselrolle in der Vermittlung arabischen Wissens ein, so dass es sein könnte, dass hier die Entscheidung für das Kastilische ebenso aus den Gegebenheiten erwuchs wie im Verwaltungswesen.

«Viewed this way, the beginning of Spanish prose is still very much the product of a particular, highly Semiticized life».[54]

Einige der Werke, die zuerst in vulgärsprachlicher Fassung erschienen, wurden später noch ins Lateinische übertragen (z. B. das *Quadripartitum* des Ptolemäus oder der *Liber de iudiciis astrologiae*).

Man widmete sich der Wissenschaft und ihrer Vermittlung nicht nur im königlichen Skriptorium in Toledo, sondern auch an den Universitäten und ähnlich gearteten Einrichtungen in Sevilla und Murcia. Alfonsos Interesse galt vor allem Salamanca und Sevilla. Während erstere einen juristischen Schwerpunkt hatte und sich an den anderen europäischen Universitätsgründungen orientierte, wich das Colegio de San Miguel in Sevilla davon ab. Im Gründungsdokument (28.12.1254) werden die Aufgaben umrissen als «estudios e escuelas

---

[49] Niederehe 1978, p. 82.

[50] Don Abraham de Toledo war der Übersetzer dieser arabischen Erzählung von Mohammeds Reise durch die Sieben Himmel in Begleitung des Erzengels Gabriel, der ihm auf der Rückreise nach einer Begegnung mit Gott auch noch die Sieben Höllen zeigte. Hiervon ist die kastilische Version verloren gegangen. Der französische und lateinische Text wurde von José Muñoz Sendino 1949 ediert.

[51] Castro 1957, p. 468.

[52] Millas Vallicrosa 1933, p. 156.

[53] Castro 1957, p. 472.

[54] Márquez Villanueva 1990, p. 80.

generales de latín e arábigo».[55] Man weiß über konkrete Lehrinhalte oder die Organisation dieser Schule nur, was man aus dem folgenden Zitat ableiten kann: «para morada de los fisicos que vinieron de allende»,[56] dass also Alfonso Mediziner auch aus Afrika bzw. dem Orient («de allende») kommen ließ, um sie als Lehrer einzustellen. Diese dürften wohl kaum in einer anderen als der arabischen Sprache unterrichtet haben. Im Gegensatz zu Palencia (welches um die Mitte des 13. Jahrhunderts zum Erliegen kam) und Salamanca lag die Schule in Sevilla allem Anschein nach nicht in den Händen der Kleriker.

Offensichtlich galt es, das naturwissenschaftliche Wissen – insbesondere das angewandte – aus den arabischen Handschriften und von arabischen Lehrern zu lernen. Ob auch Medizin und Tierheilkunde dort ihren Platz hatten, kann man nicht mit Sicherheit sagen. Es fällt jedoch auf, dass Alfonso kein besonderes Interesse für Medizin zeigte, obwohl sie zweifelsohne eine praktisch-angewandte Naturwissenschaft ist. Laut Ajo González de Rapariegos y Sainz de Zúñiga wurde Medizin an den folgenden Hochschulen unterrichtet: Salamanca, Lérida, Valencia, Lissabon und Sevilla.[57]

Eine weitere Bildungseinrichtung soll hier noch Erwähnung finden, nämlich die traditionsreiche und angesehene Madrasa in Murcia, der ein berühmter Gelehrter vorstand, nämlich Aḥmad ibn Abū Bakr al-Riqūtī (el Ricotí).[58] Auch nach der Eroberung 1243 galt Murcia noch lange Zeit als ein Zentrum für arabische Gelehrsamkeit und Übersetzungen, nicht zuletzt aufgrund der Unterstützung durch Alfonso, der selbst wohl eine Zeit lang zu den Studenten dieser Schule gehört hatte.[59] In Murcia wurde generell zweisprachig gelehrt, nämlich auf Arabisch und in romanischer Volkssprache.[60] Romanische Übersetzungen aus dem medizinischen – oder konkret: zoologischen – Bereich sind nicht bekannt.[61]

Neben den universitären Einrichtungen und der Schule in Toledo gab es vermutlich noch vereinzelte Wissenschaftler, die in ihrer Mehrheit nicht namentlich bekannt sind. Eine Ausnahme davon bildet Petrus Gallecus. Er wurde um 1207 in Santa Marta de Ortigueira in Galicien geboren und erhielt seine Ausbildung im Franziskanerkonvent in Santiago de Compostela. Von Fernan-

[55] Ajo González de Rapariegos y Sainz de Zúñiga 1957, p. 206.

[56] Ib.

[57] Murcia und Toledo werden in dieser Abhandlung über die Universitäten gar nicht erwähnt.

[58] Von ihm wird gesagt, dass er wegen seiner breiten Kenntnisse in den Bereichen Geometrie, Logik, Arithmetik, Musik und Medizin einer der berühmtesten muslimischen Gelehrten des 13. Jahrhunderts sei und dass er je nach Publikum auf Arabisch, Hebräisch, Latein oder Romanisch unterrichtete; Alfonso wollte, dass er sich zum Christentum bekehre, so dass, als sich die politischen Umstände durch die Mudéjaraufstände und den Einfall der Mariniden verschlechterten, el Ricotí nach Granada auswanderte (Torres Fontes 1960, p. 59; cf. auch Martínez Gázquez 2000, p. XI).

[59] Burnett 1999, p. 28.

[60] Torres Fontes 1960, p. 58.

[61] Márquez Villanueva 1990, p. 68.

do III als Beichtvater für seinen Sohn bestellt, begleitete er diesen wohl bei den Eroberungszügen in Al-Andalus. Petrus wurde von Fernando als Bischof der wiederhergestellten Diözese Cartagena vorgeschlagen, nicht zuletzt, weil er sichergehen wollte, dass Murcia als kulturelles und wissenschaftliches Zentrum erhalten und weitergeführt werden würde. Zeitzeugen berichten, wie sich der Bischof selbst vor Ort dem Studium widmete,[62] zudem gründete er im Auftrag Alfonso X ein *Studium arabicum et latinum* (1265), in dem viele arabisch-lateinische Übersetzungen entstanden.

> «Desde los comienzos del sometimiento del reino [de Murcia] a Castilla en 1243, Murcia se fue configurando como uno de los focos más activos de trabajo científico de las escuelas alfonsíes, convirtiéndose pronto en un lugar privilegiado para entablar contactos con el mundo musulmán».[63]

Dieser Gelehrte stellt ein weiteres Bindeglied in der Vermittlung zwischen orientalischer und abendländischer Kultur dar.[64]

[62] Martínez Gázquez 2000, p. X.
[63] Gonzálvez Ruiz 1997, p. 323.
[64] Torres Fontes 1960, p. 59; v. auch: V.3.3.

V. Text- und Überlieferungsgeschichte

Die Geschichte eines antiken Textes umfasst in der Regel mehrere Zweige und Schichten der Überlieferung, deren Abweichungen und Verwandtschaften es zu klären gilt. In dem hier vorliegenden Falle heißt das, die bislang noch unbekannte altspanische Übersetzung mit dem Titel *Libro de los animales* in der griechisch-arabisch-lateinischen Tradition zu situieren:

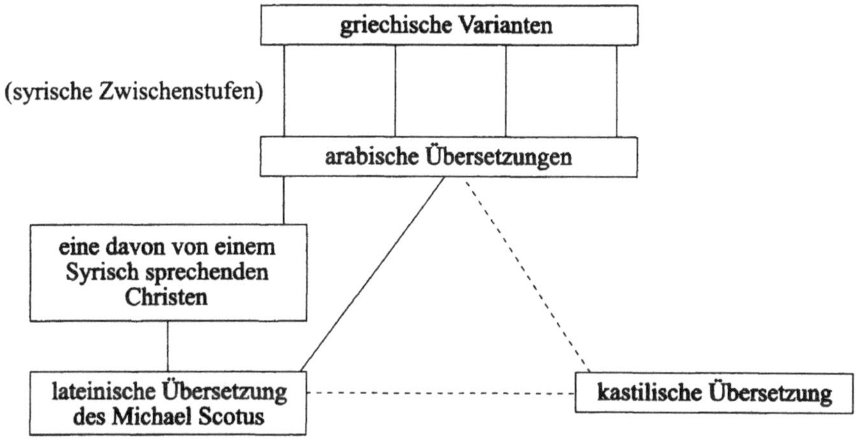

1. Die griechische Überlieferung

1.1 *Historia animalium*

Im Corpus Aristotelicum nimmt die *HA* in zweierlei Hinsicht eine Sonderstellung ein: zum einen aufgrund ihres rein deskriptiven Stils, zum anderen, weil sie im Vergleich zu den meisten anderen Lehrschriften bereits in hellenistischer Zeit zugänglich war, und zwar in zwei Redaktionen:[1]

a) der Athener Redaktion (3.–2. Jahrhundert v. Chr.), Bücher I–VI;

b) der Alexandriner Redaktion, Bücher I–VI, VIII, IX, VII; diese Reihenfolge findet sich in der Mehrzahl der mittelalterlichen Handschriften und übrigens auch in der arabischen Überlieferung.[2]

---

[1] Vara Donado 1990, p. 31; Düring 1965, p. 665.

Die älteste der überlieferten griechischen Handschriften wird auf das 12. oder 13. Jahrhundert datiert, i. e. dass bereits 1400–1500 Jahre seit der Entstehung des Textes dazwischen liegen. Für die Textgeschichte folgt daraus, dass schon bei dem, was wir als griechischen Vergleichstext bezeichnen, mit einer Vielzahl an Kontaminationen, Verlusten, Korrekturen, Glossen etc. zu rechnen ist, so dass man bei der Rekonstruktion des griechischen Textes auf die arabischen und lateinischen Textzeugen nicht verzichten kann, liegen jenen doch noch ältere Vorlagen zugrunde.

Die Bücher I–VI und VIII weisen in Sprache, Stil und Gedankenführung all jene Eigenschaften auf, die man in den echten Aristotelesschriften findet, wenngleich auch hier mit Fremdzufügungen zu rechnen ist. Bei den Büchern VII und IX wird die Autorschaft des Aristoteles angezweifelt, bei Buch X aber ist man sich sicher, dass es unecht ist.[3] Es wird auch nur in einem Teil der Handschriften überliefert. Wie bereits in II.2.2 erwähnt, finden sich über die ganze *HA* verteilt unechte Einschübe.

1.2 *De partibus* und *De generatione animalium*

Die älteste überlieferte Handschrift, die beide Traktate enthält, wird auf ca. 1000 n. Chr. datiert. Die Anzahl und Anordnung der Bücher innerhalb der einzelnen Abhandlungen wird in der Tradierung im Vergleich zur *HA* sehr einheitlich behandelt.

2. Die arabische Überlieferung mit syrischem Einfluss

In der arabischen Tradierung wurden die *HA*, *PA* und *GA* einheitlich zusammengefasst[4] und zumeist unter dem Titel *Kitāb al-Ḥayawān (Buch der Tiere)* präsentiert, ohne dass bei Buch XI oder XV kenntlich gemacht worden wäre, dass ein anderes Werk beginnt. Die Reihenfolge der neunzehn Bücher, soweit man das bei der schlechten Überlieferungssituation weiß, ist die der alexandrinischen Redaktion (I–VI, VIII, IX, VII + X + *PA* + *GA*). Es gibt keinen Hinweis darauf, dass die Athener Redaktion in die arabische Überlieferung Eingang gefunden hätte. Die arabische Vorlage, die Scotus benutzte, ebenso wie die des spanischen Anonymus zeigen übereinstimmend die gleiche, eben beschriebene Zusammenstellung der Bücher. Laut Drossaart (*GA*, p. 58) ist die arabische Überlieferung aufgegliedert in einen östlichen Zweig, der in den bis heute

---

2 Buchzählung nach der Edition von Bekker (v. II.2.2).

3 Die Fragen zur Authentizität der umstrittenen Bücher werden ausführlich diskutiert in den Einleitungen der Ausgaben von Aubert/Wimmer 1868, Dittmeyer 1907 und Balme 1991.

4 Von den zwei kleineren Traktaten *De motu animalium* und *De incessu animalium* ist bislang keine arabische Übersetzung bekannt.

erhaltenen Textzeugen belegt ist, und in einen westlichen Zweig, der nur indirekt, nämlich in der lateinischen Scotus-Übersetzung zu fassen ist.

2.1 Handschriften und Editionen

Der arabische Text ist uns nur in drei Handschriften überliefert, zwei davon fragmentarisch, eine hingegen nahezu vollständig:[5]

L London, British Library Or. Add. 7511, Rich (Cat. Cureton nr. 437), 232ff.: *HA* I, II, Teile von III und IX, X + *PA* + *GA*. Es werden weder der Name des Schreibers noch Datum oder Ort der Abschrift genannt. Brugman datiert auf 6./12. Jahrhundert. Die Schrift ist klar und elegant, größtenteils ohne diakritische Zeichen.[6] Bisweilen findet sich ein Randvermerk, wenn ein neues Thema anfängt, was in einigen Fällen mit einer Paragraphennummer im griechischen Text übereinstimmt. Zahlreiche Anmerkungen und Korrekturen sind im Text selbst und am Rand von verschiedenen Händen angebracht. Auf fol. 1v beginnt der Text mit einem kurzen Proemium.

G Leiden, University Library Or. 166 (Golius), 165ff.; *PA*: Teile von XII, XIII–XIV komplett + 1 Buch *GA*. Auch hier fehlt eine Datumsangabe, aber wahrscheinlich ist die Handschrift älter als 8./14. Jahrhundert (Brugman: 5./11. Jahrhundert). An einigen Stellen weicht die Handschrift erheblich von *L* ab, ebenso auch vom griechischen Original.

T Teheran, Majles Library, coll. Ṭabāṭabā'ī nr. 1143. Es sind weder Datum, Ort noch Name des Schreibers angegeben. Die klare Schrift lässt auf 11. oder 12. Jahrhundert / 17. oder 18. Jahrhundert schließen; diakritische Zeichen sind vorhanden. Der Textbestand ist vollständig, aber mit Lücken in der *HA*, vor allem am Ende des fünften und sechsten Buches. Es handelt sich offensichtlich um eine Abschrift der Londoner Handschrift.

Für *PA* und *GA* gibt es kritische Editionen (v. Bibliographie), die auf alle drei Textzeugen zurückgreifen. Für die *HA* ist zum einen die Überlieferungssituation schwieriger, zum anderen gibt es auch nur eine Ausgabe, nämlich die von Badawi. Badawi erläutert in keiner Weise, welche Handschrift er wie benutzt. Er folgt natürlich größtenteils *T*, da sie als einzige Handschrift die *HA* vollständig enthält, scheint aber auch bisweilen *L* zu konsultieren (zumindest kann man das daraus schließen, wenn er im Apparat eine Variante aus *T* angibt). Äußerst problematisch ist aber vor allen Dingen, dass er gemäß dem griechischen Text konjiziert, ohne selbiges immer entsprechend zu kennzeichnen, und dass er auf diese Art auch Lakunen füllt, z. B. die am Ende des V. Buches. Eine neue kritische Edition wird derzeit in den Niederlanden vorbereitet.

---

5 Die Handschriftenbeschreibungen sind den Editionen von Kruk und Brugman entnommen, bei Kruk finden sich auch photographische Reproduktionen; der Eintrag im Handschriftenkatalog der Bibliothek in Teheran hilft nicht weiter bei den entscheidenden Fragen.

6 Gemeint ist wohl das Fehlen von Satzzeichen und Zeichen wie Hamza oder Šadda.

Zu den Schwierigkeiten eines solchen Vorhabens zählt unter anderem die Tatsache, dass in profanen arabischen Texten die Punktierung der Schrift nicht immer durchgeführt ist, was zu erheblichen Lesartfehlern führen kann, vor allem natürlich bei Transliterationen aus dem Griechischen, und dass außerdem das Hamza oft nicht geschrieben wird,[7] i. e. man kann bisweilen nicht entscheiden, ob eine Wurzel als hamza-haltig angesehen wurde oder nicht (z. B. *baṭī* oder *baṭīʾ*). Diese Schwierigkeiten ergeben sich nicht nur für den modernen Leser, sondern sind ebenfalls als wichtige Fehlerquellen bei der Weitergabe des Textes zu berücksichtigen.

2.2 Die Syrer als Vermittler zwischen Hellenismus und Islam

Im 19. Jahrhundert wurden einige grundlegende Arbeiten geleistet, um die vielen Übersetzungen in den verschiedenen Sprachen zu erfassen und zu ordnen.[8] Vor allem bei Steinschneider[9] kann man nachlesen, welche arabischen Sekundärquellen benutzt wurden, mit deren Hilfe man Namen, Datum, Umfang etc. von überliefertem wie verloren gegangenem Material zu bearbeiten versuchte. Die nun folgenden Ausführungen stützen sich aber auf die neueren Untersuchungen, die größtenteils in den ausführlichen Einführungen zu den arabischen und lateinischen Editionen publiziert worden sind und aufgrund eingehender sprachlicher Analysen neue Einsichten zu Tage förderten.

In dem Kapitel zur Biologiegeschichte wurde bereits die Bedeutung der Syrer als Vermittler zwischen Hellenismus und Islam angesprochen. Über ihre wissenschaftlichen Tätigkeiten weiß man nur wenig, das meiste muss man sich aus den von ihnen abhängigen arabischen Quellen erschließen. Ihre Schwerpunkte lagen wohl in der Theologie auf der einen Seite, zu der zweifelsohne das Philosophiestudium dazugehörte, und im medizinischen Bereich auf der anderen Seite.[10] Dass die christlich-theologischen Schriften nicht ins Arabische übersetzt wurden, bedarf weiter keiner Erläuterung, wohingegen Philosophie und Naturphilosophie sowie Medizin auf großes Interesse bei den arabischen Gelehrten stießen. Da nun aber die ersten griechisch-arabischen Vermittler Syrer waren, die sich selbst der syrischen Übersetzungen bedienten, so verwundert es auch nicht, dass die ersten Übertragungen ins Arabische zumeist einer syrisch-aramäischen Vorlage folgten. Erst später wird man auch die griechischen Fassungen heranziehen, um eine arabische Übersetzung anzufertigen; aber auch dann werden die Übersetzer meist noch Syrer sein, wie z. B. Ḥunain ibn Isḥāq, da nur wenige Araber des Griechischen mächtig waren. Grundsätzlich folgt daraus, dass man mit verschiedenen Schichten der Übersetzungsarbeit rechnen muss ebenso wie mit der Konkurrenz verschiedener

---

7 Kruk 1979, *PA*, p. 28; Drossaart Lulofs 1968, p. 407.
8 Es seien in chronologischer Reihenfolge genannt: Jourdain 1831, Wüstenfeld 1840, Wenrich 1842, Steinschneider z. B. 1889 und 1904 und Grabmann 1939.
9 Steinschneider 1889.
10 Baumstark 1922, p. 100–139.

Versionen, angefangen schon auf der griechischen Sprachebene. Es sind einige griechische Texte bekannt, die mehr als einmal ins Syrische und Arabische übertragen wurden, in der Regel in solchen Fällen, wo die ältere Fassung für schlecht befunden wurde.[11] Man kann also davon ausgehen, dass mit der wachsenden Übersetzungserfahrung eine neuere Version dann auch eine verbesserte war.

Das Syrische ist zwar durchaus ein semitisches Idiom und damit dem Arabischen näher als dem Griechischen, es muss aber angenommen werden, dass es stark gräzisiert war und dass lexikalische, grammatikalische und syntaktische Unterschiede leichter zu überwinden waren als vom Griechischen ins Arabische.[12] So wurde beispielsweise im Syrischen die Stellung der Satzglieder relativ frei gehandhabt, so dass der griechische Satzbau nachgeahmt werden konnte, ebenso wie sogar Partikel übernommen wurden.[13]

2.3 Die Frage nach der Person des Übersetzers und sprachliche Auffälligkeiten

Was nun den *Liber de animalibus* anbelangt, so hat man es hier mit all den Schwierigkeiten zu tun, die aus dieser besonderen kulturellen Situation heraus erwachsen. Ibn al-Nadīm (gestorben 380/990 in Bagdad) nennt in seinem *Fihrist* Yaḥyā ibn al-Biṭrīq als Übersetzer,[14] was aber von Drossaart Lulofs, Kruk und Endress angezweifelt wird. Außerdem sagt Ibn al-Nadīm, dass es eine ältere syrische Fassung gegeben habe, die besser als die arabische gewesen sei; leider ist nichts dergleichen bis heute überliefert. Vergleichende Untersuchungen mit anderen Werken Ibn al-Bitrīqs sowie mit Übersetzungen von Usṭāt, dem Übersetzer der *Metaphysica*, haben ergeben, dass keiner von beiden als Urheber der arabischen Version gelten kann.

> «The question of the authorship of the translation thus remains essentially unsolved».[15]

Die sprachlichen Untersuchungen des *Kitāb al-Ḥayawān* der oben genannten Forscher haben Folgendes ergeben:

1. Der Übersetzer hatte wahrscheinlich nicht Arabisch als Muttersprache, er war sich auch der klassischen Grammatik nicht sehr sicher: z. B. Indetermination, wo klassisch Arabisch Determination stehen müsste; das Subjekt steht oft vor dem Verb; Übereinstimmung von Nomen und Adjektiv nicht als bindend empfunden; *kāna* oft gebraucht, wo es klassisch Arabisch nicht stehen müsste etc.[16] Eher weist der Text verschiedene Merkmale des Mittelarabischen auf, also

---

[11] Endress, III, 1992, p. 6.

[12] Drossaart Lulofs 1968, p. 405.

[13] Drossaart Lulofs 1968, p. 405.

[14] *Fihrist*, I, p. 251 in der Ausgabe von Flügel 1871/1872; weitere arabische Quellen: v. Kruk 1979, *Introduction PA*, p. 18, bzw. Steinschneider 1889.

[15] Kruk 1979, *PA*, p. 23.

[16] Drossaart Lulofs, *GA*, p. 35/36.

einer umgangssprachlichen Variante seiner Zeit, und zudem können einige Syriazismen nachgewiesen werden, die entweder auf eine syrische Zwischenstufe oder zumindest einen syrischen Übersetzer schließen lassen.[17]

2. Die arabische Version hat einen schwerfälligen Stil und weist auf der einen Seite Varianten in der Wiedergabe feststehender griechischer Begriffe auf, auf der anderen Seite ist die lexikalische Vielfalt insgesamt nicht sehr groß, i. e. zum einen, dass es sich um einen unerfahrenen Übersetzer handelte, zum anderen, dass diese Arbeit zu einem Zeitpunkt entstanden ist, als es noch keine gefestigte technische Terminologie der griechischen Begriffe im Arabischen gab.

3. Im arabischen Text finden sich viele Paraphrasen statt einer genauen Übersetzung; bisweilen hingegen hält sich der Übersetzer so nah ans Griechische, dass der arabische Text fast schon unverständlich wird; wieder an anderen Stellen wird ein Wort im Griechischen mit zwei oder mehreren Wörtern im Arabischen wiedergegeben, ohne sich präzise auf eine Bedeutung festzulegen.[18]

Zusammenfassend kann man also aufgrund der sprachlichen Merkmale so viel sagen:

a) Der Übersetzer muss in der ersten Hälfte des 9. Jahrhunderts gelebt und gearbeitet haben.
b) Es handelt sich aller Wahrscheinlichkeit nach um einen syrischen Christen, der Arabisch nicht als Muttersprache hatte.
c) Ob er eine griechische oder eine syrische Vorlage ins Arabische übertrug, kann nicht entschieden werden.

3. Die arabisch-lateinische Übersetzung und deren Überlieferung

Die älteste lateinische Übersetzung wurde vor 1220 von Michael Scotus in Toledo angefertigt, gut vierzig Jahre später beendete Wilhelm von Moerbecke seine griechisch-lateinische. Letztere interessiert in diesem Zusammenhang nicht, sehr wohl aber die von Scotus, da selbiger sich einer arabischen Quelle bediente. Es sei an dieser Stelle ausdrücklich darauf hingewiesen, dass eine weitere arabisch-lateinische Übersetzung in Spanien oder außerhalb nicht bekannt ist, zumindest hat man bis zum jetzigen Zeitpunkt keine Handschrift vorliegen, ebenso wie in anderen Handschriften Hinweise fehlen, die dergleichen vermuten lassen würden.[19]

---

17 «[...] wir müssen mit der tatsächlich nicht sehr eleganten arabischen Übersetzung auskommen, die ihre Herkunft nicht verleugnet und von Syriazismen wimmelt» (Drossaart Lulofs 1968, p. 412).

18 Kruk, *PA*, p. 24ss.

19 In allen in der Bibliographie aufgeführten Editionen des Textes wird keine andere arabisch-lateinische Arbeit als die von Scotus erwähnt.

3.1 Handschriften und Editionen

Es sind 62 Handschriften[20] mit der Übersetzung von Michael Scotus überliefert, die überwiegende Mehrheit davon aus dem 13. Jahrhundert. Sie alle weisen keine gravierenden Abweichungen untereinander auf, i. e. wir haben es hier mit einer ungewöhnlich einheitlichen Überlieferung zu tun. Das Autograph gilt als verloren, doch könnte es sein, dass es sich im Besitz des Bischofs von Toledo, Don Gonzalo Pétrez, befunden habe. Im Inventar seiner Bibliothek von 1273 heißt es:

> «Sieto *(sic,* por *siete)* quadernos del libro *De animalibus,* escriptos de la mano del traslador».[21]

Auch Burnett schließt nicht aus, dass Don Gonzalo sogar noch weitere Autographen von Scotus besessen haben könnte.[22]

Laut Haskins[23] sind vier Handschriften auf Toledo datiert (Vervollständigung der Angaben aus Oppenraaijs Editionen):

Oxford	Merton College, MS. 278 (saec. xiii ex.–xiv in.)
Kues	Bibliothek des Hospitals, MS. 182 (saec. xiii–xiv)
Firenze	Biblioteca Mediceo-Laurenziana, S. Crucis, Plut. XIII Sin. 9 (saec. xiii, anno 1266)
Krakow	Biblioteca Jagiellonska, MS. 653 (saec. xiv)

Die Einträge im Handschriftenkatalog von Lacombe[24] bestätigen diesbezüglich allerdings nur die Datierung der Handschrift aus Kues:

> «Incipit primus liber De Animalibus Aristotelis translatus a magistro Michaele Scotto in Toledo de arabico in latinum».

Von den 62 erhaltenen Handschriften befinden sich heute fünf Handschriften in spanischen Bibliotheken:

Barcelona	Archivo de la Corona de Aragón, MS. Ripoll 128 (saec. xiii)
El Escorial	Bibl. del Monasterio de San Lorenzo, MS. f.II.6 (saec. xiii ex.)
	MS. f.III.22 (saec. xiii ex.)
Madrid	Biblioteca Nacional, MS. 3347 (saec. xiii ex.)
Salamanca	Biblioteca universiatria, MS. 2241 [olim Madrid, B. Palat. 1122] (saec. xiii)

Laut Lacombe handelt es sich bei allen Handschriften um die Übersetzung von Scotus, explizit zitiert wird er aber nur in der Handschrift El Escorial, f.III.22: «[...] secundum extractione magistri Michaelis Scoti».

---

20 Eine Zusammenstellung aller Textzeugen findet sich in den Editionen von Oppenraaij 1992 und 1998.

21 Gonzálvez Ruiz 1997, p. 441; v. auch VIII.5.3.

22 Burnett, 1994b, p. 110.

23 Haskins 1960, p. 277, Anmerkung 32.

24 *Aristoteles Latinus, codices descripsit Georgius Lacombe et al.*, Roma 1939 (Band 1), Roma 1955 (Band 2 und Supplement).

Aufgrund dieser Überlieferungslage kann festgehalten werden, dass die Scotus-Übersetzung im 13. Jahrhundert in Spanien verbreitet war; die tatsächliche Anzahl der verbreiteten Abschriften wird wesentlich höher gewesen sein. Auch eine Entstehung der Übersetzung in Toledo wird durch die Überlieferung eher bestätigt als ins Schwanken gebracht.

Da mir Prof. Dr. Benedikt Konrad Vollmann freundlicherweise eine bislang unveröffentlichte Transkription des *De animalibus*-Textes für meine Arbeit überließ, liegen dem lateinischen Text folgende Handschriften zugrunde:

Vaticanus Chigi	E.VIII.251; saec. xiii, ff. 1r–8r A. L.^{2} 1750[25]
	E.VIII.252; saec. xiii, ff. 1r–83v A. L.^{2} 1751
Nürnberg, Stadtbibliothek	Cent. VI.10; saec. xiii, ff. 1r–110r A. L.^{1} 1093
Madrid, Biblioteca Nacional	Mss. 3347; saec. xiii, ff. 1r–97v A. L.^{2} 1199

Bei der Haupthandschrift Chisiani, E.VIII.251, handelt es sich um die älteste Handschrift, die wahrscheinlich noch zu Lebzeiten des Übersetzers angefertigt wurde, also frühes 13. Jahrhundert. Sie ist von einer Hand mit wenig Korrekturen auf Pergament geschrieben worden und enthält ein Widmungsschreiben an Friedrich II. auf Latein, Arabisch, Slawisch und Deutsch:

> «Frederice, Romanorum imperator, domine mundi, suscipe devote hunc laborem Michaelis Scoti, ut sit gratia capiti tuo et torques[26] collo tuo».

Der Text zeigt keine Einteilungen. Auf ff. 109r–184r folgt Avicennas Kommentar zu *De animalibus*.

3.2 Michael Scotus: Leben und Werk

Über Michael Scotus hat man nur wenige gesicherte biographische Daten.[27] Wahrscheinlich wurde er vor 1200 geboren, ob er tatsächlich Schotte war, wie sein Name vermuten lässt, weiß man nicht. 1215 begleitete er jedenfalls Erzbischof Rodrigo von Toledo auf das 4. Laterankonzil nach Rom, und seine Übersetzung des *De motibus caelorum* von Al-Bitrūǧī[28] ist auf 1217 in Toledo datiert. In dieser Handschrift heißt es auch, ein «Abuteus levita» habe ihm geholfen, da Scotus wohl erst in Toledo Arabisch gelernt hatte; ob es sich dabei um einen Mozaraber[29] oder einen Juden (v. Ackermann im LexMA) handelt, kann hier nicht geklärt werden. Ob selbiger ihm auch bei der Übersetzung von *De animalibus* geholfen haben könnte, bleibt ebenfalls unklar. Eine der *De*

---

[25] Die Abkürzungen *A. L.* beziehen sich auf den Handschriftenkatalog von Lacombe 1939–1961 (v. Bibliographie).

[26] Mit *torques* ist laut Georges ^{11}1962 eine 'gewundene Halskette als Schmuck' gemeint.

[27] Cf. Ackermann im LexMA 1993, Haskin ^{3}1960, sowie Burnett 1999 (uned.), Gil 1985, Gonzálvez Ruiz 1997 und Oppenraaij 1999.

[28] Al-Bitrūǧī war ein Astronom aus Córdoba; hier ist sein *Kitāb fī l-hay'a* (um 1185) gemeint, in dem es um die Konkurrenz zwischen der Lehre von den homozentrischen Sphären (Aristoteles) und den epizentrischen des Ptolemaeus geht. Diese Abhandlung gehörte mit zu den Grundlagen über die aristotelische Kosmologie.

[29] Gonzálvez Ruiz 1997, p. 193.

animalibus-Handschriften ist zwar datiert auf Bologna, 21. Oktober 1220,[30] man geht aber trotzdem davon aus, dass die Übersetzung vor 1220 in Toledo angefertigt wurde.[31] Das nächste, was man von Scotus weiß, ist, dass er sich in Bologna aufhält, dann von 1224–1227 in Schottland ist und dass er irgendwann danach bis zu seinem Tode 1235/1236 als Astrologe am Hof Friedrichs II. tätig ist, die meiste Zeit davon wohl auf Sizilien. Dort entsteht auch die Übersetzung von Avicennas Kommentar *Abbreviatio de animalibus*, welche Friedrich gewidmet ist, der sie für seine Arbeit am Falkenbuch nutzen wird. Eine Übersetzung des Kommentars von Averroes zu Aristoteles' *De caelo* ist wohl nach 1217 entstanden, außerdem noch ein Kommentar zu *De anima*, aber alles Weitere ist nicht bekannt.

Scotus war, wie man seinen Werken entnehmen kann, vor allem an der Astrologie und Astronomie interessiert, aber auch an den so genannten okkulten Wissenschaften, als deren Erweiterung er die Zoologie angesehen haben mag.[32] Seine wichtigste eigene Schrift ist der *Liber introductorius*, ein astrologisches und physiognomisches Einführungswerk.

3.3 Wirkungsgeschichte

Die lateinische, von Scotus angefertigte Fassung der neunzehn Bücher *De animalibus* fand schnell weite Verbreitung, wie man den Handschriften und der Wirkungsgeschichte entnehmen kann. Thomas Cantimpratensis, Vincent von Beauvais, Bartholomaeus Anglicus und schließlich auch Albertus Magnus nutzten sie für ihre eigenen enzyklopädischen Werke. Der älteste Kommentar wurde von Petrus Hispanus verfasst und ist nur in einer Handschrift als Teil medizinischer Kommentare[33] erhalten.

Zwischen 1250 und 1267 erarbeitete der Franziskaner Petrus Gallecus, Bischof von Cartagena,[34] den *Liber de animalibus*, in dem er teils selbst einen Kommentar zu dem Aristotelestext schrieb, teils eine Auswahl aus arabischen Kommentatoren ins Lateinische übersetzte. Von den arabischen Autoren konn-

---

[30] Haskins 1927, p. 277.

[31] Burnett (1994 b) vergleicht die Arbeiten von Scotus mit denen anderer Toledaner Übersetzer und mit Quellenmaterial, so dass er letztlich mehrere Arbeiten von Scotus in die Toledo-Phase datiert, als nur die eindeutig bezeichnete Al-Bitrūǧī-Übersetzung von 1217, darunter auch *De animalibus*.

[32] Wingate 1931, p. 73.

[33] Mss. 1877, Biblioteca Nacional de Madrid: Ioannes XXI, papa. *Opera médica* (laut Katalogeintrag). Bei Petrus Hispanus handelt es sich um den späteren Papst Johannes XXI. (†1277). In dieser Pergamenthandschrift aus dem 13. Jahrhundert sind laut dem Grabmann-Artikel in der Umschlagseite der Handschrift medizinische Kommentare so vollständig zusammengestellt wie in keiner anderen Handschrift (Ḥunain ibn Isḥāq, Galen, Hippokrates u. a.), i. e. die *Questiones super libro de animalibus Aristotelis* reihen sich in die humanmedizinischen Abhandlungen ein. Cf. auch die Arbeiten von Miguel Asúa und in dieser Arbeit III.3.2.

[34] Zu seiner Person v. IV.2.2.

ten folgende identifiziert werden: Abū al-Farağ ibn al-Tayyib, Shem Tob ibn Falaquera, Averroes und eventuell noch Nicolaus Damascensus.[35]

Im Proömium stellt der Bischof zunächst sich selbst vor, dann seine Arbeitsweise:

> «Et ob hoc nos frater Petrus Gallecus de ordine fratrum minorum primus Cartaginensis episcopus perlecto libro Aristotelis de animalibus in lingua Arabica et Latina transtulimus in summam sententiam libri huius. Et inseruimus quedam pauca explanando secundum commentum et glosas quas inuenimus super hunc librum. Et resecauimus multa, tum quin multociens repetebantur, tum etiam quia non sunt apud nos omnia uel multa de illis et etiam si sunt, nomina eorum ignota sunt Arabibus et Latinis, a quibus nos didicimus et in quorum lingua perspeximus librum istum».[36]

Er habe die Bücher des Aristoteles auf Arabisch und Latein gelesen und daraus eine Übertragung vorgenommen. Seine Lektüre habe er mit Kommentaren und Glossen zu jenen Büchern ergänzt. Dann habe er Kürzungen vorgenommen, sei es, weil sie [die Tiere] nicht auf der Halbinsel vorkommen *(quia non sunt apud nos)*, oder weil es für sie keine Wörter im Lateinischen gäbe. Sein *Liber de animalibus* ist also teils eine Kompilation, teils vielleicht eine Übersetzung *(transtulimus)*, und vor allem aber eine gekürzte Darstellung des umfangreichen Aristotelestextes.

Aufgrund eingehender Analysen des Textes von Gallecus mit der Übersetzung von Scotus und mit den entsprechenden arabischen Quellen kommt Martínez Gázquez zu zwei wichtigen Schlüssen: 1.) Petrus habe nicht direkt mit arabischen Texten gearbeitet, sondern mit Übersetzungen derselben:

> «Aunque en un primer momento pudieron parecer obras de traducción directa por parte de Pedro Gallego de originales árabes, a partir del análisis interno del texto podemos creer, en todos casos, que se trata más bien de adaptaciones realizadas con anterioridad».[37]

Das bedeutet dann allerdings auch, dass Petrus Gallecus die im Proömium genannten Begriffe *transferre* und *translatio* nicht allzu wörtlich im Sinne von 'übersetzen' und 'Übersetzung' gemeint haben könne. 2.) Des Weiteren schließt sich Martínez Gázquez der Meinung Pelzers[38] an, dass Petrus die arabisch-lateinische Übersetzung von Michael Scotus benutzt habe, was er an einem Beispiel erläutert.[39]

Zusammenfassend kann man also sagen, dass der Aristotelestext in der Übersetzung von Scotus sowohl auf der iberischen Halbinsel als auch außerhalb im 13. Jahrhundert für weiterführende Arbeiten genutzt wurde.

---

35 Burnett 1999, p. 29.

36 Edition von Martínez Gázquez 2000; auf p. 77–158 befindet sich der hier angesprochenen Traktat. Zitat von p. 77.

37 Martínez Gázquez 2000, p. XII.

38 Pelzer 1924.

39 Martínez Gázquez 2000, p. 69–71.

3.4 Sprache und Methode

Eine Wort-für-Wort-Übersetzung ist grundsätzlich nicht möglich, wo eine semitische in eine indoeuropäische Sprache übertragen wird. Sowohl der arabische Übersetzer als auch Scotus hatten als Ziel, den Text dem Leser zugänglich zu machen, was zu eigenem Eingreifen führte, welches nicht immer eine Verbesserung bedeutete. So kommt es zu neuen Formulierungen oder zu Ergänzungen, zu denen auch Glossen Anregungen gegeben haben könnten, zu Weglassungen von unverständlichen Passagen, zu Fehlinterpretationen etc. Die Verfahrensweise von Scotus mit dem arabischen Text lässt sich folgendermaßen charakterisieren (Oppenraaij, *GA* und 1999):

- An den Stellen, wo Scotus den arabischen Text nicht richtig verstanden hatte, versuchte er eine möglichst nahe, wortgetreue Wiedergabe.
- An den Stellen, wo seine Quelle ganz offensichtlich fehlerhaft war, korrigierte er aufgrund eigener, logischer Herleitung.
- Die im Arabischen viel verwendete tautologische Häufung von Synonymen reduzierte er, wenn möglich, auf einen Begriff, womit er letztlich dem griechischen Original wieder näher kam (z. B. جثة و اجساد *ǧuṯṯatun wa 'aǧsādun* 'Leib und Körper' wird zu *corpora*). Überhaupt kürzte Scotus oder formulierte um, wenn ihm der arabische Text zu repetitiv oder umständlich vorkam.

Scotus selbst konnte kein Griechisch und er hatte mit Sicherheit auch keine griechische Quelle zur Hand, denn sonst hätten er und sein Mitarbeiter die transliterierten Tiernamen im arabischen Text mit dem griechischen Original vergleichen und gegebenenfalls übersetzen können. Anhand dieser in Umschrift wiedergegebenen Tiernamen macht Oppenraaij einen Vorlagenwechsel ab dem VII. Buch bei Scotus fest:

> «But a clear break can be seen in *Hist. An.*: from the sixth book onwards Scot apparently had access to a different text, which in many places no longer contains translations of certain animal names, as in the extant Arabic text, but Arabic transcription which agree with the names in the Greek text».[40]

[40] Oppenraaij 1999, p. 37.

VI. Zur Handschrift Mss 10198 der Biblioteca Nacional de Madrid: *Historia de los animales*

1. Katalogangaben

Inventario general de Manuscritos de la Biblioteca Nacional. Madrid 1984.

Título:	Historia de los animales, Aristoteles (ff. 1–93). Arte de caballeria, Julius Frontinus (ff. 97–141v)
Fecha:	XV
Des. Física:	141ff.; 29 x 21 cm.
Notas:	Cada obra escrita por una mano distinta. Incipit/Explicit: En nombre de Dios aqui comiença el primero libro de aristotiles intitulado el libro de animalibus (fol. 1) [...] por causa del principio movedor. Aqui se acaba el libro decimo nono de animalibus de aristotiles e por consiguiente todo el libro laus et gloria Ihesu amen (fol. 93). – Marcho porcio catho pensando que las ciudades de spanya (fol. 97) [...] e por batalla de mar e de tierra fueron vencidos (fol. 141). En blanco las ff. 93v–96v. El primer tratado casi sin márgenes, rúbricas ni capitales; el segundo, con márgenes bien marcados, sin rúbricas, y con espacio en blanco para las iniciales.
Procedencia:	Duque de Osuna
Ref. bibliog.:	Boost p. 125–6, nº 1702–1703. Exp. Mendoza del Infantado p. 28, nº 10. Rocamora, Osuna p. 8, nº 101. Schiff, Santillane p. 34–36, nº IV-C.

2. Beschreibung

Wir haben es hier mit einer Papierhandschrift in Pergamenteinband zu tun, auf deren Rücken in Humanistenantiqua folgende Inschrift zu lesen ist: «Duque · 21 · Aristoteles de animalibus en Romanze · de Osuna». Die alte Signatur im Deckel «Plut.v.Lit. N.Nº. 33». könnte aus derselben Zeit wie die Inschrift auf dem Buchrücken stammen. Die ersten sechs Blätter sind leer; nur auf Blatt Vr ist von einer Hand aus dem 16./17. Jahrhundert der Titel eingetragen: *Libro de los animales*. Die Folii 94–96 sind ebenfalls leer, da sie noch zur letzten Lage des ersten Werkes gehören. Mit Folio 97 beginnt eine neue Lage und damit auch das zweite Werk *Arte de caballeria*. Der Aristotelestext besteht aus zehn Quinternio-Lagen, der zweite Text aus vier Sexternii. Die Lagennummerierung befindet sich in der Mitte unten, die Foliierung dagegen rechts oben. In der gesamten Handschrift sind die Lagen durchgehend gezählt von einer Hand, und zwar von der des ersten Teils, welcher die Lagen der Tierbücher mit arabischen Zahlen bezifferte, während der Abschrift des Frontinus eine Lagenzählung fehlte, die dann vom ersten Schreiber ergänzt wurde, so dass man noch die frischen Tintenabdrücke auf der jeweils gegenüberliegenden Seite sehen kann. Daraus kann man schließen, dass diese zwei unterschiedlichen Werke doch in einem engen Zusammenhang entstanden sind. Zumindest wurden sie von einem Auftraggeber bestellt, so dass sie in einer Handschrift zusammengebunden wurden. Auch die Untersuchung der Wasserzeichen deutet darauf hin, dass beide Abschriften in einem Skriptorium angefertigt wurden. In dem Katalog von Valls i Subirà[1] konnte nicht exakt das vorliegende Wasserzeichen gefunden werden – ein Wagen mit Krone –, aber es deutet alles auf ein Papier aus Katalonien aus der ersten Hälfte des 15. Jahrhunderts hin. In der gesamten Handschrift gibt es nur ein Wasserzeichen, das allerdings in dem zweiten Werk auf dem Kopf steht. Man könnte jetzt also so weit gehen, sich vorzustellen, dass sich beide Schreiber an einem Tisch gegenüber saßen und von einem Stapel Papier in der Mitte des Tisches bedienten.

Zur Handschrift des ersten Teils ist noch zu sagen, dass sie in Kursivschrift von einem einzigen Schreiber angefertigt wurde. Es gibt natürlich Verschreibungen, auch finden sich vereinzelt Korrekturen oder Ergänzungen, die zwischen den Zeilen eingefügt wurden. Was gänzlich fehlt, sind Glossen oder Anmerkungen von einer fremden Schreiberhand. Der Beginn der einzelnen Bücher ist jeweils mit einer Überschrift vermerkt, die allerdings nicht immer optisch abgesetzt oder hervorgehoben ist. Die ersten vier Bücher haben noch eine Kapitelunterteilung, die anderen nicht mehr. Das Buch IV endet mit folgendem Satz:

> «En nombre de dios aqui comjença el quinto ljbro de las anjmaljas de aristotiles segund la traslaçion arabica entrepetado es mas breue & mas çierto avn que non va capitulado» (fol. 26r).

Das Wort *entrepetado* konnte nicht nachgewiesen werden, doch scheint 'interpretado' gemeint zu sein, was nach *traslaçion* allerdings tautologisch wäre. Diese Angabe dürfte vom Übersetzer selbst stammen, nicht aber vom Kopisten. Jedenfalls handelt es sich bei diesem Satz um den einzigen Hinweis auf die Entstehung der spanischen Übersetzung.

---

[1] Valls i Subirà 1980.

2.1 Zum Textbestand

Der Codex Mss 10198 enthält die altspanische Übersetzung der zoologischen Hauptschriften des Aristoteles in gekürzter Fassung. Dieser Umstand hat bislang weder in den Katalog der Biblioteca Nacional noch in den folgenden bibliographischen Referenzen Eingang gefunden. Ausmaß und Form der Kürzungen werden im Anschluss an die Synopsen (VIII.1) dargestellt werden.

3. Bibliographie

Die angegebenen bibliographischen Referenzen geben sehr wohl Aufschluss über die Besitzer des vorliegenden Textzeugen, nicht aber über Herkunft und Entstehung des Textes selbst. Laut Schiff befand sich der Codex in der Bibliothek des Don Iñigo López de Mendoza, Marqués de Santillana, «el hombre más representativo de su tiempo»[2] (1398–1458). Als Angehöriger einer einflussreichen Adelsfamilie war er nicht nur Politiker und Offizier, sondern er zeichnete sich dadurch aus, dass er selbst zu den Dichtern zählte und sich durch zahlreiche humanistische Studien bildete. Er sammelte Gelehrte um sich, finanzierte Übersetzungen von klassischen Werken (Griechen und Lateinern) und italienischen Humanisten, ebenso ließ er sich Abschriften von Handschriften anfertigen, so dass seine Bibliothek als die umfangreichste und repräsentativste im Spanien des 15. Jahrhunderts angesehen wird.[3]

Vom Marqués aus ging der hier interessierende Codex mit dem ganzen Bestand über in die Bibliothek seiner Nachfahren, genannt Biblioteca Infantado, welche ihrerseits als Ganzes vom Duque de Osuna übernommen wurde, bevor sie noch viel später fast vollständig in den Besitz der Biblioteca Nacional de Madrid überging.[4] Leider werden in dem Heftchen *Exposición de la Biblioteca de los Mendoza del Infantado en el siglo XV* keine zeitlichen Angaben zu diesen Vorgängen gemacht.[5] Für die hier gestellten Fragen zum Autor, zum Auftraggeber, Entstehungsdatum und -ort der eigentlichen Übersetzung tragen diese Referenzen leider nicht viel bei, da sie viel später ansetzen als der angenommene Entstehungszeitraum für die Übersetzung. Immerhin bleibt festzuhalten, dass aller Wahrscheinlichkeit nach der Marqués de Santillana der Auftraggeber für unseren Codex war, ein Auftraggeber, der unabhängig von der Kirche oder anderen Institutionen seine Privatbibliothek gestaltete. Allerdings trägt die Handschrift kein Wappen oder Ähnliches.

---

2 Alborg 1972, p. 339.

3 Schiff 1905, Einleitung Kap. IV.

4 Aus der Bibliothek des Duque de Osuna gelangte noch ein weiteres Manuskript aus dem 15. Jahrhundert mit den Kriegslehren des Frontinus in die BN, nämlich die Handschrift Mss 10204, *Sciencia de la cavalleria*, nun aber in kastilischer Sprache.

5 Cf. Bibliographie.

4. Sprachgeschichtliche Auffälligkeit

In dem vorliegenden Textzeugen aus dem 15. Jahrhundert ist eine Auffälligkeit zu beobachten, die von sprachhistorischem Interesse ist: Es gibt in der gesamten Handschrift kein *z*-Graphem! Wörter wie *desir* oder *faser* werden mit *s* geschrieben. Wie Lapesa schreibt (§ 72,3), werden im 15. Jahrhundert in Sevilla und an der andalusischen Atlantikküste die dentalen Affrikaten /ts/ und /dz/ zu dentalen Frikativen abgeschwächt (in der Schrift *ç, c, z*), die dann mit den alveolaren Frikativen /ṣ/ (Schrift *s-, -ss-, s-*) und /ẓ/ (Schrift *-s-* zwischen Vokalen) zusammenfallen. Bei der Abschrift der Handschrift in der ersten Hälfte des 15. Jahrhunderts hatte dieser Zusammenfall offenbar schon im gesamten kastilischen Sprachraum stattgefunden, so dass er auch in die Schrift Eingang finden konnte. Ein Vergleich mit dem Facsimile der *Historia del Conde Fernán González* hat diesen Befund bestätigt.[6]

[6] Edition von John S. Geary, Madison 1987 (v. Bibliographie).

VII. Die altspanisch-arabisch-lateinischen Textsynopsen

1. Zur Edition und Transkription

1.1 Vorbemerkung

Das Ziel dieser Arbeit ist die Erschließung der spanischen Handschrift. Daraus folgt, dass Markierungen in der Edition grundsätzlich auf die Erläuterung des spanischen Textes zielen. Da aber auch der lateinische Text, der in den Büchern I–X geboten wird, noch nicht ediert ist, und da die deutsche Übersetzung des arabischen Textes ebenfalls nicht auf andere Arbeiten verweisen kann, sind auch hier immer wieder Anmerkungen notwendig.

Es sei an dieser Stelle nochmals ausdrücklich darauf hingewiesen, dass nicht die gesamte, 93 Folien umfassende Handschrift transkribiert und ediert wird, sondern nur jeweils von jedem einzelnen Buch etwa eine Handschriftenseite. Da es beim XVIII. Buch nicht möglich ist, eine Synopse mit dem arabischen und lateinischen Text zu erstellen (v. VIII.1.1), entfällt also der Übersetzungsvergleich, so dass hier nur die spanische Handschrift wiedergegeben werden kann.

1.2 Text und Kommentar in den Synopsen

Alles, was mit einer dünnen Unterstreichung hervorgehoben ist, wird unter Angabe der Zeilennummer im Kommentar erläutert. Dabei werden folgende Markierungen unterschieden:

1. **Fettgedruckte Wörter** beziehen sich unmittelbar auf die Handschriften, i. e. auf mögliche andere Lesarten, auf Probleme bei der Auflösung von Abkürzungen, auf Unleserlichkeiten, auf Varianten in anderen (lateinischen) Handschriften, etc.
2. *Kursivgedruckte Wörter* in den Textsynopsen geben an, dass das Wort/die Wörter im Vergleichstext fehlen, wenn es sich tatsächlich nur um eine kleinere Anzahl von Wörtern handelt. Ganze fehlende Abschnitte werden entweder mit [/] gekennzeichnet, oder gar nicht, wenn das Druckbild jede weitere Markierung überflüssig macht. In der Regel beziehen sich diese Vergleiche vom Spanischen ausgehend auf den Text, den es als Vorlage hatte.

   Die Kursive im Kommentarteil allerdings markieren die zu untersuchenden Lexeme.

3. Rectegeschriebene Wörter mit dünner Unterstreichung haben in der Regel eine Entsprechung in einer der beiden oder in beiden anderen Spalten, i. e. hier wird der Übersetzungsvergleich kommentiert.
4. ⟨⟩ In spitzen Klammern werden Korrekturen und Streichungen in der Handschrift wiedergegeben.
5. { } Die geschweiften Klammern kennzeichnen Konjekturen des Herausgebers im arabischen oder lateinischen Text.
6. [ ] Der Text in eckigen Klammern wurde von der Herausgeberin dieser Synopsen ergänzt.
7. [...] Die übersprungenen Textpassagen sind in der jeweiligen Quelle durchaus vorhanden, werden nur hier nicht wiedergegeben.
8. (!) Dieses Zeichen bestätigt die Lesung.
9. In den Kommentaren wird zwischen «Lesartfehlern» und «Lesefehlern» unterschieden. «Lesartfehler» in der arabischen Handschrift haben ihren Ursprung in fehlender Punktierung oder Vokalisierung, während «Lesefehler» allgemein ein Verlesen bezeichnen.

Was die Überschriften im Spanischen und Lateinischen anbelangt, so sind sie fett gedruckt, wenn das in den handschriftlichen Vorlagen auch der Fall war. Eine Vereinheitlichung für diese Edition wurde nicht angestrebt.

1.3 Kriterien für die Übersetzung des arabischen Textes

Die arabisch-deutsche Übersetzung steht ganz im Dienste der Bearbeitung der spanischen Handschrift. Ziel ist daher nicht eine literarische Übertragung, sondern die möglichst genaue Wiedergabe von Strukturen, da selbige auch die spanische Übersetzung charakterisieren. So wird etwa die in semitischen Sprachen durchaus übliche Verwendung von einem Verb und einem Nomen aus derselben Wurzel (Paronomasie: *ein Ereignis ereignet sich*), im Rahmen der Verständlichkeit genauso wiedergegeben, um die parallele Übersetzung im Spanischen *acaeçe un acçidente* zu veranschaulichen.

Zugrunde liegende Editionen (v. Bibliographie):

Bücher:	I–X	Badawi
	XI–XIV	Kruk
	XV–XIX	Brugman

1.4 Transkriptionskriterien

a) Für die spanische Handschrift

1. Es wurden alle Abkürzungen aufgelöst. Soweit dabei Unklarheiten entstanden, wurden diese jeweils mit anderen möglichen Lesarten angegeben.
2. Die verschiedenen *s*-Schreibungen wurden nicht aufgenommen. In der Handschrift gibt es neben dem Schaft-*s*: *ſ*, auch das geschwungene Schlan-

gen-*s*: *s*, sowie eine weitere *p*-ähnliche Variante; außerdem noch eine Variante, die man als Großbuchstaben ansehen könnte.
Ein eigenes Graphem *z* gibt es nicht.

3. Ebenso wurde auf die Unterscheidung von Schaft-*r*, also einem langen, *j*-ähnlichen *r* und einem runden verzichtet. Großschreibung und Verdoppelung hingegen wurden wiedergegeben.
4. Normalerweise wird in der Handschrift nicht zwischen Groß- und Kleinschreibung unterschieden. Sollte dennoch vereinzelt ein eindeutig erkennbarer Großbuchstabe stehen, so wird er auch in die Transkription aufgenommen.
5. Üblicherweise wird die Variation von *u*-*v*-Schreibung vereinheitlicht. In der vorliegenden Edition wurde aber darauf verzichtet, um die sprachgeschichtlich interessanten Variationen wie *uos, vos, bos* (gemeint ist *voz*) zu erhalten.
6. *i*-*j*-*y*-Variationen wurden beibehalten.
7. Zusammengezogene Wörter wie *enlomas* wurden gemäß den heutigen Regeln getrennt (*en lo mas*).
8. Es wurden alle Interpunktionszeichen der Handschrift exakt wiedergegeben, ohne weitere Zeichen gemäß den aktuellen Regelungen hinzuzufügen. Ebenso wurde auf die Ergänzung von Akzenten verzichtet.

b) Für das Arabische

Die im Apparat angegebenen Wörter oder Textpassagen entsprechen dem Transliterationssystem der Deutschen Morgenländischen Gesellschaft.

Konsonanten

ء	ʾ	ر	r	ف	f
ب	b	ز	z	ق	q
ت	t	س	s	ك	k
ث	ṯ	ش	š	ل	l
ج	ǧ	ص	ṣ	م	m
ح	ḥ	ض	ḍ	ن	n
خ	ḫ	ط	ṭ	ه	h
د	d	ظ	ẓ	و	w
ذ	ḏ	ع	ʿ	ى	y
		غ	ġ		

Langvokale

ا	ā	و	ū	ي	ī

Der bestimmte Artikel *(a)l-* wird immer ausgeschrieben ohne Rücksicht auf die Assimilation.

2. Synopsen der Bücher I–XIX

Liber I

Mss 10198	**Badawi**	**Vaticanus Chigi**
[1r]	[p. 5]	[1ra] Incipit liber animalium
En nonbre de dios	**Im Namen Allahs, des Gnädigen, des Barmherzigen**	IN nomine domini nostri Jesu Christi omnipotentis misericordis et pii.
	Vorwort	Translatio tractatus
aqui comjença el prjmero ljbro de aristvtiles entitulado el ljjbro de animalibus	Die erste Rede aus dem Buch, welches Aristoteles, der Philosoph, verfasste, über das Wissen von der Natur der Landtiere und der Meerestiere,	primi libri, quem composuit Aristotilis in cognitione naturarum animalium agrestium et marinorum.
en el qual se cuenta la qualidad del engendrar de todas las anjmalias &	darin sind die Merkmale der Paarung und der Geburt aller Tiere,	Et in illo est coniunctionis animalium modus et generationis
la qualidad de las que de ellas se engendran sin ayuntamjento de macho & fenbra espeçialmente	und die Merkmale, welche von diesen Geschlechtsverkehr haben	et modus generationis illorum sine coitu
tractando de los mjenbros de ellas jntrinsicos & extrinsicos	mit der Klassifizierung ihrer inneren und äußeren Körperglieder,	cum partitione membrorum interiorum et aparentium
& abrevjaçion de las obras de ellas & de sus fechos & de sus prouechos & daños	und die zusammenfassende Darstellung ihrer Tätigkeiten und ihrer Handlungen und ihres Nutzens und ihres Schadens,	et cum meditatione comparationum eorum et actionem eorum et iuvamentorum et nocumentorum eorum
& como se caçan	und wie gejagt wird, das, was von ihnen gejagt wird,	et qualiter venantur
& en que logares estan & quando se mueuen de logar a logar asi por el estio como por el inujerno	und wer an welchen Orten ist, und wann sie von einem Ort zum nächsten wechseln, wegen der Gegenwart des Sommers und des Winters,	et in quibus locis sunt et quomodo moventur de loco ad locum propter dispositionem presentialitatis estatis et hyemis

& de que bjue cada vna de las anymaljas asi montesjnas como las volatiles & las que nadan asi como los peçes de la mar & de las otras anjmalias que en la mar otrosi biuen de aquellas cosas que nadan	und woher der Lebensunterhalt eines jeden der Tiere kommt, i. e. was zu der Art der Vögel und der Schwimmer wie den Fischen des Meeres gehört und was sonst noch an schwimmenden Tieren [i. e. außer den Fischen] darin [im Meer] lebt.	et unde est vita cuiuslibet illorum scilicet modorum avium et luporum et piscium maris et que ambulant in eo. {De lupis}
Aqui comjença el ljbro primero	[p. 6] **{Die erste Abhandlung}** Beginn der ersten Rede	**Liber I** **Tractatus primus hic incipit** **1.**
(486a 5) Algunas partes de los cuerpos de las anjmalias se llaman non compuestas o *synples* & son aquellas partes que se parten en partes que paresçen las vnas a las otras asi como quando se parte vna pulpa de carrne en muchas pulpas &	(486a5) Einige der Teile der Körper der Tiere werden genannt nicht-zusammengesetzte; das sind Teile, die sich in Teile teilen, die einander gleichen, {so wie das, was dem in Stücke aufgetrennten Fleisch passiert},	(486a5) Quedam partes corporum animalium dicuntur non composite, et sunt partes, que parciuntur in partes similes quasdam quibusdam, sicut partitur frustrum carnis in multa frustra,
algunas partes de las anjmalias se llaman compuestas & son aquellas que se parten en muchas partes que non se asemejan las vnas a las otras	und einige ihrer Teile nennt man zusammengesetzte, das sind solche, die sich in Teile teilen, die einander nicht gleichen.	et quedam partes vocantur composite, et sunt, que partiuntur in partes dissimiles quasdam quibusdam,
asi como la mano / Ca la mano **non** se parte en muchas manos nj la cara en muchas caras /.	{wie die Hand, denn die Hand teilt sich nicht in viele Hände, und das Gesicht [teilt sich] nicht in viele Gesichter.}	sicut manus, quoniam manus non partitur in manus multas neque facies in facies multas.
(486a9) E algunas de las partes que tales son non se llaman sola mente parte mas llamanse mjenbro tan bien	(486a9) Und ein Teil dieser Art wird nicht nur Teil, sondern auch Glied genannt,	(486a9) Et quiddam, hoc cadit in hac dispositione, non dicitur pars tantum, set membrum nominatur,
como los mjenbros que son vnjuersales en que ay otros mjenbros asi como la cabeça & el pie & la mano & el çerebro todo & el pecho	wie z. B. die Glieder, welche Gesamtheiten bilden und in sich andere Teile [enthalten], wie der Kopf und das Bein und die Hand und der ganze Oberarm und die Brust.	sicut membra, que sunt de universalibus. Et habent alias partes sicut caput et pes et manus, minor et mayor, et pectus;
Ca todos estos mjenbros se disen vnjuersales & han otras partes /	Denn alle diese Glieder nennt man Gesamtheiten, und sie haben weitere Teile.	nam omnia ista membra dicuntur universalia et habent alias partes. Et

E todos los mjenbros que non se asemejan sus partes vnas a otras son conpuestas	Und alle Teile, deren Teile sich untereinander nicht ähneln, sind zusammengesetzt aus den Teilen, deren Teile sich untereinander ähneln, wie z. B. die Hand: denn sie ist zusammengesetzt aus	omnes partes dissimiles in suis partibus sunt composites ex eis, que sunt similes in partibus, ut manus, que est composita
de carrne & nerujo & hueso	Fleischsubstanz und Nerven und Knochen.	ex carne et nervis et ossibus.
	{Die Unterschiede zwischen den Teilen}	
(486a15) & todos los mjenbros que son en algunos generos de las anjmaljas se asemejan los vnos a los otros en algunos mjenbros & se diuersifican los vnos de los otros	(486a15) Und alle Glieder, die es bei einigen Gattungen der Tiere gibt, ähneln entweder einander [p. 7] {oder} bisweilen stimmen sie nicht in ihren Teilen überein.	(486a15) Et omnia membra, que sunt in quibusdam generibus animalium, assimilantur quedam quibusdam et deassimilantur in quibusdam.
en algunos los mjenbros que se asemejan los unos a los otros en la forma son como desimos que la naris de fulano semeja a la naris de fulano & el ojo de fulano semeja al ojo de fulano & la carrne semeja a la carrne & el hueso semeja al hueso	Bezüglich der Glieder, die einander ähneln in der Form, ist es so, wie wir sagen, dass die Nase von Soundso der Nase von Soundso ähnelt, und das Auge von Soundso ähnelt dem Auge von Soundso, und das Fleisch ähnelt dem Fleisch, und der Knochen ist dem Knochen ähnlich:	Membra ergo, que assimilantur quedam quibusdam in forma, sunt sicut dicitur, quod nares Sofroniti sunt similes naribus Socratis et oculi Esculapii sunt similes oculis Appollinis, et caro assimilantur carni et ossum ossi.
& segun esto se dise que el cauallo semeja al cauallo & quales quier de las otras anjmaljas que comunjcan en vna forma	und demgemäß sagt man, dass das Pferd dem Pferd ähnlich sei, und so ist es bei den übrigen Arten der Tiere, die in der Form übereinstimmen.	Et secundum huiusmodi dicitur, quod equus assimilatur equo et quod est de aliis generibus animalium conveniens in sua forma.
& esto es por quanto la conuenjençia del todo al todo es segun la conuenjençia del todo a cada vna de las partes	Das ist so, weil es ebenso wie die Übereinstimmung des Ganzen mit dem Ganzen, so auch die Übereinstimmung jedes einzelnen der Teile mit jedem einzelnen der Teile gibt.	Et illud est {quod} propter ⟨hoc⟩, quoniam sicut est convenientia totius ad totum, ita partis cuiuslibet ad partem quamlibet.
(486a22) & algunas de ellas ay que non comunican en esta forma / mas su diuersidad es por causa	(486a22) Bei einigen verhält es sich bezüglich der Übereinstimmung so [wie eben beschrieben], aber der Unterschied liegt in der	(486a22) Et quedam sunt convenientia secundum hanc dispositionem, et diversitas eorum

de mas & de menos	Zufügung und der Wegnahme [von Eigenschaften],	membrorum est propter diminutionem et augmentum generis,
& aquesto acaesçe a las anjmaljas que se dise ser de vn genero E disese genero asi como las aues & los peçes que cada vno de aquestos se diuersifican del otro en genero / E en las aues ay muchas espeçias & asi eso mesmo en los peçes	und dieses zeigt sich in den Arten der Tiere, die einer Gattung zugeordnet sind. Und ich sage: eine Gattung, wie z. B. die Vögel oder die Fische, denn jeder einzelne von diesen beiden unterscheidet sich bezüglich der Gattung, und bei den Vögeln gibt es viele Arten, und bei den Fischen ebenso.	quoniam istud accidit modis animalium attributis uni generi, et intendo dicere genus sicut avis et piscis, quoniam utrumque istorum duorum diversatur [1rb] in genere. Et avibus sunt multe species et in piscibus similiter.
(486a26) & sus muchos mjenbros se diuersifican segun sus **opsitas** propiedades segun la color & la figura que aquesto acaesçe a vnas mas & a otras menos	(486a26) Und viele ihrer Glieder unterscheiden sich von Seiten der Gegensätzlichkeiten ihrer Eigenheiten, wie. z. B. der Farbe und der äußeren Gestalt: und das zeigt sich bei einigen mehr, bei einigen weniger.	(486a26) Et multitudo suorum membrorum diversatur propter contrarietates proprietatum in eis, ut coloris et figure, quoniam hoc accidit quibusdam secundum maius, quibusdam secundum minus,
& diuersificanse en muchos & en pocos & en grandesa [1v] & en pequenes & vniuersalmente en mas & en menos	Und sie unterscheiden sich auch in der Vielheit und in der Wenigkeit, und in der Größe und in der Kleinheit, und allgemein gesagt: in der Zu- und in der Abnahme,	et diversantur etiam in multitudine et paucitate et magnitudine et parvitate et universaliter in augmento et diminutione.
(486b9) Ca algunos han carrne blanda & algunos dura & algunos han el pico luengo & algunos corto & algunos tienen mucha pluma & algunos poca & algunos otrosi han otros mjenbros	(486b9) denn einige sind weichfleischig, und einige hartfleischig, einige haben einen langen Schnabel, einige einen kurzen Schnabel; einige haben viele Federn, einige wenig Federn. Und einige haben auch {andere} Glieder, und einige [wieder] andere.	(486b9) Nam quedam sunt mollis carnis et aves quedam dure carnis, et quedam habent longam {picam} ⟨pinnam⟩(?) et quedam brevem, et quedam multas plumas et quedam paucas, et etiam quedam habent alia membra et quedam alia.
E esto es manjfiesto que algunos de ellas tienen vn monteçillo de plumas ençima de la cabeça & algunos han peñolas & algunos non & algunos han pescueço & algunos non /	Und das ist offensichtlich, denn bei einigen gibt es einen Hahnenkamm auf den Köpfen und bei einigen nicht, und bei einigen gibt es einen Schopf, und bei einigen nicht, und bei einigen gibt es eine Mähne und bei einigen nicht.	Et hoc est manifestum; nam quedam habent cristas galeras super caput suum et quedam habent crines et quedam non, et quedam habent setas in collo et quedam non.

Liber II

Mss 10198	**Badawi**	**Vaticanus Chigi**
[5v] **Aquj comjença el segundo ljbro de animalibus de aristotiles /**	[p. 52] **Die Übersetzung der zweiten Rede vom Buch des Philosophen Aristoteles über die Natur der Tiere**	[6ra] **Liber II Tractatus secundus**
	1	**1.**
	{Die Glieder der Tiere und ihre Bewegung – die Beschreibung der Anzahl ihrer Arten}	
(497b1) Algunos mjenbros de los anjmales son consemejantes & esto es en los modos de las anjmaljas que comunican en genero	(497b1) Einige Teile der Tiere sind sich einander ähnlich, so wie wir schon zuvor sagten. Dies ist der Fall bei den Arten der Tiere, die gattungsgemäß zusammengehören.	(497b1) Quedam membra animalium sunt consimilia, et hoc erunt in modis animalium, que genere comunicant;
& otras se diuersifican segun la diuersidad de su genero/	Und einige Glieder der Tiere unterscheiden sich gemäß ihrem Gattungsunterschied, so wie wir schon oben mehrfach an unterschiedlichen Stellen sagten.	et quedam diversitantur secundum diversitatem sanguinis.
(497b14) Pues todos los anjmales diuersos en genero se diuersifican en la forma de los mjenbros en lo mas	(497b14) So sind alle gattungsgemäß unterschiedlichen Tiere meist unterschiedlich in der Form ihrer Glieder.	(497b14) Omnia ergo animalia genere diversa diversantur in forma membrorum et in pluribus,
& quiça sera la diuersidad en la conuenjençia solamente /	Und manchmal besteht der Unterschied nur in der Übereinstimmung [Analogie].	et forte erit diversitas in convenientia tantum.
E todas las anjmalias de quatro pies que engendran anjmaljas han de los mjenbros el cuello & la cabeça & los mjenbros de la cabeça	So haben alle Tiere, die vier Beine haben und lebend gebären, an Gliedern: Kopf, Hals und die Glieder des Kopfes;	Omnia vero animalia quadrupedalia, que generat animalia, habent ex membris caput et collum et membra capitis.
& los mjenbros de cada vno son diuersos	und die Form jedes einzelnen der Glieder ist unterschieden vom anderen.	Et forma membrorum uniuscuiusque eorum sunt diversa,
Ca el hueso del cuello del leon es continuo E non es en el coyuntura &	Denn der Halsknochen des Löwen ist ein kontinuierlicher, in ihm gibt	quoniam os colli leonum est continuum et non est in eo

todo lo de dentro de el semeja a lo de dentro de la carrne	es keine Rückenwirbel. Was aber sein ganzes Inneres betrifft, so ähnelt es dem Inneren des Hundes.	anulositas, et suum totum interius assimilatur interiori canis.
(497b18) & las anjmalias de quatro pies que engendran anjmalias en logar de las manos del onbre han piess delante // E el que de ellos es pie fendido tan bjen ha dedos E vsalos en logar de las manos del onbre ⟨& vsa dellos⟩ /	[p. 53] (497b18) Die Tiere, die vier Beine haben und lebend gebären, haben anstelle der beiden Hände des Menschen zwei Vorderfüße. Und diejenigen von ihnen, deren beide Vorderfüße gespalten sind, haben Zehen, und sie gebrauchen sie so wie der Mensch seine Hand in vielen Dingen.	(497b18) Et animalia quadrupedia, que generant animalia, loco manuum hominis habent pedes anterius, et quod illorum est fissi pedis anterius habet digitos et utitur eis loco manuum hominis in multis.
E el pie sinystro delantero en los anjmales non es suelto nj liujano segund que la mano sinystra en los onbres saluo el elefante	Der linke Vorderfuß der Füße der Tiere ist nicht frei und leicht an Bewegung wie die linke Hand des Menschen *trotz des niedrigeren Ranges derselben*, mit Ausnahme des Elefanten.	Et pes sinister anterius in animalibus non est absolutus neque levis motus, sicut manus sinistra in hominibus, preterquam in elefante,
E los dedos de sus pies non se parten segund que es en los pies de los otros anjmales	Und die Zehen seiner beiden Füße sind nicht klar gegliedert wie die Gliederung der Zehen der Füße der übrigen Tiere.	et digiti pedum eius non dividuntur divisione manifesta, sicut est divisio digitorum pedum in aliis animalibus.
(497b24) E sus pies delanteros son mayores mucho que los traseros & ha verdaderamente çinco dedos en los pies traseros & tiene estas dos manos pequeñas en rrespecto de la grandesa de su cuerpo	(497b24) Und seine beiden Vorderfüße sind viel größer als die beiden Hinterfüße. Er hat fünf Zehen an den beiden Hinterfüßen, und er hat zwei Knöchel, deren Ausmaß im Bezug zur Größe seines Leibes klein sind.	(497b24) Et pedes eius anteriores sunt maiores posterioribus multum, et habet quinque digitos in pedibus posterioribus, et habet duo cahab parva respectu magnitudinis corporis sui.
E tiene vna grande tronpa luenga que la vsa en logar de las manos en los onbres Ca con aquella toma la vjanda & la trae a su boca E por aquella tan bjen a su señor quando el [6r] quiere	Und er hat einen langen Rüssel, den er in dem Maße benutzt, in dem der Mensch seine beiden Hände benutzt. Mit ihm lässt er sich Essen und Trinken in seinen Mund gelangen, und er bringt mit ihm zu seinem Reiter und Führer, was dieser will.	Et habet calceum longum, magnum, et utitur loco manus in hominibus, quantum per ipsum accipit cibaria et reddit ipsa ori eius et per ipsum etiam domino suo, quod voluerit.
arranca los arboles.	Mit seinem Rüssel reißt er auch Bäume mit ihren Wurzeln aus,	Et per ipsum erradicat arbores,
E quando nada en el	und wenn er im Wasser schwimmt, hebt	et cum natat in agua,

agua Resuella con ella & echa el agua	er seinen Rüssel hoch und formt ihn zu einem Trichter und wirft Wasser aus.	inspirat eo et eicit aquam.
& aquella tronpa es crjada de cartilagre & non es anjmal que vse su mandiestra segund su sinjstra afuera el onbre	Dieser Rüssel ist aus Knorpel geschaffen. Die Tiere haben keine rechte Sache, das heißt sie gebrauchen die linke Hand so, wie sie die rechte Hand gebrauchen, mit Ausnahme des Menschen.	Et ille calceus creatur ex cartillagine. Et non est animal utens manu sinistra sicut dextra preter hominem.
(497b32) E todo anjmal tjene pecho correspondiente al pecho del onbre mas non le Asemeja Ca el onbre es de largo pecho & todas las otras anjmaljas de angosto E njnguno tjene tetas en la parte delantera del pecho sinon el onbre *& el elefante*	(497b32) Alle Tiere haben ein Glied, das der Brust des Menschen gleicht, ihr aber nicht ähnlich ist, weil der Mensch eine breite Brust hat, die übrigen Tiere hingegen haben eine schmale Brust. Und kein Tier hat zwei Brüste auf seiner Vorderseite, mit Ausnahme des Menschen.	(497b32) Et omne animal habent membrum conveniens pectori hominis, set tamen non assimilatur ei, quoniam homo est lati pectoris, alia vero animalia stricti. Et nullum animal habet mamillas in suo anteriori preter hominem.
(498a1) Ca el elefante tjene dos tetas mas non en el pecho	(498a1) Was den Elefanten betrifft, so hat er zwei Busen, aber die beiden sind nicht auf seiner Brust.	(498a1) Elefas vero habet duas mamilla⟨s⟩, set non in pectore. {et solus homo est ambidexter}
	[p. 54]{Die Bewegung der Glieder}	
E el doblamjento de los piess de tras & de delante son en contraria manera del doblamjento de los pies & de las manos del onbre saluo del elefante	Was die Beugung der beiden Hände und der beiden Füße des Menschen betrifft, so ist dies manchmal auch bei einigen Tieren verschieden, mit Ausnahme des Elefanten.	Et flexio pedum animalium anteriorum et posteriorum sunt econtra flexioni manuum et pedum hominis preter elefantis.
& quiça se diuersifica⟨n⟩ en algunos anjmales /	[/]	Et forte [6rb] etiam diversatur in quibusdam animalibus.
los anjmales de quatro piess que engendran sus semejantes doblan los pies delante a dentro E los de tras atras E el elefante se asienta & dobla los dos pies /	Die Tiere, die vier Beine haben und lebend gebären wie er, wenden die beiden vorderen Füße nach vorne und die beiden hinteren Füße nach hinten. Was den Elefanten betrifft, so setzt er sich, wobei er seine beiden Beine beugt,	Animalia autem quadrupedia, que generant sibi similia, flectunt pedes anteriores ad anterius et flectunt posteriores ad posterius. {Et elefas movet pedes posteriores (!) ad anterius et posteriores ad posterius} Et ⟨e⟩lefas quidem sedet et flectit pedes suo,

mas non puede doblar todos quatro por la pesadunbre de su pecho	wobei er aber nicht vermag, alle vier Beine [gleichzeitig] zu beugen wegen der Schwere seines Körpers,	set nequid flectere quatuor pedes propter pondus corporis,
mas afirmase sobre su lado diestro E sinjstro & duerme estando de pecho (!) E duerme segun esta figura & dobla los pies de tras como onbre /	vielmehr lehnt er sich auf seine linke oder rechte Seite und schläft, wobei sein Leib gemäß dieser Gestalt bleibt. Und er beugt die beiden hinteren Beine ähnlich wie der Mensch.	set fulcitur super latus sinistrum et dextrum et dormit stante corpore. Secundum hanc figuram et ipse et flectit pedes posteriores ut homo.
(498a13) E los anjmales que ponen hueuos & son de quatro pies como el lagarto & otros semejantes doblan los piess adelante & enclinanlos vn poco a vn lado./	(498a13) Was die Tiere betrifft, die vier Füße haben [und] die Eier legen, wie der Mauergecko und die große Feldratte, das ist eine größere Eidechse, und was dieser Art ähnelt, denn sie beugen alle Füße nach da, wo die Hände sind, und neigen sich auf eine Seite.	(498a13) Animalia vero quadrupedia ovantia sicut lacertus, hardon {cocodillus} et hazaha et huiusmodi flectit pedes ad anterius et declinat eos modicum ad unum laterum, et similiter facit omne animal multipes.

Liber III

Mss 10198	**Badawi**	**Vaticanus Chigi**
[11r] ***en nonbre del señor*** **aqui comjença el terçero libro de anjmalibus**	[p. 95] **Übersetzung der dritten Rede aus dem Buch des Arisṭūṭālīs über die Natur der Tiere**	[9vb] Liber III Tractatus tercius
	1 **{Die Fortpflanzungsorgane bei: Fisch, Vogel, Schlange und den Tieren, die lebend gebären}**	**1.**
(509a27) ya deximos la disposiçion de los mjenbros de dentro & los nonbramos /	(509a27) Und so erwähnten wir den Zustand der übrigen Glieder, die im Inneren der Teile der Tiere sind, und wir zählten auf, wie viele und welche es sind, und die Unterschiede, die es zwischen den Arten gibt.	(509a27) Iam diximus dispositionem membrorum interiorum et numeravimus ea.
E agora entendemos tractar en la disposiçion de los mjenbros de la generaçion conujene	Und nun erwähnen wir die zum Gebären geeigneten Glieder, i. e. die Hoden und andere [Glieder], welche bei	Modo vero intendimus in sermone dispositionis membrorum generationis, scilicet

saber de los genjtiuos & de los otros que [non] paresçen en todas las fenbras / E los mjenbros masculjnos se diuersifican en estos de mucha diuersidad /	den Weibchen nicht äußerlich sichtbar, sondern im Inneren verborgen sind. Was aber die Männchen betrifft, so ist bei ihnen der **Hoden** von verschiedener Art.	testiculorum et aliorum, quoniam ista non apparent in omnibus feminis; masculina vero diversantur in istis diversitate multa.
(509a32) Pues deuemos saber que algunas anjmaljas que non tienen sangre non tienen del todo genjtiuos E algunos machos tienen genjtiuos de dentro en logares diuersos /	(509a32) Man muss wissen, dass es bei einigen Tieren, die Blut haben, gar keine Hoden gibt. Und bei einigen Männchen gibt es Hoden, und sie sind im Innern an verschiedenen Stellen:	(509a32) Debemus ergo scire, quod quedam habentia sanguinem carent omnino testiculis, et quedam masculina habent testiculos interius in locis diversis,
Ca en algunos se aplican a los espondiles E propia mente a los rriñones E en algunos al vientre	denn bei einigen von ihnen sind sie haftend am Rückenwirbel nahe der Stelle der Niere, und bei einigen von ihnen sind sie haftend am Bauch.	quoniam in quibusdam applicantur aput ventrem.
E los que pareçen se diuersifican	Und das, was davon außen sichtbar ist, ist auch verschieden,	Et apparentes etiam diversantur,
Ca a las veses estan apegados al vientre E a las veses cuelgan sueltos E la Verga en algunos anjmales es apegada con el vientre E en algunos suelta / E esta disposiçion de diuersidad es en aquellos que mean atras & adelante	denn mal ist es am Bauch haftend, [p. 96] mal frei hängend. Und das männliche Geschlecht ist ebenso bei den einen Tieren an ihren Bäuchen haftend, und bei den anderen frei hängend. Und das ist auch unterschiedlich bei den Tieren, die nach hinten hin Wasser lassen, und jenen, die nach vorne Wasser lassen.	quoniam forte applicantur ad ventrem et forte erunt pendentes absoluti. Et virga etiam est in quibusdam animalibus ligata ad ventrem et in quibusdam absoluta. Et hoc etiam [10ra] div⟨er⟩satur ⟨in his⟩, que mingunt ad anterius et posterius.
(509b4) E deuemos saber que njnguna espeçia de peçes tiene genjtiuos nj njnguno que tenga agallas que atrahe el agua & la echan	(509b4) Und man muss wissen, dass keine von den Arten und Gattungen der Fische Hoden hat und nichts, was Ohren {=Kiemen} hat, womit es das Wasser aufnimmt und [wieder] ausstößt:	(509b4) Et debemus scire, quod nullus modus piscium habet testiculos [/]
nj alguna de las espeçias de las serpientes nj alguna generaçion de los que non tienen piess E de los que engendran asy mesmos semejantes de dentro /.	weder irgendwelche Gattungen von Schlangen, noch irgendwelche Tiere, die keine Füße haben und die lebend ihresgleichen im Inneren gebären.	neque aliquod genus serpentium neque aliquod genus carens pedibus et generans sibi simile interius.
E la generaçion de las	Was die Gattungen der	Genera vero volatilis

aves tienen(!) genjtiuos allegados a los espondiles E las anjmaljas de quatro pies que hueuan	Vögel betrifft, so haben sie Hoden haftend am Rückenwirbel. Und für alle Tiere, die vier Füße haben und Eier legen,	habent testiculos applicatos spondilibus, et etiam quadrupedia ovantia
& el eriso	wie der Mauergecko und die Schildkröte und die große Feldratte und der Igel {und was so ist}, [gilt, dass sie] lebend gebären in ihrem Inneren.	ut lacertulus et hardon et hiricius.
& el anjmal que tiene genjtiuos apegados con el vientre es asi como el golhyn & su semejante de las anymaljas que non han pies	Was die Tiere betrifft, die am Bauch haftende Hoden haben, so sind sie wie der Delphin und was ihm ähnlich ist unter den Tieren, die keine Füße haben.	Animal vero habens testiculos applicatos aput ventrem est sicut delfin et eius simile animalium carentium pedibus;
E el anjmal de quatro piess que engendra a su semejante de dentro es como el elefante	Was die Tiere betrifft, die vier Füße haben und lebend ihresgleichen gebären im Inneren, so sind sie wie der Elefant.	animal vero quadrupes generans simile intra est sicut elefas.
(509b12) E las otras que deximos han genjtiuos que pareçen E cuelgan del vientre	(509b12) Was [aber] die anderen Tiere betrifft, die wir erwähnten, so haben sie sichtbare, äußerliche Hoden und sie hängen am Bauch *und an der damit verbundenen Stelle, i. e. die unmittelbar darauf folgt. Wir beschrieben bereits im Vorausgehenden die Unterschiede:*	(509b12) Alia vero, que diximus, habent testiculos apparentes, pendentes a ventre;
E en algunos anjmales se apegan con el vientre & non cuelgan asy como en el onbre/	Bei einigen Tieren sind sie verbunden mit dem Bauch und nicht frei: {so was ist der Fall bei der Gattung der Schweine; und bei einigen anderen sind sie frei}, wie die Hoden des Menschen. *Und bei den einen Tieren gibt es Hoden, bei den anderen gibt es keine, wie wir anfangs beschrieben haben.*	et in quibusdam animalium continuantur ad ventrem et non ⟨sunt⟩ pendentes ut in homine.
(509b17) E las Culebras han dos vias que proçeden fasta los espondiles E vienen fasta el logar donde sallen las	(509b17) Was die Schlange betrifft, so hat sie zwei von der Scheidewand aus in Richtung Rückenwirbel führende Wege. Und jene zwei Wege vereinigen sich zu einem Weg oberhalb der	(509b17) Et serpentes habent duas vias procedentes a parte parietis usque ad partes spondilium, et concurrunt in unum supra locum exitus

superfluydades çerca de la espina	Stelle des Ausgangs des Überschusses bei dem Dorn.	superfluitatum aput spinam,
E aquestas dos vias son en el tienpo de su luxuria llenas de simjente [/]	Und diese zwei Wege sind zur rechten Zeit des Bespringens gefüllt mit Samen. Und jenes ist offensichtlich, so dass, wenn man sie mit der Hand auspresst, weißer Samen herausfließt.	et iste due vie sunt in tempore luxuriationis plene semine. Et hoc manifestum est, quoniam si quius expreserit illas, exibit statim album.
E la diuersidad entre aquellas non paresçe sy non por sotil cortamento	Was aber den Unterschied zwischen diesen beiden angeht, so wird er nicht sichtbar außer beim Aufschneiden der inneren [Teile] und bei ihrer Aufdeckung.	Diversitas vero inter illas non apparet nisi per subtilem incisionem.
E ayuso diremos la disposiçion de cada vna de ellas /.	Und wir werden später erwähnen, wie ein jeder dieser besonderen Zustände sich ergibt in einer eleganteren Rede.	Et inferius dicemus dispostione⟨m⟩ uniuscuiusque illarum.
(509b24) E todo anjmal que pone hueuos ha dos o quatro pies & ha conpañones	(509b24) Was aber all jene Tiere betrifft, die Eier legen und zwei oder vier Füße haben, so haben sie Hoden unterhalb des Zwerchfells/der Scheidewand, und die einen sind weiß, und die anderen sind gelb, verflochten und festgehalten durch Adern, die sehr dünn sind.	(509b24) Omne vero ovans habens duos aut quatuor pedes habet testiculos sub pariete, et in quibusdam sunt albi, in quibusdam {aparentis}⟨pallentis⟩ coloris, involuti, similes venis subtilibus.
[/]	[...]	[...]
	[p. 98] (510a8) Und wie wir bereits oben sagten, dass die Hoden bei einem Teil der Tiere im Vorderteil an den Bäuchen haftend sind wie beim Delphin,	(510a8) Et testiculi quorundam animalium sunt anterius applicati aput ventrem, sicut delfin,
E los genjtiuos en algunos son de fuera en fin del vientre	und die Hoden bei einem anderen Teil äußerlich sichtbar sind am Ende ihrer Bäuche.	et testiculi quorundam sunt extra in ultimo ventris.
& en otros son semejante & no es entre ellos diuersidad saluo que de los vnos son promjnentes por sy E los	Was [aber] jene übrigen betrifft, so sind sie einander ähnlich, weil sie nebeneinander liegen, und die Unterschiede, die zwischen ihnen sind, sind die, dass die Hoden bei	In aliis vero sunt similes, et non est inter eos diversitas, nisi quia testiculi quorundam sunt prominentes per se

otros son tales que los cubre el cuero /	einigen von ihnen einzeln für sich in einer Haut liegen, die sie verhüllt und bedeckt.	et quorundam sunt in corio cooperiente eos.
(510a13) E la disposiçion de los genjtiuos en todos los que andan que engendran su semejante son dos vias / de las quales la criaçion es de la vena que se dise adorty	(510a13) Und die angeborene Natur der Hoden bei allen Geher-Tieren, die lebend ihresgleichen gebären, ist gemäß diesem Zustand: es gehen zwei Wege ab – die äußere Gestalt ist die von Adern – von der größten Ader, die auf Griechisch Aūrṭā heißt.	(510a13) Dispositio autem testiculorum in omnibus ambulabilibus generantibus sibi simile est secundum hunc modum: Exeunt due vie, quarum creatio est vena, que dicitur ador{i}ti,
E la vna & la otra vienen al estremo de cada vno de los genjtiuos E asi sallen otros dos vias de los Reñones llenas de sangre	Und jeder einzelne von diesen zwei Wegen endet am Kopf jeder einzelnen der Hoden. Und zwei weitere Wege gehen zur Niere, und sie sind gefüllt mit Blut.	et utraque illarum pervenit ad extremum utriusque testiculorum. Et [10rb] similiter exeunt alie due vie a renibus plene sanguine;
E las vias que sallen de adorty non han sangre	Was jene zwei Wege anbelangt, die von der Ader abzweigen, die Aūrṭā genannt wird, so ist in ihnen kein Blut.	vie vero exeuntes ab ador{i}ti carent sanguine.
E sallen de la parte cabera de cada vno de los genjtiuos vna via mas espasa (!) que la otra via & es nerujosa & mas espasa	Was aber den Bereich des Kopfes jedes einzelnen der Hoden betrifft, so geht davon ein dickerer Weg ab als der andere, und er ist aus Nerven,	Et exit a parte extremi utriusque testiculorum via magis spissa quam alia via, et est nervosa; {magis spissa};
E dende se fase torada çerca de la cabeça del genjtiuo / E de allj concurren dos vias en la parte delantera de la verga	und dann biegt er sich auch zum Kopf des Hodens. Und es vereinigen sich auch die zwei Wege und schließen sich zusammen am Vorderteil des männlichen Glieds.	deinde fit turtuosa (!) etiam a⟨d⟩ caput testiculi. Deinde concurrunt due vie in anteriori virge,
E aquellas dos vias que son tortuosas E se cubren con vna tela	Und die zwei Wege, die abbiegen, *i. e. die hervortretend bei den Hoden sind*, also diese beiden sind bedeckt mit einem Gewebe,	et ille due vie, que fiunt turtuose coop⟨er⟩iuntur una tela,
E por eso piensan los que las mjran que sea vna saluo por sotil diujsion /.	und deshalb glaubt der, der die beiden in Augenschein nimmt, dass die zwei ein einziger Weg sind, wenn man nicht das Gewebe zerteilt und zwischen beiden trennt.	et ideo opinatur aspiciens, quod sint una nisi per divisionem sutilem.
E en estas vias a que se aplican los genjtiuos es humjdad menor que la	Und in diesen beiden an den Hoden anhaftenden Wegen ist weniger Feuchtigkeit als	Et in istis viis, que applicantur testiculis, est humiditas minor

humjdad que es en las dos vias que sallen de adorty	die Feuchtigkeit, die man findet in den beiden Wegen, die ausgehen von der Ader, die Aūrṭā heißt.	humiditate, que est in duabus viis exeuntibus ab ador{i}ti.
(510a26) & en las vias que proçeden a la verga se falla humjdad blanca	(510a26) Was das in den beiden zum männlichen Glied führenden Wegen betrifft, so findet man darin eine weiße Feuchtigkeit.	(510a26) In viis vero procedentibus ad virgam invenitur humiditas alba.
E sera via con la bexiga E proujene a la parte soberana de la verga /	Und ein Weg geht von der Blase aus und endet im oberen Bereich des männlichen Gliedes.	Et exit via a vesica et pervenit ad partem superiorem virge et, ...

Liber IV

Mss 10198	**Badawi**	**Vaticanus Chigi**
[18v] *Aqui se acaba el terçero ljbro de los anjmales gloria & laus al que crjo el omne & los mjnerales*	[p. 148]	[14vb]
en nonbre del señor **aqui comjença el 4º libro de los anjmales //**	**Übersetzung Vierte Abhandlung**	Liber IV Tractatus quartus incipit
	1	**1.**
Capitulo primero de la disposiçion de los anjmales que no tienen sangre por sus diferençias materiales /./	{Die nicht-blutigen Tiere; Sabīdağ, Sepia, Calamar und alle Weichtiere}.	
(523a31) Ya Auemos dicho arriba la disposiçion del anjmal que tiene ⟨lech⟩ sangre E contamos todos los sus mjenbros comunes & propios	(523a31) Im Vorausgehenden wurde der Zustand der Bluttiere erwähnt, und wir beschrieben alle ihre allgemeinen und speziellen Glieder, die jede einzelne Gattung besitzt,	(523a31) Iam diximus superius dispositionem animalis habentis sanguinem, et narravimus omnia eius membra comunia et propria,
& tractamos otrosi los sus mjenbros consimjlos manyfiestos & Intrinsicos	und wir behandelten zusammenfassend auch ihre Glieder, deren Teile einander nicht ähneln, und alles was davon am Äußeren des Körpers und in dessen Innerem ist.	et pertransivimus etiam membra eius consimilia, manifesta et intrinsequa.
& agora por el contrario	Nun beschreiben wir den	Modo vero volumus

queremos contar la disposiçion del anjmal que non tiene sangre del qual otrosi ay muchas maneras /	Zustand der Tiere, welche kein Blut haben. Es sind viele verschiedene Gattungen:	narrare dispositionem animalis sa⟨n⟩guinem non habentis. Et eiusmodi quidem sunt multi modi.
(523b2) Ca de ellos ay vna generaçion que se dise malakje que quiere desir blando	(523b2) Darunter die Gattung, die im Griechischen Mālāqiyā genannt wird, und ihre Bedeutung ist: die weiche;	(523b2) Quoniam ex eis est genus, {qui} ⟨quod⟩ dicitur malachie, cuius interpretatio est mollis,
& es **naçion** que no tjene sangre & la su carme esta de fuera & lo que tienen de dentro duro es a manera de seuo /	es ist die Gattung, die kein Blut hat, und deren Fleisch außen ist, und was davor hart ist, {ist} innen, wie z. B. die Gattung des blutigen Tieres, das [p. 149] auf Griechisch Sābīyā genannt wird. –	et est genus carens sanguine. Et eius caro est extra, et quod est ex eis durum interius, erit modus sepie.
E es otro genero que se dise blando de testura	Davon gibt es eine andere Gattung, die 'weich an Fleisch' genannt wird, es	Et est etiam aliud genus, {qui} ⟨quod⟩ dicitur mollis teste,
el qual todo lo que es duro tiene de fuera & lo que es blando tiene de dentro mas aquel duro non se puede pisar	sind alle diese, deren Körper außerhalb hart ist, und was innen {ist}, ist weich, ähnlich wie Fleisch, und was davon hart ist, kann nicht zerquetscht werden,	et est omne, quod est durum extra et molle intra, et non est contritibile
mas Reçibe el fuego asi como el karabo & los cangrejos //	sondern es fällt ab, wie die Gattung des Tieres, welche Qarqīnā genannt wird, und die Gattung der Krebse. –	illud durum, immo recipit ignem, ut karabo et cancer.
(523b9) E es otro genero que se dise que tiene cuero duro & tiene toda la carme de dentro	(523b9) Und es gibt auch eine andere Gattung, genannt die muschelhäutige; es sind alle Tiere, deren Fleisch innen ist	(523b9) ⟨Est⟩ etiam alliud genus, quod dicitur habens corium testeum. Et est omne animal habens carnem intra
[19r] E la parte duro de fuera & es frangible E puedese quebrar asi como es el alrran & sus semejantes	und deren Äußeres eine harte Kante haben, und diese zerbricht und wird zermalmt: wie die Gattung der Schnecke {und der Miesmuschel}.–	et partem duram extra; et est frangibile et contritibile, sicut alzim et sibi simile.
& es otro genero que se dise de cuerpo anuloso	[Es gibt] auch eine andere Gattung, es ist das Tier mit eingekerbtem Körper, seine	E⟨s⟩t etiam aliud genus et est annulosi corporis,
& anulosidad o sera en el vientre o en el espinaso o en anbos	Kerben sind entweder im Rücken oder im Bauch, oder {in} beidem.	et annulositas aut erit in ventre aut ⟨in⟩ dorso aut ⟨in⟩ utroque. [15ra]
& non ay en los cuerpos de este tal hueso apartado por sy njn carme /	Und in den Körpern dieser Art gibt es nicht einen gespaltenen, für sich allein stehenden Knochen, auch	⟨Neque est⟩ in corporibus huiusmodi ossum separatum per se neque caro,

mas ay otra cosa que la su criaçion es entre carrne & hueso	nicht teilweise, sondern eine andere Sache, deren angeborene Natur zwischen Fleisch und Knochen ist.	set aliud, cuius creatio est inter carnem et ossa,
por que los cuerpos de este son duros de dentro & de fuera por una manera	Denn die Körper dieser Art sind hart von außen und innen in ein und derselben Art und Weise.	quoniam corpora huiusmodi sunt dura intra et extra secundum eundem modum.
E por esto se llama cuerpo anuloso E non tiene tal cuerpo como el anjmal que se llaman quarenta & quatro piess & sus semejantes //	Und von dieser Art [gibt es] die, welche eingekerbten Körpers sind *und keine Flügel haben* [so] wie das Tier, das {Mutter von} Vierundvierzig genannt wird und [wie] {das Scolopendre} und was ihm ähnelt.	Et istius modi est, quod est anulosi corporis, et non habet {corpus} ⟨alas⟩, ut animal dictum XLIIII et sibi simile.
(523b18) algunos ay de estos que tienen alas con cuerpo anuloso asi como el abeja & el abispa	(523b18) Und [es gibt] davon die, welche zwei Flügel haben bei eingekerbtem Leib, wie Bienen und Wespen.	(523b18) Et ex eis est, quod habet alas cum anuloso corporis, sicut apes et vespe.
E de esta manera es vn genero mas en algunos de ellos ay alas & en algunos non / asi como en las formigas	Und von dieser Art [gibt es] nur eine Gattung, von denen einige zwei Flügel haben [p. 150] und einige haben keine, wie z. B. die Ameisen, einige davon sind geflügelt, und einige davon im Gegenteil,	Et isti⟨us⟩ modi ⟨non⟩ est unum genus: in quibusdam illius sunt ale et in quibusdam non, ut formice
E en el genero que llaman huben & es el que buela de noche E paresçe de fuego /.	und die Gattung beispielsweise, die Glühwurm genannt wird, fliegt in der Nacht und erscheint dem Feuer ähnelnd.	et genus, quod dicitur bubem; et est quod volat nocte et aparet simile igni.
Capitulo segundo de la creaçion de los mjenbros de fuera de la malachia /	**{Die Kopffüßler}**	**2.**
(523b21) Comencemos a contar los mjenbros de fuera de la malachia /	(523b21) Und wir beginnen mit der Beschreibung der Glieder des Tieres, das im Griechischen Malāqiyā genannt wird,	(523b21) Incipimus ergo narrare membra malakie.
E tiene de los mjenbros estrinsicos los pies & la cabeça	dieses hat an Gliedern, welche außerhalb seines Leibes sind, die Füße und den Kopf	Habet ergo ex membris extrinsecis pedes et caput
& las alas	und was zwischen ihnen ist, und es hat zwei Flügel.	et quod est inter eas et alas.
& las cabeças de este	Und die Köpfe dieser Art	Et capita huiusmodi

anjmal son entre el vientre & los pies	sind zwischen den beiden Füssen und Bäuchen.	sunt inter ventrem et pedes.
& todos los de este genero tienen los pies partidos en dos partes afuera vn genero que se dise de muchos piess & es genero que se llama sepie	Und alle Tiere dieser Art haben acht Füße, geteilt in zwei Glieder, außer einer Gattung, und diese Gattung ist die, welche Vielfüßler genannt wird, und die Gattung welche im Griechischen Sābīyā genannt wird,	Et omnia huiusmodi habent ergo pedes diversos in duo, preter unum genus, quod dicitur multarum pedum, et genus, quod dicitur sepie.
(523b29) y tonjr	(523b29) und welche genannt wird Tawītīdas, und welche genannt wird Ṭawṭawī {diese [Gattung]	(523b29) Et tomet et tawe
& el tonjr tiene cosa propia tan bien conujene a saber dos acreçentamjentos luengos	charakterisiert sich} durch etwas Besonderes, was nicht für andere gilt, ich meine zwei lange Rüssel,	habent proprium, scilicet duo additamenta longa,
que tienen los cabos duros & ⟨que⟩ por ellos rreçiben el mantenymjento & lo dan a la boca /	deren Enden hart sind und die zwei Glieder haben: Mit denen nehmen sie [die Tiere dieser Gattung] ihr Futter und gehen damit in ihre Münder,	quorum extrema sunt dura, et per ea accipiunt cibum et reddunt ori.
	und wenn der Winter äußerst kalt ist, kleben sie sich an den Fels und bewegen diese Rüssel wie Ruder. [p. 151]	
E mueuen aquellos acreçentamjentos asi como Remos & husan de ellos en logar de alas	Und sie [diese Gattung] benutzt einige ihrer Füße wie zwei Flügel = Flossen. {Und ihre Füße in ihrer Gesamtheit sind mit Gliedern ausgestattet}.	Et movent illa additamenta sicut remi, et utitur quibusdam pedibus loco alarum
E en algunas cosas en logar de manos & de piess E non dan el mantejmjento a la boca njn los sus pies son açerca de los ojos	Sie verwendet auch ihre Füße wie zwei Hände und zwei Füße, jedoch führt sie das Futter ihren Mündern mit den beiden Füssen zu, die oberhalb ihrer Augen liegen,	et etiam pedibus loco manuum et pedum. Et non reddunt cibum ori nisi pedes, qui sunt prope oculos.
(524a4) & los pies que los sus cabos son mucho agudos el su color decljna A blancura & el su cabo es partido en dos partes E tiene la Rays en la parte de los espondiles	(524a4) ihre beiden Füße jedoch, deren Enden sehr scharf sind, gehen mit ihrer Farbe mehr nach weiß, und ihre Enden sind in zwei gespalten und ihr Ursprung liegt im Bereich der Wirbelsäule:	(524a4) Pedes vero, quorum extrema sunt valde acuta: color declinat ad albedinem. Et eorum extrema sunt fissa in duo, et est radis (!) eorum in parte spondilis.
E non se dise el espondil	und der glattere Teil davon	Et non dicitur spondile

de este anjmal si non parte ligera del	wird Wirbelsäule genannt; *und mit diesen zwei Füßen spannt es sich und windet sich, wenn es Zeit für das Bespringen ist.*	huius animalis nisi pars lenis ex ipso.
E en la parte que esta sobre los piess esta vn mjenbro que semeja A canal por el qual echan la humjdad que le viene del mar a su parte de dentro /	Und in der Gegend oberhalb ihrer Füße ist ein Glied ähnlich einer Röhre, mittels derer sie die Feuchtigkeit ausstößt, welche in ihr Inneres aus dem Meer gelangt,	Et in parte, que est supra pedes, est membrum simile cannali, per quod eicit humiditatem, que pervenit ad eius interius a mari.
mas aquellas canales a las veses decljnan a la parte derecha & a las de ueses a la parte sinystra / por aquel mjenbro otrosi echan los machos simjente /.	manchmal neigt sie jene Röhre zur rechten Seite und manchmal neigt sie sie zur linken Seite, und aus diesem Glied lässt das Männchen seine Samen.	Et forte declinat illa canna ad sinistrum et forte ad dextrum; et istud membrum eitiunt mares semen.
E el nada sobre el ⟨lado⟩ mjenbro que se dise la cabeça E estiende & dilata dilataçion estraña quando paran mjentras fasa las manos por que los ojos sobre la cabeça son & las bocas de la parte de tras	Sie schwimmt auf der Seite, ich meine auf dem Glied, welches 'Kopf' genannt wird, und sie streckt ihre Füße aus, und zu diesem Zeitpunkt ereignet sich ein Ereignis, das sich bei keiner anderen Gattung der Tiere als bei dieser Art zeigt, denn da ist ihr Blick in die Richtung gewendet, die zwischen den beiden Händen ist, weil die Augen oberhalb der Köpfe liegen und die Mundöffnung hinten liegt.	Et ipse natat secundum latus, scilicet super membrum, quod dicitur caput; et extendit et dilatat dilatatione extranea, quoniam aspiciunt adversus manus, quoniam occuli sunt supra capita et ora posterius.
E las cabeças en quanto son bjuas son duras & finchadas E toma qualquier cosa & tienela con los pies & con las partiduras de ellos /	Ihre Köpfe, solange sie am Leben sind, sind hart als wären sie aufgeblasen und geschwollen. Und sie ergreift und nimmt und sticht mit ihren Füssen, und die Hautschicht zwischen ihren Füssen ist ausgebreitet, so dass sie,	Capita vero dum sunt viva, sunt dura et inflata et tummosa. Et ipse accipit et tenet cum pedibus et fissuris eorum;
mas quando esta en el arena non puede Retener cosa alguna	wenn sie in den Sand fällt, durchaus nicht in der Lage wäre zur Ergreifung einer Sache.	et cum steterit in arena non potest retinere aliquid omnino.

Liber V

Mss 10198	**Badawi**	**Vaticanus Chigi**
[26r] En nonbre de dios aqui comjença el ⟨quatr⟩ quinto ljbro de las anjmaljas de aristotiles segun la traslaçion arabica ⟨en⟩ entrepetado es mas breue & mas çierto avn que non va capitulado / X	[p. 201] **Übersetzung Fünfte Rede** **1** **{Die Zeugung im Allgemeinen. Die spontane Zeugung}**	[19vb] Explicit quartus tractatus. Liber V Incipit quintus. 1.
(538b29) Ya contamos en lo que dicho auemos la disposiçion de todas las anjmalias en sus mjenbros & los intrinsicos & los extrinsicos de ellos	(538b29) Wir beschrieben bereits im vorausgehenden [Teil] unserer Rede den Zustand aller Teile der Tiere und alles, was davon äußerlich und innerlich war.	(538b29) Iam narravimus superius dispositionem omnium membrorum animalium extrinsecorum et intrinsecorum
& abreujamos la disposiçion de los sentidos & de la bos & del sueño *& del velar* & notificamos la disposiçion de los machos de ellos & de las fenbras	Und wir fassten zusammen den Zustand der Sinne und der Stimme und des Schlafes. Und wir legten den Zustand der Männchen und der Weibchen unter ihnen dar.	et sensuum et vocis et sompnii et masculinitatis et femininitatis.
(539a1) E agora nos conujene notificar las espeçias de su engendraçion	(539a1) Und nun müssen wir die Arten ihrer Zeugung erwähnen.	(539a1) Modo vero intendemus dicere modos generationis,
E començaremos de su comjenço & acabaremos en su fin ca en las espeçias de su engendrar ay grande diuersidad /	Wir fangen bei der ersten davon an und hören bei den letzten davon auf, denn zwischen den Arten ihrer Zeugung gibt es einen großen Unterschied:	[/]
Ca de ellas pareçen vnas a otras E de ellas se [26v] se(!) diuersifican E ya auemos **apartado** sus generaçiones en lo que dicho auemos	einige ähneln einander, und einige unterscheiden sich voneinander; nun haben wir ihre Gattungen im Vorausgehenden bereits ausführlich dargelegt,	quoniam in eis est magna diversitas et quedam assimilantur quibusdam et quedam diversantur.
E las queremos agora acopilar segund esa opinion /	und wir wünschen sie auch jetzt ausführlich darzulegen entsprechend jener Meinung.	

por quanto fue el comjenço de nuestro desir en lo pasado de la figura de los mjenbros del onbre	Allerdings begann unsere Rede im Vorausgehenden mit der Beschreibung der Glieder des Menschen,	Et initium sermonis nostri erit in membris hominis.
E agora queremos tractar de la engendraçion del onbre fasta la fin	doch was diesen unseren Zeitpunkt betrifft, so gelangen wir nun zur Erwähnung der Zeugung des Menschen im anderen [Menschen].	Modo erit finis sermonis nostri in generatione hominis,
& nos començaremos del anjmal que es duro como tiesto (!)	Wir beginnen zuerst mit der Erwähnung der Tiere [p. 202], *von denen die Beschaffenheit der Haut* hart ist ähnlich dem Ton.	et prius incipiemus de animalibus dure teste,
& desy tractaremos del anjmal que se dise de blanda tiesta (!)	Daraufhin fahren wir fort mit der Erwähnung der Tiere, die 'weich an Ton' genannt werden.	deinde mollis teste,
& desy tractaremos de la engendraçion de las anjmalias que se disen en griego malachia E de los anjmales fronsidos de cuerpo /	Daraufhin erwähnen wir die Zeugung der übrigen Lebewesen, die im Griechischen Mālāqīyā und mit eingekerbtem Körper genannt werden.	deinde in malakie, deinde in anulosis corporum,
E despues tractaremos de los peçes que engendran anjmales & que ponen hueuos	Daraufhin fahren wir fort mit der Erwähnung der Gattungen der Fische, die lebend gebären und die Eier legen.	deinde de generibus piscium generantium animalia et ovantium,
[/]	Danach fahren wir fort mit der Erwähnung der Zeugung der Vögel.	et post de generatione avium;
E despues de esto començaremos a tractar de las anjmalias que andan *& lo que de ello se sigue çerca* de los que engendran anjmal E de los que ponen hueuos	Danach fahren wir fort mit der Erwähnung der Zeugung der zu Fuß gehenden Tiere, und welche von ihnen lebend gebären und welche Eier legen.	deinde de animalibus generantibus animalia et ovantibus.
(539a14) & conujene nos saber que algunas anjmalias que han quatro pies engendran anjmalias E las anjmalias que han dos pies & non mas no engendran alguna de ellas anjmal saluo el onbre	(539a14) Wir müssen wissen, dass einige der Tiere, die vier Beine haben, lebend gebären. Was aber die Tiere betrifft, die nur zwei Beine haben, so wird von ihnen nichts lebend geboren, abgesehen vom Menschen.	(539a14) Et debemus scire, quod quedam quadrupedia generant animalia; bipedia vero non generant animalia preter hominem.

E asi acaeçe ⟨en la⟩ a las anjmaljas segun acaeçe a los arboles	Dabei zeigt sich beim Tier manchmal etwas wie das Merkmal, das sich beim Baum zeigt,	Et accidit animalibus, quod accidit arboribus:
que de ellas naçen de simjente E de ellas de suyo	denn manche Bäume keimen durch den Samen anderer Bäume, und einige keimen aus sich selbst heraus,	quoniam quedam arbores oriuntur ex semine aliorum arborum, et quedam oriuntur per se,
E algunos se goujernan de tierra E de ellas estan en otros arboles & se goujernan de ellos	und einige Bäume ernähren sich aus dem Boden, und manche sind in anderen Bäumen und ernähren sich von ihnen,	et quedam nutriuntur a terra, et quedam sunt in aliis arboribus et nutriuntur ex eis,
segun que deximos en el libro que copilamos en (!) las plantas	wie wir es in dem Buch sagten, das wir *Über die Bäume* verfassten.	sicut diximus in libro de plantis.
& otro tal acaeçe a los anjmales	Derartiges zeigt sich auch bei den Tieren,	Et similiter accidit animalibus.
(539a21) Ca de ellos se fasen segun la generaçion E semejança E de ellos se engendran de sy mesmos & non de genero anteçipante	(539a21) weil einige davon entsprechend der Gattung und der Ähnlichkeiten [veranlagt] sind und einige davon aus sich selbst heraus gezeugt werden und nicht aus einer vorhergehenden Gattung,	(539a21) Quoniam quedam erunt secundum genus et similitudinem, et quedam generantur per se, non ex alio genere.
E algunos anjmales se engendran de tierra podrida & en podrimiento de arboles segun acaeçe muchas veses a los anjmales fronsidos de cuerpo /	und einige werden auch aus fauler Erde und der Fäulnis der Bäume gezeugt wie vieles von dem, was sich beim Tier mit eingekerbtem Körper zeigt;	Et etiam quedam animalia generantur a terra putrida et a putrefactione arborum, [/]
E de los anjmales son algunos que se engendran en cuerpos de otros por causa de las superfluydades que son en los mjenbros /	und es gibt Tiere, die im Bauch eines anderen Tieres gezeugt werden, aufgrund des Überschusses, der sich an den Gliedern befindet.	et quedam animalia generantur in {a}⟨i⟩nteriori aliorum animalium et ⟨ex⟩ superfluitate aliorum membrorum.
(539a26) mas el anjmal que se fase por engendrarlo otro anjmal que le semeja fasese de coyto & ayuntamjento	(539a26) Was die Tiere angeht, deren Zeugung von einem anderen ihnen ähnlichen Tier kommt, so entstehen sie durch Geschlechtsverkehr oder Bespringen,	(539a26) Animalia vero generata ab aliis animalibus asimilantibus erunt a coitu,
quando oujere en	wenn es in jener Gattung	si vero fuerit in illo

aquella generaçion macho & fenbra //	Männchen und Weibchen gibt.	genere mas et femina;
esto digo por quanto en las generaçiones de los peçes ay generaçion en que no es macho nj fenbra E aquesta generaçion se semeja con otra generaçion de la generaçion de los peçes & en la forma se diuersifica	Ich erwähnte dies nur, weil es unter den Gattungen der Fische Gattungen gibt, die keine Männchen und Weibchen haben, und sie ähneln [p. 203] hinsichtlich der Gattung einer anderen Gattung Fische; doch was die Form angeht, so sind sie unterschiedlich.	quoniam in generibus piscium sunt quedam genera, in quibus non est mas vel femina, et sunt similia aliis generibus piscium secundum genus, non secundum formam.
(539a29) E de las generaçiones de los peçes es alguna en que non se fallan sy no solas fenbras & no machos	(539a29) Und von den Gattungen der Fische gibt es keine ohne Weibchen; und was die Männchen angeht, so [gilt das] nicht.	(539a29) Et quedam genera piscium sunt femine tantum et non inveniuntur in eis masculi.
E de estas generaçiones es alguna que pone hueuos segun que fasen las aves que ponen del viento /	Unter jenen Gattungen gibt es solche, die Eier legen wie diejenigen Eier, die bei den Vögeln aus dem Wind entstehen.	Et ex eis sunt, que faciunt ova sicut ova, que faciunt aves ex vento.
(539a32) E por aquesto aquellas aves no se engendran asi de ellas saluo hueuos que la natura non pudo mas faser que eso sy non les acaesçiere otro acaeçimjento de parte que se ayunten con machos	(539a32) Unter den Gattungen der Vögel gibt es solche, die nichts außer {leeren} Eiern legen, weil die Natur nicht die Kraft hat, mehr zu tun, wenn sich bei ihr nicht etwas anderes durch das Bespringen des Männchens ereignet.	(539a32) Et quedam genera avium sunt, que nihil faciunt nisi ovum unum, quoniam natura non potest complere ea, nisi accidat eis alium accidens ex coitu masculinorum.
E avn asotiljsaremos la contenplaçion en todo esto adelante	Wir werden die Betrachtung verfeinern bei dem, welchem wir uns [nun] zuwenden. –	Et inferius speculabimur hoc totum.
(539b3) E de las espeçias de los peçes ha espeçias que ponen hueuos de suyo & fasense de ellos anjmales de suyo	(539b3) Zu den Arten der Fische gehören Arten, die Eier aus sich selbst heraus legen und bei denen die Eier von daher lebendig sind; und manchmal/vielleicht ist das Ei von daher lebendig aus sich selbst heraus,	(539b3) Et quidam modi piscium ovant per se, et ex eis erit animal, et forte per se,
E a las veses non se fase esto syn macho	und manchmal ist es nicht ohne Männchen.	et forte non nisi cum alio mare.

E avn declararemos adelante como sera eso todo	Wir werden innerhalb dessen, was wir wieder aufnehmen, erklären, wie all dies sich verhält:	Et inferius narrabimus, qualiter hoc accidat;
E aqueste acçidente es çercano del acçidente que acaesçe a las espeçias de las aves	dieses Ereignis ist nahe an dem Ereignis, das sich bei den Arten der Vögel zeigt;	et ille casus est propinqus ei, quod accidit avibus.
que se engendran de suyo / ⟨mas⟩ o en los anjmales o en la tierra o en los arboles / o en algunas sus partes	und was dasjenige betrifft, was aus sich selbst heraus gezeugt wird – sei es im Tier, sei es in der Erde, sei es im Baum oder sei es in einem seiner Teile –,	Generantibus ⟨vero⟩ per se, sive in arboribus, sive in animalibus, sive in t⟨er⟩ra, sive in quibusdam partium eorum {lacertuli}
(539b8) E quando fuere el macho & la fenbra en estas espeçias engendran despues de caualgarse E en aquellas que non engendran anjmal perfecto mas menguado	(539b8) wenn es innerhalb dieser Arten Männchen und Weibchen gibt, so gebären sie nach dem Bespringen. Einiges davon wird nicht vollständig lebend geboren, sondern unvollkommen:	(539b8) {et} cum erit mas et femina in istis modis, generant post coitum, {et} ⟨sed⟩ ex eis est, quod non generat animal completum,
asi como los piojos que se engendran de coyto	wie die Läuse; sie werden durch das Bespringen gezeugt:	quasi pediculi, qui generant lendes, et musce vermes.
& de ljendres & de las moscas gusanos	[als] Nissen; und aus dem Bespringen der Fliegen: [entstehen] Würmer, und durch das	
[/]	Bespringen der Schmetterlinge: [entstehen] ebenfalls Würmer ähnlich Eiern, aus denen kein anderes Lebewesen geboren wird, sondern das in seinem Zustand verharrt.	Et ex coitu apicularum exeunt vermes si⟨mi⟩les ovis, et non generabitur ab eis aliud animal, set sic remanebit.
E conujene nos desir las espeçias del coyto de las anjmalias que se caualgan & despues diremos todo lo que ementamos & declararemos los açidentes espeçiales & generales que los acaeçen /	Wir müssen die Arten der Tiere erwähnen, die einander bespringen, daraufhin fahren wir fort das zu erwähnen, was wir beschrieben haben, und erklären die speziellen und allgemeinen Merkmale, die sich bei ihnen zeigen.	Et rememorabimus modos coitus animalium, deinde alia, que narravimus, [20ra] et declarabimus accidentia propria et universalia.

Liber VI

Mss 10198	**Badawi**	**Vaticanus Chigi**
[28v] En nonbre de dios poderoso aqui comjença el sesto ljbro de las anjmalias de aristotiles	[p. 241] **6. Rede** **{Die Zeugung der Vögel}**	[22vb] Liber VI Incipit tractactus sextus. 1.
Dicho auemos la engendraçion de las anjmalias fronsidas de cuerpo *& de las culebras* & de las anjmalias que han quatro pies & de las que ponen hueuos //	Dies [ist] die Geburt der Schlangen und der Tiere mit eingekerbtem Körper und die Geburt der Tiere, die vier Füße haben und die auch Eier legen.	[/]
(558b11) E las sasones de su caualgar & de su engendrar en todo quanto diximos es diuerso no semejante	(558b11) Was die Zeit des Bespringens und den Zeitpunkt ihrer Zeugung betrifft, so ist es bei allen, die wir beschrieben, verschieden und nicht ähnlich,	(558b11) Et oportet cum eo, quod diximus, ut sciamus,
Ca de ellas ay que se caualgan E paren en toda sason & tienpo en lo mas	denn darunter [gibt es] die, die bespringen und hervorbringen in jeder Epoche und zu jeder Zeit und meistens, so wie das	quod quedam aves coeunt et pullificant omni tempore,
asi como en la galljna & la paloma Ca la galljna pone hueuos en el año todo / E fuera los meses de los solistiçios en el inujerno & estio	Huhn und die Taube: denn das Huhn legt Eier im ganzen Jahr, außer an den beiden Solistitien im Winter und im Sommer, *und diese beiden sind das Eintreten der Sonne in das Tierkreiszeichen des Steinbocks und des Krebses.*	sicut galina et columba; quoniam galina ovat toto anno preterquam in duobus mensibus tropicorum.
E de las gallinas de grande cuerpo ay algunas que ponen muchos hueuos antes que se asienten sobre hueuo / nj saquen pollos & de las galljnas son que ponen sesenta hueuos & mas & menos	Und von den Hühnern, welche groß an Körper sind, sind welche, die viele Eier legen bevor sie sich auf ihre Eier setzen und sie ausbrüten. Und unter den großen Hühnern sind welche, die legen sechzig Eier und mehr und weniger.	Et ex eis est in quadam regione, que ponit multa ova ante cubationem super ipsa, quoniam sexaginta aut plura.
(558b17) E las galljnas de grande cuerpo ponen	(558b17) Und die großen Hühner legen mehr Eier	(558b17) Et galine cubantes sunt

mas hueuos que las pequenas	als die kleinen.	fertiliores ovis quam non cubantes.
[/]	Was die Hühner betrifft [p. 242], deren Abstammung zurückzuführen ist auf Ādrīā, diese sind von kleinem Körper und legen jeden Tag Eier, und sie sind von schlechtem Charakter, schwierig, vielfarbig, und oftmals schlägt man ihre Küken tot.	Et galine dicte adlancentos, que habent magnum corpus et longum, ovant omni die; et sunt male et sepe interficiunt suos pullos. Et colores earum sunt diversi.
E de las galljnas que se crian en las casas algunas ponen dos veses en el dia E algunas galljnas son que quando ponen muchos hueuos pereçen ayna por aquella ocasion & las galljnas ponen en diuersas maneras como contamos	Und die Hühner, die man in den Häusern sieht, legen zweimal am Tag Eier. Und das Huhn, wenn es viele Eier legt, stirbt alsbald aus diesem Grund. Und die Hühner legen Eier auf die verschiedenen Arten und Weisen, wie wir berichteten.	Et quedam galine domestice ovant bis una die. Et galine multum ovantes cito moriuntur.
(558b23) E las palomas & las tortolas & las gangas & las palomas montesinas ponen dos veses en el año & las palomas dies veses en el año	(558b23) Was aber die Taube und die Ringeltaube und die Turteltaube und die Landtaube angeht, so legen sie zweimal im Jahr Eier. Aber die Taube legt zehnmal im Jahr Eier.	(558b23) Columbe et turtures et huiusmodi ovant in uno anno bis, set columbe ovant decies in anno.
E muchas espeçias de aves ponen hueuos E sacan pollos en la sason del verano E de ellas ay que ponen muchos hueuos E de ellas por el contrario E algunos ponen hueuos & sacan pollos muchas veses como las palomas E de ellas son que ponen vnos hueuos apos otras como las galljnas &	Und viele der Gattungen der Vögel legen Eier und brüten sie aus in der Zeit des Frühlings. Und darunter ist eine [Gattung], die viele Eier legt, und eine im Gegensatz dazu. Und darunter ist eine, die legt Eier und brütet sie aus verschiedene Male, wie die Taube; und unter ihnen ist [ebenfalls] eine, die legt fortlaufend Eier wie das Huhn.	Et maior pars avium ovant in vere, et que ovant multum aut ovant multociens, ut columba, aut multa, ut galina. {in alio: tenellis}
todas las aves de pico trastornado pone (!) hueuos pocos saluo el aue que se llama en griego canjaris /	Was alle die Vögel betrifft, die gekrümmte Krallen haben, so legen sie wenig Eier, außer dem Vogel, der auf Griechisch	Et aves uncorum unguium sunt paucorum ⟨ovorum⟩ preter kaharidoz {latine seueris}

Ca esta aue sola entre todas las trastornadas de picos pone muchos hueuos	Kanḫarīs heißt, denn nur dieser Vogel aus den Gattungen mit gekrümmten Klauen legt mehrere Male Eier, und manchmal legt er vier Eier, *und er legt auch größere Eier als jene.*	quoniam ista ⟨inter⟩ habentes unges curtos ova{n}t multotiens et pulificat ad minus quatuor.
E pone entre las yeruas /	Und viele der Vogelarten legen ihre Eier ins Nest.	
(558b31) E las Codornjses & las cogujadas ponen entre las yeruas en espeçial entre aquellas yeruas que se bueluen de ligero	(558b31) Das Feldhuhn und das Frankolinhuhn jedoch legen Eier auch zwischen das Gras, vor allem zwischen das Gras mit der größten Krümmung.	(558b31) Et cubeg et hairoaz non ovat in nido set super ramos et corpora humida.
E asi fase la aue que tiene en la cabeça vn montençillo de pluma	Und so macht es auch [p. 243] der Vogel, der auf dem Kopf einen Hahnenkamm hat,	
& el Ruyseñor	und der Vogel, der im Griechischen Ṭāṭriqs genannt wird, das ist [nämlich] der Vogel mit der schönen Stimme.	
E estas aues ponen los hueuos de viento	Und diese Art der Vogelarten legt Windeier:	Et avis, que dicitur grece brearcia {merobs latine} et robracha [23ra] ovant in foraminibus terre.
E el aue que se llama nobiaris esta pone sobre las piedras /	Was den Vogel angeht, den die Bewohner der Gemeinde Būtia Ārūbā nennen, so legt dieser seine Eier in die Steine der Erde und hier brütet er sie aus:	
(559a5) E el aue que se llama en griego cajali	(559a5) Was den Vogel betrifft, welcher im Griechischen Kiḥlā genannt wird,	(559a5) Et animal quod dicitur criangel {amones latine} facit
esta edifica su njdo de lodo en las arboles alçadas en el ayre como fase la golondrina	so baut dieser ein Nest aus Lehm in die sich [hoch] in die Luft erhebenden Bäume, [ähnlich] wie der Segler es auch baut,	nidum sicut hirundines ex luto in superiori arborum,
E **engeña** de yeruas apegadas vnas con otras [29r] como cadena	und er ordnet seine Nester so an: eins folgt dem anderen wie in einer Kette.	et ponunt nidos consequentes sibi in acie.
E la habubilla non apareja njdo paresçido mas entra en las fonduras & concaujdades de las	Der Wiedehopf aber macht ein nicht sichtbares Nest, sondern geht hinein in die Tiefen und Höhlen der Wurzeln der Bäume, legt	Acoz {latine picus marans? cognomine} autem inter animalia nidificantia facit nidum intra corpora arborum,

Rayses de los arboles & pone ende sus hueuos & saca sus pollos syn que ayunte de fuera cosa con que apareje su njdo /	Eier und brütet sie dort aus, ohne dass er von außen [etwas] sammelt, womit er sein Nest vorbereitet.	ut non timeat de eis.
(559a11) E la aue que se llama en griego coques aquella pone & saca pollos en las casas & peñas /	(559a11) Und der Vogel, der im Griechischen Qirqus genannt wird, legt Eier und brütet sie aus in den Häusern und Felsen.	(559a11) Cignus autem – et est albescens – nidificat in domibus et in lapidipus.
E la aue que se llama en griego ⟨taq⟩ tataraquis pone hueuos & non saca pollos sobre tierra nj sobre los arboles altos / mas sobre los çercanos de tierra	Und der Vogel, der im Griechischen *Ṭāṭriqs* genannt wird, das ist der Vogel, den die Bewohner Athens 'Uwrāǧā nennen, legt Eier und brütet aus weder auf dem Boden noch auf den hohen Bäumen, sondern auf den Bäumen, welche dem Boden nahe sind.	Animal autem, quod dicitur tatotiz {est genus picorum et turdi etiam} – et in Affinia dicitur ortaliz –, nidificat super arbores propinguas terre.
	[p. 244] **{Die Eier. – Eier des Windes. –Natur der Tauben}**	
(559a15) E todas las espeçias de las aues ponen hueuos de dura cascara si fueren de coytu E non les acaesçiere ocasion o enpeçimjento	(559a15) Die Eier aller Vogelarten sind von harter Haut, wenn sie vom Bespringen sind und sie nicht ein Unglück oder Schaden getroffen hat;	(559a15) Et ova avium sunt dura,
Ca entonçes quiça sera la caxcara del hueuo blanda por corrupçion que le acaesçio segun pareçe en algunas galljnas	und manchmal ist die Schale des Eies weich aufgrund einer Verderbung und eines Geschehnisses, die sie trafen, wie es offensichtlich wird bei den Eiern {des Huhnes.	et quedam sunt molia sicut calinarum (!),
& en todas las espeçias de los hueuos de las aues son dos colores lo amarillo que es la yema de dentro o lo blanco de fuera que çerca la yema	Und in den} Eiern der Vogelarten gibt es zwei Farben: das Gelbliche, i. e. der Eidotter ist im Inneren; das Weißliche jedoch ist außen um den Eidotter herum.	et quedam sunt duorum colorum, citrinum intus et album extra.
E entre los hueuos de las aues que moran en las Riberas de los rrios E las albercas & entre los hueuos de las aues que moran en los	Und zwischen dem Ei des Vogels, der an den Flussufern und an stehenden Gewässern vorkommt [lebt], und dem Ei des Vogels, der in der	Et ova avium existentium circa fluvios diversantur ab avis manentium

desiertos de tierra seca ⟨ai⟩ es diuersidad	Steppe und in der Trockenheit vorkommt, gibt es einen Unterschied,	⟨in⟩ sicco,
por quando lo amarillo que es de dentro de los hueuos de las aues que son çerca del agua es muchas veses mas que la clara	darin bestehend, dass das Gelbliche, das sich im Innern des Eies des Vogels befindet, welcher in der Nähe des Wassers unterkommt, um ein Vielfaches mehr ist als das Eiweiß.	quoniam citrinum est in istis magis quam duplum ad citrinum avium, que sunt ripas prope.
(559a22) E en las colores de los hueuos de las aues ay diuersidad segun la diuersidad que es entre los generos de ellas Ca de los hueuos	(559a22) Und unter den Farben der Arten der Eier mancher Vögel gibt es einen Unterschied gemäß dem Unterschied, der zwischen den Gattungen	(559a22) Et ova diversantur in colore{s} diversitate avium.
son algunos de blanca color segun los hueuos de la codornjs & paloma & de ellos son de color de paja asi como la color de los hueuos de las aues que moran çerca del agua	ist, insofern als die Eier weißfarbig sein können wie die Eier der Feldhühner und der Tauben, und manche davon können strohfarbig sein wie die Farbe des Eies des {Vogels}, der rund um stehende Gewässer vorkommt;	Et quedam sunt albi coloris, sicut columbarum et perdicum, et quedam citrinum, sicut manentium prope paludes.
E algunos hueuos son goteados con gotas negras como los hueuos de la aue que se llama en griego malagrades	und es gibt Eier, die mit schwarzen Punkten gepunktet sind wie die Eier des Vogels, welcher im Griechischen Mālāġrāīdās genannt wird und [wie die des] Fāsīān;	Et quedam sunt quasi picta, sicut ova malagoidez {latine meleagridis} et chachenor {crearentridi}.
& los hueuos del aue que se llama en griego canjaris son bermejos de color como almagra	was die Eier des Vogels, der im Griechischen Kanharīs genannt wird, angeht, [so] sind diese rotfarbig wie Zinnober.	Animalis vero ova, quod dicitur forahidoz {est fasinaus latine} sunt rubea similia militoz.

Liber VII

Mss 10198	Badawi	Vaticanus Chigi
[31v] **Aqui comjença el libro septimo de la disposiçion segun las pasiones de las virtudes del alma por las quales rradicalmente es diuersidad de las**	[p. 313] **Die siebte Abhandlung vom Buch des Aristoteles über die Natur der Tiere**	[28ra] Liber VII
		Incipit septimus.
	1	**1.**
	{Die Grundlagen der Wissenschaft von der	

costunbres en los anjmales	**tierischen Seele. Ausgangspunkt der Verbindung in der Natur}**	
(588a16) la naturalesa de los anjmales & la su generaçion es segun lo que avemos dicho / E E (!) han diuersidad en las obras & en la vjda E en las costunbres E en el goujerno	(588a16) Dies ist der Zustand der Natur, der Paarung, der Zeugung und des Seins der Gattungen der Tiere. Und unter ihnen gibt es eine Verschiedenheit bezüglich der Taten, der Leben[sdauern], der Formen sowie der Arten der Nahrung, der Speisen und des Futters.	(588a16) Natura animalium et generatio eorum est secundum quod diximus, et diversatur in operationibus et vita et moribus et cibo.
E las pasiones de las virtudes del alma se fallan en muchos anjmales mas las sus diferençias son mas manyfiestas en el onbre asi	Und bei den meisten Tieren [finden sich] Spuren von Figuren der Seele und ihren Unterscheidungen, aber die Formen bei den Menschen sind klarer und deutlicher als bei anderen, i. e.:	Et passiones virtutum anime inveniuntur etiam in pluribus animalium. Et differentie istarum passionum sunt in homine valde manifeste
como el temor E la audaçia E la yra E la luxuria	Sanftmut und Härte, Zartheit [p. 314] und Derbheit, Ausdauer und Unruhe, Mut und Furcht, Zorn und List. – Alle diese Formen sind bezüglich des Inneren des Verstandes und werden schwach und verderben durch eine Veränderung des Verstandes.	sicut timor et audatia et ira et luxuria.
E en algunos se falla el pensamjento asi como se dise de las abejas /		Et in quibusdam invenitur **agitatio** secundum quod diximus de apibus.
(588a25) E pues los anjmales han diuersidad arrespecto (!) del onbre en aquestas virtudes E algunas de estas virtudes se fallan en los brutos prinçipal mente	(588a25) Und Spuren dieser Formen finden sich in vielen Arten der Tiere, und bei dem, was zwischen ihnen ist, und zwischen ihren Formen und den Formen der Menschen ist ein großer Unterschied, und bei dem, was zwischen ihren Formen und den Formen der Menschen ist, ist ein geringer Unterschied.	(588a25) Et diversantur secundum maius et minus in isti virtutibus respectu hominis et aliorum animalium, et quedam istarum virtutum inveniuntur in aliis animalibus proprie.
asi como se falla en el onbre el arte & la sabiduria & el pensamjento E en los	Und so wie es Weisheit, Geist und Geschick bei den Menschen gibt, ebenso gibt es verschiedene	Et sicut inveniuntur in homine artes et sapientia et cogitatio, ita invenitur in aliis

otros anjmales ay otra virtud natural alguna /	natürliche Kräfte bei den Tieren.	animalibus alia virtus naturalis.
E esta es en aquellos que pararon mjentes la hedad de los moços	Und was wir sagten, ist klar und deutlich für denjenigen, der den Beginn der Jugend von Jugendlichen betrachtet:	Et hoc est manifestum illis, qui inspexerunt etates puerorum,
por quanto en ellos son algunas cosas semejantes a las señales & a las costunbres de los habitos que se siguen despues de aquesto	Denn dabei wird er auf {ihrer Jugend Spuren} ihre Jugendlichkeit und ihre Geschlechtsreife und ihre Reife stoßen,	quoniam in eis sunt ⟨signa et⟩ similia aliqua signis et seminibus habituum sequentium post.
(588a34) E non ay diferençia entre el alma del moço & de los anjmales en aquesto /	(588a34) und es gibt keinen Unterschied zwischen den Seelen der Jugendlichen und den Seelen der Raubtiere in der Zeit, die wir nannten;	(588a34) Et non est differentia inter animam pueri et animalium.
[/]	*und es ist nicht erstaunlich, wenn die Formen der Menschen und der Raubtiere einander ziemlich gleichen in der Zeit des Reifens, und oft sind die Formen der Menschen ähnlich mit den Formen der Tiere.*	[/]
E no son syn pensamjento de todo en todo E algunos de estos modos se fallan en muchos anjmales	[/]	Et non sunt sine cogitatione omnino, quoniam, quod accidit post, est secundum hunc modum. *Et quidam istorum modorum inveniuntu in multis animalibus secundum modum collati⟨o⟩num.*
E por semejante la naturalesa va de poco en poco de non anjmado A anjmal /	Und in ähnlicher Weise geht die Natur über von denen, die keine Seelen haben, zu den Tieren; und die Natur geht nur langsam von Sache zu Sache über,	Et similiter natura graditur paulatim a non animato ad animalia;
mas por la continuaçion de las cosas non apareçen los termjnos	deshalb ist die Grenze verborgen, die {die eine von der anderen trennt},	et propter continuationem rerum non apparent termina,
E es medio entre ellos //	und verborgen ist [auch] das Mittlere [also: der Übergang], und man weiß nicht, zu welchem der beiden Teile es gehört.	et medium ⟨est⟩ inter ea.

(588b7) E la primera cosa que se falla despues de las cosas non anjmadas es el genero de las plantas	(588b7) Und weiterhin gibt es eine Gattung derjenigen, die keine Seelen haben: die Gattung der Bäume vor allen anderen.	(588b7) Et primum ens, {post} quod invenitur post non animata, est genus plantarum.
& hay diuersidad este genero por que vno de ellos dura mucho & otro poco /	Und unter den Bäumen gibt es auch einen Unterschied insofern, als man denkt, dass in einem Teil von ihnen gemeinsames Leben ist, mehr als in einem anderen.	Et diversatur etiam hoc genus, quoniam ex eo est magis durans;
E quando este genero se Respectua a otros cuerpos sera mas semejable a lo anjmado	Und die Gesamtheit der Gattung der Bäume scheint beseelt, wenn sie in ein Verhältnis gesetzt wird zu den übrigen Körpern, die keine Seelen haben.	et hoc genus, quando confertur ad alia corpora, videbitur magis simile animato,
[/]	Und der Wechsel, welcher sich vom Baum zum Tier vollzieht, ist richtig, kontinuierlich wie zuerst gesagt wurde.	quoniam remotio inter ipsum et animal est continua.
(588b12) E en el mar son algunas cosas de las quales es dubda si son anjmales o si son plantas	(588b12) Es ist so, dass es im Meer Dinge gibt, bei denen man sich fragt, ob sie lebendig sind oder überhaupt ein Lebewesen,	(588b12) Et in mari sunt quedam, in quibus est dubium, utrum sint animalia aut plante,
E son continuas con los logares adonde se fallan	denn sie sind an den Orten, an denen sie sich befinden, angeheftet und müssen sich stark festhalten.	et sunt continua cum locis, in quibus inveniuntur.
en tal que muchos de ellos se corronpen si se mudan de aquellos logares	Wenn sie nun jene [p. 315] Orte verließen, so stürben sie, und viele Arten von ihnen gingen zugrunde,	Et plura ex eis corrumpuntur, si mutentur ab illis locis,
asi como el solmer & la kanana por que estos non pueden beujr si sean Radicados de sus logares	wie die Art des Tieres, das im Griechischen Sūlīnās – seine Bedeutung im Arabischen ist Qinā – genannt wird, wenn dieses von seinem Ort entfernt wird, stirbt es und kann nicht weiterleben.	sicut solinez et kinaria; quoniam ista non possunt vivere, si eradicentur a suis locis.
[/]	(588b16) Allgemein gesagt: Alle Gattungen der Tiere, die eine Haut haben hart wie Ton, ähneln dem Baum; und sie [die Testacea] sind es auch – auf eine Art und Weise –	(588b16) Et omne genus corii testei est simile plante, cum confertur ad animal ambulans.

	die dem Tier vergleichbar sind, welches 'das Gehende' genannt wird.	
E de ellos ay que non tienen algun sentido E de ellos ay que son de flaco sentido	Und bei manchen dieser Tierarten gibt es ein leichtes Empfinden; und manche davon haben gar kein Empfinden. Und die Natur des Körpers bei	Et ex eis est, quod caret sensu omnino, et ex eis est, quod est debilis sensus,
E de ellos ay que son carrnosos	manchen dieser Tiere ist wie die Natur des Fleisches, i. e. wie die Gattung des Tieres, das im	et ex eis est, quod est carnosum
asi como chicho	Griechischen {Tatū genannt wird *und die Gattung des Tieres, das im Griechischen} 'Aqālīfī genannt wird.*	sicut ticho;
E la spongia se asemeja sinplemente a las plantas	Nun, was das Meerestier, das im Griechischen Schwamm genannt wird, betrifft, ein Kraut, mit dem wir das Wasser abtrocknen, so ist dieses dem Baum in jeder Hinsicht ähnlich. Und zwischen den Arten, die wir erwähnten, [gibt es]	spongia vero asimilatur simpliciter plantis.
⟨q⟩ por que entre los moujmjentos de estas ay poca diferençia sinon que ay diuersidad del moujemjento segun mas & menos	eine Unterscheidung und einen leichten Unterschied, wenn eine mit der anderen verglichen würde. Und manche davon weisen mehr Bewegung auf als die anderen. Und in ähnlicher Weise unterscheiden sich die Tätigkeiten ihres Lebens und ihrer Fortdauer.	Et inter motus istorum est modica differentia, quoniam diversantur in motu secundum magis et minus.
(588b25) E entre las plantas & estas ay continuaçion en las obras por que en las plantas non pareçe obra alguna sinon que engendra otra semejable asi mesmo	(588b25) Und es zeigt sich bei den Bäumen keine andere Tätigkeit, außer dass sie eine andere Sache machen, die ihnen gleicht [also: sich fortpflanzen], i. e. alle Arten der Bäume sind aus einer Knospe und einem Samen.	(588b25) Inter ergo plantas et ista est commutatio in operationibus, quoniam in plantis non apparet operatio omnino, nisi quod generat aliud sibi simile, et hoc non erit sine coitu.
E esto non es syn ayuntamjento / E por lo semejante ay algunos anjmales que	Und so gibt es auch für manche Tiere keine andere Tätigkeit außer dem Sein. Und deswegen sage ich,	Et similiter quedam animalia non habent operationem preter istam; et propter hoc

non tienen obra sino esta E por tanto desimos que tales obras son vniuersales & prouechosas a todos	dass die Darstellung dieser Tätigkeiten gemeinsam ist für alle Tierarten [auch: Lebewesen].	diximus, quod tales operationes sunt universaliter omnibus.
(588b28) E los anjmales que tienen sentido que se ayuntan vnos a otros han diuersidad en el coytu & en la delectaçion	(588b28) Was die Gattungen der Tiere betrifft, die das Begatten und den Geschlechtsverkehr im Zustand der Lust empfinden, so ist bei der	(588b28) Et animalia habentia sensum et {conuenientia} [28rb] ⟨coeuntia⟩
E por esto son diuersos en la vida e en el parto E en el goujerrno de los fijos	Planung ihres Lebens ein Unterschied, und ebenfalls bei den Arten ihrer Geburt, bei der Aufzucht, der Nahrung und der Fürsorge für ihre Kinder und ihre Jungen.	diversantur etiam in usu coitus et delectationis. Et propter hoc diversantur in vita et partu et cibatione filiorum.
E algunos anjmales cunplen la generaçion asi como las plantas	Manche von ihnen ordnen ihr Sein [p. 316], welches für sie bestimmt ist, in den Zeitabschnitten und den Zeiten, wo es notwendig ist, wie die Arten der Bäume – ich sage das im Allgemeinen;	Et quedam animalia complent generationem simpliciter sicut plante.
(588b33) E algunos se soliçitan açerca del goujerrno de los fijos fasta que sean perfectos	(588b33) und manche davon mühen sich ab bei der Aufzucht ihrer Kinder, und wenn das vollbracht und vollendet ist,	(588b33) Et quedam sollicitantur circa cibum filiorum, donec compleantur,
& entonçes dexanlos E non los aconpañan mas /	dann trennen sie sich [voneinander], und es gibt weder einen [Partner-] Tausch noch eine einzige Partnerschaft. Und was	et tunc dimitte⟨n⟩t eos et non associa⟨n⟩tur {eos} ⟨eis⟩ omnino.
E algunos anjmales tienen la ymaginaçion muy fuerte & tienen grande parte de la memorja E son muy soliçitos açerca de los fijos en diuersas maneras /	nun von denen {klüger ist als die anderen und Anteil hat am Erinnerungsvermögen}, so wohnt dieses mit seinen Jungen zusammen und versorgt sie über lange Zeit je nach Arten der Versorgung.	Et quedam animalia habent cogitationem fortiorem et habent partem magne memorie et solicitantur circa filios diversimode.

Liber VIII

Mss 10198	**Badawi**	**Vaticanus Chigi**
[38v] **acabose el septimo de los animales loores a dios señor de los celestiales E prinçipiase el octauo /.**	[p. 371] **Übersetzung der 8. Rede {=9.} aus dem Buch der Tiere des Aristoteles**	[34ra] Liber VIII Tractatus octavus
	{Die Psychologie der Tiere; der Unterschied in der Kreation zwischen dem Männchen und dem Weibchen; der Krieg zwischen den Tieren}	1.
(608a12) E los modos de los animales se diuersifican	(608a12) Wir wissen gattungsmäßig von den Charakteren und den Zuständen der Tiere.	(608a12) Modi animalium diversantur,
& nos non sabemos de las costunbres de los anjmales pequeños si non poco	Und unser Wissen über die Charaktere der schwachen, unbedeutenden Tiere mit geringerer Lebenszeit ist geringer als unser Wissen	et nos nescimus animalium parvorum et pauce vite nisi modicum;
E de los grandes & de grande vjda sabemos mas	zu den Formen der starken Tiere mit längerer Lebenszeit.	magnorum vero et magne vite scimus plus.
& en cada vno de ellos se falla vna virtud natural de los açidentes del alma como çiençia & buena costunbre & temor & audaçia & otras habituaçiones	Und das sage ich [deswegen], weil es sich zeigt, dass es bei den Arten der Tiere eine natürliche Kraft gibt, und jede einzelne ähnelt den Kräften der Seele und derenHandlungen, i. e. der Milde und der Schönheit der Form [p. 372], der Ausdauer und der Angst, der Ruhe und der Unwissenheit,	Et in quolibet illorum invenitur {naturale} ⟨virtus naturalis⟩ accidentium anime, ut sciencia et bonus mos et {tumor} ⟨timor⟩ et audacia et alie habitudines.
[/]	*und allen Kräften und Zuständen, welche dem, was wir beschrieben haben, ähneln. Und bei den Tieren gibt es eine Gemeinsamkeit hinsichtlich des guten Benehmens und der Bildung;*	[/]
& algunos de ellos deprenden de otros E algunos deprenden de los onbres en espeçial si tienen buen oyr &	und manche lernen voneinander und manche lernen von den Menschen, i. e. die Arten der Tiere mit gutem Gehör, welche die	Et quedam illorum addiscunt ab aliis, et {quidam} ⟨quedam⟩ adiscunt ex hominibus, et maxime, si habeant

sentido perfecto por que por el oyr conoçen las boses & por el sentido sienten lo que proçede de los sentidos	Stimmen und die Arten des Erschallens wahrnehmen und auch die Unterscheidungen der Zeichen.	bonum auditum et sensum perfectum; quoniam per auditum cognoscunt voces et per sensum sentiunt, quod cadit a sensibus.
		2.
(608a22) E la natura aparta entre el macho & la fenbra en todos los generos que tienen fenbra & macho	(608a22) Und die Charaktere der Weibchen und der Männchen aller Arten der Tiere, in denen es Männchen und Weibchen gibt, sind verschieden.	(608a22) Et natura distinguit inter masculum et feminam in omnibus generibus habentium feminam et marem.
E esto es manjfiesto en los onbres	Und dies ist klar und offensichtlich bei den Menschen *und bei allen Tieren, die Knochen und einen Körper haben*, und	Et hoc manifestum est in hominibus
& en los anjmales de quatro pies que engendran anjmales por que el moujmjento de las fenbras en todos estos es mas ligero ⟨& n⟩	den Tieren, die vier Beine haben und lebend ihresgleichen gebären. Denn der Charakter der Weibchen ist sanfter und schwächer, *wobei sie fein und freundlich sind, und es ist möglich, sie alsbald zu zähmen zu versuchen,*	et quadrupedibus et generantibus animalia, quoniam {modi} ⟨modus⟩ feminarum in omnibus istis est levior
para criar & para enseñar como acaesçe en los canes lebreros por que las sus fenbras son mas conuenjentes para esto /	wobei sie besser erzogen und unterrichtet sind, wie [z. B.] die Weibchen der Windhunde, denn sie sind schneller zum Benehmen [zu bringen] als die Männchen.	ad instruendum et ad creandum, sicut accidit in canibus leviariis (!); quoniam sue femine sunt magis convenientes ad hoc.
(608a28) E el genero de los canes caçadores que son **emalaquio**	(608a28) Was nun die Gattung der Hunde betrifft, die es in der Ortschaft gibt, die auf Griechisch Mūlūṭīya heißt, i. e. die Gattung der Jäger, so ist kein	(608a28) Genus vero canum venantium, qui sunt in Malachie,
no tienen diferençia de los otros logares	Unterschied zwischen ihr und den übrigen Gattungen.	non habent differentiam aliorum locorum.
E los canes que siguen las ouejas han diuersidad en la quantidad	Was nun die Gattung betrifft, die hinter den Schafen und Ziegen herläuft, so ist ein Unterschied zwischen ihr und den anderen [den Jagdhunden] in der Größe, in der Standhaftigkeit, im Widerstand und im Kampf gegen die Raubtiere. *Und*	Et canes sequentes oves diversantur in quantitate.

[/]	*die Hunde, die von diesen beiden Gattungen abstammen, die beide auf Mūlūṭīya'schem Gebiet vorkommen, und die Jagdhunde sind größer an Leib und stärker als andere [Hunde]; und zwischen ihnen und den übrigen Arten der Hunde sind viele Unterschiede.*	[/]
(608a34) & digo vniuersalmente que las fenbras son mas flacas que los machos saluo el oso & el leopardo	(608a34) Und alle Weibchen der Gattungen der Tiere sind weniger mutig und ängstlicher als die Männchen mit Ausnahme [p. 373] der Gattung der Bären und der Geparden:	(608a34) Et dico universaliter, quod femine sunt debiliores maribus preter ursum et leopardum,
que se piensa de sus fenbras que son mas fuertes & mas audaçes que los machos E las fenbras en otros generos son mas ligeras para enseñar E mas acuçiosas & mas blandas & son mas soliçitas çerca del goujerno de los fijos E los machos por el contrario por que son de mayor [39r] yra & mas siluestres E mas acuçiosas	Denn man meint, dass die Weibchen dieser beiden Gattungen schwerer an körperlicher Konstitution sind und mehr Mut und Kühnheit haben als die Männchen: Was nun die Weibchen der übrigen Gattungen der Tiere betrifft, so sind sie sanfter, schlauer, weniger arglos, fürsorglicher und setzen mehr an Mut ein. Was nun ihre Männchen betrifft, so sind sie im Gegensatz dazu, i. e. sie sind schwerer an körperlichen Konstitutionen, heftiger beim Zorn, argloser, weniger verdorben und weniger gewalttätig.	quoniam femine eorum opinantur, quod sint fortiores et audaciores. Et femine in aliis generibus sunt liviores (!) ad instruendum et astuciores et moliores, et sunt magis sollicite circa nutrimentum filiorum, et mas econtra; quoniam sunt maiores ire et magis silvestres et parve astutie.
(608b5)	(608b5) Und gemäß der Rede des Redners:	(608b5)
& las pasiones de estas disposiçiones se manjfiestan	Es gibt Spuren für diese Charaktere und Zustände *in allen Gattungen der Tiere, und sie [die Spuren] sind in den Gattungen, welche einen offensichtlicheren und deutlicheren Charakter haben*,	Et passiones istarum dispositionum manifestantur
prinçipal mente en el onbre por que el onbre	und insbesondere bei dem Menschen, denn	precipue in homine, quoniam homo bonam

tiene buena & perfecta naturalesa	die Natur des Menschen ist vollkommen, vollständig. *Und deswegen sind diese Charaktere und Zustände bei ihm ersichtlicher und bekannter.*	naturam perfectam habet in omnibus.
E por eso la muger es de mayor piadad que el onbre E echa mas ayna la lagrima & es mas enujsa & desea barajas & desea castigar a otro & non ser castigada E la maliçia del alma es mayor en la fenbra que el macho & son de pequeña esperança & son mas mjntirosas & sin verguença & de ligero las engañan	Und aus diesem Grund sage ich, dass die Frau mehr Mitgefühl hat und reichlicher weint, mehr Eifersucht besitzt und mehr mit den Kindern schimpft; sie liebt die Beleidigungen und die Unzucht und ist von ängstlicherer Seele als der Mann. Und die Frau ist auch von größerer Unverschämtheit und größeren Lügereien und ist schneller beim Betrügen,	Et propter hoc mulier ⟨est⟩ maioris pietatis quam vir et eicit cicius lacrimas et ⟨est⟩ magis invida, et magis diligit lites et castigare; et malitia anime est maior [34rb] in femina quam in viro, et sunt debilis spei et sunt mendaces magis et inverecunde et de facili decipiuntur.
E mjntio solinus que dise que el anjmal que se llama yena non fase mal a las fenbras		{Mentitur Solinus, qui dicit, quod hiena non insidiatur feminis,
por que son mas agudas & de mejor memorja /	hat ein besseres Erinnerungsvermögen, *und sie hat einen schlechteren Schlaf und hat mehr Trägheit.*	quia magis sunt {astice} ⟨astute⟩} et fortis memorie.
E la fenbra vniuersal mente es de graue moujmiento	Allgemein gesagt: das Weibchen hat weniger Bewegung *als das Männchen und [braucht] weniger Nahrung und ist besser bei der Unterstützung, bei dem, was anfangs gesagt wurde [von der Aufzucht der Kinder].*	Et femine sunt segnes; et femina universaliter est gravis motus.
(608b16) E el macho es mas audas & la fenbra es de mas prouecho E esto pareçe en la malachia	(608b16) Und das Männchen ist standhafter als das Weibchen, und das ist offensichtlich bei der Art der Meerestiere, die im Griechischen Mālāqīyā genannt werden: Denn,	(608b16) Et masculus est magis audax femina et maioris utilitatis. Et hoc aparet etiam in malachie,
por que quando es ferido el anjmal que se llama sepie con fierro de tres cobdos ayudala el macho quando es ferida & la fenbra fuye	wenn ein Fischer das Männchen von ihnen mit dem Eisenstück, welches drei Zacken hat, schlägt, dann flieht das Weibchen und lässt ihn [im Stich],	quoniam quando percutitur animal, quod dicitur sepie cum ferro tricubitali, mas iuvat feminam, cum percutitur, et femina

al mar quando el es ferido //	und wenn das Weib mit jenem Eisenstück geschlagen wird, so flieht das Männchen nicht, sondern verteidigt das Weibchen mit aller Anstrengung und Kraft.	fugit marem, cum percutitur.

Liber IX

Mss 10198	Badawi	Vaticanus Chigi
[46r] **Aqui comjença el noueno libro de aristotiles de las anjmalias**	[p. 461] **Übersetzung der 9. Rede aus dem Buch *Die Natur der Tiere* von Aristoteles**	[43rb] Liber IX Incipit nonus.
	1 {Die Geschlechtsreife beim Mann und bei der Frau}	1.
(581a9) La disposiçion de la engendraçion del onbre en la madre de la fenbra	(581a9) Was den Zustand des Anfanges der Zeugung des Menschen *und seine Entstehung* in der Gebärmutter des	(581a9) Sermo ergo de principio generationis hominis, scilicet que est in feminis,
& todos los açidentes que le acaeçe fasta la mançebes & grandesa segun la propiedad de su naturalesa E segun esta disposiçion	Weibes und alle Geschehnisse betrifft, die ihm geschehen, wie Weißhaarigkeit und Alter gemäß der Eigenart seiner Natur, [so] ist er wie dieser Zustand.	et quod erit ultimo usque ad tempus senectutis, et de omnibus rebus accidentibus naturaliter, est secundum hunc modum.
ya declaramos en lo que paso de nuestro desjr la diuersidad & diferençia que es entre el macho & la fenbra E contamos las espeçias de la diuersidad que es entre los mjenbros	Und wir hatten im Vorausgehenden in unserer Rede den Unterschied und die Unterscheidung gezeigt, welche zwischen dem Männchen und dem Weibchen besteht mit der Einteilung der Unterschiede der Glieder.	Et iam locuti sumus superius in differentiis maris et femine et in diversitate membrorum eorum.
(581a14) E la esperma comjença en los machos en lo mas en acabandose los quatorse años	(581a14) Das Sein des Samens beginnt im Männchen meist, sobald er zweimal sieben Jahre seines Lebensalters vollendet hat.	(581a14) Igitur principium temporis, in quo sperma exit a mare, est aput complementum duorum septenni⟨or⟩um.

& comjençan entonçe a creçer los cabellos del pendejo asi como los arboles que comjençan A frutificar los que los ante floreçen como dixo abolon el qual era de aquella çibdad que se llama en griego corotina	Und es beginnt das Wachsen der Schambehaarung wie der Baum, der zu fruchten beginnt, nun, der Baum blüht vorher, so wie Abūlūn sagte, der aus dem Ort, welcher im Griechischen [p. 462] Qarūṭūnā genannt wird, stammte.	Et cum hoc etiam incipiunt pili oriri in pectine, sicut arbores; quoniam quando habent naturam sementandi, incipiunt prius emittere flores, sicut dixit Alkameon al Karotiki.
(581a19) E en aquella sason se engordeçe & se engrandeçe la bos & non es lesne nj egual nj aguda nj vnjforme la vna parte de ella a la otra	(581a19) Und in jener Zeit wird die Stimme rau und groß [also: tief], und sie ist nicht glatt, nicht gleichmäßig, und sie ist nicht scharf [also: hoch] und nicht schwer [tief], und die Teile des Ganzen passen nicht zueinander,	(581a19) Et in isto tempore mutatur vox eius et efficitur aspera, inequalis, neque acuta neque gravis,
antes pareçe a las cuerdas gordas floxas ⟨...⟩ con la humjdad o humedeçimjento que les vjno	sondern sind ähnlich wie die groben und schlaffen Saiten, dadurch dass Feuchtigkeit oder Nässe sie getroffen hat.	set erit sicut corde cithare, que declinant quasi ad moliciem et facient etiam quasi sonum modicum gravem;
E este açidente acaeçe en lo mas a los que quieren caualgar	Und dieses Ereignis ereignet sich mehr bei denjenigen, welche den Geschlechtsverkehr wünschen.	et hoc accidens dicitur quasi capreum;
Ca los que se gosan & alegran con el caualgar de los moços se demudan sus boses & se fasen como las boses de los onbres	Nun, bei denjenigen, wenn sie Lust zum Geschlechtsverkehr verspüren, verändern sich ihre Stimmen und werden wie die Stimmen der Männer.	et hoc non invenitur nisi in incipientibus uti coitu, quoniam voces utentium hoc mutantur ad voces virorum.
[/] E si se dexan de ello acaesçeles el contrario & agusanse sus boses como fasen algunos cantores que non se mudan sus boses sinon poco	Und wenn sie keine Lust für den Geschlechtsverkehr empfinden und sich dessen enthalten, so geschieht ihnen das Gegenteil davon. Und wenn sie Sorge tragen für die Qualität ihrer Stimmen, so wie es manche Sänger tun, so verändern sich ihre Stimmen nur leicht.	Et si quis abstinuerit ab hoc, accidet ei contrarium, sicut faciunt homines, qui solicitantur circa cantare; quoniam voces eorum remanent secundum unam dispositionem longo tempore.
(581a32) E non acaeçe que se alçen las tetas &	(581a32) Und es ereignet sich keine Erhebung der	(581a32) Et in isto tempore etiam erit

se demuden sola mente en grandesa mas avn en la color	zwei Brüste und keine Veränderung der gefüllten Gliedmaßen nur in der Größe allein, sondern auch im Aussehen.	elevatio mamillarum et mutatio inguinum, non in magnitudine tantum, set in formis etiam.
& acaeçe esto a los que vsan mucho el coyto [/]	Und es geschieht denjenigen, welche häufig Reibung betreiben um des Herauskommens des Samens willen, dass nicht nur die Lust bei dessen Herauskommen [eintritt], sondern auch {der Schmerz}, wenn es in einer Zeit passiert, welche dieselbe ist.	Et hoc accidit proprie incipientibus uti [43va] coitu. Et non delectantur tantum, quando emittunt sperma, set accidit etiam eis dolor.
	Und in der Zeit, die wir erwähnten, findet die Erhebung der Brüste und die Menstruation der Mädchen statt.	Et aput elevationem mamillarum in feminis emittit sanguinem, qui dicitur me⟨n⟩struus, scilicet pollutio;
(581b1) E la sangre mestrual es semejante a la sangre del anjmal degollado mas la sangre mestrual blanca acaeçe a las donsellas que non son perfectas avn conujene a saber las nueuas en espeçial quando fuere su goujerno humjdo E por esta causa non creçen los cuerpos suyos ante se enmagreçen	(581b1) Und die Menstruation ist Blut, welches ähnelt dem Blut des frisch geschlachteten Tieres. Was die weißfarbige Menstruation betrifft, so trifft diese auf die Mädchen zu, die noch nicht geschlechtsreif sind, ich meine insbesondere den Umstand, wenn ihre Nahrung feucht war, und deswegen die Körper nicht wachsen sondern abmagern.	(581b1) et sanguis, qui exit ab eis, assimilatur ⟨sanguini⟩ arietis in principio {degullatonis} ⟨decollationis⟩ Et invenitur etiam in virginibus ante istud tempus menstruum album, maxime, si utantur cibo humido. Quando hoc accidit eis, non bene crescunt corpora earum ⟨et⟩ efficiuntur macre.
(581b5) E el mestruo acaeçe a las donsellas quando se les alçan las tetas en espesura de dos dedos	(581b5) Und die Menstruation ereignet sich bei vielen der Mädchen, wenn sich die beiden Drüsen im Maße zweier Finger erheben.	(581b5) Me⟨n⟩struum autem invenitur in pluribus mulieribus, quando elevantur mamille secundum duos digitos.
E la bos de las donsellas se demuda otrosy en aquel tienpo E es mas pesada	Und die Stimme des Tieres ändert sich auch in jener Zeit, und wird schwerer [also: tiefer].	Et in hoc tempore mutantur voces puellarum et gravantur.
E vniuersalmente las mugeres [46v] han mas aguda bos que los onbres E las nueuas de ellas	Allgemein gesprochen hat die Frau eine höhere Stimme als der Mann, und die neuesten [Frauen] von ihnen sind {von höherer}	Et dico universaliter, quod vox mulieris est accutior voce viri et vox puellarum accutior vetularum,

mas que las diosas grandes segun que es la bos de los njños mas aguda que la bos de los onbres E la bos de las njñas mas aguda que la bos de los njños /	Stimme als die bejahrten, älteren, so wie die Stimme der Jungen höher ist als die Stimme der Männer,	sicut vox puerorum est accutior virorum et vox feminarum est accutior puerorum.
[/]	*und die Stimme der jungen unter den Männern ist höher als die der Männchen, und das Blasinstrument, mit welchem das junge Mädchen bläst, ist höher als der Klang des Blasinstruments, mit welchem der Junge bläst.*	[/]
(581b12) E quando han mestruo las donsellas mueuense a vsar el coytu /	(581b12) Und wenn die Menstruation der Mädchen eintritt, so werden sie zur Anwendung des Geschlechtsverkehrs bewegt, und wenn sie diesen nicht praktizieren,	(581b12) Et in isto tempore etiam indiget multa humiditate. Et in isto tempore etiam moventur ad querendum coitum, et si utantur ipso,
E mueuense sus cuerpos de mucho moujmjento en espeçial en la sason ⟨de⟩ que es despues de la moçedad E las donsellas Nueuas quando vsan el coytu	und sich dessen enthalten, so bewegen sich ihre Körper [durch] mehr Bewegung, und vor allem in der Zeit, welche auf die Jugend folgt. Wenn also die neuen unter den Mädchen zum Geschlechtsverkehr bereit	erit motus corporis eorum in cremento velocius et accidit eis ex dilectione coitus magis quam post perfectionem etatis. Et puelle, quando utuntur coitu multum,
ençiendese su apetito a el & eso mesmo los machos por quando las vias se abren & se enganchan & es el cuerpo de mas ligeras vias / E nonbrar el coytu las delecta syn la obra /	sind, so verstärkt sich ihr Verlangen danach, und bei den Männchen ebenfalls, so dass sich die Wege öffnen und erweitern, und der Körper den Abfluss erleichtert; und [allein schon] die Erwähnung des Geschlechtsverkehrs bereitet ihnen Wonne ohne die [tatsächliche] Ausführung,	habebunt appetitum coitus plus, et similiter mares, nisi custodiantur. Quoniam vie spermatis extenduntur tunc et efficiuntur ample, et rememoratio coitus adducit eis dilectionem et appetitum.
(581b22) [/]	(581b22) und manche Männchen werden nicht mannbar und werfen keine Samen ab, und sie	(581b22) Et quibusdam hominibus non acciderit umquam sompnus pollucio⟨nis⟩

	haben keine Kinder aufgrund eines Schadens, der die Stelle des zur Zeugung dienenden Samens getroffen hat.	a prima nativitate, neque generant propter occasionem accidentem in loco generationis.
E algunas mugeres non mestruan por neçesidad que les acaesçio del parto	Und manche Frauen menstruieren nicht aufgrund eines Schadens bezüglich der zur Geburt [dienenden Organe].	Et similiter accidit mulieribus.
E los cuerpos de los machos & de las fenbras se demudan despues de la poluçion E el mestruo E de ellas ay que se demudan despues de la poluçion & el mestruo de dolençia A sanidad & por el contrario conujene a saber de sanjdad a dolençia & de magresa A gordura /	Und die Körper der Männchen und der Weibchen verändern sich beim Mannbarwerden und bei der Menstruation. Und manches verändert sich von Krankheit hin zur Gesundheit, und im Gegensatz dazu, [und manches] von Gesundheit zu Krankheit, und von Magerkeit zu Fettheit und *Fruchtbarkeit*, und im Gegensatz dazu.	Et mutantur etiam in isto tempore dispositiones marium et feminarum, quoniam mutantur aut ad maiorem sanitatem aut ⟨ad⟩ maiorem infirmitatem, et similiter ad maiorem carnositatem vel ad minorem, et ad bonitatem crementi vel maliciam.
E despues de la poluçion engordan algunos machos & son mas sanos E algunos son por el contrario	Und nach dem Mannbarwerden werden manche Männchen fett und sind [dann] gesünder, und manche im Gegensatz dazu.	Et mutantur etiam a macie ad pinguedinem et ad maiorem sanitatem, postquam perveniunt ad sompnum. Et quibusdam accidit contrarium.
(581b29) E semejante acaesçe A algunos (!) por la mucha superfluydad que salle con el esperma / E a las mugeres con el mestruo	(581b29) Und das gleiche geschieht den Mädchen auch, weil, wenn die Körper der Jungen oder der Mädchen voll von Überschüssen sind, gehen diese Überschüsse mit dem Samen der Männchen und der Menstruation der Weibchen heraus,	(581b29) Et similiter accidit in virginibus, quoniam quando sunt puelle et habuerint in corpore multas superfluitates, emittent ipsas post sompnum, quasdam cum menstruo et quasdam cum spermate,
Ca seran sus cuerpos mas sanos por el saljr de aquellas superfluydades que ende estauan que deuedauan la sanjdad & gordura /	und die Körper sind von besserer Gesundheit und fruchtbarer durch die Ausscheidung dessen, was die Gesundheit und die Fruchtbarkeit gehindert hatte.	et efficiuntur tunc maioris sanitatis et melioris crementi propter exitus superfluitatum prohibentium sanitatem et crementum.
(582a1) E quando fueren los cuerpos en contrario de lo que deximos faserse han los	(582a1) Und wenn die Körper anders sind als so, wie wir es erwähnten, dann sind die Körper	(582a1) Et quibusdam accidit contrarium, quoniam post sompnum ⟨fiunt⟩

cuerpos mas magros E mas doljentes despues de la poluçion & mestruo	mehr abgemagert und mehr krank nach der Mannbarkeit und der Menstruation, denn das,	macriores et debiliores.
Ca lo que salle salle de la naturalesa & las cosas conuenjentes a la conplision de los cuerpos E salle con simjente de los machos & mestruo de las fenbras	was herausgeht, geht von Natur aus heraus, und die mit der Konstitution der Körper übereinstimmenden Dinge gehen mit dem Samen des Männchens und mit der Menstruation der Weibchen heraus.	Et exitus humiditatis illi, cuius dispositio est ⟨bona⟩, naturaliter est bona. Et quedam istarum humi⟨di⟩tatum exeunt cum spermate et quedam cum menstruo.

Liber X

Mss 10198	**Badawi**	**Vaticanus Chigi**
[51r] **aquj se acaba el libro noueno de los anjmales de aristotiles gloria sea a dios ⟨&⟩ ensalçado & comjença el deseno**	[p. 485] **Die zehnte Rede aus der Erläuterung des Buches Die Natur der Tiere von Arisṭāṭālīs (!) dem Philosophen**	[46ra] Liber X
	1	**1.**
	{Gründe für die Unfruchtbarkeit. Die Gründe, welche auf die Gebärmutter und die Menstruation zurückzuführen sind.}	
(633b13) quando entraren el onbre & su muger en los dias quiça se cortara de ellos la engendraçion	(633b13) Und wenn der Mann und seine Frau betagt sind, so ist manchmal ihre Fortpflanzung unterbrochen.	(633b13) Forte autem accidit quibusdam viris, et mulieribus etiam, quando ineunt etatem, {accidit} quod non generant, quamvis multum utantur coitu. Et
& quiça sera la causa de eso de anbos & quiça sera del vno de ellos anbos	Manchmal liegt die Ursache dafür an beiden, und manchmal liegt sie an einem der beiden.	causa huius est aliquando ex utroque, et aliquando ex altero tantum.
E conujene que se Requiera la disposiçion de la muger primera mente & como esta dispuesta su madre / Ca si es la causa por parte de la madre sera curada con la cura que conujene	So muss man den Zustand der Frau zuerst untersuchen, und [wie] der Zustand ihrer Gebärmutter ist; damit, wenn die Ursache in der Gebärmutter liegt, mit der Behandlung, die notwendig ist, behandelt wird, und	Et debemus considerare prius dispositionem matricis femine, ita quod, si causa illius fuerit ex matrice, medicinabimur eam; si autem non, set ex alio, intendemus medicinari

& si fuere de otro mjenbro de los mjenbros del cuerpo curarlo han otrosy	wenn sie [die Ursache] an einem anderen Glied der Glieder des Leibes liegt, auch behandelt wird.	ipsum.
(633b18) E declarar se ha su el mjenbro sano quando obrare toda su obra perfecta conpljda syn daño abomjnable E que despues que obrare su obra que non le venga trabajo nj flaquesa verbi graçias quando el ojo non es enpeçido vee buena vista & despues de la vista non se quexa njn se turba nj se enflaqueçe ante se arresa sobre la vista otrosi	(633b18) Und es wird deutlich, ob das Glied gesund ist, wenn es seine Tätigkeit vollständig und vollkommen tut ohne [p. 486] Schaden und Widerwärtigkeit, und [wenn] nach der Tätigkeit weder Müdigkeit noch Schwäche ihm anhaftet, so wie zum Beispiel, wenn das Auge nicht geschädigt ist und guten Sehens sieht, und nach dem Sehen sich nicht ermüdet und sich nicht abschwächt, sondern sich beim Sehen sogar noch verstärkt.	(633b18) Et aparet nobis, quod matrix est sana sicut alia membra {scilicet}. Quoniam quando aliquod membrum compleverit opus suum sine diminucione et sine debilitacione post opus, tunc dicitur, quod sit sanum. Verbi gracia oculus: quando in eo non fuerit lesio et fuerit eius visus bonus et non fatigetur post visum, dicitur quod sit sanus.
(633b23) E quando non fuere la madre enpeçida & non acaeçiere de su parte de ella al cuerpo dolor & fisiere su obra natural segun cunple E despues de la obra non se enflaqueçiere & [non] cansare entonçe es sana & su disposiçion es buena	(633b23) Und wenn die Gebärmutter keinen Schaden verursacht, und dem Körper von ihrer Seite kein Schmerz bereitet wird, und ihrer natürlichen Tätigkeit Genüge tut, und nach der Tätigkeit sich nicht abschwächt und nicht ermüdet: [dann] ist sie gesund und ihr Zustand ist heil.	(633b23) Et similiter, quando in matrice non fuerit aliqua infirmitas et compleverit suam operationem et non debilitetur post opus, tunc dicitur, quod sit sana.
& disese que la madre a las veses es de mala disposiçion & fase su obra natural syn enpeçimjento & abomjnaçion	Und es wird gesagt, dass die Gebärmutter sich manchmal in einem schlechten Zustand befindet, {dass sie aber} trotzdem erledigt sie ihre natürliche Tätigkeit ohne Schaden und Widerwärtigkeit unter der Bedingung, dass ihr	Et possibile est, ut non sit matrix sana, quamvis compleat opus suum sine nocumento, quando non fuerit infirmitas in tota matrice.
[/]	schlechter Zustand nicht mit dem notwendigen Teil zusammenhängt, der zur Erledigung ihrer Aufgabe notwendig ist – {so wie} es	Quoniam non est remotum, ut videat
E puede ser que sea el ojo en mala disposiçion & vee alguna vista si non le acaeçe dolor que	[auch] möglich ist, dass {das Auge} in schlechtem Zustand oft und immer noch scharf sieht, wenn ihm kein	oculus viso bono, quamvis aliqua parcium illius sit lesa, sicut si macula fuerit in aliqua

gelo deujede	Schmerz widerfährt, der es [das scharfe Sehen] verhindert.	parte ipsius; quoniam hoc non prohibebit ipsum videre bene.
& la madre otrosi sy le avinjere ocasion en el logar en que se ha de enpenar del njño non fara su obra natural	Ebenso die Gebärmutter: wenn ihr ein Unglück geschieht an der Stelle, wo sie den Embryo trägt, dann erfüllt sie nicht ihre natürliche Tätigkeit.	Tamen hoc non accidit, nisi quando non fuerit in parte nobili oculi; et similiter in matrice.
(633b30) E conujene que se sepa la buena disposiçion de la madre primero sy esta en su logar & non se quita de el o va a otro logar	(633b30) Und man muss wissen, wie gut der Zustand der Gebärmutter ist: und ob sie an ihrer Stelle liegt und diese nicht verlassen hat und an einer anderen Stelle steht,	(633b30) Quoniam matrix sana debet prius esse posita in loco suo naturali, et quod non sit situs eius diversus.
Ca a las veses se alexa de su logar syn lision abomjnable & a las veses la madre es de mal sentjr E sabese eso ligera mente sin dificultad Ca se sabe del tanto	aber manchmal hat sie sich von ihrer Stelle entfernt ohne widerwärtige Verletzung, und manchmal war es nur ein schlechtes Empfinden: Das zu erkennen ist leicht und ohne Schwierigkeit.	Et forte erit matrix remota a suo loco sine infirmitate et sine nocumento.
E conujene que sea la madre segund que auemos contado agora	Und es wird sichtbar, dass die Gebärmutter so sein muss, wie wir es erwähnt haben – aus den Beschreibungen, die wir jetzt schildern werden.	Et notum est, quod matrices debent esse secundum istam dispositionem.
Ca si non fuere la madre en su logar çercana del logar a que llega la verga del onbre non atrahera la simjente asi mesma por ella esta lexos del logar natural	Denn wenn nun die Gebärmutter nicht an ihrem Ort liegt nahe der Stelle, zu welcher das Geschlechtsorgan des Mannes gelangen kann; [dann] zieht sie den Samen nicht zu sich, aufgrund ihrer Entfernung von dem natürlichen Ort.	Ex hoc, si matrix non fuerit in loco, in quo debet esse, non poterit attrahere ad se neque retinere sperma. Et si fuerit propinqua magis, quam debet, efficitur quasi sine sensu, quoniam illud {semper} ⟨sperma⟩, quod appropinquat ei, tanget eam. Et propter hoc accidit, quod non aperitur cito.
E si estuujere la madre mas baxa de lo que cunple non enxugara la simjente	Und wenn die Gebärmutter niedriger liegt, als es sein soll, [dann] öffnet sie [sich] nicht und nimmt den Samen nicht auf.	
(634a13) & por eso es menester que sea Requerida la disposiçion de la madre E sea curada fasta que sane de la dolençia que le avjno & conujene que sea la via de las mugeres de	(634a13) Und deswegen muss man den Zustand der Gebärmutter untersuchen und behandeln, damit sie von der Krankheit genese, {welche} sie befallen hat. Und der Fluss {Menstruation} der Frauen	(634a13) Et cum hoc debet esse, menstruum est currens secundum dispositionem bonam, scilicet quod sit in temporibus equalibus, et maxime, quando corpus fuerit sanum,

disposiçion derecha en las horas yguales sabidas & non sea diuersificada	sollte geraden Zustandes sein, und zu den gleichen bekannten Zeiten [erfolgen], und sollte nicht zu verschiedenen Zeiten sein.	
Ca cuando fuere asy signjfica sanjdad del cuerpo	Wenn sie [die Menstruation] wie in diesem [p. 487] Zustand ist, so zeigt dies die Gesundheit des Körpers und	quoniam tunc certe cognoscitur, quod matrix est secundum quod debet esse in sua {apertione} ⟨operatione⟩ et receptione spermatis.
& su pas & que la madre se aprouechan & Reçibe la humjdad que salle del cuerpo del varon	seine Unversehrtheit, und die Gebärmutter muss sich öffnen und die Feuchtigkeit annehmen, welche aus dem Leibe des Mannes herauskommt.	
mas si fuere el mestruo muchas veses o pocas o fuera de sus sasones & non fuere lo que queda del cuerpo doljente mas sano / manjfiesto es que la ⟨causa⟩ dolençia es de la madre	Wenn aber die Menstruation häufige Male oder wenige Male ist, oder nicht zu ihrer Zeit [erfolgt], und wenn nicht der übrige Leib krank ist, sondern gesund, so zeigt dies, dass die Ursache von Seiten der Gebärmutter kommt.	Et quando me⟨n⟩struum multiplicat suas revolutiones vel diminuit vel etiam inordine{n}tur, et fuerit corpus sanum, tunc debemus intueri colorem menstrui.
quando non fuere el mestruo bermejo mas demudado signjfica dolençia & que las venas que son en ella han las bocas abiertas	[/]	Si ergo fuerit eius color mutatus, manifestum est, quod occasio est in matrice, et orificia venarum, que sunt in ea, sunt aperta. Et forte accidet hoc sine dolore et forte cum dolore.
***	***	***
(635a14) E quando se detuujere el mestruo conujene que sea / la boca de la madre abierta mucho enxuta E que non sea dura E sera asy vn dia & medio o dos dias	[p. 490] (635a14) Und wenn die Menstruation aufhört, [dann] soll der Mund der Gebärmutter sehr offen sein, trocken, und soll nicht hart sein, und soll wie in diesem Zustand eineinhalb Tage sein, oder zwei Tage.	(635a14) Et debet esse orificium matricis apertum, siccum valde; et quando sit durum et remaneat ita una die vel una die et media vel duobus diebus,
Ca estas señales signjfican que la madre esta en buena disposiçion E que fase su obra natural	Denn diese Zeichen sind ein Beweis dafür, dass die Gebärmutter sich in gutem Zustand befindet, und dass sie ihre natürliche Tätigkeit tut.	et quando ita fuerit, signat, quod matrix est bone dispositionis et quod opus eius sit completum.
E digo que conujene que tenga la boca abierta luego & que no este mucho blanda Ca se molifica con la	Ich sage, dass sie den Mund offen haben soll von Anfang an, und dass sie nicht sehr weich sein soll, denn sie erschlafft mit der	Si autem [46rb] non fuerit orificium matricis in illo tempore apertum, set flexile, signat cum debilitate eius, quod

molificaçion de todo el cuerpo	Entspannung des Leibes.	totum corpus sit debile.
(635a20) E quando rreçibe la simjente [51v] çierra su boca Ca si non se çerrase Caeria aquella simjente & correria Esta es la disposiçion de la madre sana E quando se detiene la engendraçion conujene que sea la boca de la madre seca enxuta por que traue la simjente quando tañere el onbre a la muger & quando fuere todo el cuerpo de la muger sano E non fuere demudado es señal otrosi sobre salud de la madre & que non es cosa que deujede el enpeñar	(635a20) Und wenn sie den Samen annimmt, schließt sie ihren Mund, da, wenn er sich nicht schlösse, dieser Samen fiele und von ihr weg flösse. So ist dies der Zustand der Gebärmutter im gesunden Zustand. Und wenn die Flüssigkeit aufhört, sollte der Mund der Gebärmutter trocken, hart sein, damit sie den Samen anziehe, wenn der Mann die Frau berührt. Und wenn der ganze Leib der Frau gesund und nicht verändert ist, so ist er ein Beweis für die Gesundheit der Gebärmutter und dass nichts die Schwangerschaft [das Tragen] hindert.	(635a20) Et propter hoc convenit, {quando} ⟨quod⟩ illa superfluitas, que resolvitur a corpore, fuerit multa, ut aperiat orificium matricis. Et hoc est argumentum, quod orificium matricis est bonum ad recipiendum sperma. Et adiuvat matricem sanitas corporis; quoniam quando corpus fuerit sanum, tunc recipit sperma Matrix bona receptione et constringitur suum orificium.

Liber XI

Mss 10198	**Kruk**	**Vaticanus Chigi**
[54v] Aqui se acaba el deseno ljbro de los anjmales & comjença el onseno	[p. 5] **Die elfte Abhandlung vom Buch der Tiere des Aristoteles**	[47vb] Liber XI
	{1}	**1.**
(639a1) En qual quiera que ha deliberaçion & opjñion ay dos espeçias de disposiçiones / lo qual es manjfiesto notorio	(639a1) In jeder Meinung und Ansicht, *edel wie gemein*, gibt es zwei Arten des Zustandes, und dies ist klar und offensichtlich.	(639a1) In omni opinione nobili et vili sunt duo modi dispositionum, et hoc manifestum est.
E derecho es que se llama la vna espeçia el saber de la cosa que se quiere saber /	Und es ist richtig, dass die eine der beiden Arten Wissen von dem Ding genannt wird, dessen Erkenntnis angestrebt wird,	Et rectum est dicere alterum eorum scire rei quaesitae
E la segunda espeçia es asi como la doctrina que es de obra del oyr del doctrinado para que julgue el dicho del desjdor E la fabla del fablante si dise verdad en su desir & fabla / o si yerra	und die andere Art ist wie eine gute Bildung, weil sie vom Tun des Gebildeten [ausgeht] für die Beurteilung des Redenden und das Wort des Sprechers, ob er richtig ist in seiner Rede und seinem Wort oder falsch.	et alterum quasi instructionem, quoniam ex operatione auditoris docti est iudicare super sermones dicentis et locutiones loquentis, utrum inveniatur in sermone suo aut erretur.

E yo pienso que conujene que sea el doctrinante en esta disposiçion & virtud segund que dixe en obrar [55r] la doctrina & sus muchos juysios /	Und ich denke, dass der ausgebildete Gelehrte in diesem Zustand sein und diese Fähigkeit haben muss, die ich erwähnte vom Tun der guten Bildung und der vielen Urteile,	Et ego credo quod doctus debet habere hanc dispositionem et virtutem secundum quod dixi ex operatione documenti et multitudine iudiciorum.
E a las veses sera la doctrina del doctrinado en saber la naturalesa de vna cosa de çiençia que es apartada de otra	und manchmal ist die gute Bildung des Gebildeten in der Erkenntnis der Natur einer einzigen Sache abgetrennt vom Wissen einer anderen,	Et forte est doctrina docti in cognitione naturarum alicuius rei et scientia singulari,
E otro sera doctrinado & sabio en naturalesa de otra cosa espeçial /	wobei ein anderer gebildet und wissend ist in der Natur einer anderen Sache in spezialisierter Weise.	et alius erit doctus et sapiens naturarum alterius rei proprie.
E toda sçiençia tiene termjnos & saber E cada parte de las partes de la sçiençia otrosy	Und jede Wissenschaft hat bekannte Definitionen, auch jeder Teil der Teile der Wissenschaften.	Et omnis scientia habet diffinitiones notas, et similiter quaelibet pars partium scientiarum etiam.
(639a12) es manjfiesto que conujene que tenga termjnos sabidos el que quiere desir lo que conosçio & vio de naturalesa de las anjmallas	(639a12) Denn es ist offensichtlich, dass derjenige, der das beschreiben will, was er von der Natur der Tiere erkennt und mit eigenen Augen sieht, festgelegte Termini haben muss,	(639a12) Manifestum est ergo quod qui voluerit narrare quod cognovit et vidit ex naturis animalium debet habere diffinitiones notas,
por que sera la entiñçion del que fabla en aquella especulaçion çerca de aquellos termjnos con que se presupone para que sea verdad aquello que se dise o en contrario de la verdad	damit die Darstellung der Meinung des Sprechers in jener Betrachtung gemäß jener Termini ist, damit durch sie deutlich wird, ob das, was so ähnlich gesagt wurde, der Wahrheit oder dem Gegenteil der Wahrheit entspricht,	ut sit intentio sermoncinantis in illa secundum illas diffinitiones, ut declaretur ei per illas, si hoc quod dicitur sit secundum verum aut contra veritatem,
conujene a saber que conujene al que fabla en las naturalesas & sustançias	das heißt, dass es sich für den Sprecher über die Natur und die Substanzen gehört,	scilicet quod debet sermocinans in naturis et substantiis
que conosca toda cosa E termjne (!) de las naturalesas & sustançias & diga quales de ellas se pueden contar como el que quiere contar	dass er jede einzelne Sache von den Naturen und den Substanzen abtrennt, wobei er von ihnen beschreibt, was wichtig ist bei seiner Beschreibung,	separare quidlibet per se ex naturis et substantiis, et narrare quod voluerit,
la sustançia de la	so wie jemand, der das Wesen und die Natur des	sicut substantiam naturae hominis et

naturalesa del onbre ⟨&⟩ / o de la naturalesa del leon / o del buey / o otra espeçia de las espeçias de las anjmallas	Menschen oder die Natur des Löwen oder des Ochsen oder einer anderen Art der Arten der Tiere beschreiben will.	naturae leonis et tauri et huiusmodi.
E si quisiere fablar en los acçidentes que acaeçen / a todas las anjmallas por via comun fablara comun mente E vnjuersal mente /	Und wenn er die Rede über die Akzidentien [führen] will, die bei allen Tieren auftreten auf gemeinsame Art, dann wird seine Rede in diesem [Fall] gemeinsam und allgemein.	Et si voluerit loqui de accidentibus quae accidunt omnibus animalibus modo communi, ponet suum sermonem in illis communem generalem,
Ca los açidentes que acaeçen a muchas anjmallas **aun que** sean de diuersos generos	Denn die Akzidentien, die bei vielen Tieren auftreten, sind gemeinsam, auch wenn sie verschieden sind in den Gattungen	quoniam multa accidentia sunt communia pluribus animalibus quamvis sint diversorum generum,
como el dormjr & el Resollar E la muerte	wie z. B. der Schlaf, der Atem, das Wachstum, der Verfall und der Tod,	sicut somnus et vigilia, et crementum et corruptio, et vita et mors,
E con estos açidentes ay otros açidentes de sentidos & ocasiones que ⟨...⟩ quedan	und mit diesen Akzidentien sind andere Akzidentien von den Sinnen und den übrigen akzientiellen Eigenschaften verbunden.	et cum istis etiam alia accidentia ex sensibus et aliis.
E fablar en aquesto agora nos (!) es cosa / oculta non determjnada	Und die jetzige Rede über diese Sachen ist nicht klar und nicht begrenzt.	Tamen sermo de huiusmodi modo latens est non manifestus neque determinatus.
(639a23) & es manjfiesto que quando quisieremos nonbrar cada vno por sy & singularisar sus açidentes & sus ocasiones	(639a23) Und es ist deutlich, dass wir, wenn wir sprechen wollen von jedem einzelnen gemäß seiner Definition und der Klassifizierung seiner Akzidentien und seiner akzidentiellen	(639a23) Et manifestum est quod si nos voluerimus [48ra] dicere de quolibet per se et narrare accidentia eius,
fablaremos de ellas muchas / muchas veses & tornaremos a repetir lo dicho	Eigenschaften, dann werden wir von vielen von ihnen sprechen zu wiederholten Malen, und wir werden die Rede wiederholen,	dicemus plura eorum multotiens, et redibimus in eundem sermonem multotiens,
por quando cada qual de las cosas que deximos sera en los cauallos & onbres & perros	weil jedes einzelne [p. 6] von dem, wovon wir sprechen, in den Pferden, in den Menschen und in den Hunden ist.	quoniam quaelibet eorum quae diximus sunt in equis et hominibus et canibus.
E si **algo** quisiere desir los açidentes que acaeçen a cada vno de estos generos	Und wenn einer eine der Akzidentien nennen will, die auftritt bei jeder einzelnen dieser Gattungen,	Et propter hoc si aliquis voluerit dicere accidentia cuiuslibet istorum generum,
avra menester que diga	dann wird er genötigt sein,	necessario sequitur ut

esos mesmos açidentes muchas veses	von den Akzidentien zu sagen, was er schon zu wiederholten Malen [gesagt hat].	dicat idem accidens multotiens.
(639b) E a las veses acaeçera que sean otras cosas atribuydas a vn dicho E seran diuersificadas segund forma E diuersificanse las formas segund el andar de las anjmallas	(639b) Und manchmal kommt es vor, dass es andere Sachen gibt bezogen auf eine Abhandlung und ihre Unterschiede in der Form und in der Unterscheidung der Form wie z. B. dem Gang der Tiere,	(639b) Et forte accidit ut sint aliae res attributae uni sermoni et sunt diversae in differentia formae, sicut cursus animalis
Ca en las espeçias de sus moujmientos ay diuersidades ca de ellas buelan otras nadan & otras andan sobre su vientre Rastrando /	denn in den Arten des Gangs der Tiere ist ein Unterschied, das heißt, dass es unter ihnen welche gibt, die fliegen, und unter ihnen welche, die schwimmen, und unter ihnen welche, die gehen, und unter ihnen welche, die sich auf dem Bauch fortbewegen und kriechen.	qui diversatur in modis, scilicet quod quaedam volant, et quedam natant, et quedam ambulant, et quedam moventur super ventrem.
pues non conujene que se nos oculte la derechedunbre de la especulaçion E que es guardemos la naturalesa de las anjmallas	So gehört es sich nicht, dass uns verborgen bleibt, wie das Richtige des Betrachtens und der Untersuchung der Natur der Tiere ist.	Non ergo lateat nos qualiter debemus recte considerare et perscrutari utrum
si conujene primera mente que acatemos en las cosas que acaeçen a todos los generos de las anjmallas E (!) despues acatemos en la propiedad de cada vna de ellas E que començemos primera mente abreujando las espeçias de las naturalesas E disposiçiones de cada vn genero de las anjmallas	Gehört es sich, dass wir zuerst die Sachen betrachten, die bei allen Gattungen der Tiere auftreten, [und] wir dann die Besonderheiten eines jeden einzelnen von ihnen betrachten, oder beginnen wir zuerst mit der Klassifizierung und der Zusammenfassung der Natur und der Zustände einer jeden einzelnen der Gattungen der Tiere?	debeamus considerare prius de rebus quae accidunt omnibus generibus animalium, deinde considerabimus in proprietatibus cuiuslibet illorum generum, aut prius etiam debemus incipere narrare naturas et dispostiones cuiuslibet animalis.
(639b6) E esto non nos es loado agora conujene a saber que espeçifiquemos lo que querremos començar & la fabla en lo tal nj es conosçido	(639b6) Und jenes ist jetzt nicht festgelegt, ich meine die Klassifizierung dessen, mit dessen Beschreibung wir beginnen wollen, und die Rede darüber, und [das alles] ist nicht bekannt;	(639b6) Et hoc modo non est determinatum aut notum, [/]

si deuemos desir en ello dicho vniuersal	immer dann ist es uns notwendig, dass wir über dies sprechen mit einer allgemeinen, gemeinsamen Rede,	si debemus dicere in hoc generaliter et communiter
como fasen de la çiençia mathematica asi como los astrologos	so wie die Gelehrten der Unterweisung reden ähnlich den Wissenschaftlern von den Himmelskörpern, indem sie ihre Argumente erklären.	sicut faciunt mathematici ut astrologi,
E asi conujene que faga el filosofo natural que primera mente acate todos los fechos & obras de todas las espeçias de anjmallas / primera mente	Und auf diese Weise gehört es sich, dass der Naturwissenschaftler es macht, das heißt, dass er die sichtbaren Sachen von den Handlungen und Taten der Arten der Tiere zuerst betrachtet,	ita debent facere naturales, scilicet quod prius debent considerare res manifestas operationum modorum animalium
E las partes que entrevjenen en cada vn mjenbro de ellas	und die Teile, die in jedem von ihnen sind; dann sagt er warum, indem er dann die Ursachen darbietet, oder es ist ihm notwendig, dass er die Unterschiede von diesen darstellt [zusammen] mit den Sachen,	et partes cuiuslibet illorum, et post debet dare causas de eis, aut debet facere econtra in rebus quas narravimus.
		2.
(639b11) E avn diremos muchas causas	(639b11) die wir beschrieben, indem er dann viele Ursachen nennt, das heißt, die Ursachen des natürlichen Erzeugens	(639b11) Et dicemos nos multas causas post, scilicet causas generationis naturalis,
asi como las causas del engendrar natural conujene a saber las causas de que se començo el moujmjento	ähnlich den Ursachen, wegen denen [etwas ist], und die von ihnen, die der Anfang der Bewegung sind,	ut causam finalem et causam, que est principium motus.
E despues conoçeremos qual de estas causas es primera & ⟨dos⟩ qual segunda	dann wählt er aus und legt dar, welcher dieser Gründe der erste davon ist und welcher davon der zweite.	Et deinde distinguemus, que sunt cause prime et que sunt secunde.

Liber XII

Mss 10198	**Kruk**	**Vaticanus Chigi**
[59r] En nonbre de dios aqui comjença el doseno ljbro de las anjmallas de aristotiles.	[p. 23] **12. Abhandlung aus dem Buch der Tiere von Aristoteles**	[50vb] Liber XII Tractatus undecimus (!)
	{1}	**1.**
(646a8) ya declaramos	(646a8) Wir hatten im	(646a8) Iam

en lo que ya deximos ⟨q⟩los mjenbros de que se conpusieron las anjmalias	Vorausgehenden in unserer Rede die Glieder gezeigt und erläutert, aus welchen die Aufstellung und die Zusammensetzung eines jeden einzelnen der Tiere besteht,	declaravimus superius membra, a quibus est compositio et sustentatio cuiuslibet animalis;
E quantos son aquellos mjenbros	und wie viele jene Glieder sind,	
E agora prouaremos las causas por las quales fue criado cada mjenbro	aber nun werden wir die Ursachen erläutern, denen zufolge jedes einzelne der Glieder geschaffen wurde,	modo vero volumus declarare causas, propter quas fuit creatum quodlibet membrum,
E apartaremos cada vno por sy como fesimos en lo ya pasado	und wir werden jedes einzelne davon für sich selbst unterscheiden, so wie wir es bereits im Vorausgehenden gemacht haben.	et distinguemus quodlibet illorum per se, sicut fecimus superius.
(646a12) E conujene que sepas que las espeçias de la conposiçion son tres aquellas que se fasen de los	(646a12) Und wir müssen wissen, dass die Arten der Zusammensetzung drei sind. Nun die erste Art dieser Arten ist die Zusammensetzung, die aus	(646a12) Et debemus scire, quod modi dispositionis sunt tres. Primus vero est compositio ex illis,
que disen la gente elementos que son ⟨el f⟩ la tierra E el agua & el ayre E el fuego /	dem besteht, was manche Leute die Elemente nennen wie Erde, Luft, Wasser und Feuer.	que dicuntur a quibusdam elementa, sicut terra, aqua, aer et ignis.
E fablaremos segun en lo pasado non de ellos mas de sus virtudes	Und es ist angemessen, dass es idealer und passender ist, dass die Rede [hier] von den Kräften ist,	Et dignum est, ut sit convenientius sermo. Et sermo
	und zwar nicht von allen, sondern, wie wir es an anderer Stelle im Vorausgehenden gemacht haben,	e⟨s⟩t non ex omnibus, set, sicut fecimus in aliis locis,
conujene a saber de lo humjdo E seco E callente & frio	von dem Feuchten, dem Trockenen, dem Warmen und dem Kalten,	ex humido et sicco et calido et frigido,
Ca estas virtudes son materia de los cuerpos compuestos	so sind diese Kräfte die Materie der zusammengesetzten Körper.	quoniam iste virtutes sunt materia corporum compositorum.
(646a17) E las otras diferençias consiguen a estas asi	(646a17) Was aber die anderen Unterschiede betrifft, so sind sie eine Folge zu diesen,	(646a17) Alie vero differentie ⟨sunt ad⟩iuvantes istas,
como el peso & la ljujanes & la denpsidad & la Ralesa E la asperura & la lesnedad *& todas las otras obras*	wie die Schwere und die Leichtigkeit und die Dichte und die Dünnheit und die Rauheit und Glattheit	sicut ponderositas et levitas et raritas et spissitudo et asperum et lene

& ocasiones que pareçen a estas & siguen a los cuerpos	und alle akzidentiellen Eigenschaften, die diesen ähnlich sind und den Körpern folgen.	et alie forme, que assimilantur istis et consequentur corpora.
E la conposiçion segunda	Was nun die zweite Zusammensetzung betrifft,	Secunda vero
de los primeros conujene a saber de aquellos cuyas partes son de parte de la naturalesa E que pareçen vnas a otras	[so besteht diese] aus den ersteren, ich meine aus jenen, deren Teile hinsichtlich der Natur einander ähneln;	compositio est ex illis, que habent partes consimiles ad invicem naturaliter,
E son los mjenbros que son ⟨conpuestos⟩ /en la/ conposiçion de las anjmallas de la naturalesa	das sind die Glieder, welche in der Zusammensetzung der Tiere aus der Natur sind,	[/]
asi como el hueso & la carrne E los otros mjenbros que ⟨son en⟩ pareçen a estos	so wie die Knochen und das Fleisch und andere, die diesen ähneln.	sicut os et caro et huiusmodi.
(646a22) E la terçera conposiçion es la postrera E son los mjenbros que no pareçen sus partes las vnas a las otras	(646a22) Die dritte Zusammensetzung, welche die letzte ist, besteht aus den Gliedern, deren Teile einander nicht ähneln,	(646a22) Tercia autem compositio est ex membris, que habent partes dissimiles,
asi como la cara E la mano & el pie E los mjenbros que son como estos /	wie das Gesicht, die Hand und die Glieder, die wie diese sind.	sicut facies et manus.
E ya sabemos que	Und wir haben festgestellt, *dass es zwischen der Zeugung und der Substanz einen Unterschied gibt,*	Et etiam scivimus,
en la engendraçion ay cosas primeras en naturalesa	insofern als die letzten in der Zeugung die ersten in der Natur sind.	quod inter generationes sunt prima in natura.
& lo primero en la engendraçion es postrimero	Nun ist aber das Erste in der Zeugung insofern das Letzte,	Et primum, quod est in generatione, non est ⟨nisi propter⟩ ultimum {nisi propter},
por quando non se dise que la casa es para los ladrillos & piedras	als man nicht sagen kann, dass das Haus für die Ziegel und die Steine da ist,	quia non dicitur, quod domus est propter lapides et tegulas,
mas disese que estas cosas son para la casa / E en semejante manera es la materia /	sondern man sagt, dass diese für die Häuser da sind. Ähnliches gilt für die Materie.	set dicitur, quod iste sunt propter domum, et similiter {ille} ⟨yle⟩.
[/]	Und das ist nicht nur offensichtlich aufgrund der Art der Rede, welche nun folgt, nämlich dass diese	Manifestum est non sermone sequenti tantum, quod iste res sunt secundum hanc

	Dinge in diesem Zustand sind, sondern auch aus dem [bloßen] Wort und der Definition,	dispositionem, set etiam ex diffinitione.
(646a30) **E otrosy** por quando qual quiera cosa que es es de cosa & su engendraçion es en cosa & de primero a primero	(646a30) denn [p. 24] alles das, was ist [wird], ist [wird] aus einer Sache, und sein Sein wird in einer Sache und von einem Prinzip zu einem anderen Prinzip,	(646a30) Quoniam, quodcumque generatur ab aliquo, generatur et est in aliquo et ex primo ad primum,
conujene a saber del primero mouedor que ha la naturalesa ⟨h⟩ a la forma	ich meine vom bewegenden Prinzip, das die Natur hat zu einer Form von den Formen,	scilicet ex primo moventi, quod habet naturas, ad aliquam formam.
Ca el omne engendra onbre & al arbol arbol / E aquello sera de la materia **sugebra** a cada cosa de estas **de neçesario** /	denn der Mensch zeugt einen Menschen, und aus dem Baum wächst der Baum, und das geschieht aus einer Materie, die jedem einzelnen dieser Dinge zugrunde liegt.	Quoniam quidem homo generat hominem et ex arbore nascitur arbor, et hoc erit ex materia posita cuilibet rei.
(646b1) E por tanto sera la materia & engendraçion antes que otra / E la fabla E la difiniçion E la sustançia [59v] E la forma [de] cada vna de estas es mas antiga que aquella	(646b1) So ist es notwendig, dass die Materie und die Zeugung und das Sein früher als etwas anderes sind. Aber in dem Wort und der Definition ist die Substanz und die Form jeder einzelnen Sache früher,	(646b1) Necessarium est ergo, ut si⟨n⟩t materia et generatio anteriora quam alia; in diffinitione autem e⟨s⟩t substantia e{s}t forma cuiuslibet rei anterior.
& aquesto se prouara quando alguno dixere la palabra de la generaçion /	und das zeigt sich, wenn jemand das Wort Sein sagt,	Et hoc manifestum est, quando quis dixerit diffinitionem generationis,
Ca en la palabra de edificaçion esta la palabra de la casa & non en la palabra de la casa la palabra de la edificaçion	denn in dem Wort 'Erbauung' ist auch das Wort 'Haus', während das Wort 'Haus' nicht das Wort 'Erbauung' [beinhaltet].	quoniam in diffinitione edifficatoris est diffinitio edis. In diffinitione autem domus non est diffinitio edifficii {i.m.: vel edificationis} – et
E este açidente acaeçe en semejante manera en los otros	Und dieses Geschehen geschieht wie in diesem Zustand auch bei dem anderen.	similiter etiam in aliis rebus.
(646b6) E es manyfiesto que de neçesario seran los elementos sugebtos a la disposiçion de los mjenbros Que pareçen sus partes vnas a otras	(646b6) Und es ist offenbar, dass notwendigerweise die Elemente die zugrunde liegende Materie für den Zustand der Glieder sind, deren Teile einander ähneln,	(646b6) Manifestum est {etiam} ergo, quod necessarium est, ut sint {electa} ⟨elementa⟩ materia {posita} ⟨priora⟩ membris, que habent partes consimiles,

E aquellas partes despues de estas en la engendraçion	und [für] jene letzten Glieder der Zeugung nach diesen.	et illa ⟨priora⟩ membris ⟨dissimilibus⟩, posterioribus in generatione post ista;
E en ellas es la perfeçion & la fin E desi viene la Rectificaçion que es de espeçia de la terçera conposiçion como acaeçe la perfeçion de las espeçias de la engendraçion en muchas cosas	Und in ihr ist die Vollkommenheit und das Ziel, danach nimmt man die Aufstellung vor, welche aus der Art der dritten Zusammensetzung ist, so wie sich die Vollkommenheit der Arten der Zeugung in vielen Sachen ereignet.	et in eis est complementum et finis. Deinde accipiemus sustentationem, que est ex modo compositionis tercie, sicut accidit complementum modorum generationis multis rebus.
(646b10) E la conposiçion de las anjmallas de cada vno de estos mjenbros / mas cada vno de estos mjenbros pareçen los vnos a los otros /	(646b10) Die Zusammensetzung der Tiere [besteht] aus all diesen Gliedern, aber jedes einzelne der Glieder, deren Teile einander ähneln, ist nur gemäß dem Zustand der Glieder, deren Teile einander nicht ähneln,	(646b10) Compositio ergo animalium est ex omnibus istis membris, set tamen quodlibet membrum, quod assimilatur, non est ⟨nisi⟩ propter {nisi} membrum dissimile,
Ca las obras son atribuydas a los mjenbros que non pareçen las vnas a las otras asi como el ojo & la naris & la cara & la mano	denn die Handlungen und Tätigkeiten sind für die Glieder, deren Teile einander nicht ähneln wie das Auge, die Nase und das ganze Gesicht und der Finger und die Hand und der ganze Oberarm.	quoniam operationes non sunt nisi in membris organicis, sicut oculus et nasus et facies tota et digitus et manus minor et manus maior. [51ra]

Liber XIII

Mss 10198	**Kruk**	**Vaticanus Chigi**
[62v] Aquj se acaba el doseno ljbro de las anjmallas de aristotiles E comjença el treseno	[p. 58] **13. Abhandlung aus dem Buch der Tiere von Aristoteles dem Weisen**	[57ra] Liber XIII Incipit tractatus tercius decimus.
	{1}	**1.**
(661a34) Ya declaramos las naturalesas de los dientes de las anjmallas ⟨las naturalesas⟩ que çercan la boca Ca la boca es çercada con la lengua & Rectificada con ella	(661a34) Und was unserer vorausgehenden Rede folgt, ist die Erwähnung der Natur der Zähne des Tieres, welche den Mund umgeben, denn der Mund ist umgeben von Zähnen und ist davon umstellt,	(661a34) Sequitur dicere de naturis dentium animalium et contentorum in ore, quoniam os continet dentes.

pues la naturalesa de los dientes es comun en las anjmallas que es para vsar la vianda E en algunos generos de anjmallas es por fuerça tan bien E para obrar con los dientes E para Resistir los daños /	und die Natur der Zähne ist beim Tier ein Gemeinsames, i. e. zur Benutzung beim Essen, und sie ist bei manchen Gattungen der Tiere auch für die Kraft, und dafür, dass es [das Tier] mit den Zähnen handelt, und nicht um damit erdulden zu müssen, i. e. es wehrt damit Schaden ab.	Natura ergo dentium est in animalibus comuniter ad utendum cibo et in quibusdam animalibus ad vigorem, scilicet contra nocumenta.
(661b3) Pues la naturalesa de los dientes en algunas espeçias de anjmales es para obrar & Resistir asi como las anjmallas montesinas de naturalesa que comen la carrne E en algunas anjmallas son para conoçimjento como en algunas anymallas siluestres domadas	(661b3) So ist die Natur der Zähne in manchen Tiergattungen dafür da, dass es damit handelt, und nicht um zu leiden wie die wilden, Fleisch fressenden Tiere; und in manchem Tier [sind sie] um der Unterstützung und des Gebrauches willen, so wie es bei vielen der wilden und der domestizierten Tiere [der Fall ist].	(661b3) Natura ergo dentium in quibusdam est, ut agat et non paciatur, sicut in animalibus agrestibus comedentibus carnes, et in quibusdam adiuvamentum ad utendum et abscindendum cibum.
E los dientes de los onbres son diuersos conuenjbles al vsar comun /	Was die Zähne des Menschen betrifft, so ist ihre angeborene Natur passend für den gemeinsamen Gebrauch,	[/]
Ca los dientes delanteros en el onbre son para cortar la vianda	i. e. dass die vorderen der Zähne des Menschen {scharf} sind zum Fleischschneiden,	
E las muelas son anchas para la moler /	und die Backenzähne breit, damit sie das Essen mahlen und glätten.	Et molares sunt lati ad molendum,
[/]	Und zwischen den Vorderzähnen des Menschen und den Backenzähnen werden die beiden Eckzähne unterschieden durch die Grenze, die zwischen	et inter anteriores et molares sunt canini.
E las otras entremedias son comunes a anbas	beiden ist, und die Natur der beiden Eckzähne ist in der Mitte [liegend] zwischen den vorderen und den Backenzähnen,	Et natura caninorum est media inter dentes et molares,
	denn sie [die Eckzähne] erhalten [dadurch] eine gemeinsame Kraft aus beiden;	quoniam habent virtutem duorum,

E por vna via son anchas E por otra via agudas esta es la disposiçion de los dientes en todas las anjmallas que no son todos sus dientes agudos	i. e. zum einen sind sie breit und zum anderen scharf. Und dies ist der Zustand der Zähne bei allen Tieren, bei denen nicht alle Zähne scharf sind.	scilicet quod uno modo sunt acuti et alio modo lati. Et talis est dispositio dentium in omnibus animalibus, quae non habent omnes dentes acutos.
(661b13) E la quantidad & qualidad de los dientes en los onbres es conuenjble a la pronunçiaçion	(661b13) Die Qualität und die Quantität der Zähne des Menschen ist bei einigen angepasst an die Artikulation des Wortes und die Stimmhervorbringung; und vor allem auch die vorderen Zähne *sind angepasst an die Stimmhervorbringung durch Laute*.	(661b13) Qualitas vero dentium et quantitas hominis sunt convenientes ad loquendum, et maxime anteriores dentium.
E algunas anjmallas tienen dientes por la vianda sola mente como ya diximos	Manches Tier jedoch hat Zähne nur zum Essen, wie wir im Vorausgehenden sagten,	Quedam autem animalia habent dentes propter cibum tantum, sicut diximus superius,
& algunas anjmalias son que han dientes para ayuda & fuerça	und von den Tieren gibt es welche, die die Zähne für die Unterstützung und für die Kraft haben,	et quedam propter vigorem,
& algunas ay que han dos colmjllos saljdos	und es gibt welche, die zwei hervortretende Eckzähne haben, [p. 59]	et quedam habent duos culmos, sicut porci.
como los machos de los puercos	wie die Männchen der Schweine	
& de ellos son que han dientes agudos ⟨&⟩ que entran vnos en otros	und [es gibt welche], die scharfe Zähne haben, die ineinander übergehen,	Et quedam habent dentes acutos sitos ad modum serre,
& aquellos se disen fuertes de dientes Ca su vigor es en sus dientes	und deswegen spricht man von gezackten Zähnen, denn die Kraft dieses Tieres liegt in seinen Zähnen, und das ist so wegen ihrer Schärfe.	et propter hoc dicuntur fortes, quoniam vigor eorum est in dentibus propter acumen eorum.
E los que son conuenjbles a la fuerça non se huyen vnos con otros	Und was bei den Zähnen passend ist für die Kraft, ist ineinander übergehend, i. e. einer befindet sich in dem anderen, und dies, damit ihre Schärfe sich nicht verschlechtert durch das Aufreiben am anderen.	Et omnes dentes fortes intrant se secundum serram, ut non obtundantur.
(661b22) E non ay en algunos anjmales que tengan los dientes	(661b22) Und es gibt kein Tier, das scharfe, ineinander greifende	(661b22) Et nullum animal habet dentes acutos intra et culmos

agudos que tengan dos colmjllos saljdos Ju[n]ta mente	Zähne und hervortretende Eckzähne gleichzeitig hat,	prominentes simul,
Ca la naturalesa non obra cosa en vano nj superflua mente	denn die Natur bringt nichts Unnützes und nichts Überflüssiges hervor;	quoniam natura nihil fecit superflue.
Ca estas dos espeçias son por fortalesa & la otra espeçia es por la materia & Resistir a lo abomynable	sondern eine dieser beiden Arten ist um der Kraft willen und die andere Art für den Kampf und die Abwehr von Unannehmlichkeiten.	Et istorum duorum modorum unus est propter vigorem et alius est ad pugnandum;
E por eso non han las fenbras de los puercos dos colmjllos salidos E muerde con la agudesa de sus dientes	Und deswegen haben die Weibchen der Schweine keine zwei hervortretenden Eckzähne sondern beißen mit der Schärfe ihrer Zähne.	et propter hoc non habent porce culmos prominentes et non mordent nisi per acuitatem dentium suorum.
(661b27) E vnjuersal mente nos conujene saber vna cosa conuenjble a lo que agora diremos & adelante diremos	(661b27) Und allgemein gesagt sollten wir etwas Übereinstimmendes wissen, über das, was wir gerade erwähnten, und über das, dessen Erwähnung wir neu zu beginnen vorhaben, i. e.	(661b27) Et universaliter debemus scire aliquid [57rb] conveniens ei, quod dicemus modo et quod volumus dicere post,
conujene a saber que la Naturalesa pone los mjenbros conuenjbles para alguna ayuda & virtud en los anjmales que sufren aquello asi	die Natur bringt zur Unterstützung und Verteidigung passende Glieder nur bei den Tieren hervor, die damit etwas anfangen können,	scilicet quod natura non dat membra conveniencia vigori nisi animalibus indigentibus illis,
como los que han abejon & las presas en las aves & los cuernos [63r] E los colmjllos & todo mjenbro semejante	wie der Stachel und die Kralle, die sich am Bein des Vogels befinden, und die Hörner und die hervortretenden Eckzähne und alle Glieder wie jene Glieder, die wir erwähnten.	ut aculeum et ungues et cornua et culmos prominentes et sibi similia.
(661b32) & por quanto los machos de los anjmales son mas fuertes & mas sañosos sera este Instrumento en los machos sola mente E a las veses sera en los machos mas fuerte que en las fenbras /	(661b32) Und weil die Männchen der Tiere stärker und heftiger an Wut sind, so ist dieses Werkzeug manchmal nur bei den Männchen, und manchmal ist es bei den Männchen stärker als bei den Weibchen.	(661b32) Et quia masculi animalium sunt fortiores et iracundiores, forte erunt ista instrumenta in masculinis tantum, et forte erunt in masculis fortior{es}⟨a⟩ quam in feminis.
pues los mjenbros que son neçesarios que sean	Denn die Glieder, die sie notwendig brauchen, gibt	Membra vero, quibus necessario {indigetur,

en las fenbras otros si son en los machos son menores	es auch bei den Weibchen, weniger als es sie bei den Männchen gibt;	sunt in feminis etiam, sed minus quam in masculis;
E los mjenbros ⟨que son⟩ que los han menester por alguna via de neçesidad non seran en las fenbras /	aber die Glieder, die sie auf eine Art und Weise nicht notwendig brauchen, die gibt es nicht bei den Weibchen.	membra vero, quibus non} indigetur aliquo modo necessitatis, non sunt in feminis,
(662a1) E por esta causa los machos de los çieruos han cuernos & non los han las fenbras	(662a1) Und aus diesem Grund besitzen die Männchen der Hirsche Hörner, und die Weibchen davon besitzen keine Hörner;	(662a1) et propter hoc habent mares cervorum cornua, femine autem non.
& entre los cuernos de los machos de las vacas & de sus fenbras es diuersidad /	und zwischen den Hörnern der männlichen und der weiblichen Kühe gibt es einen Unterschied;	Et inter cornua vaccarum et taurorum est diversitas
E otro tal en las ouejas en los mjenbros que son neçesarios para ayuda & virtud /	ebenso bei den Hörnern der Schafe: Sie brauchen diese und das gesamte Werkzeug, das ihnen ähnelt, für die Unterstützung und die Kraft.	et similiter in cornibus ovium.
E los dientes de todos los peçes son agudos que entran vnos en otros saluo vna espeçia que se llama en griego safaris	Was die Zähne aller Fische betrifft, so sind sie scharf, sie gehen ineinander über außer bei einer [einzigen] Gattung der Fische, die im Griechischen Sakarus genannt wird.	Dentes autem omnium piscium sunt acuti sicut serra preter unum genus piscium, quod dicitur grece tehakariz.

Liber XIV

Mss 10198	**Kruk**	**Vaticanus Chigi**
[71v] Aquj se acaba el treseno ljbro de los anjmales de aristotiles & comjença el quatroseno	[p. 100] **14. Abhandlung aus dem Buch der Tiere des Aristoteles**	[63ra] Liber XIV Tractatus quartus decimus
		1.
(676a22) Segun este modo es la disposiçion de los Intestinos en los generos de los anjmales & la disposiçion del vientre & de cada vn mjenbro conujene a saber de los anjmales de	(676a22) Gemäß dieser Art und Weise nach der wir den Zustand der inneren Organe der Gattungen der Tiere und den Zustand des Bauches und jedes einzelne der Organe beschrieben, insbesondere der Tiere, die	(676a22) Secundum ergo hunc modum est dispositio intestinorum in generibus animalium et dispositio ventris et cuiuslibet menbri, scilicet animalium quadrupedum

quatro pies que engendran anjmales	vier Füße haben und lebend gebären.	generantium animalia,
E el anjmal que careçe de pies como las serpientes	Und auch für die Tiere, welche keine Füße haben, wie die Schlangen, [gilt] *dass die Natur der Schlangen zu den Tieren passt, die wir erwähnten,*	et animal etiam carens pedibus, sicut serpentes,
Ca las serpientes pareçen a los lagartos luengos que non tienen pies	denn die Schlangen haben ähnlich wie die Mauergeckos lang gestreckte Körper ohne Füße.	quoniam serpentes assimilantur lacertulis longi corporis carentibus pedibus.
(676a26) E algunos de los anjmales tienen pulmon por que andan & algunos non tienen pulmon mas tienen en logar del pulmon vn mjenbro que se llama branchos	(676a26) Und manche dieser Tiere haben eine Lunge, denn es sind Geher [also: Landtiere]. Und manche davon haben keine Lunge, sondern Kiemen an Stelle der Lunge.	(676a26) Et quedam istorum animalium habent pulmonem, quia anbulant, et quedam non habent pulmonem set brancos loco pulmonis.
& nenguno de estos modos de anjmales tiene bexiga afuera la tortuga por que la humjdad pasa en ellos en escamas	Und keine dieser Arten der Arten der Tiere hat eine Blase, und bei den Fischen ist keiner außer der Schildkröte, und dies weil die Feuchtigkeit übergeht in Fischschuppen.	Et nullus istorum modorum habe{n}t vesicam, neque pisces preter tortucam, quoniam humiditas transit eis in squamas.
(676a30) E la humjdad de estos anjmales es poca por que el pulmon careçe de sangre como acaeçe a las ⟨vi⟩ aues por que la humjdad del cuerpo de las aves decljna a plumas	(676a30) Und die Feuchtigkeit dieser Tiere ist sehr gering, nicht weil es der Lunge an Blut ermangelt, wie das bei den Vögeln geschieht, so dass sich die Feuchtigkeit des Körpers der Vögel zu den Federn neigt,	(676a30) Et humiditas istorum animalium est parva, {non} quia pulmo caret sanguine{m}, sicut accidit avibus, quoniam humiditas {ergo} corporis avium declinat ad plumam.
& la humjdad de este anjmal es poca & asemejase en la poquedad a la humjdad de los cuerpos de las aves	und die Feuchtigkeit der Körper dieser Tiere ist gering, ähnlich wie auch die Körper der Vögel nur wenig Feuchtigkeit haben.	Humiditas ergo corporum istius animalis est pauca et assimilatur in paucitate humiditati corporum avium.
E por esto si se pone la superfluydad de los anjmales que tienen bexiga en vaso	Und aus diesem Grunde, wenn der Überschuss an Feuchtigkeit aus dem Tier hinausgeht, das eine Blase hat, und in ein Gefäß getan	Et propter hoc, si ponitur superfluitas animalium habentium vesicam in vas,
allegase en el fondo del vaso vna superfluydad salada por que lo que esta en aquel humjdo de	wird, dann sammelt sich auf dem Grund ein salziger Überschuss, denn was in dieser Feuchtigkeit an	aggregabitur in suo inferiori superfluum salsum, quoniam, quod inest in illo humido ex

agua dulçe potable ya pase en carrne por su sotilesa & ligeresa	süßem Wasser war, welches man trinkt, das ist [bereits] vergangen und zu Fleisch geworden, wegen seiner Zartheit und Leichtheit.	aqua dulci potabili, iam transivit in carnem propter sui subtilitatem et levitatem.
(676a36) & entre las serpientes & los tiros es diuersidad la que es en los peçes	(676a36) Und zwischen den Schlangen und den Nattern [gibt es] einen Unterschied ähnlich dem Unterschied, welcher zwischen den Fischen ist;	(676a36) Inter autem serpentes et tiros est diversitas sicut diversitas, que est inter pisces.
por que entre el peçe que se llama çeleti & el anjmal marino es diuersidad por que el çeleti engendra anjmal en el [72r] monte	nun zwischen dem Tier, das man Ṣalāḫī nennt und den Meerestieren [gibt es] einen Unterschied, und zwar den, dass das Tier, welches Ṣalāḫī genannt wird, lebend auf dem Land gebiert und	Quoniam inter celeci et animal marinum est diversitas, quoniam celeci generant animal in agresti
E el tiro engendra anjmal despues que pone hueuos primera mente en su parte delantera & todos estos anjmales tienen vn vientre como los otros anjmales que tienen dientes en anbas las quexadas & tienen los mjenbros delanteros pequeños como los anjmales que non tienen bexiga /	die Natter lebend gebiert, nachdem sie zuerst Eier in ihrem Innern gelegt hat. Und alle diese Tiere haben nur einen Bauch so wie all die Tiere, welche Zähne in beiden Kiefern haben, und bei denen die inneren Organe sehr klein sind wie die anderen Tiere, die keine Blase haben.	et tiri generant animal, postquam ovaverunt prius in suo {anteriori} {interiori}. Et omnia ista animalia habent unum ventrem sicut alia animalia habentia dentes in utraque mandibula, et habent membra {anteriora} ⟨interiora⟩ parva sicut alia animalia carentia vesica.
(676b6) E los mjenbros delanteros de las serpientes son estrechos & luengos segund la criaçion de su cuerpo E non se asemejan ⟨en⟩a los mjenbros delanteros de los otros anjmales	(676b6) Was nun die Schlangen betrifft, so sind die Organe ihres Innern schmal und länglich gemäß [p. 101] der angeborenen Natur ihrer Körper, i. e. weil sie länglich und eng sind, ähneln sie nicht den inneren Organen der übrigen Tiere,	(676b6) Membra autem interiora serpentum sunt stricta, longa, secundum creationem sui corporis, et non assimila⟨n⟩tur menbris interioribus aliorum animalium,
por que aquellos mjenbros son de fermosa buena criaçion & de fermosa figura por la anchura de los logares en que son & estos anjmales tienen el entestino que se llama mediano & otros Intestinos & tiene otrosi la pared despues del coraçon	denn diese Organe sind von guter Beschaffenheit und schön an Form wegen der Ausdehnung der Orte, an denen sie sich befinden. Und diese Tiere haben den Darm, welcher der Mittlere genannt wird, und [sie haben auch] die übrigen Därme, und es gibt auch eine Scheidewand nach dem Herzen, i. e., dass man bei	quoniam illa membra sunt creationis bone pulcre figure, propter amplitudinem locorum, in quibus sunt. Et ista animalia habent intestin{a}⟨um⟩, quod dicitur medium, et alia intestina, et habe⟨n⟩t etiamparietem post cor, scilicet quod omnia

conujene a saber por que todos los anjmales que tienen sangre tienen estos mjenbros & non tienen todos pulmon nj caña saluo los peçes	allen Bluttieren diese Glieder findet, und nicht alle haben eine Lunge und eine dicke Ader außer den Fischen.	animalia habentia sanguinem habent ista membra, et non omnia habent pulmonem [63rb] et cannam preter pisces.
& el sito de la caña & del ysofago en todos los anjmales que tienen estos mjenbros son de vna disposiçion por las causas que deximos en somo /./.	Und die Lage der dicken Wurzel [Ader] und der Speiseröhre ist bei allen Tieren, die diese Glieder haben, in einheitlichem Zustand wegen der Gründe, die wir im Vorausgehenden beschrieben haben.	Et situs canne et isofagi in omnibus animalibus habentibus ista menbra sunt eiusdem dispositionis propter causas, quas diximus superius.
	{2}	2.
(676b16) E muchos anjmales que tienen sangre tienen fiel E en algunos se falla sobre el figado & en algunos cuelga del Intestjno por que la naturalesa de la fiel es de la naturalesa del vientre de baxo	(676b16) Und viele der Bluttiere haben eine Galle, und die Galle befindet sich bei manchen Tieren auf der Leber, und bei manchen befindet sie sich zusammenhängend mit den Därmen, da die Natur der Galle von der Natur des unteren Bauches aus nicht ohne etwas anderes ist.	(676b16) Et plura animalia habentia sanguinem habent fel. In quibusdam {invenitur super epar et in quibusdam} pendet ab intestino, quoniam natura fellis est ex natura ventris inferioris.
& manjfiestase propia mente en los pescados por que todos los pescados tienen fiel E en otros anjmales se falla açerca del Intestino E por esta causa se falla la fiel contexida sobre los Intestinos ⟨q⟩ todos como se falla en el anjmal marino que se llama en greçia **anne**	Und dies ist beim Fisch besonders offensichtlich, da alle Fische eine Galle haben. Aber bei allen Tieren befindet sich die Galle nahe der Därme, und oft ist die Galle verwebt mit dem ganzen Darm, so wie sie es bei den Meerestieren ist, welche im Griechischen Amīā genannt werden; und viele Schlangen sind [ebenfalls] wie in diesem Zustand.	Et manifestatur proprie in piscibus, quoniam omnes pisces habent fel. In aliis invenitur prope intestinum, et propter hoc invenitur fel contextum super intestina omnia, sicut in animali marino, quod dicitur amie.
(676b22) & de esto se majnfiesta que los que fingen que fue criado por el sentido yerran	(676b22) Daraus wird offenbar, dass diejenigen, die behaupten, die Natur der Galle sei geschaffen worden um des Empfindens willen, im Irrtum sind.	(676b22) Et hoc ex hoc manifestatur, quod illi, qui fingunt, quod fel fuit creatum propter sensum, errant;
por que ellos disen que la fiel punge el figado en tal que lo faga de buen sentido	Nun, sie sagen, dass die Galle geschaffen wurde, damit sie die Leber beißt, und damit sie das gute Empfinden veranlasst. [*]	quoniam illi dicunt, quod fel pungit epar, ut faciat ipsum boni sensus.
& deuemos de saber que	Und wir müssen wissen,	Et debes scire, quod

algunos anjmales non tienen alguna fiel como el cauallo & el mulo & el elefante & el asno	dass manche Tiere gar keine Galle haben, wie das Pferd, das Maultier, der Esel, der Elefant und die Tiere, welche im Griechischen Baraqs genannt werden, und	quedam animalia non habent fel omnino, sicut equs et mulus et asinus et elefas.
& el camallo otrosi non tiene fiel apartado	das Kamel hat auch keine alleinige, für sich allein stehende Galle, sondern	Et camelus etiam non habet fel distinctum,
si non venas pequeñas en las quales esta la fiel	kleine Wurzeln [Venen], in denen sich Galle befindet.	set venas parvas in quibus est fel;
& el anjmal que se llama **coqui** non tiene fiel njn el dalfin	Und das Tier, welches im Griechischen Fūqī genannt wird, hat keine Galle, und der Delphin [auch] nicht;	koki autem non habet fel nec delfin.
(676b29) & en los generos de los anjmales que son de vna espeçia a las veses se falla fiel & a las veses en algunas non como en el rraton	(676b29) und in den Gattungen der Tiere, welche so sind, findet man manchmal die Galle bei einigen von ihnen, und manchmal findet man keine, so wie es geschieht bei der Gattung der Mäuse.	(676b29) Et in generibus animalium, que sunt eadem, forte invenitur fel, forte in quibusdam non, sicut in mure
& en el onbre conujene a saber que algunos onbres tienen fiel manjfiesta sobre el figado & algunos non	Und die Galle des Menschen ist wie in diesem Zustand, i. e. dass es Menschen gibt, die eine Galle haben, die sichtbar auf deren Leber liegt, und andere [wiederum] haben keine sichtbare Galle.	et homine, scilicet quod quidam homines habent fel manifestum super epar, et quidam non.
E por esta causa acaesçe dubda de este sentido & genero E por esto se piensa que todos los onbres tengan fiel	Und deswegen ereignet sich der Zweifel bei dem Zustand dieser Gattung. Und deswegen glaubt man, dass alle Menschen eine Galle haben.	Et propter hoc accidit dubium de isto genere sensuum, et propter hoc opinatur, quod homines omnes habent fel.

Liber XV

Mss 10198	**Brugman**	**Vaticanus Chigi**
[80v] × **aqui se acaba** el quatorsino ljbro de los anjmales & comjença el quinsenso con ayuda de dios	[p. 1] **Im Namen Gottes, des barmherzigen Erbarmers** **Die 15. Abhandlung vom Buch der Tiere des Aristoteles**	[72ra] Liber XV Tractatus quintus decimus

	1	1.
(715a1) ya declaramos arriba la disposiçion de los mjenbros de los anjmales en general & espeçial	(715a1) Wir beschrieben bereits im Vorausgehenden den Zustand aller Glieder, die in den Körpern der Tiere sind, in einer umfassenden und allgemeinen Rede und in einer speziellen Rede, und wir nannten jede Gattung der Gattungen gemäß ihrer Definition, und	(715a1) Et iam narravimus superius dispositionem membrorum animalium {superius} generaliter et specialiter
& declaramos la causa por que es cada vn mjenbro en el cuerpo conujene saber la causa por que es final mente /	wir verdeutlichten die Ursache, wegen der jedes einzelne der Glieder entsteht, das heißt die Ursache, die 'Worumwillen' genannt wird,	et declaravimus causam, propter quam est quodlibet membrum in corpore, scilicet causam, que dicitur propter quam finaliter.
[/]	denn die für die Sachen bekannten Ursachen sind vier, das heißt, das 'Worumwillen' wie die Vollendung der Sache, denn es ist nötig, dass wir meinen, dass diese beiden Ursachen wie eine Ursache sind; was nun die dritte und die vierte Ursache betrifft, sosind sie die Materie und das, von dem der Anfang der Bewegung [ausgeht].	Quoniam cause note in rebus sunt quatuor, scilicet propter quid sicut finis et verbum substantiale; quoniam licet oppinari, {quoniam} ⟨quod⟩ iste due cause sunt quasi una causa, tertia vero et quarta ⟨sunt⟩ materia et a qua est principium motus.
	(715a8) So nannten wir bereits die beiden Ursachen im Vorausgehenden, denn das Wort und das 'Worumwillen' wie die Vollendung der Sache ist eines, denn es ist in den Tieren,	(715a8) Et iam diximus duas causas superius, quoniam verbum et propter quid sunt sicut finis eiusdem rei in animalibus,
E los mjenbros son materja de todos los cuerpos que se asemejan las partes vnos a otros /	und die Glieder sind Materie in der Gesamtheit des Ganzen, dessen Teile einander {nicht} ähnlich sind, und in diesem, dessen Teile einander [nicht] ähnlich sind, *und davor beschrieben wir nicht das, was man die Elemente der Körper nennt.*	membra autem sunt materia omnium totorum, que assimilantur in partibus ad invicem, et in totis, que non asimilantur ad invicem.
E los mjenbros que conujenen a la	Es bleibt uns [nun noch] die Erwähnung der zum	Et remansit nobis dicere membra convenientia

generaçion de los anjmales por que non pusimos distinçion alguna	Gebären übereinstimmenden Glieder der Tiere, weil wir sie im Vorausgehenden nicht beschrieben und nichts von ihnen unterschieden haben,	generationi animalium, quoniam non distinximus ex eis aliquid.
E quando de desir la causa motiua & la que es su prinçipio en la generaçion de cada vn anjmal	und es bleibt die Erwähnung der bewegenden Ursache und was denn ihr Anfang und die Zeugung eines jeden einzelnen der Tiere *und der Art ist, durch die seine Zeugung ist.*	Et remansit etiam dicere causam moventem et quid est principium eius et generationem cuiuslibet animalis.
començaremos primera mente a desir la generaçion de los anjmales / E despues la causa motiua & primera que es prinçipio	{Lakune} so beginnen wir [nun] zuerst mit der Erwähnung der Zeugung der Tiere, dann folgt die Erwähnung der bewegenden Ursachen und der ersten beginnenden Angelegenheit.	Et nos incipiemus prius dicere generationem animalium, deinde causam moventem et rem primam principium.
(715a18) E todos los generos de los anjmales en que ay macho & fenbra / se engendran del coyto del macho con la fenbra	[p. 2] (715a18) Alle Gattungen der Tiere, die Männchen und Weibchen haben, pflanzen sich fort durch den Geschlechtsverkehr von Männchen und Weibchen,	(715a18) Omnia ergo genera animalium, in quibus est mas et femina, generantur ex coitu maris cum femina;
	und ich sage das nur, weil es das Männchen und das Weibchen nicht bei allen Tieren gibt;	et dico hoc, quoniam non sunt in quolibet animali mas et femina,
E son perfectamente sinon en los anjmales que tienen sangre	es gibt nur bei allen Bluttieren Männchen und Weibchen von vollendeter Natur,	et non sunt perfecte nisi in animalibus habentibus sanguinem.
E en los que non tienen sangre se falla el macho E en algunos la fenbra E en algunos non	und was die Tiere betrifft, die kein Blut haben, so gibt es bei ihnen keine Weibchen und Männchen;	In carentibus autem sanguine invenitur femina in quibusdam et in quibusdam invenitur mas.
E todo anjmal que tiene sangre & engendra su semejante	denn was bei den Bluttieren ist, so gebären sie mit ihrer Gattung ähnliche Tiere,	Et omne animal habens sanguinem generat sibi simile,
E el anjmal que non tiene sangre alguno engendra non semejante	und was die Tiere ohne Blut betrifft, so gebären sie nicht, was der Gattung ähnlich ist, *und sie gebären nichts anderes, was mit ihnen Ähnliches, und nichts, was ihnen Gattungsverwandtes ist*	animal vero carens sanguine generat quoddam sibi dissimile in genere,
asy como el anjmal que se fase syn coyto sinon de prudimjento (!) & de superflujdad	wie die Tiere, die nicht aus dem Geschlechtsverkehr entstehen und nicht aus dem Bespringen, sondern aus der	sicut animal quod fit sine coitu set putrefactione et superfluitatibus.

	Materie, die fault, und aus den Überschüssen.	
(715a26) & general mente todo anjmal que va de vna parte a otra como el genero de las aves & el genero de las aues (!) que nadan tienen macho & fenbra	(715a26) Allgemein gesagt: Es gibt bei allen sich von Ort zu Ort bewegenden Tieren wie der Gattung der Vögel und der Gattung der Tiere, die schwimmen, und der Gattung der Gehenden Männchen und Weibchen,	(715a26) Et generaliter omne animal tranferens (!) se de loco ad locum, sicut genus avium et genus animalium {notantium} ⟨natantium⟩, habe{n}t marem et feminam.
E esto non es en los anjmales que tienen sangre tan sola mente / mas en algunos que non tienen sangre	und [das ist] nicht nur bei den Bluttieren [so], sondern auch bei einigen Tieren, die kein Blut haben.	Et hoc non est in animalibus habentibus sanguinem tantum, set ⟨etiam⟩ in ⟨quibusdam⟩ [72rb] carentibus sanguine;
E esto es en todo el genero como se falla en la malachia	Und manchmal ist jenes bei allen Gattungen, wie man es findet bei den Meerestieren, die Mālāqīā genannt	et hoc forte erit in toto genere sicut invenitur in malakie
E en la anjmal de blanda tiesta	werden, und die 'weich an Ton' genannt werden,	et mollis teste.
E algun genero de anjmales de <u>cuerpo anuloso</u> son de coytu E engendran otros anjmales semejantes a sy	was die Gattung der Tiere <u>mit eingekerbtem Körper</u> betrifft, so gibt es bei ihr eine Zeugung aus dem Bespringen der Tiere ebenso wie sie ihnen gattungsmäßig ähnliche Tiere gebären.	Quedam vero genera animalium <u>anulosi corporis</u> sunt ex coitu et generant animalia sibi similia in genere.
E los que non son de coytu syn non de materia podrida engendran otrosy otra cosa	Und unter ihnen gibt es welche, die ohne das Bespringen der Tiere, sondern aus Materie, die fault, erzeugen, aber das ist eine andere Art der Erzeugung, und bei ihnen	Ea vero, que sunt sine coitu set ex materia putrefacta, generant etiam, set rem alterius generis,
E non es en ellos macho nj fenbra asy como algunos generos de cuerpo anuloso	gibt es weder Männchen noch Weibchen, und jenes gibt es bei einigen Gattungen mit eingekerbtem Körper.	et non erit in illa aut mas aut femina, sicut quedam genera anulosi corporis.
(715b7) E esto derecha mente acaesçe Ca si engendrase su semejante	(715b7) Und zu Recht ereignet sich dieses Ereignis, denn, wenn es das gäbe, was nicht aus dem Geschlechtsverkehr der Tiere gezeugt wird, und seinesgleichen und in der Gattung Ähnliches gebierte,	(715b7) Et recte accidit hoc, quoniam si esset generans sibi simile in genere,
	dann wäre es notwendig,	esset necessarium,
seria su engendraçion continua & suçesiua E	dass die Zeugung eine fortgesetzte, aufeinander	quod esset eius generatio continua,

esto non es sinon en los anjmales que engendran sus semejantes /	folgende sein muss, und das ist die Zeugung gemäß diesem Zustand bei den Tieren, [p. 3] die ihresgleichen gebären.	successiva, et hoc non erit nisi in animalibus generantibus sibi similia.
E quando el anjmal non engendra asi semejante çesara la engendraçion //	Denn wenn es geschieht, dass das Tier, das nicht gezeugt wurde aus dem Bespringen der Tiere, ein anderes Tier lebend gebiert, das ihm nicht in der Gattung ähnelt, dann steht es still.	Quando ergo generavit animal dissimile in genere, stabit generatio et non generabit etiam aliud;
[715b12–716a2 fehlt]	[...]	[...]
	2.	
(716a2) E agora enpeçaremos a desir la generaçion de los otros anjmales segun nuestra opiñon & sotilesa	(716a2) Und nun beginnen wir mit der Erwähnung der Zeugung der übrigen Tiere [p. 4] gemäß dem Ausmaß unserer Meinung, und	(716a2) Modo vero incipiemus dicere generationem aliorum animalium secundum opinionem et subtilitatem nostram,
E **porruemos** esto que auemos de desir continuo con lo que auemos dicho	mäßigen die Betrachtung in jenem und beginnen, das wieder aufzunehmen von unserer fortgesetzten Rede über das, was von unserer Beschreibung vorausging.	et ponemus sermonem futurum continuum cum sermone preterito.
(716a4) E como diximos arriba la generaçion de los anjmales tiene prinçipio macho & fenbra E el prinçipio del macho es el moujmjento & el de la fenbra es la materia /	(716a4) So wie wir oben sagten über Anfänge bei der Zeugung der Tiere, so haben sie Männchen und Weibchen; was das Männchen betrifft, so ist bei ihm der Anfang der Bewegung und der Zeugung; was das Weibchen betrifft, so ist es gleich der Materie.	(716a4) Et, sicut diximus superius, generatio animalium habet principium, scilicet marem et feminam. Ex mare vero est principium motus, femina autem est sicut materia.
E es de creer quando fue considerado como sale el esperma E donde & de que /	Es ist richtig, dass diese unsere eine Rede für glaubwürdig gehalten und bestätigt wird, wenn man betrachtet, wie der Same wird und woher;	Et rectum est credere hoc, quoniam fuerit consideratum, quomodo erit semen et unde et a quo;
por que las cosas que son segun la materia se sustentan de ella	denn die Sachen, die gemäß der Natur sind, werden von ihr gut gemacht.	quoniam res, que sunt secundum naturam, sustentantur ab ea.
E acaeçe que sea prinçipio de macho E fenbra por que el esperma salle de anbos & de la mjstion de este esperma es la criatura /	Denn es zeigt sich, dass der Anfang von dem Männchen und dem Weibchen kommt, weil der Same aus den beiden gemeinsam herauskommt, und aus der	Et accidit, quod sit principium ex mare et femina, quoniam sperma exit ab ambobus, et ex mixtione illius

	Mischung des Samens ist der Anfang der äußeren Gestalt des Erzeugten;	spermatis [72ra] erit creatura et creatio embrionis;
E por esto desimos que el macho & la fenbra son prinçipio de la engendraçion	deshalb sagen wir, dass das Männchen und das Weibchen der Anfang der Zeugung sind.	et propter hoc dicimus, quod mas et femina sunt principia generationis.
(716a14) & non se llama macho sinon el que engendra en otro E llamase fenbra lo que engendra en sy mesmo /	(716a14) Und man nennt ein Tier Männchen, das in einem anderen zeugt, und man nennt Weibchen dasjenige, das in sich selbst zeugt.	(716a14) Et non dicitur mas nisi id, quod genera{n}t in alio, et dicitur femina id, quod generat in se.

Liber XVI

Mss 10198	**Brugman**	**Vaticanus Chigi**
[85r] Aquj se acaba el ljbro quinseno de los anjmales / loores a dios & comjença el dies & seseno	[p. 50] Die sechzehnte Abhandlung aus dem Buch der Tiere von Aristoteles	[79vb] Liber XVI Tractatus sextus decimus **1.**
(731b19) Ya auemos declarado	(731b19) Wir sagten bereits weiter oben, *dass das Männchen und das Weibchen die Ersten der Zeugung sind*, und wir legten	(731b19) Iam declaravimus
las virtudes & las sustançias de los anjmales	ihrer beider Kraft dar und die Gesamtheit ihrer beider Substanzen.	virtutes et omnes substantias,
agora conujene dar causa por que se engendran fenbras & machos	Und es ist nötig, dass wir suchen und auch sprechen über die Ursache, wegen welcher ein Teil zu Männchen und ein Teil zu Weibchen wird;	et debemus modo reddere causam, propter quam quidam est femina et quidam mas,
por que es asi de neçessidad del primero mouedor & de algo de los modos de la materia	denn beide werden/ entstehen durch Zwang und durch den ersten Beweger und durch eine Art von den Arten der Materie;	quoniam sunt ita per necessitatem ex primo motore et ex aliquo modorum materie,
[/]	nun aber werden beide gemäß diesem Zustand, der besser und vorzüglicher ist, und um einen Zustand der	et non fuit ⟨hoc⟩ nisi propter {hoc} melius et propter causam, que dicitur: quod est propter aliquid;

	Ursache wegen, über die gesagt wird, dass das, was ist, in den Dingen ist.	
E el prinçipio de estas cosas es por que algunas cosas son de esençia diujna & algunas son contingentes	Denn ein Anfang dieser Dinge ist das Darüber. Und deshalb sind wahrlich einige Dinge ewig und göttlich, und anderen davon ist es möglich, dass sie sind oder nicht sind;	et principium istarum rerum est; quoniam quedam res sunt divine, {a}eterne, et quedam sunt contingentes.
(731b26) la cosa que es diujna es causa de⟨c⟩ ser mejoradas las cosas a cada vna de las partes E esto por su naturalesa	(731b26) was aber die göttliche Sache anbelangt, so ist sie die Ursache des Vorzüglichsten in den Dingen, von denen möglich ist, dass sie sind und dieses [schon] von Seiten ihrer Natur her.	(731b26) Res vero divina est causa meliorationis in rebus ad utrumlibet, et hoc propter {materiam} ⟨naturam⟩ sui.
[/]	*Was aber diejenigen [Dinge anbelangt], die nicht ewig sind, so ist es möglich, dass sie sind oder nicht sind, und dass sie Anteil haben am Besten und am Geringsten.*	[/]
(731b29) ya sabemos que el anjma es mas noble que el cuerpo	(731b29) Und wir wussten bereits, dass die Seele edler *und besser* als der Körper	(731b29) Iam scivimus, quod anima est nobilior corpore
E el anjmado es mas noble que el non anjmado por la anjma que tiene /	ist, und dass derjenige, der eine Seele besitzt, edler ist als derjenige, der keine Seele hat [und zwar] wegen der Seele;	et animatum nobilius inanimato propter animam,
E el que es / es mas noble que el que non es & la vida es mas noble que la priuaçion de la vida	so ist das Sein edler als das Nicht-Sein, und das Leben ist edler als die Nicht-Existenz von Leben;	et quod est ens nobilius non ente, et quod vita est nobilior privatione vite.
E por esta causa fue la generaçion de los anjmales // E por que la ⟨_⟩ naturalesa de este genero non puede ser eterrna	so wird/entsteht wegen dieser Ursache die Zeugung der Tiere, weil die Natur dieser Gattung nicht vermag, ewig zu sein;	Et propter hoc fuit generatio animalium, quoniam natura huiusmodi generis non potest esse {eternum} ⟨eterna⟩.

(731b32) segun este modo pareçe como puede ser eterrna la generaçion non puede ser segun ⟨num⟩ cuento	(731b32) denn die Art [und Weise], der es möglich ist, ewig zu sein, ist das Gezeugte. Und es ist nicht möglich, ewig zu sein, in der [An]Zahl,	(731b32) Secundum ergo modum, per quem potest esse eterna, est generatio, set non potest esse eterna secundum numerum;
por que la sustançia de la generaçion es en cada vno	denn die Substanz des Seins [eigentlich Plural: Existenzen] ist in allem einzig.	quoniam substantia generationum est in quolibet,
E segun esto cada vno sera eterrno que es perdurable pues non puede ser eterrno segun numero lo que en la forma es posible que sea eterrna	Und wäre es [aber] wie diese, dann wäre es ewig. Doch es ist nicht möglich, dass es in der [An]Zahl ewig ist. Was aber die Form anbelangt, so ist es möglich, dass sie [es] ist.	et si esset tale, esset eternum. Non potest igitur esse numero eternum, in forma autem est possibile,
& por esto fue la generaçion de los anjmales & de los arboles	Und deshalb gab es die Gattung *des Menschen*, und [die] der Tiere und der Bäume.	et propter ⟨hoc⟩ fuit generatio animalium et arborum.
E por que el prinçipio de estos es el macho & la fenbra pareçe que la criaçion del macho non es sinon por la generaçion	Und deshalb ist der Anfang davon das Männchen und das Weibchen. Es wird deutlich, dass die angeborene Natur des Männchens und Weibchens um der Zeugung willen in allen Dingen ist;	Et quia principium istorum est mas et femina, videtur quod creatio maris et femine non est nisi propter generationem.
(732a4) E la causa primera motiua es mejor la qual deue ser la forma	(732a4) und weil die erste [p. 51] Ursache der bessere Beweger ist. Und es ist nötig, dass jene Ursache *das Wort* und die Form ist,	(732a4) Et quia [80ra] causa prima movens est melior, et debet esse illa causa forma,
por que es mejor que la materia / E lo que es mejor sienpre se deue de apartar de lo peor	denn sie ist besser als die Materie, wobei es vorzüglicher ist, dass das Bessere trennbar ist von dem Schlechteren. Und so [verhält es sich] in allen Dingen, die gekonnt werden, und in	quoniam est melior materia. Et ⟨quoniam⟩ quod est melius semper debet seperari (!) a peiori
en todas las cosas posibles por tanto fue el macho apartado de la fenbra por ⟨su⟩ que es mejor / E mas digno	so vielem, was möglich ist, um das Männchen vom Weibchen zu trennen, weil sie besser {und näher sind an	in omnibus rebus possibilibus, fuit mas separatum affemina, quoniam mas est

que sea /	⟨dem Gott⟩}, so dass das Männchen der Anfang der Bewegung ist in den Dingen, die sind;	melior et propinquior, ut sit ⟨sicut forma⟩;
E la fenbra como materia	was aber das Weibchen anbelangt, so ist sie Materie.	femina autem est sicut materia.
(732a10) & anbos se ayuntan por la engendraçion	(732a10) Und alle beide mischen sich und werden gemischt im Zustand [bei] der Durchführung der Zeugung, i. e. das Männchen und das Weibchen, denn dieses wirkt mit an ihrer	(732a10) Et ambo uniuntur propter generationem;
por que lo que de ellos salle comunjca con el macho & con la fenbra & biue /	beider Natur, weil das, was von ihr ist und Anteil am Männchen und Weibchen hat, [das ist, was] lebt.	quoniam quod est ex eis comunicat cum mare et femina et vivit,
E por esto se dise que los arboles tienen comunjcaçion en la vida /	Und deshalb wird gesagt, dass es für den Baum eine Teilhaberschaft am Leben gibt; und	et propter hoc dicitur, quod habent arbores comunicationem in vita.
E el sentido & el veer segun ellos se falla en el genero del anjmal segun esta disposiçion	wahrlich [ist es so] bei der sinnlichen Wahrnehmung und der Beobachtung und so [ist] die Gattung der Tiere gemäß dieses Zustandes.	Sensus vero et visus: secundum eos invenitur genus animalis secundum hanc dispositionem,
por que se falla el macho & la fenbra en todos los anjmales que andan por la causa que diximos	Denn durch die Kraft der Rede des Redenden gibt es das Männchen und das Weibchen in allen beweglichen Tieren wegen der Ursachen, die wir erwähnten.	quoniam invenitur mas et femina in omnibus animalibus ambulantibus propter causam, quam diximus.
(732a15) E como diximos arriba que algunos anjmales espermatisan çerca del coytu & algunos non /	(732a15) Und wie wir weiter oben gesagt haben, gibt es Tiere, die den Samen auswerfen beim Geschlechtsverkehr, und [andere], die [ihn] nicht auswerfen.	(732a15) Et sicut diximus superius, quedam animalia spermatizant apud coitum et quedam non.
la causa de esto es por que son mejores E	Und die Ursache des Vorherigen ist, dass das	Et causa illius est, quoniam nobiliora et

aquellos que les basta la naturalesa son mayores que los otros que son de grande cuerpo /	Edelste das ist, was in seiner Natur eine Fähigkeit besitzt, die größer ist als die der anderen;	quorum natura eis sufficit sunt plura aliis et debent esse magna corpore.
[/]	*es ist notwendig, dass sie [die Fähigkeit] einen Anteil an der Macht und der Substanz hat.*	[/]
E esto non puede ser sinon con calor vidal por que es neçesario que lo mayor que se mueuan con mayor virtud	Und es ist nicht möglich, dass dieses ohne eine geistige Hitze ist, weil das Größte durch den Zwang bewegt wird aus einer größeren Kraft und der Hitze eines Bewegers heraus.	Et hoc non potest esse nisi cum calore vitali, quoniam quod est maius, necessario movetur a virtute maiore.
(732a21) E podemos desir que el anjmal que tiene sangre es mayor que el que non la tiene	(732a21) Und deshalb ist es möglich, dass der Sprecher, der alles betrachtet, sagt, dass die Bluttiere höher stehend sind als die Tiere, die kein Blut haben,	(732a21) Et fere possumus dicere, quod animal habens sanguinem est maius {i.m: animali carenti sanguine
E el anjmal que anda es mayor que el que non anda	und dass die sich bewegenden Tiere höher stehend sind als die unbeweglichen.	et animal ambulans est maius} fixo,
por que el anjmal spermatisa por el ⟨quel⟩ calor & grandesa del cuerpo /	Und diese Tiere geben [auch] Samen von sich wegen der Hitze und der Größe des Körpers.	quoniam animal spermatizat propter calorem et magnitudinem corporis.
pues ya declaramos breue mente la causa del macho & de la fenbra /.	Wir haben bereits die Ursache benannt und dargelegt, wegen welcher das Männchen und Weibchen entstehen.	Iam ergo declaravimus causam, propter quam est mas et femina breviter.
		2.
(732a25) E algunos anjmales engendran & sallen de ellos anjmal semejante a ellos	(732a25) Und die Tiere, die vollkommen werden und lebend aus dem Inneren herauskommen, die ähneln allen Tieren, die außerhalb lebend gebären;	(732a25) Quedam autem animalia generant et emittunt extra animal sibi simile, sicut omnia animalia generantia animal.
E algunos engendran anjmales non diferentes njn en propia forma	und [es gibt] Tiere, die nicht ein Tier gebären, das anders im Einzelnen und nicht	Et quedam generant animalia non distincta neque formata;

E los que tienen sangre de estos fasen hueuos E los que non la tienen fasen gusanos	vorgebildet in der Form ist. Und was von dieser Art Blut hat, das ist es, was Eier legt, und was davon ohne Blut ist, das ist es, was Würmer hervorbringt.	quod vero ex istis habet sanguinem, facit ova, et quod caret sanguine, facit vermes.
E los gusanos & los hueuos han diuersidad / Ca el anjmal se engendra de alguna parte del ⟨fuego E lo que queda del //⟩ hueuo & lo que queda del hueuo es goujerno al naçido	Aber zwischen dem Ei und dem Wurm gibt es einen Unterschied, denn das Tier entsteht aus einem Teil der [verschiedenen] Teile des Eis und der Rest, der darin ist, [p. 52] ist die Nahrung für das Geborene;	{et} Vermes autem et ova diversantur, quoniam animal generatur ex aliqua parte ovi et residuum erit cib{i}⟨us⟩ nato;
E los gusanos tod***os*** pasan en la sustançia del engendrado	was aber den Wurm anbelangt, so entsteht aus seinem Ganzen das Ganze, das ist.	vermes autem totaliter transeunt in substantiam generati.
(732a32) E algunos anjmales de fuera	(732a32) Und bezüglich der Tiere, die ein Tier äußerlich gebären, [und] {die nicht ein Tier in ihrem Inneren gebären} in ihrer Zeit,	(732a32) Et quedam animalia generant animalia extra subito,
como el onbre & la vaca & el cauallo & el delfin de los anjmales marinos	so sind sie wie die Gattung der Menschen und der Kühe und der Pferde; und zu den Meerestieren gehört der Delphin und alle Arten, die ihm ähneln,	sicut homo et vacca et equs et delfin ex animalibus marinis.
[732a35–732b5 fehlt]	und auch einige der Tiere, die zuerst Eier legen in ihrem Inneren, dann lässt das Tier das Ei von dort heraus und es wird ein vollkommenes Tier geboren vergleichbar mit der Art, die man auf Griechisch Ṣalāšī nennt.	Et etiam quedam animalia ovant, et quedam faciunt vermes interius prius, deinde exeunt ex illis ovis animalia, sicut celeci.
[/]	[...]	[...]
(732b6–8) & los anjmales que engendr***an*** [85v] anjmales ...	(732b6–8) Was die Tiere betrifft, die lebend gebären, so ...	(732b6–8) Animalia non generantia animalia ...

Liber XVII

Mss 10198	**Brugman**	**Vaticanus Chigi**
[89r] Aquj se acaba el desimo sesto ljbro de los anjmales & comjença el dies & seteno con la ayuda de dios / *X*	[p. 96] **Die siebzehnte Abhandlung vom *Buch über die Tiere* des Aristoteles**	[88rb] Liber XVII In nomine domini nostri Ihesu Christi tractatus XVII.
	1	1.
(749a10) Pues ya contamos la causa que el genero de los mulos es mañero en el tractado preçedente E contamos la disposiçion de los anjmales que engendran anjmales en la parte de dentro E en la parte de fuera /	(749a10) Wir haben bereits in der vorhergehenden Rede den Grund für das Fehlen von Zeugung bei den Maultieren beschrieben, und wir beschrieben den Zustand der Tiere, die in ihrem Bauch oder außerhalb lebend gebären.	(749a10) Iam narravimus causam sterilitatis mulorum in tractatu precedenti. Et narravimus dispositionem animalium generantium animalia intro et extra.
E el anjmal que tiene sangre & pone hueuos por ese modo / E la generaçion de los anjmales que andan [/]	Was die Bluttiere betrifft, die Eier legen, so ist auf eine Art und Weise die Zeugung der Tiere, die sich zu Fuß fortbewegen, eine einzige, welche dieselbe ist, und deshalb kann die Rede darüber [auch] eine einzige sein, *und auf eine andere Art und Weise gibt es zwischen den Tieren, die sich zu Fuß fortbewegen,* und dem Vergleich des einen mit dem anderen einen Unterschied und viele Unterscheidungen.	Animal vero {habet} ⟨habens⟩ sanguinem ovans: secundum eundem modum erit generatio ⟨sicut⟩ animalium anbulantium, et propter hoc potest esse in eis idem sermo. Et inter ea est diversitas et multa diferentia.
E vnjuersal mente todos estos generos se engendran del coyto de los machos con las fenbras en espermatisando /	Allgemein entstehen alle diese Gattungen aus dem Bespringen und Decken {und} aus dem Samen, den die Männchen in die Weibchen ausleeren.	Et universaliter omnia ista genera generantur ex coitu marium cum feminis in spermatizando.
E de los anjmales que ponen hueuos son generos de aues que ponen hueuos perfectos & de dura cascara sinon les acaeçe ocasion por enfermedad / E todos los hueuos de las aves tienen ⟨hueuos⟩ dos colores	Unter den Tieren, die Eier legen, legt die Gattung der Vögel vollständige Eier mit harter Schale, wenn sich daran nicht ein Mangel wegen eines Krankheitszustands zeigt, und alle Vogeleier haben zwei Farben.	Et ex animalibus ovantibus sunt genera avium ovantium ova completa dure teste, [88va] nisi accidat occasio propter infirmitatem. Et omnia ova avium habent duos colores.
(749a19) E el anjmal que	(749a19) Was nun die Art	(749a19) Celeti autem

se llama çeleti & sus semejantes ponen hueuos	der Meeresfische betrifft, die auf Griechisch Ṣalāḥī heißen, und alles, was ihr in der Form ähnelt, so legt sie,	et sibi simile ovat,
como diximos muchas veses en la parte de dentro E salle de los hueuos el anjmal quando se mueuen los hueuos de vn logar a otro dentro en la ***madre*** [89v]	wie wir [schon] verschiedene Male sagten, Eier in ihrem Bauch, und aus jenen Eiern schlüpfen Tiere, wenn sich das Ei von einem der Orte der Gebärmutter zu einem anderen Ort bewegt,	sicut diximus multotiens, interius. Et exit ab ovis animal, quoniam fuerint ova mota de loca ad locum in matrice,
E los hueuos de estos modos son blandos & tienen vn color & non pone hueuos de estos modos otro anjmal sinon la rrana E nos diremos la causa por que en la fin	und die Eier dieser Arten sind weich und haben [nur] eine Farbe. Nur eine einzige dieser Arten legt Eier außerhalb, nämlich diejenige, welche Frosch genannt wird. Wir werden den Grund dafür am Ende nennen.	et ova istorum modorum sunt mollia et habent unum colorem; et non ova{n}t ex istis modis nisi unus modus, qui dicitur rana. Et nos dicemus causam ipsius ultimo.
[/]	[...]	[...]
		2.
	[p. 97] (749a35) {Manchmal} gibt es unter den Vögeln eine Schwangerschaft aus sich selbst heraus, i. e.: die Eier, die von manchen Leuten Windeier genannt werden;	(749a35) Et forte erunt concepte in avibus per se et facient ova, que dicuntur a quibusdam ova venti.
	das gibt es nur unter den viel gebärenden Vögeln, und so etwas gibt es weder unter den Vögeln, die gut fliegen [können] noch bei denen mit gekrümmten Klauen, und zwar deshalb, weil die Vögel, die viele Eier legen, viel Überschuss haben.	Et hoc non erit nisi in avibus multe generationis. Et non erit in avibus boni volatus neque in curvorum unguium, quoniam aves multorum ovorum sunt multe superfluitatis;
E en las aues de vñas rrebueltas pasa la superflujdad en alas E plumas E vñas E el cuerpo de las semejantes aves es pequeño & seco & agudo /	Was den Überschuss der Vögel mit gekrümmten Klauen betrifft, so neigt er sich zu ihren Flügeln und ihren Federn hin und wird dort verbraucht, und der Körper dieser Art Vögel ist klein, trocken und heiß.	in avibus autem uncorum unguium transit superfluitas in alas et plumas et ungues, et corpus huiusmodi avium est parvum, siccum, accutum.
(749b6) ya diximos arriba que el mestruo & el esperma son	(749b6) Wir sagten schon im Vorausgehenden, dass der Menstruations- und	(749b6) Et iam diximus superius, quod menstruum et sperma

superflujdades del cuerpo E por que la natura del esperma & la naturalesa del mestruo que es de la superflujdad son yguales non puede la naturalesa madurar estas doss /	Samenüberschuss einer der Überschüsse des Körpers ist. Und weil die Natur des Samens und die Natur der Flügel von dem Überschuss stammen, kann die Natur nicht auf diese beiden ausgedehnt werden.	sunt superfluitates corporis. Et quia natura spermatis et natura, que erit ex superfluitate, sunt eedem, non potest natura ⟨maturare⟩ ista duo;
E por esta causa non son las aves de vñas Rebueltas de muchos hueuos nj de mucho coytu /	Wegen dieser einen Ursache gibt es bei den Vögeln mit gekrümmten Klauen das Bespringen und keine zahlreichen Nachkommen,	et propter hoc non sunt aves curvorum unguium multorum ovorum neque multi coitus,
[/]	aber was die schweren Vögel betrifft, die gut fliegen [können] und deren Körper Masse hat, so haben sie viele Kinder wie [z. B.] die Tauben und alle Arten, die ihnen ähneln.	aves autem ponderose boni volat{i}⟨us⟩ sunt generationis multe sicut columbe et sibi similia.
(749b11) E las aves de cuerpo pesado que non son de buen bolar como las gallinas E el ave que se llama cubeg & otros generos semejantes tienen mucha superflujdad	(749b11) Was die Vögel mit schwerem Körper betrifft, die nicht gut fliegen [können] wie die Hühner und die Rebhühner und die übrigen Gattungen, die diesen ähneln, so haben sie viel Überschuss wie den, den wir erwähnten.	(749b11) Et aves ponderosi corporis, que non sunt boni volatus, sicut galine et cobeg et alia genera eis similia, habent multam superfluitatem,
E afuera de esto los machos de ellos vsan mucho el coytu *& son de mucha engendraçion* E las fenbras tienen mucha materia	Deshalb vermehren ihre Männchen das Bespringen, und in den Weibchen ist viel Materie.	et propter hoc mares illorum coeunt multum et femine habent multa⟨m⟩ materiam.
E algunos de estos modos fasen muchos hueuos E muchas veses	Und unter diesen Arten gibt es solche, die viele Eier haben, und solche, die oft und verschiedene Male Eier legen, aber was diejenigen betrifft, die viele Eier legen,	Et quidam istorum modorum faciunt multa ova {et quidam fatiunt multa ova} et multotiens.
E el primero es como las gallinas E el cubeg E el segundo es como las palomas /	so gleichen sie den Hühnern und Rebhühnern und Straußen, und was die Gattungen betrifft, die man Tauben nennt, {so legen sie nicht viele Eier, aber verschiedene Male}.	Primus vero est sicut galline et gubeg et stru{c}tiones, secundus autem est sicut columbe.
(749b19) pues estos modos son medios entre las aves de vña rrebueltas / pesadas	(749b19) Und die Arten, die zwischen den Vögeln mit gekrümmten Klauen und den schweren Vögeln	(749b19) Isti ergo modi sunt medii inter aves uncorum unguium et ponderosas,

por que son de buen bolar como los de vñas rrebueltas E tienen el cuerpo como las aves pesadas pues por que son de buen bolar de neçesario pasa su superflujdad en plumas & alas / E sus hueuos seran pocos	stehen, weil sie so gut fliegen [können] wie die Vögel mit gekrümmten Klauen und weil sie Masse haben [p. 98] wie die schweren Vögel, und weil gutes Fliegen notwendig ist, [daher] neigt sich der Überschuss zu ihren Flügeln und ihren Federn, und sie legen wenige Eier,	quoniam sunt boni volatus sicut uncorum unguium [88vb] et habent corpus quale aves ponderose; quoniam sunt boni volatus, de necessitate transit sua superfluitas in plumam et alas. Et ova sua pauca erunt.
	weil sie gut fliegen [können], und wegen der Masse des Körpers und der Hitze des Bauches legen sie verschiedene Male Eier, insbesondere, weil sie ihre Nahrung leicht finden;	Et propter corpulentiam suam et calorem ventris ovant multotiens et maxime, quia cibus eorum defacili invenitur;
E las aves de vñas rrebueltas non adquieren el goujerno sinon con dificultad	was aber die Vögel mit gekrümmten Klauen betrifft, so erwerben sie ihre Nahrung nur mit Mühe und Not.	aves autem uncorum unguium non adquirunt cibum nisi difficile.
(749b26) E las aves de pequeño cuerpo son de mucho coytu & de muchos hueuos / como acaeçe a algunos arboles que el creçimjento del arbol pasa en virtud spermatica	(749b26) Diejenigen unter den Vögeln, die klein sind, bespringen einander auch viel, und es gibt {viele} Eier, wie es sich zuzeiten an manchen Bäumen zeigt, weil das Wachstum, das im Körper stattfindet, zu Samenausscheidung wird.	(749b26) Et aves parvi corporis etiam sunt multi coitus ⟨et⟩ multorum ovorum, sicut accidit aliquando quibusdam arboribus, quoniam crementum corporis transit in humiditatem spermentalem.
E por esta causa son las gallinas que se llaman del Rey duanor de muchos hueuos por la pequeñes del cuerpo E por que el goujerno pasa en la criaçion de los hueuos por que sus cuerpos son de mayor humjdad	Deshalb legen die Hühner, die man König-Ādrīānūs Hühner nennt, sehr viele Eier wegen der Kleinheit ihres Körpers und weil sich die Nahrung zu der angeborenen Natur der Eier neigt. Und alle Hühner, welche klein sind an Körperbau, haben mehr Eier als die großen an Körperbau, weil ihre Körper mehr Feuchtigkeit haben als die der anderen.	Et propter hoc sunt galline, que vocantur galline drinoz regis, multorum ovorum valde propter parvitate⟨m⟩ corporis, et quia cibus transit in creatione⟨m⟩ ovorum; ⟨et⟩ quanto magit (!) fuerint parve, tanto erunt plurium ovorum, quia sua corpora sunt maioris humiditatis.
(749b32) E los cuerpos de los otros modos son mas sañudos por que la saña fuerte non es sinon en los cuerpos de mucha	(749b32) Was aber die Körper der anderen Art betrifft, so sind sie trockener und schneller beim Zorn, und es gibt den heftigen	(749b32) Corpora vero aliorum modorum sunt magis iraconda, quoniam ira fortis non {erunt} ⟨erit⟩ nisi in

sequedad	Zorn nur in den Körpern mit viel Trockenheit.	corporibus multe siccitatis.
E delgades de las piernas & su flaquesa conujene al coyto de este modo / E para ser de muchos modos	Und auch die Dünnheit der Schenkel und deren Schwäche gehören zu dem, was dem Sein der Natur dieser Art entspricht, und diese Art bespringt viel und hat viele Eier,	Et etiam gracilitas crurium et sua debilitas conveniet coitui istius modi et ad essendum multorum ovorum,
como acaeçe a los onbres por que el goujerno que pasa ally pasa en superflujdad spermatica /	wie es den Leuten geschieht, deswegen, weil die Nahrung, die in die beiden Beine geht und dort bleibt, sich neigt und zu Samenausscheidung wird, *weil das, was die Natur von dort abschneidet, die Samenausscheidung vermehrt.*	sicut accidit hominibus, quoniam cibus transiens illic transit in superfluitate⟨m⟩ spermentalem.
(750a4) E las aves de vñas Rebueltas tienen pies partidos fuertes E sus piernas son gruesas por el Regimjento de su vida	(750a4) Was aber die Vögel mit gekrümmten Klauen betrifft, so sind ihre Beine fest und stark und ihre Schenkel dick zum Zwecke ihrer Lebensführung,	(750a4) Aves autem uncorum unguium habent pedes fixos, fortes et sua crura sunt grossa propter regimen sue vite.
& por estas causas non son de mucho coytu nj de muchos hueuos saluo las aves que se llaman sieres por que ellas son de muchos hueuos	und wegen all dieser Gründe kopulieren sie nicht viel und haben nicht viele Eier, abgesehen von den Vögeln, die man Qanharīs nennt, denn nur sie allein haben viele Eier.	Propter istas causas non sunt multum coeuntes neque multorum ovorum preter aves, que dicuntur fieriz, quoniam ipse sole sunt multorum ovorum.

Liber XVIII[1]

[91v] Aquj se acaba el ljbro dies & seteno de las anjmaljas de aristotiles E comjença el dies & ochauo

Aquj comjença el dies & ochuao ljbro de aristotiles de anjmalibus

nuestra entinçion en este ljbro es fablar en(!) la digestion & preparaçiones de la materia espermatica E sangre mestrual & las cosas continuas con esto / El saljr del mestruo es como el saljr de la esperma E el mestruo es esperma non digesto como antes diximos E por esto las mugeres que desean el coytu ⟨&⟩ mucho E non se pueden tener quando paren muchos fijos çeçan de se enpreñar por quando salle de ellos la superfluydad de la simjente non han apetito al coytu / E las fenbras de las aves non han tanto apetito al coytu como los machos por que tienen las madres sola diafragma E los machos son por el contrario / Ca tienen los genjtiuos dentro en las

[1] Wie bereits erwähnt (VII.1.1) ist ein Übersetzungsvergleich in diesem Buch aufgrund der starken Kürzungen nicht möglich: cf. VIII.1.1 Kürzungsmethoden.

entrañas / E los machos han menester mucho el caualgar por que son de mucha simjente natural mente E ya ⟨avremo⟩ avemos prouado la Causa por cuya ocasion se enpreñan algunas anjmallas & crian lo que paren en la primera ves / E paren otra ves segunda / E anjmallas ay que nunca paren mas de la primera ves / E declaramos la causa por que las anjmallas son de mucho coytu algunas de ellas E algunas de ellas non E a las veses sera entre los dos coytus grande tienpo E puede criar aquello E pare E las anjmallas que non son de grande cuerpo han natural mente mucho esperma / E asi las fenbras que son de pequeño cuerpo han mucho mestruo / E las fenbras que son segund que diximos han colgadas las bocas de las madres por que se modifique mucho la sangre que en ella se ayunta / E otro tal acaeçe a las veses a algunas mugeres preñadas la qual es del comjenço ⟨del mes⟩ de la preñes fasta su fin han mestruo / enpor aqueste acadente(!) acaeçe al que es engendrado fuera de naturalesa E sera ocasionada la tal criatura / E el açidente que acaeçera a la criatura ocasionada es natural / E todo anjmal que non ha pelos en los pies se enpreña mas que vna ves / Ca no es de los anjmales de grande cuerpo E es de muchos fijos E los pies fendidos por muchas fendeduras

(717b2?) E todo anjmal que ha los pies fendidos por muchas fendeduras es de muchos fijos & de mucha simjente / E la señal de esto es los muchos cabellos que pasan la ygualdad que se encljnan ayuso E los muchos cabellos demuestran la mucha superflujdad E por esto los onbres de muchos cabellos multiplican el coytu por la mucha simjente E la superflujdad que es en sus cuerpos E el coytu de aquellos es mas que el de los lanprimeros(!) que son los de pocos cabellos E las anjmalias de pies syn pelos quando se enpreñan enpreñanse de fijos conplidos E queda la preñes despues & el anjmal que engendra anjmalia perfecta el que ha vñas como çapatos ha los pies con pelos / E engendra anjmal perfecto E los mas de los anjmales fendidos de pies de muchas fendeduras engendra anjmal non perfecto & la causa es que el anjmal que ha vñas como çapatos pare vn fijo & en lo mas dos E puede los criar de ligero /

(774b10?) E el que ha los pies mucho fendidos engendra fijos muchos & non perfectos E por eso los non puede criar segund que el anjmal que ha vn fijo Asi como el Raposo & el adiue & el leon E asi engendra el adiue & el perrro E el anjmal que se llama en griego noos

(747b17?) E el puerco engendra muchos fijos & son perfectos E su naturalesa es entre anbos aquellos que nonbramos avn que engendra muchos fijos asy como los que han los pies fendidos de muchas fendeduras E a las veses han los puercos vñas como çapatos E aquesto es fallado en algunas villas adonde han mucho mantenjmjento por su mucho mantenjmjento & son como arbol que es plantado en tierra gruesa [92r] de mucho mantenjmjento

Liber XIX

Mss 10198	**Brugman**	**Vaticanus Chigi**
[Schluss des XVIII. Buches, 92r]	[Schluss des XVIII. Buches, p. 172]	[103rb] Incipit decimus nonus **1.**
(778a10) Aqui se acaba el ljbro dies & ocho de las anjmalias de aristotiles	(778a10) Und wir erwähnten die Abschnitte, in denen die Glieder der Tiere geschaffen werden. Und wir machten deutlich, was sich für eine Besonderheit bei den Leuten zeigt. Und wir nannten alle Glieder, die sich an jedem Tier finden: diejenigen von ihnen, die außen sind, und diejenigen, die innen sind, und es obliegt uns nun, dass wir auch die akzidentiellen Eigenschaften betrachten, in denen sich die Glieder der Tiere unterscheiden.	(778a10) Iam ergo diximus dispositionem cibi nati intra matricem et extra. Et diximus in hoc sermonem universalem generalem omnibus animalibus, et diximus etiam sermonem proprium significantem naturam cuius libet illorum. Et distinximus diffenrentias, per quas diversantur membra animalium, et declaravimus, quod hoc accidens accidit proprie hominibus. Et iam diximus omnia membra animalium intrinseca et extrinseca.
[92v] **Aqui comjença el libro dies e nueue de las anjmalias de aristotiles e es el postrimero**	[p. 173] **Die neunzehnte Abhandlung vom Buch der Tiere des Aristoteles**	
(778a16) Conujene nos primera mente Contenplar en las ocasiones con que se diuersifican los mjenbros de los anjmales	(778a16) Und es obliegt uns nun, dass wir auch die akzidentiellen Eigenschaften betrachten, in denen sich die Glieder der Tiere unterscheiden. Und das heißt z. B., dass akzidentielle Eigenschaften so etwas sind wie die schwarze und die blaue und die tiefblaue Farbe der beiden Augen, und die Schärfe der Stimme und die Veränderung der Farbe und des Haares und der Unterschied [bei den] Federn.	(778a16) Et debemus considerare modo in accidentibus, secundum que diversantur membra animalium.
asy como la negrura & cartenura & color garço en los ojos & agudesa de la bos E mudamiento de la color & diuersidad de las plumas & de los cabellos		Et est dicere de accidentibus sicut nigredine⟨m⟩ et virorem occulorum et accumen visus et alterationem coloris et pilorum et diversitatem plume,
Ca algunas de estas ocasiones son en todos los generos E algunas	Denn einige dieser akzidentiellen Eigenschaften gibt es bei	quoniam quedam istorum accidentium sunt in omnibus

son por aventura E acçidental mente segund que a los onbres acaeçe en espeçial	allen {einigen} Gattungen, und einige sind so, wie es das Glück mit sich bringt, ähnlich dem Akzidens, das sich insbesondere bei den Menschen zeigt,	generibus, et quedam accidunt casu, sicut accidit hominibus proprie.
E otro si son las espeçias del mudamjento solo en vn genero como mudarse los cuernos	und es sind auch Arten, die sich verändern gemäß den Zeiten,	Et etiam accidunt modi alter {n}ationum secundum etates.
(778a24) E a las veses son en todas las anjmalias por vna via	(778a24) und manchmal sind diese Arten in allen Tieren gemäß dem einen Zustand,	(778a24) Et forte erunt illi modi in omnibus animalibus secundum unam dispositionem,
E a las veses se diuersifican segun la mudança que acaesçe en la bos E en los cabellos & en los colores	und manchmal sind sie gemäß der Verschiedenheit von diesem ähnlich der [Ver-]Änderung, die die Stimmen und die Haare und die Farben befällt.	et forte erit econtra sicut alter {n}atio, que accidit voci et colori et pilis,
que ay algunas anjmalias que non encaneçen cosa quando son grandes & se enuegeçen	Denn unter den Tieren gibt es etwas, was nicht eindeutig weißhaarig wird im hohen {und niedrigen} Alter.	quoniam multa animalia non canescunt manifeste in senectute;
mas el onbre vienele manjfiesta mente esta ocasion por propiedad entre todas las anjmalias	Was [aber] den Menschen betrifft, so widerfährt ihm diese besondere akzidentielle Eigenschaft unter den Tieren.	homini autem accidit hoc proprie inter animalia.
E algunas de estas ocasiones avienen a las anjmallas del tienpo de la engendraçion E a de ellas en el tienpo del creçer & a de ellas acaeçen en el tienpo de la veges	Und einige dieser akzidentiellen Eigenschaften folgen den Tieren von der Zeit der Zeugung an, und andere von ihnen gibt es in der Zeit der Jugend, und andere von ihnen zeigen sich in der Zeit des hohen Alters.	Et quedam istorum accidentium {et} ⟨con⟩secuntur animalia a tempore generationis et quedam in iuventute et quedam in senectute.
[/]	[...]	(2.) [...]
	[p. 174, Z. 20]	[103va]
(778b27) E vna de las cosas que los acaeçe es el sueño [/]	(778b27) Und wir sagen, dass der Schlaf erforderlich ist für jedes Getragene in seiner ersten angeborenen Natur, wobei ihm kein Wachsein erforderlich ist, und wir müssen dies vor der Geburt [feststellen], es ist [dann] wach bei seiner Jugend.	(778b27) Et nos dicemus, quod sompnu{m}⟨s⟩ consequitur omne conceptum in prima creatione, vigilia autem non. Et hoc affirmamus, quoniam natus vigilat aput iuventutem,

& pareçe que es cosa media entre la vida & la muerte E naturalesa de estas cosas	Und wir müssen dies auch vor dem Wechsel [feststellen], den es vom Nicht-Sein zum Sein gibt, und der in der Mitte ist, und vom Schlaf meint man, er sei wie die Mitte des Lebens, und es gäbe kein Leben in der Natur dieser Dinge,	et etiam afirmamus hoc, quoniam mutatio, que habet fieri a non esse ad esse, debet fieri per medium; sompnus autem videtur quasi esse medium inter vivere et non vivere.
E no se dise que el que duerme que non es biuo en njnguna gujsa nj se dise que es como el bjuo que vela en njnguna gujsa	wobei man nicht sagen kann, dass der Schlafende durchaus nicht lebend sei, und man darf auch nicht sagen, [p. 175] es sei wie das Leben eines Wachenden,	Et non dicitur, quod dormiens non sit vivus omnino neque dicitur, quod sit sicut vivus vigilans,
Ca la vida es espeçialmente en el velar dexando [/]	denn das Leben ist im Wachsein, besonders im Zustand des Empfindens. *So ist es denn erforderlich durch die Notwendigkeit, dass die Tiere Empfinden haben* **, *wenn sie Empfinden haben.*	quoniam vita est in vigilia proprie propter sensum. [/]
el anjmal que es entre los anjmales que se mueuen E las plantas	(778b34) Und man muss {meinen}, dass der Anfang dieses Zustands nicht Schlaf ist sondern etwas anderes, was dem Schlaf ähnelt, wie der Zustand der Gattung der Tiere, die unter den sich fortbewegenden Tieren sind, und den Bäumen.	(778b34) Et debemus estimare, quod principium illius dispositionis non est sompnus, set alia res similis sompno sicut dispositio animalium, que sunt inter animalia moventia et arbores,
Ca la criatura *en el vientre* en comjenço de su crjaçion bjue vida semejante a la vida de las plantas E non puede ser que sea en las plantas sueño	Denn der Embryo in seiner ersten angeborenen Natur lebt ein Leben ähnlich dem Leben der Bäume. Und dabei ist es nicht möglich, dass es bei den Bäumen Schlaf gibt,	quoniam embrio in prima creatione vivit {et} vita simili vite arborum. Et in arboribus non est sompnus,
Ca despues del sueño ay velar [/]	weil sich nach dem Schlaf das Wachsein zeigt, und was die akzidentielle Eigenschaft des Baumes, i. e. des fest[gewachsenen], betrifft, so ähnelt sie dem Schlaf, denn es gibt bei ihm kein Erwachen und kein darauf folgendes Wachsein.	quoniam post sompnum accidit vigilia; post illud autem, quod assimilatur sompno in arboribus, non est vigilia.
	[...]	[...]

(779a16) & acaeçe en el sueño a çiertas ocasiones como algun onbre que duerme & dvrmjendo se leuanta & anda & vee segun se fase el que vela /	(779a16) Und es gibt Leute, die schlafend aufstehen und herumlaufen, wobei sie sehen, ähnlich wie die Wachen es tun, und wobei sie ein Empfinden der Dinge haben, die sich [ihnen] zeigen. **	(779a16) Et quidam homines dormientes ambulant et vident sicut in vigilia et sentiunt res accidentes.
	[...]	(3.) [...]
(779b14) E son otras diuersidades segun la color de los ojos	[p. 176, Z. 18] (779b14) Es obliegt uns nun, dass wir einen allgemeinen Blick auf den Unterschied der Augenfarben werfen, und dass wir studieren, aus welchem Grund einige von ihnen tiefblau und andere von ihnen blau und andere von ihnen schwarz an Augenfarbe werden {und einige von ihnen} ähnlich der Farbe der Augen der Ziege [werden].	[103vb] (779b14) Debemus ergo considerare universaliter in diversitate colorum occulorum et inquirere, qua de causa quidam sunt glauci et quidam virides et quidam nigri sicut color occuli caprarum.
(779b16) Ca los ojos garços non son de aguda vista de dia nj los negros de noche	(779b16) Und die Rede des Empedokles erklärt, dass das Tiefblaue am meisten bei der Natur des Feuers auftritt, und das Schwarze am meisten bei der Natur des Wassers,	(779b16) Sermo autem Empedoclis, qui [104ra] fingit, quod glaucitas exit ex multitudine ignis et nigredo ex multitudine aquarum,
Ca los garços por la poca humjdad mueuense por el moujmjento de la lus E los prietos por el contrario	und deshalb ist die Sehkraft der Farbe Schwarz nicht scharf in der Nacht wegen der Abnahme des Wassers. Und was die Sehkraft der tiefblauen Farbe betrifft, so ist sie scharf wegen des Feuers. Und es ist nicht richtig, weil man meinen muss, dass die Sehkraft nicht vom Feuer, sondern vom Wasser kommt bei allen Tieren.	quare visus nigri non est accutus nocte propter diminutionem aque, visus autem glauci est accutus propter ignem, non est rectus; quoniam non debemus opinari, quod visus fit ex igne, set ex aqua in omnibus animalibus. Et licet nobis reddere causam colorum alio modo.
	[...]	[...]

	[p. 179]	[104va]
(780b34)	(780b34) Was aber den Grund für die Schärfe der Sehkraft und des Blickes auf das, was weit entfernt ist, anbelangt, so liegt er in der Anbringung der beiden Augen,	(780b34) Causa vere accuminis visus in videndo a remotis est propter situm occulorum.
E los ojos que son saljdos mucho afuera non veen a lexos	denn ein hervorstehendes Auge sieht nicht gut, was weit von ihm entfernt ist, weil seine Bewegung zerstreut ist.	Nam oculus prominens non videbit bene a remotis,
	Und das tief liegende Auge sieht, was von ihm entfernt ist,	et occulus profundus videt remote.
que su moujmjento non se derrama nj se aprieta nj va syn fin	weil seine Bewegung nicht zerteilt und zerstreut wird. Und es begibt sich nicht dahin, was an seiner äußersten Grenze ist,	Nam motus eius non dividitur neque consumitur,
mas salle de ellos la virtud visiua & tiene se en la cosa vista	sondern die Kraft des Auges geht aus sich heraus und wird geradewegs auf die sichtbaren Sachen gerichtet.	set exit ab eis virtus visibilis et vadit recte ad res visas.
(781a3) & non ay diferençia que digamos que el ojo vee o que digamos que la virtud visiua salle a la cosa que vemos	(781a3) Und es macht keinen Unterschied in der Äußerung des Sprechenden, ob das Auge sieht, und [es gibt] einen Unterschied in der Äußerung des Sprechenden, ob die Sehkraft aus sich heraus hin zum Sichtbaren und hin zum Unterschiedlichen geht.	(781a3) Et non est diversitas inter sermonem dicentis, quod occulus videt, et inter sermonem dicentis, quod visus exit ad visum.

Kommentar zu Liber I

1–50 Das gesamte Vorwort ist wahrscheinlich erst in der arabischen Übersetzung hinzugekommen, es fehlt jedenfalls in der griechischen Überlieferung.

4–7 En nonbre de dios | Im Namen Allahs ... | In nomine domini ...] Mit der religiösen Einleitungsformel بسم الله الرحمن الرحيم *bi-smi llāhi al-raḥmani al-raḥīmi* fing jedes Werk eines muslimischen Gelehrten an. Der Lateiner wie auch der Spanier finden je ihre eigene, entsprechende Formel. Die Grammatik des Arabischen verbietet in dieser Konstruktion die Verwendung des Artikels vor *ismi llāhi* (v. VIII.2.1: Komplektisierungen). Genau in wörtlicher Entsprechung übernimmt der spanische Übersetzer diese Konstruktion, so dass der im Spanischen eigentlich erforderliche Artikel *(en* el *nonbre)* fehlt.

8 Vorwort] ترجمة *tarǧama* heißt 'Übersetzung', so wie es Scotus versteht *(translatio)*, kann aber auch im Sinne von 'Vorwort' gebraucht werden.

10/11 ljbro | Rede | libri] قول *qaul* 'Wort; Rede; Ausspruch; Äußerung; Bericht' wird im Folgenden immer mit 'Rede' übersetzt, während مقالة *maqāla* (Z. 53) für 'Abhandlung' steht (Endress II, p. 460). Wie man an den europäischen Übersetzungen sieht, wurde darunter als Gliederungseinheit das Buch verstanden.

13/14 de animalibus] Es fällt auf, dass der spanische Übersetzer den Titel des Buches in lateinischer Form wiedergibt, wo er doch sonst im ersten Buch eindeutig mit einer arabischen Vorlage arbeitet, wie sich z. B. aus dem Kommentar zu Z. 4–7 ersehen lässt. Tatsächlich waren die Tierbücher des Aristoteles im christlichen Abendland nicht anders als unter diesem Titel *De animalibus* bekannt. Hier zeigt sich, dass sich der spanische Übersetzer bewusst oder unbewusst in die Wissenschaftstradition seiner Zeit einschreibt. Ein ähnliches Phänomen findet sich noch im 20. Jahrhundert z. B. bei A. L. Peck wieder, der die griechische Edition lateinisch betitelt: *Historia animalium* etc. (v. Bibliographie).

14 Natur] طباع *ṭibāʿ* (auch als Plural zu طبع *ṭabʿ*) 'Charakter; Natur, angeborenes Wesen; natürliche Eigenschaft; Eigenart'. Badawi vermerkt, dass طباع *ṭibāʿ* für ἱστορία im griechischen Titel übersetzt wurde. Dem lateinischen und spanischen Übersetzer folgend wird hier in der Regel mit 'Natur' übersetzt, in selteneren Fällen mit 'natürliche Eigenschaften'.

14 Tiere] حيوان *ḥayawān* 'Tier, Wesen, Lebewesen'. Das Nomen steht im Singular, hat aber hier immer kollektivische Bedeutung und wird daher mit 'Tiere' übersetzt.

16/17 qualidad | Merkmal | ~] صفة *ṣifa*. Hier handelt es sich um eine Ableitung (ein Verbalnomen) von dem Verb وصف *waṣafa* 'beschreiben, schildern', i. e., dass man durchaus صفة *ṣifa* mit 'Beschreibung' übersetzen könnte. Bei Wehr ist allerdings nur die Form وصف *waṣf* als 'Beschreibung' lexikalisiert, während صفة *ṣifa* mit 'Eigenschaft, Merkmal' angegeben ist. Der spanische

Übersetzer scheint aber, da er *qualidad* schreibt, auch eher so etwas wie 'Merkmal' oder 'Beschaffenheit' verstanden zu haben.

22 ayuntamiento | Geschlechtsverkehr | coitu] جماع *ǧimāʿ* 'Geschlechtsverkehr'. Das Wort *ayuntamiento* in dieser Bedeutung ist das erste Mal im *Poema de Fernan González* (ca. 1250) belegt (DiccMed), es gibt aber auch noch weitere Belege aus dem 13. Jahrhundert (DiccMed und DiccAut). Außer *ayuntamiento* verwendet der spanische Übersetzer zudem das *cultismo*-Wort *coito* (v. z. B. V, Z.155).

27 abrevjaçion | zusammenfassende Darstellung | meditatione comparationum] تلخيص *talḫīṣ* 'Abkürzung, Zusammenfassung, zusammenfassende Darstellung'. Die spanische Übersetzung erklärt sich von selbst, während das Lateinische wohl auf einer anderen Vorlage basiert.

32 se caçan | gejagt wird | venantur] صاد vs. ضاد: صاد *ṣāda* heißt 'fangen, jagen', ضاد *ḍādda* bedeutet 'entgegengesetzt sein; sich entgegenstellen'. In Badawis Ausgabe steht ضاد *ḍādda*, was als Lesartfehler angesehen werden muss und daher hier konjiziert wird.

41 de que bjue | Lebensunterhalt | vita] Das Wort معاش *maʿāš* bedeutet zum einen 'Leben', in der erweiterten Bedeutung aber auch 'Lebensführung, Lebensunterhalt'. Der Spanier übersetzt also sinngemäß, der Lateiner wörtlich.

44 las volatiles | Vögel | avium] Der *cultismo*-Ausdruck *uolatilia* ist zwar zuerst in den Glosas Silenses belegt (TDMS; keine Einträge im CORDE oder Corp. es), doch Berceo verwendet statt dessen die Populärform *volador*. An dieser Stelle überrascht ein Latinismus im spanischen Text in der Tat, da die verwendete Vorlage eindeutig arabisch ist und zumindest in der heutigen Überlieferung *(Vögel)* keinen Anlass für eine Umschreibung bietet.

45 nadan | Schwimmer | luporum] سبع *sabʿ*, pl. سباع *sibāʿ*, اسبع *'asbuʿ* bezeichnet die 'Raubtiere' und genau dieses Wort steht auch in Badawis Edition. 'schwimmen' hieße سبح *sabaḥa*. Ein Lesefehler ist denkbar zwischen dem Singular سبع von 'Raubtier' und سبح 'schwimmen', oder von der Pluralform سباع *sibāʿ* ('Raubtiere') und dem Substantiv سباح *subbāḥ* 'die Schwimmer' (Sg. سابح *sābiḥ*). Es handelt sich hier um einen Lesefehler, der sich nur aus der arabischen Schrift erklären lässt und zu unterschiedlichen Ergebnissen bei Scotus, dem Spanier und Badawi geführt hat. Die hier vorgenommene Konjektur des Badawi-Textes bezieht sich auf سباح *subbāḥ* 'die Schwimmer'.

58 non compuestas o synples | nicht-zusammengesetzte | non composite] Hier und in den folgenden Abschnitten bereitete die griechische Terminologie Schwierigkeiten. Aristoteles spricht von asynthetischen, also homoiomeren ('gleichteiligen') Teilen vs. synthetischen und anhomoiomeren Teilen. Diese Komposita lassen sich nicht mit einem entsprechenden Wortbildungsmuster im Arabischen nachahmen, so dass es vom Arabischen ausgehend in Folge zu analytischen Formulierungen kommt im Vergleich zum griechischen

Original. Dem spanischen Text sieht man das Ringen nach dem passenderen Ausdruck an, da er dem *non compuestas* noch ein *synples* hinzufügt. Im Lateinischen wäre ohne Weiteres auch *incompositae* denkbar.

60 partes que se parten en partes | Teile, die sich in Teile teilen | partes, que parciuntur in partes] Ein typisches Merkmal arabischer Texte ist die Stilfigur der Paronomasie, das Spiel mit gleichlautenden oder ähnlichen Wörtern, teils aus dem gleichen Stamm. Die Voraussetzungen für dieses rhetorische Mittel sind im Arabischen ideal, weil ohnehin ein Wortfeld aus der Verbalwurzel erschlossen wird. Die Übersetzungsergebnisse der Figur sind allerdings – wie hier – nicht immer stilistisch gelungen.

64/65 pulpa | Stücke | frustrum] Die Bedeutung, die im DiccMed für *pulpa* angegeben ist, lautet: «parte mollar o momia de las carnes o carne pura, sin huesos ni ternilla», und konnte bei Alfonso nachgewiesen werden (*La ueyntena es en la pulpa de la pierna diestra*, Alfonso X, Ochava Esphera [1276]).

بضاع. Es könnte sich hierbei um das Verbalnomen des III. Stammes von بضع *baḍaʿa* 'schneiden, aufschlitzen; zerlegen' handeln, wobei der III. Stamm 'beiwohnen' heißt. Daher ist eher anzunehmen, dass بضعة *biḍʿa*, pl. بضع *biḍaʿ* 'Stück (Fleisch); Fleisch' gemeint ist. Bei *frustrum* handelt es sich laut Georges um eine vulgärlateinische Nebenform zu *frustum* 'der Brocken, das Stückchen, der Bissen'.

70–73 non se asemejan… | die einander nicht gleichen | dissimiles] شبه *šabbaha* 'II angleichen, ähnlich sein'. Dem Sinn nach muss aber nach dem VI. oder VIII. Stamm mit 'einander ähnlich sein, einander gleichen' übersetzt werden. Diese Bedeutung verstehen auch die beiden Übersetzer. Die Wortbildung im Spanischen folgt allerdings dem Muster, nachdem die Kausative des II. Stamms nachgebildet werden, nämlich *a-* + *Stamm* + *-ar* (cf. auch V, Z. 196 *asotilizar*). *Asemejar* ist sowohl im DiccMed als auch im TDMS für Texte aus dem Scriptorium Alfonso X belegt (*Siete Partidas, Libro del saber de astronomia*) mit der Bedeutung 'parecer, ser semejante a' (TDMS).

75 non] Die Verneinung fehlt in der Handschrift, muss aber dem Sinn nach ergänzt werden.

86 vnjuersales | Gesamtheiten | universalibus] An dieser Stelle scheint der Spanier vom Lateinischen her beeinflusst zu sein, denn es wäre eigentlich zu erwarten, dass er كلية *kullīya* 'Gesamtheit, Ganzheit' mit *conjunto* oder *totalidad* oder einer Paraphrase mit *todo* wiedergibt, doch scheint *universal* bereits fachsprachlich gefestigt gewesen zu sein.

89 çerebro todo | der ganze Oberarm | minor et mayor] عضد *ʿaḍud* ist der 'Oberarm', kann aber auch 'Kraft, Stärke' heißen, was hier in der Aufzählung von Körperteilen allerdings keinen Sinn ergibt. Wie nun die lateinische oder die spanische Übersetzung zustande gekommen ist, bleibt unklar.

Jedenfalls stimmt die arabische Edition hier mit dem griechischen Text bei Peck überein.

119 forma | Form | forma] صورة *ṣūra*, pl. صور *ṣuwar* 'Form; Erscheinungsform; Gestalt; Abbild'. Es handelt sich um den philosophischen Begriff *eidos*, wie er im Kapitel II.1 eingeführt wurde.

121ss. fulano ... | Soundso ... | Sofroniti ...] فلان *fulān* steht im Arabischen stellvertretend für ungenannte Namen, also: 'N. N.' oder 'Soundso'. Laut Corominas handelt es sich bei dem spanischen *fulano* um einen Arabismus, der zuerst 1155 (Fuero de Avilés) belegt ist. Im Lateinischen war es dagegen üblich, bestimmte Namen als Allgemeinplätze einzusetzen, i. e., dass Scotus die arabische Vorlage an den lateinischen Usus adaptierte.

133 comunjcan | übereinstimmen *(yattafiqu)* | conveniens

136 conuenjençia | Übereinstimmung *(mulā'ama)* | convenientia

145 non comunican | Übereinstimmung *(ittifāq)* | convenientia] Diese drei Stellen zeigen die Auseinandersetzung des spanischen Übersetzers mit dem arabischen Text (eventuell mit einem Seitenblick auf den lateinischen) auf der Suche nach dem angemessenen Ausdruck in der Zielsprache.

In Z. 134 wird das Verb وفق *wafiqa*, VIII اتفق *ittafaqa* 'übereinkommen, übereinstimmen; zusammenfallen' mit *comunicar* wiedergegeben. Laut dem Diccionario de la RAE wurde *comunicar* im Altspanischen auch im Sinne von *comulgar* verwendet, was zum einen 'übereinstimmen' im Sinne von *estar de acuerdo* meint, aber auch *coincidir* ('zusammenfallen, übereinstimmen'). Damit wäre die Wahl des Spaniers hier geklärt. (Cf. auch den Kommentar II, 20; einziger Beleg im DiccMed von 1490.)

In Z. 136 steht nun im arabischen Text ein Nomen aus einer anderen Wurzel, nämlich ملاءمة *mulā'ama* 'Angemessenheit; Übereinstimmung', abgeleitet aus dem Verb لأم *la'ama* 'verbinden, III übereinstimmen'. Hier wäre ein Blick in den lateinischen Text denkbar, oder der lateinische wie der spanische Übersetzer sind unabhängig voneinander zu demselben Ergebnis gekommen sind.

Anders verhält es sich bei dem Fall in Z. 145/146, der sich ausschließlich aus dem Arabischen erklären lässt. Dort steht das mit dem Artikel verschmolzene Nomen لاتفاق *ali-ttifāq* (Verbalnomen zu اتفق *ittafaqa*, v. Z. 133). Die spanische Handschrift gibt die Stelle mit *non comunican* wieder. Zum einen ist anzumerken, dass der Spanier konsequent *ittafaqa* mit *comunicar* übersetzt, zum anderen aber ist die Verneinung nur zu erklären als ein Flüchtigkeitsfehler, bei dem gelesen wurde لا تفق *lā ttafaqa*. Das heißt, in dem Graphem لا *lā*, das sowohl bei der Verschmelzung des Artikels *al-* mit dem auf Alif beginnenden Nomen als auch bei dem Verneinungspartikel entsteht, liegt die Ursache für diesen Übersetzungsfehler, welcher in der spanischen, nicht aber in der lateinischen Handschrift zu finden ist.

140 del todo] Inhaltlicher Fehler. Es müsste heißen: *segun la conuenjençia* de cada una *de las partes a cada una de las partes.*

149 de mas & de menos | Zufügung und Wegnahme | diminutionem et augmentum] Relativ frei werden hier die beiden Nomen زيادة *ziyāda* 'Zunahme; Vermehrung' und نقص *naqṣ* 'Abnahme; Verminderung' mit den Vergleichspartikeln übersetzt; es findet jedenfalls keine Nominalisierung statt. Cf. auch Z. 179/180.

167 opsitas] Leider ist diese Stelle durch einen Fleck fast nicht zu lesen in der Handschrift. Deutlich zu erkennen ist die Buchstabenfolge *opsitas* mit einer Verunreinigung nach dem -p-. Dem Sinn nach müsste zu *opuestas* konjiziert werden, doch wäre auch die Lesart *opositas* denkbar, was ein interessanter Latinismus wäre. Doch lässt die Handschrift keine eindeutige Aussage zu.

182 han carrne blanda | sind weichfleischig | sunt mollis carnis] Im Arabischen handelt es sich um einen spezifizierenden Genitiv, der wörtlich wiedergegeben lauten würde: *einige sind weich an Fleisch.* Genauso steht es bei Scotus, während der spanische Übersetzer die Konstruktion erkennt und sinngemäß unter Auflösung der Genitivkonstruktion in die Zielsprache umsetzt: *algunos han carrne blanda.*

196 monteçillo de plumas | Hahnenkamm | cristas galeras] Im Neuspanischen gibt es das Wort *cresta (del gallo)*, was in der altspanischen Handschrift etwas umständlicher mit *monteçillo de plumas* umschrieben wird. Doch handelt es sich hierbei nicht um den ersten Beleg aus mittelalterlichen Handschriften: «*montonçiello* m. s.XIII. Montecillo, derivado de monte: ‹E muestra desto se leuanta a ella en somo de la cabeça aquel monteçiello de plumas que se alçan›, Alfonso X, *General Estoria* [2ª parte I, 1275]» (DiccMed). Innerhalb der Handschrift Mss 10198 gibt es noch eine weitere Stelle, welche eindeutig die Bedeutung 'Hahnenkamm' belegt; da heißt es im VI. Buch (558b31, f. 28v) über die Lerche: «la aue que tiene en la cabeça vn monteçillo de pluma» (الذي في رأسه قنزعة *allaḏī fī ra'sihi qunzuʿatun*).

cristas bezeichnet ebenfalls den Hahnenkamm, während *galeras,* laut Georges, eine 'Kappe aus Fell mit Haaren' bezeichnet. Aber vielleicht ist hier auch so etwas wie ein Hautsack gemeint.

198 peñolas | Schopf | crines] Während die Bedeutung im Neuspanischen auf 'Schreibfeder' eingeschränkt ist, kann für das Mittelalter der allgemeinere Gebrauch nachgewiesen werden: «*Pennola* f. s. XIII–XIV Pluma. ‹E en la cabeça una corona redonda de pennolas asi como diadema›, Alfonso X, Ajedrez, u. a.» (DiccMed).

200 pescueço | Mähne | setas in collo] Das arabische عرف *ʿurf*, pl. أعراف *'aʿrāf* könnte auch wieder mit 'Hahnenkamm' übersetzt werden. Offenbar haben aber sowohl der Lateiner als auch der Spanier so etwas verstanden wie 'Nacken' oder 'Haare im Nacken', so dass hier zugunsten von 'Mähne' entschieden wurde.

Kommentar zu Liber II

1 Übersetzung] تفسير *tafsīr* 'Erklärung, Deutung, Auslegung'. Badawi merkt in einer Fußnote zu Beginn des III. Buches an, dass das Wort *tafsīr* hier im Sinne von 'Übersetzung' (ترجمة *tarǧama*) verwendet wird, ebenso wie قول *qaul* an Stelle von مقالة *maqāla* für 'Aufsatz, Abhandlung' eingesetzt wird (cf. I, Z. 10/11). Laut Gutas[2] handelt es sich bei dem Terminus *tafsīr* um einen sehr weit gefassten Begriff aus der Kommentarliteratur, der aber auch für 'Übersetzung' gebraucht werden kann.[3]

15–17 consemejantes | einander ähnlich | consimilia] In der arabischen Vorlage steht ein Partizip des VI. Verbalstammes. Der VI. Stamm wird als Reziprokstamm zum III. gesehen. Diese Reziprozität drückt der lateinische Übersetzer mit dem Präfix *con-* aus, was dann in Folge der Spanier nachahmt. Im ersten Buch dagegen liest man als spanische Übersetzung aus der arabischen Vorlage wiederholt die Wendung *se asemejan los vnos a los otros.*

18 modos | Arten | modis] صنف *ṣinf,* pl. اصناف *aṣnāf* kann sowohl 'Art' als auch 'Gattung' bedeuten. In den vorliegenden Synopsen wird es in Übereinstimmung mit dem Griechischen mit 'Art' angegeben. In der Übersetzung von Scotus findet man das Nomen fast ausschließlich mit *modus* ausgedrückt (nur I, Z. 162 steht *species*). Da, wo der spanische Text eine arabische Vorlage hatte, wurde *ṣinf* mit *espeçia* übersetzt (z. B. V, Z. 220, XI, Z. 8). Hier indessen folgt er mit *modos* dem Lateinischen.

20 comunican | zusammengehören | comunicant] اشترك *ištaraka* 'teilnehmen, zusammenarbeiten'. Die lateinische und in Folge die spanische Übersetzung fassen das arabische Verb mit eben dieser Bedeutung auf, wenn man folgenden Eintrag unter *comunicar* im Lexikon der Real Academia vergleicht: «Hacer a otro partícipe en algo».

23 genero | Gattung | sanguinis] Hier muss es sich um einen Fehler in der lateinischen Handschrift Vaticanus Chigi handeln, der sich weder aus dem Arabischen noch aus dem Griechischen erklären lässt.

30ss. diversos en genero se diuersifican | gattungsgemäß unterschiedliche Tiere [...] unterschiedlich in – genere diversa diversantur] Im arabischen Text steht zweimal das Partizip مختلف *muḫtalif,* was Scotus allerdings auflöst mit einer Passivkonstruktion. Der Spanier orientiert sich offensichtlich an der lateinischen Vorlage.

33 en lo mas | meist | in pluribus] Wie die deutsche Übersetzung des arabischen Textes zeigt, wurde hier اكثر ذلك *'akṯaru ḏalika* falsch bezogen auf *Glieder,* statt auf *Form.* Der Spanier folgt dem lateinischen Text.

34 quiça | manchmal | forte] ربما *rubbamā* kann sowohl 'manchmal' als auch 'vielleicht' heißen. Im Lateinischen wird es immer mit *forte* übersetzt, was zwar 'vielleicht' bedeutet, aber keine temporale Wertigkeit mit einschließt. Wenn der Spanier aus dem Lateinischen übersetzt, sollte man daher er-

[2] Gutas 1993, p. 29ss.
[3] Cf. ebenso bei Endress 1992, III, p. 3, und Sezgin 1970, III, p. 350.

warten, dass er *quiça* schreibt, so wie es hier der Fall ist, während er bei einer arabischen Vorlage wählen kann. Es muss aber darauf hingewiesen werden, dass z. B. in Buch IV, das eindeutig in Beziehung zu dem Scotus-Text steht, in Z. 208–210 *a las veses* als Übersetzung von *forte* steht. (Cf. auch III, Z. 49–51).

Im CORDE wird *a las veses* in der altspanischen Übersetzung eines arabischen Traktates zur Landwirtschaft angegeben (vor 1300, *Tratado de Agricultura de Ibn Bassal*). Die Textstellen aus dieser Handschrift zeigen die zwei Aspekte des arabischen *rubbamā*, auch wenn nur *a las veses*, nicht aber *quiza* verwendet wird. *Quiza* hinwiederum ist nur aus dem *Libro de los judizios de las estrellas* (1254–60) belegt, offensichtlich in der aktuellen Bedeutung. Da in den anderen Nachschlagewerken (DiccMed, Corominas, RAE) keine Angaben zu *a las veses* gemacht werden, kann leider keine Aussage über die Verwendung außerhalb eines arabisch-spanischen Übersetzungskontextes gemacht werden.

50 coyuntura | Rückenwirbel | anulositas] Arabisch خرز *ḫaraz* bedeutet '(aufgereihte) Kügelchen; Perlen'. Im griechischen Vergleichstext steht σφόνδυλος für 'Wirbel(knochen)', was normalerweise im Arabischen mit فقار *fiqār* übersetzt wird. Doch Scotus' Vorlage gab offensichtlich die Kügelchen an, denn aus dem Bild mit den aufgereihten Kügelchen wird bei Scotus ein Knochen mit ringförmigen Einschnürungen, was durchaus kein abwegiges Bild ist. Das Wort *coyuntura* bedeutet sowohl altspanisch als auch neuspanisch 'Gelenk', nicht aber 'Wirbel'. Hier muss man die Herkunft des Wortes aus lat. *cum* und *iunctura* wörtlich verstehen als 'Zusammenfügung von Teilen', womit man wieder bei der Vorstellung der aneinander gereihten Kügelchen angelangt ist. Besonders auffällig an dieser Stelle ist, dass das von Scotus häufig für die Bezeichnung von Insekten verwendete *anuloso* (IV, Z. 75, XV, Z. 140) nicht vom Spanier übernommen wird, sondern dass dieser entweder aus dem arabischen خرز *ḫaraz* eine eigene Übersetzung entwickelt, oder von einer Randbemerkung in seiner lateinischen Vorlage dazu angeregt wurde.

53 carrne | Hundes | canis] In der griechischen Ausgabe steht eindeutig κυνός 'des Hundes'. An dieser Stelle liegt ein lateinisch-spanischer Übersetzungsfehler vor. كلب *kalb*, pl. كلاب *kilāb* wird von Scotus richtig mit *cane* übersetzt, doch der Spanier ergänzte noch das -rr-. Ursachen dafür könnten eine verderbte Vorlage oder eine andere Interpretation der Stelle gewesen sein. Das arabische Wort für 'Fleisch' لحم *laḥm*, pl. لحوم *luḥūm* kann jedenfalls schwerlich als Erklärung herangezogen werden.

89 manos | Knöchel | cahab] كعب *ka'b* 'Gelenk, Knöchel'. Das Wort kann laut Lane aber auch in anatomischen Texten in Bezug auf «quadruped» verstanden werden als 'Tarsus', also als letztes Fußglied. In diesem Fall kann von einer Kommentierung bereits im arabischen Text ausgegangen werden, welche auf die Sonderverwendung hinweist. Scotus jedenfalls transkribiert das arabische Wort; der spanische Anonymus interpretiert entweder dem Zusammenhang nach oder er folgt seinerseits einer Glosse in seiner Vorlage.

93 tronpa | Rüssel | calceum] Das lateinische Wort *calceus* bezeichnet allgemein 'de parte capitis animalium', und im spezielleren entweder *aculeus* 'Stachel, Stechrüssel' oder *proboscis* 'Rüssel' (Mittellat. WB Lehmann). In der arabischen Vorlage steht خرطوم *ḫurṭūm*, was an anderer Stelle von Scotus mit *additamentum* übersetzt wird (z. B. IV, Z. 166) und dann hinwiederum im Spanischen mit *acreçentamjento* übersetzt wird.

97–102 E por aquella … | und er bringt mit ihm … | et per ipsum …] Durch die Fehlübersetzung von *quod* mit *quando* ergeben sich im spanischen Text Bezüge, wie sie in der lateinischen Vorlage nicht vorgegeben sind: Der Elefant gibt mit seinem Rüssel dem Reiter, was dieser will und zudem noch kann er mit dem Rüssel Bäume ausreißen. Im Spanischen reißt der Elefant die Bäume aus, wann der Reiter es will. Der Punkt steht tatsächlich in der spanischen Handschrift nach *arboles*, so dass also hier die syntaktische Einheit für den Übersetzer abgeschlossen war.

109 cartilagre | Knorpel | cartillagine] Erstbelge für das Wort *cartílago* sind erst seit dem 15. bzw. 16. Jahrhundert als *cultismo* nachgewiesen (CORDE, Corominas, DiccMed). Das vorliegende *cartilagre* kann als *semicultismo*-Form angesprochen werden, da zumindest die Endung volkssprachliche Phonetik erkennen lässt.

119 pecho | Brust | pectori] Im Text bei Badawi steht eigentlich لقدر *liqadri* ('im Ausmaß'), was hier konjiziert wird zu الصدر *al-ṣadr* 'die Brust'. Dem Sinn nach ist an dieser Stelle offensichtlich der Brustraum als ganzer gemeint.

126 pecho | Brüste | mamillas] Anders verhält es sich bei dem vorliegenden Fall, bei welchem dem spanischen Übersetzer die Unterscheidung in *pectus* und *mamilla* entgangen ist. Nun geht es um die Brust als weibliches Organ: lat. *mamilla* 'Brustwarze; Brust; Zitze'. Im darauf folgenden Satz übersetzt der Spanier dann mit *tetas* (arabischer Text: ثدى *ṯady* 'weibliche Brust; Brust [auch des Mannes]; im Dual: Busen).

137 doblamjento | Beugung | flexio] انثناء *inṯināʾ*. In der spanischen Handschrift wird die romanische Form *doblamento* einem Latinismus *(flexion)* vorgezogen.

161 pesadunbre | Schwere | pondus] *pesadunbre* ist im DiccMed für das 13. Jahrhundert bei Alfonso *(General Estoria)* im Sinne von *pesadez* belegt. Das Suffix *-umbre* war laut Pharies[4] v. a. im 13. Jahrhundert produktiv, um Nomina qualitatis zu bilden, bevor es dann im 15. Jahrhundert durch die «variante culta» (Pharies) *-tud* abgelöst wurde. (Cf. XI, Z. 160).

165 pecho] Hier liegt ein Fehler im spanischen Text vor, denn es müsste dem Zusammenhang nach *cuerpo* oder *pie* heißen.

173–176 lagarto & otros semejantes | Mauergecko und die große Feldratte, … | lacertulus, hardon et hazaha et huiusmodi] Bei Scotus' *hardon* handelt es

4 Pharies: *Diccionario etimológico de los sufijos españoles*, Madrid, 2002.

sich wohl um die Transliteration des arabischen Tiernamens جرذون *ǧirḏaun*. Nach dem griechischen Original müsste allerdings an dieser Stelle das Krokodil, nicht die Feldratte bezeichnet werden (cf. III, Z. 86). Als Vorlage für *hazaha* diente das arabische عظاية *ʿaẓāya*. Lane gibt dafür folgende Bedeutung an: «عظاية *ʿaẓāya* a certain reptile, or small creeping thing, larger than the وزغة *wazaġa*, like the [lizard called] سام ابرص *sāmm ʾabraṣ* in form, or make, but somewhat larger». Es ist also eine Eidechse ähnlich dem Mauergecko gemeint, aber etwas größer als dieser. Der griechischen Edition von Peck sind indessen nur κροκοδείλῳ και σαύρᾳ 'Krokodil und Eidechse' zu entnehmen. Der spanische Übersetzer (oder spätere Kopisten?) hat einfach die transliterierten Tiernamen seiner lateinischen Quelle ausgelassen.

Das griechische Wort σαύρα 'Eidechse' wird im arabischen Text übrigens in der Regel mit سام ابرص *sāmm ʾabraṣ* 'Mauergecko' übersetzt (v. auch III, Z. 83 oder XIV, Z. 25), ebenso wie normalerweise 'Baum' statt 'Pflanze' eingesetzt wird. Diese beiden Hyponomien kommen über den gesamten Text verteilt vor.

Kommentar zu Liber III

1 Übersetzung] Cf. II, Z. 1.

13 ya deximos | so erwähnten wir | Iam diximus] Der Spanier übersetzt hier wörtlich aus dem Lateinischen während der arabische Text viel ausführlicher und umständlicher ist.

22 disposiçion | ~ | dispositionis] In der arabischen Quelle findet man in der Regel حال *ḥāl* als Vorlage für lat. *dispositio*. Dass es bei Badawi fehlt, ist ein weiterer Hinweis dafür, dass hier die überlieferten arabischen Handschriften nicht mit der Vorlage von Scotus übereinstimmen (cf. dazu Kapitel V.2).

25 genjtiuos | Hoden | testiculorum] Die altspanische Form *genjtiuo* in der Bedeutung von 'Hoden' ist bislang noch nicht nachgewiesen worden. Bei Slaby/Grossmann wird das Adjektiv *genitivo* mit 'zeugungsfähig' lexikalisiert, während für 'Hoden' alt- wie neuspanisch 'testículo' stehen müsste. Die Verwendung von *genjtiuo* als Nomen ist ungewöhnlich, zumal nach der lateinischen Vorlage 'testículo' zu erwarten gewesen wäre.

Da von der arabischen Überlieferung ausgehend der Inhalt des Textes an dieser Stelle schwer nachvollziehbar ist, wird hier zur Erklärung die englische Übersetzung des griechischen Textes von Peck zitiert (*HA* III, p. 149): «[...] and it now remains to speak of the parts which contribute to generation. These parts are internal in all female animals; in males they show numerous differences».

26 que [non] paresçen] Die Negation fehlt in der Handschrift, muss aber dem Sinn nach unbedingt ergänzt werden.

30 Hoden] خصى *ḫuṣan* 'Hoden', doch in Badawis Ausgabe liest man خطى *ḫuṭan* 'Schritt'. Die Stelle wurde sinngemäß zu 'Hoden' korrigiert.

30/31 se diuersifican en diuersidad | ~ | diversantur in diversitate] Auffallend ist hier, dass Scotus und in Folge der spanische Übersetzer offensichtlich eine arabische Quelle mit der häufigen Figur der Paronomasie vorliegen hatte (v. Kommentar zu I, Z. 60). Bei Badawi findet sich an dieser Stelle keine entsprechende Figur, so dass man davon ausgehen kann, dass Scotus eine andere als die heute bekannte arabische Quelle hatte. (Eine Vergleichsstelle wäre z. B. XI, Z. 85/86: الاعراض التي تعرض *al-ʾaʿrāḍu llati taʿriḍu, accidentibus quae accidunt*).

41 se aplican | sind haftend | applicantur] Das Partizip Aktiv im Arabischen لاصقة *lāṣiqa* wird von Scotus in eine Passivkonstruktion umgewandelt. Der Spanier folgt dem Lateiner mit derselben Konstruktion.

49 a las veses | mal | forte] Wie bereits unter II, Z. 34 dargelegt, beinhaltet das lateinische *forte* keine Bedeutung für 'manchmal'. Daher könnte man vermuten, der Spanier habe hier aus dem Arabischen übersetzt. Wenn man allerdings *forte* mit 'einmal' übersetzt, was laut Georges möglich ist, dann wäre auch *a las veses* zu erklären.

52 Verga | das männliche Geschlecht | virga] Im Mittellateinischen Wörterbuch von Niermeyer wird *virga* mit 'pénis' angegeben. Mit der Bedeutung 'miembro masculino' steht es auch in den *Formas e ymagenes* und dem *Libro de los judizios de las estrellas*, beide von 1270 (TDMS).

63–69 E deuemos saber... | Und man muss wissen... | Et debemus scire...] ينبغي ان يعلم *yanbaġī ʾan yuʿlama* 'man muss/sollte wissen'. Scotus löst den unpersönlichen Ausdruck aus dem Arabischen auf, worin ihm der Spanier offensichtlich folgt, denn aus dem Arabischen übersetzt er in der Regel mit *conujene a saber* oder *conujene que se sepa* (sehr häufig z. B. im X. oder XIII. Buch).

Ebenso wie in Z. 43/44 im spanischen Text von den Nieren die Rede ist, im lateinischen Text aber nicht, überrascht auch hier das Fehlen des Passus zu den Kiemen. Man kann daraus nur ersehen, dass der Spanier eine vollständigere lateinische Quelle vorliegen hatte als die Handschrift Vaticanus Chigi an dieser Stelle. Ein Seitenblick auf den arabischen Text wäre insofern nicht nötig gewesen, als der lückenhafte lateinische Text keine Verständnisschwierigkeiten hervorruft.

81 espondiles | Rückenwirbel | spondilibus] Bei Corominas findet sich folgender Eintrag unter *espóndilo*: «'vertebrata', tomado del latín *spondylus* y este del griego σφόνδυλος». Das Wort ist weder im DiccMed noch im TDMS aufgeführt. Es handelt sich um eine Übernahme aus dem Lateinischen aufgrund der Ermangelung eines volkssprachlichen Ausdrucks.

84–86 ~ | Feldratte | hardon] Cf. II, Z. 173–176.

93 golhyn | Delphin | delfin] Offenbar war die lateinische Vorlage hier verderbt und schlecht leserlich, so dass der Spanier *golhyn* statt *delfin* gelesen hat. (Vergleichsstellen: Buch XIV, Z. 191 und Buch XVI, Z. 279.)

114 se apegan | sind verbunden | continuantur] متصل *muttaṣil* heißt 'andauernd, fortgesetzt; zusammenhängend', was Scotus entsprechend mit dem Verb *continuare* wiedergibt. Der Spanier wählt hingegen in Kongruenz mit den vorhergehenden Stellen (z. B. Z. 53 und 91) *apegar* für die Übersetzung.

133 superfluydades | Überschusses | superfluitatum] Im griechischen Text heißt es περιττόν 'Überschuss', was der Araber wörtlich übernimmt: فضلة *faḍla,* pl. *-āt* 'Überschuss, Überrest; Pl.: Ausscheidungsstoffe'. Die Exkremente sind denn auch gemeint.

137 luxuria | Bespringen | luxuriationis] سفاد *sifāda* ist das Verbalnomen zu 'decken, bespringen' und wird in der Regel sowohl arabisch-lateinisch als auch arabisch-spanisch mit *coitus* übersetzt. Das Spanische *luxuria* weist hier auf die lateinische Vorlage. Erstbelege für diesen Latinismus stammen aus dem 13. Jahrhundert: *Libro de los buenos proverbios* (1250), oder von Alfonso X, z. B. *Libro de los judizios de las estrellas* (1270) (TDMS, DiccMed).

160 conpañones | Hoden | testiculos] Die Verwendung des Wortes *conpañones*[5] anstelle des sonst eingesetzten *genjtiuos* zur Bezeichnung der Hoden ist auffällig und kann nicht weiter geklärt werden, zumal im folgenden Satz wieder von den *genjtiuos* die Rede ist.

169 [/]] In der spanischen Handschrift findet sich keinerlei Hinweis darauf, dass nun ein größerer Abschnitt (gut 30 Zeilen griechischen Textes) übersprungen wird, der in den anderen Fassungen sehr wohl vorhanden ist.

186 promjnentes | einzeln für sich | prominentes] Diese Stelle weist wieder auf eine lateinisch-spanische Beziehung hin. Lateinisch *promineo* 'hervortreten' lässt sich vielleicht als eine Interpretation von فرد *farada* erklären, nämlich 'einzig(artig) sein'.

203 estremo | Kopf | extremum] رأس *ra's* kann neben 'Kopf' auch 'äußerstes Ende' meinen und so hat es Scotus offenbar verstanden *(extremum)*. In Z. 220 wird *ra's* mit *caput* ins Lateinische übersetzt, was im spanischen Text *cabeça* zur Folge hat. Interessant ist hingegen die Stelle Z. 214, wo *cabera* im Spanischen dem lateinischen *extremi* gegenüber steht. Offensichtlich gab es auch in der Übersetzungsrichtung lateinisch-spanisch keine semantische Engführung.

216 espasa | dickerer | spissa] *Espeso* ist seit dem 12. Jahrhundert in der Bedeutung 'denso, condensado' belegt. Statt *espasa* müsste man also *espesa* lesen.

Kommentar zu Liber IV

4 omne] Auffallend ist die Form *omne*, wo sonst das phonetisch entwickelte *onbre* steht. Gerade aber in religiösen Formeln wie hier mit feststehenden Ausdrücken halten sich besonders leicht altertümliche Formen.

---

[5] RAE [21]1992: *compañones* – (desusado) testículo.

13 Ṣabīdağ] صبيدج *Ṣabīdağ*. Die Vokalisierung ist willkürlich. Das Wort sieht nach einer Transliteration aus, deren Sinn allerdings unklar bleibt.

20/21 del anjmal que tiene sangre | der Bluttiere | animalis habentis sanguinem] Inhaltlich ist klar, dass die Tiere hier nach dem Kriterium unterschieden werden, ob sie Blut haben oder nicht, doch fällt die Übersetzung der griechischen Begriffe auch ins Deutsche schwer. ἀναίμων 'blutlos' bereitet keine Schwierigkeiten, während die positive Affirmation, ἔναιμος, entweder zweideutig ist: *blutig*, oder erst in einer anderen Konstruktion eindeutig wird: *Blut enthaltend*.

Die griechische Präfix-Konstruktion wurde noch im Arabischen nachgeahmt: الحيوان الدمي *al-ḥayawānu al-damiyyu*, wobei *damī* einfach 'Blut-' bedeutet. In den nachfolgenden Übersetzungen wurde daraus eine Partizipialkonstruktion bzw. ein Relativsatz.

27 tractamos | wir behandelten zusammenfassend | pertransivimus] Im V. Buch (Z. 21) übersetzt der Spanier aus dem Arabischen لخص *laḫasa* mit *abreujamos*. Hier wird dieses Verb weder von Scotus noch vom Spanier übernommen. Allerdings kann man *tractamos* auch nicht als Übersetzung von *pertransivimus* (*transeo* '[hin-] übergehen') ansehen, es sei denn, dass man von einer anderslautenden lateinischen Quelle ausgeht.

28 consimjlos | einander nicht ähneln | consimilia] Cf. II, Z. 15–17. Syntax, Wortwahl und die fehlende Verneinung weisen eindeutig darauf hin, dass der Spanier hier aus der lateinischen Quelle übersetzte.

42 malakje | Mālāqiyā | malachie] Es handelt sich hierbei um die Cephalopoden, die Kopffüßler (v. Kommentar zu V, Z. 66).

45 naçion] Gemeint ist wohl 'generaçion' im Sinne von *genero*, aber die Lesart lässt sich nicht mit der Handschrift stützen (cf. V, Z. 45).

49 seuo | Sābīyā | sepie] Mit σηπία wird ohne weitere Differenzierung der Tintenfisch bezeichnet. Auch nach der modernen Nomenklatur ist *Sepia officinalis* der Gemeine Tintenfisch. Wie so oft in diesem Buch wird der griechische Begriff im Arabischen nur transliteriert: سابيا *Sābīyā*. Ob nun Scotus aus dem Zusammenhang verstanden hatte, dass es um Tintenfische geht, oder ob er eine eindeutigere Vorlage hatte, bleibt unklar. Hingegen muss das spanische *seuo* (eigentlich: *sebo* 'Talg') als Lese- oder Schreibfehler angesehen werden, denn in Z. 150 steht auch *sepie* wie im Lateinischen.

60/61 non se puede pisar | kann nicht zerquetscht werden | non est contritibile] *contritio* ist die 'Zerreibung' oder auch das 'Zermalmen'. Der Spanier hat eine weder vom Arabischen noch vom Lateinischen direkt ableitbare aber sinngemäße Formulierung gewählt (*pisar* ist auch für das Mittelalter in keiner anderen als der neuspanischen Bedeutung bekannt; DiccMed, TDMS). In Z. 74 finden wir jedoch *puedese quebrar* für dieselbe lateinische Vorlage.

62 Reçibe el fuego | es fällt ab | recipit ignem] Der griechische Text hilft hier zum Verständnis nicht weiter. Bei Badawi heißt es: يتناثر also der VI. Stamm des Verbs نثر *naṯara* 'ab-, ausfallen'. Denkbar wäre eine arabische Handschrift, in der Scotus so etwas wie نار *nārr* 'Feuer' erkennen konnte. Jedenfalls hat der spanische Anonymus sich nach der lateinischen Quelle gerichtet.

63 karabo | Qarqīnā | karabo] *Qarqīnā* lässt sich als Transliteration von καρκίνος 'Krebs' erklären, während *karabo* eindeutig κάραβος 'Krabbe' wiedergibt. Vielleicht liegt hier ein Editionsfehler von Badawi vor.

76 alrran | Schnecke | alzim] Der Lateiner transliteriert das arabische حلزون *ḥalazūn* 'Schnecke'. Es ist relativ sicher, dass der spanische Anonymus, wie an so vielen anderen Stellen in diesem Buch, die Transliteration der Scotus-Vorlage einfach übernehmen wollte, doch hatte er vielleicht eine schwer lesbare Handschrift, oder spätere Kopisten haben Schreibvariationen eingebracht.

77 semejantes | und der Miesmuschel | sibi simile] In der Teheraner Handschrift steht: *und was ihr gleicht* (Anmerkung Badawi).

79 cuerpo anuloso | mit eingekerbtem Körper | annulosi corporis] Das arabische Wort حز *ḥazza* meint 'einschneiden, eine Kerbe machen' und bezieht sich auf den Insektenkörper. (Im Deutschen gibt es ebenfalls die Bezeichnung 'Kerbtier' für Insekt.) Scotus wird wortschöpferisch tätig, indem er also die Kerben als ringförmige Einschnürungen interpretiert und entsprechend mit *annulosus* benennt. Der spanische Übersetzer folgt ihm darin. An anderen Stellen, wo die spanische Handschrift aus der arabischen Fassung heraus entstanden ist, liest man *fronsido de cuerpo* (z. B. V, Z. 78 oder VI, Z. 9). Eine weitere Vergleichsstelle für die lateinisch-spanische Übersetzung wäre in Buch XV, Z. 140.

101 quarenta & quatro piess | Vierundvierzig | XLIIII] Laut Peck handelt es sich wohl um Tausendfüßler.

108 alas | zwei Flügel | alas] جناحان *ǧanāḥāni* 'zwei Flügel'. Der arabische Dual bleibt, ebenso wie in Z. 140, unübersetzt.

120 huben | Glühwurm | bubem] حباحب *ḥubāḥib* ist das 'Glühwürmchen'. Bei Scotus handelt es sich um eine ungefähre Transliteration, bei dem Spanier um eine Variation beim Abschreiben aus dem Lateinischen. Ebenso wären Lesarten denkbar wie *hubeni, buheni, bubein…*

146 partidos en dos partes | geteilt in zwei Glieder | diversos in duo] Im griechischen Text ist die Rede von δικοτύλους (κοτύλη 'Napf, Schälchen'; κοτυληδών 'Saugwarze bei Polypen' [Pape]), also der doppelten Reihe von Saugnäpfen an den Armen der Cephalopoden. In den folgenden Übersetzungen fehlen entsprechend treffende Termini.

148 de muchos pies | Vielfüßler | multarum pedum] Aristoteles verwendet das Kompositum πολυπόδων, das allerdings im Arabischen nicht nachgebildet werden kann, i. e. Adjektiv und Substantiv werden je einzeln übersetzt: الكثير

الأرجل *al-kaṯīru l-'arǧuli* 'wörtlich: der Viel an Füßen'. Oft bilden auch Relativsätze die Lösung. Die Ergebnisse bei Scotus sind jeweils unterschiedlich. Entweder bildet der Geistliche neue Komposita wie z. B. das oft verwendete *quadrupedia* (z. B. V, Z. 99), womit er zum Teil wieder näher am Griechischen ist, oder er hält sich an die arabische Vorgabe wie im vorliegenden Fall. Da das Spanische nur sehr eingeschränkt über die Möglichkeiten der Kompositabildungen verfügt (meist nur in *cultismo*-Wörtern wie z. B. *artefacto* oder *arzobispo*), sind die Ergebnisse denen im Arabischen ähnlich.

154 tonjr | Ṭawīṯīdas | tomet] Die hier bezeichnete Tintenfischart ist nicht exakt zu rekonstruieren. Bei Peck (*HA* IV, p. 5) liest man: τευθίδες oder τεῦθοι, und in einer Fußnote merkt er an: «Species of calamary; for the difference between them see 524a25ss.». Aber auch aus dieser Stelle geht keine Artbezeichnung hervor, die eine heutige Zuordnung ermöglichte.

160/161 dos acreçentamjentos | zwei lange Rüssel | additamenta longa] Mit diesen zwei Anhängseln sind die «δύο προβοσκίδας μακράς» gemeint (Pape: 'die längeren Fänger des Tintenfisches').

181ss. E non dan el mantenjmjento ... | jedoch führen sie das Futter ... | Et non reddunt cibum ...] Um die biologischen Verhältnisse inhaltlich zu klären, sei kurz Peck zitiert (*HA* IV, p. 7):

> «The octopus uses its tentacles both as feet and as hands; it draws in its food with the two that are placed over its mouth».

Bis auf die fehlinterpretierten Duale ist das Arabische also richtig, auch das Lateinische noch, doch dann löst der Spanier die *nisi*-Konstruktion auf mit *non ... ni*, was zu einem falschen Ergebnis führt. Dieser Fehler ist offensichtlich der Übersetzungrichtung Lateinisch-Spanisch zuzurechnen.

197 ligera | glattere | lenis] Das Wort *ligero* in der Bedeutung 'leve' oder 'suave, benigno' ist mehrfach in Texten des 13. Jahrhunderts nachgewiesen, auch in astronomischen Werken Alfonsos (TDMS).

197ss. und mit diesen zwei Füßen spannt es sich ...] Der hier beschriebene Sachverhalt ist biologiegeschichtlich äußerst bemerkenswert, beschreibt Aristoteles doch so einen schwierig zu beobachtenden Vorgang wie die Hektokotylisation bei Octopussen, also eine besondere Form der geschlechtlichen Fortpflanzung, bei der ein Fangarm des Männchens als Geschlechtsorgan bei der Kopulation agiert.[6] Jedenfalls fehlt dieser Abschnitt in den beiden europäischen Übersetzungen.

208 a las veses | manchmal | forte] Cf. II, Z. 34.

218/219 dilata dilataçion | ereignet sich ein Ereignis | dilatat dilatatione] عرض *'araḍa* 'sich zeigen, erscheinen, sich ereignen'; *'aruḍa* 'breit, weit sein oder werden'. In den nicht-vokalisierten Handschriften kann es zu Verwechslungen kommen. Der Spanier hat mit Sicherheit aus dem Lateinischen übersetzt.

---

[6] Eine sehr anschauliche Beschreibung des Vorgangs kann man in *Urania Tierreich*, Band Wirbellose 1, p. 628 nachlesen (Leipzig, Urania Verlag, 1993). Weiterführende Literatur z. B.: Eckert/Randall *Animal Physiology*, New York, Freeman, 1997.

Kommentar zu Liber V

5ss. segun la traslaçion arabica entrepetado ...] Dies ist die einzige Stelle in der ganzen Handschrift, wo auf eine Vorlage hingewiesen wird. Die Form *entrepetado* konnte nicht nachgewiesen werden, doch ist mit Sicherheit *interpretado* gemeint. Auffällig an dieser Stelle ist der Komparativ: Die arabische Übersetzung sei kürzer und verlässlicher wohl als die lateinische, welche als Quelle für das vorhergehende Buch benutzt wurde, auch wenn der Bezug nicht explizit ausgesprochen wird. Wenn man sich jedoch die vorliegende Synopse anschaut, sticht ins Auge, dass es genau umgekehrt ist, dass also der lateinische Text kürzer als der arabische ist, was von einer genaueren Lektüre durchaus bestätigt wird. Es ist offensichtlich, dass Scotus für das V. Buch eine andere arabische Quelle benutzte als die bis heute überlieferten Handschriften, welche hinwiederum in etwa der Vorlage des Spaniers entsprechen.

10 *X*] Am Ende dieses Einleitungssatzes steht ein Kürzel, das vom Schreiber stammen könnte.[7] Es findet sich allerdings nur noch ein zweites Mal zu Beginn des XVII. Buches, nicht aber am Anfang oder Ende der Handschrift.

17–19 intrinsicos/extrinsicos | äußerlich und innerlich | extrinsecorum et intrinsecorum] باطناً *bāṭinan* 'im Inneren, innerlich' und ظاهراً *ẓāhiran* 'äußerlich' werden weder von Scotus, noch vom Spanier einheitlich übersetzt:

باطناً *bāṭinan*: *intrinsico/intrinsecum* hier Z. 17–19; ebenso IV, Z. 30; *dentro/interius* III, Z. 15; IV, Z. 48; *intrinsico/interior* I, Z. 26.

ظاهراً *ẓāhiran*: *extrinsico/extrinsecum* hier Z. 17–19; *de fuera/extra* XVI, Z. 272; *extrinsicos/aparentium* I, Z. 26.

Man sieht jedenfalls, dass beide Sprachen bezüglich der lokalen Angaben noch nicht fachsprachlich festgelegt waren, wohingegen das Arabische relativ einheitlich auftritt.

20 abreujamos | fassten zusammen | ~] Das arabische Verb لخص *laḫasa* heißt 'kurz zusammenfassen, skizzieren', aber auch 'abkürzen' (تلخيص *talḫīṣ* 'Prolog'; v. I, Z. 27). So erklärt sich *abreujamos*.

23 & del velar] *Del velar* ist weder im arabischen noch im griechischen Text angegeben. Es handelt sich entweder um eine Hinzufügung des Spaniers oder um eine Vorlage mit dieser Ergänzung.

24 masculinitatis et femininitatis] Die Wortbildung mit *-atis* fällt auf, da an anderen Stellen der Handschrift (z. B. III, Z. 29) einfach nur *masculina* für die 'Männchen' steht, oder hier Z. 230 *mas* im Singular. In den Wörterbüchern zum Klassischen Latein wie zum Vulgärlatein (v. Bibliographie) finden sich keine Belege für diese Wortbildung.

33/34 engendraçion | Zeugung | generationis] In einer Fußnote erwähnt der Herausgeber verschiedene Verbal- und Nominalformen des Stammes و-ل-د (ولد، يلد، ولادة ...) und erklärt die Form des Wortes ولاد *wilād* als Infinitiv,

[7] *X* als Abkürzung für *Jesus Christus* kann hier definitiv ausgeschlossen werden.

der in den medizinischen Büchern häufig im Sinne von ولادة *wilāda* 'Geburt' und تولید *tawlīd* 'Zeugung' vorkomme. Der Übersetzer, so Badawi, benutze ausschließlich diesen einen Infinitiv, als wolle er ihn als Fachbegriff für ولادة *wilāda* benutzen wie 'parturition, accouchement' im Französischen.

Schon das griechische Wort γένεσις bedeutet 'Zeugung' und 'Geburt' oder 'Fortpflanzung'. Sowohl der lateinische als auch der spanische Übersetzer mussten hingegen eine Entscheidung treffen: *generatio* meint die 'Zeugungsfähigkeit, die Generation', während *genus* oder *partus* sich auf 'Geburt' und 'Zeugung' beziehen (*procreatio* wäre die Fortpflanzung). Der Spanier entschied sich gleichermaßen für die Bedeutung 'Zeugung', indem er mit *engendraçion* übersetzte. Dieses Wort ist auch im Mittelalter mit keiner anderen Bedeutung belegt. An einer späteren Stelle (Z. 45) wird der Spanier das Wort *generaçion* verwenden, dann aber im Sinne von 'Gattung'.

Auch wenn es dem Inhalt nach angemessen wäre *wilād* mit 'Fortpflanzung' statt mit 'Zeugung' wiederzugeben, so wird doch um der Texttreue willen, sowie im Hinblick auf die europäischen Übersetzungen darauf verzichtet.

44 apartado | ausführlich dargelegt | ~]

a) Die Auflösung der Abkürzung in der Handschrift könnte auch *apretado* oder *apertado* heißen.

b) فصل *faṣala* heißt im ersten Stamm 'trennen (ab-, voneinander-)', im zweiten Stamm 'gliedern, ausführlich darlegen'. Der Spanier übersetzt nach dem ersten Stamm, was im Sinne von 'auseinander-, darlegen' durchaus geht. In *Calila e Dimna* wird das Verb auch mit *distinguir* übersetzt.[8]

45 generaçiones | Gattungen | ~] Wie bereits oben angesprochen, wird hier das arabische Wort für 'Gattung' (جنس *ǧins*) mit *generaçion* übersetzt, ebenso in Z. 128, wo man im lateinischen Vergleichstext *genus* liest. In den meisten Fällen ist *generaçion* allerdings eine Alternativübersetzung zu *engendraçion* und zwar sowohl aus dem Arabischen ولاد *wilād* (wie z. B. IX, Z. 12), als auch aus dem Lateinischen *generatio* (III, Z. 24 oder VII, Z. 15). Die Terminologie schwankt also noch zwischen dem Latinismus und der romanischen Form.

49 acopilar] *acopilar* wird hier im Sinne von *compilar* verwendet (DiccMed: 'tr. s. XV: compilar').

55 figura | Beschreibung | ~] Wie bereits unter I, Z. 16/17 kommentiert, kommen für das Wort صفة *ṣifa* die Übersetzungen 'Eigenschaft, Merkmal' oder 'Beschreibung' in Frage (abgeleitet von dem Verb وصف *waṣafa* 'beschreiben, schildern'), nicht aber 'Figur'. An anderen Stellen wird im Lateinischen entweder شكل *šakl* (I, Z. 170; XIV, Z. 112) mit *figura* oder صورة *ṣūra* mit *forma* (Z. 169) übersetzt. Wie es nun dazu kommen konnte, dass hier *figura* für صفة *ṣifa* steht, ist unklar.

---

[8] Pers. Mitteilung von Hans-Jörg Döhla. Seine Neuedition von *Calila e Dimna* wird in absehbarer Zeit erscheinen.

66 tiesto – Ton – teste und **71** tiesta | Ton | teste] Im griechischen Text werden eindeutige Gattungsnamen genannt (Peck, *HA* V, p. 96): ὀστρακοδέρμων (gemeint sind nicht die Ostracodermi nach heutigem Gebrauch, sondern die Testaceae, also Thekamöben), μαλακοστράκων (Crustaceae – Krebstiere), μαλάκια (Cephalopodae – Kopffüßler), ἔντομα (Insectae).

Das in dem griechischen Kompositum enthaltene Wort ὄστρακον 'Tonscherbe' taucht auch in der arabischen Konstruktion wieder auf: خزف *ḫazaf* 'Ton, irdene Ware' (Lane), ebenso wie der zweite Bestandteil δέρμα als Haut, doch ist es dem arabischen Übersetzer unmöglich, dieses Kompositum mit einer einfachen Genitivverbindung umzusetzen, sondern er muss statt dessen mit einer Umschreibung arbeiten. Im Spanischen wird einmal mit *tiesto* '(Ton-)Scherbe' und einmal mit *tiesta* 'Kopf' übersetzt wird. Im CORDE wird ein Beleg von vor 1260 aus dem *Nuevo Testamento* angeführt, der das Verständnis von 'Kopf' dokumentiert: «e sobre la nuf estaua uno que semeiaua Fiio de ombre, corona doro en su tiesta, y en su mano una foz aguda». Die Bedeutungsunterscheidung in *Ton* und *Kopf* gab es also bereits, was durchaus vom Vulgärlatein her schon möglich war. Im Lateinisch-etymologischen Wörterbuch von Walde ist zu lesen, dass *testa* neben 'Platte, Deckel, Tonscherbe' auch die 'Schale von Kerbtieren' bezeichnet, und außerdem Vulgärlateinisch und Romanisch zum 'Kopf' wurde, was allerdings eine ungeklärte Entwicklung sei.

Als Letztes ist noch anzumerken, dass sowohl in der lateinischen als auch in der spanischen Übersetzung entfällt, dass es bei der Originalbeschreibung um die Beschaffenheit der Haut geht, was inhaltlich betrachtet durchaus entscheidend für die Klassifizierung dieser Gattungen anhand des Exoskeletts ist.

77/78 fronsidos | eingekerbtem | anulosis] *fruncir* 'falten, kräuseln, runzeln' (kein Eintrag im CORDE, DiccMed). Das arabische Wort حز *ḥazza* hingegen meint 'einschneiden, eine Kerbe machen', was in Bezug auf Insekten auch zutreffender ist. In der arabisch-spanischen Übersetzung heißt es immer *fronsido*, lateinisch-spanisch dagegen *anuloso* (cf. z. B. IV, Z. 79).

115 se goujernan | ernähren sich | nutriuntur] Laut dem Diccionario de la RAE ist *gobernar* ein altspanisches Wort für 'sustentar, alimentar'. Es wird tatsächlich in dieser Handschrift sehr häufig verwendet, auch als Substantiv *goujerno* (cf. VII, Z. 20). Das arabische Verb غذا *ġaḏā* liegt hier der Übersetzung zugrunde.

122 en (!) las plantas | *Über die Bäume* – de plantis] Das Buch ist verloren gegangen. Im Mittelalter war zwar ein Buch *Über die Pflanzen* (περὶ φυτῶν) unter dem Namen des Aristoteles bekannt, doch stammte dieses tatsächlich aus der Feder des Nikolaus Damascensus.[9]

a) An dieser Stelle sei eine Anmerkung gemacht zu dem arabischen Wort شجر *šaǧar* 'Baum', das durchgehend verwendet wird, weil es offensichtlich

[9] Weitere Angaben bei Drossaart Lulofs 1968, p. 403.

kein Hyperonym für ‘Pflanze’ gab (v. auch Kommentar zu II, Z. 173–176). Das heute gebräuchliche Wort für Pflanze, نبات *nabāt*, kommt in den vorliegenden Tierbüchern jedenfalls nicht vor. Der Lateiner und der Spanier variieren beide in ihren Übersetzungen zwischen *arbol* – *arbor* (z. B. Z. 108 oder 117, XII, Z. 133), seltener – wie hier – mit *planta* (oder VII, Z. 121, XIX, Z. 139).

b) In der spanischen Handschrift heißt der Titel des Buches nicht *de las plantas*, sondern *en (!) las plantas*. Es handelt sich hier um einen syntaktischen Arabismus, denn im Arabischen steht: في الشجر *fī-l- šağari*, und *en* ist die Grundbedeutung von *fī*.

131 anteçipante | vorhergehenden | alio] Im arabischen Text wird mehrfach der Ausdruck فيما سلف *fīmā salafa* ‘früher, zuvor, vorausgehend’ verwendet (z. B. Z. 14, 46, 54), für den der Spanier jeweils eine andere Lösung in seiner Sprache findet. An dieser Stelle steht nun aber متقادم *mutaqādim/ mutaqādam*, ein Partizip des VI. Stammes zu dem Verb قدم *qadama* ‘vorangehen’, oder *qadima* ‘alt sein’. Ob es sich um ein Partizip Aktiv oder Passiv handelt, kann ohne Vokalisierung nicht eindeutig entschieden werden. Wieder wird also Rückbezug genommen auf etwas, was zeitlich oder örtlich vor dem Genannten liegt, doch diesmal ringt der spanische Übersetzer mit dem angemessenen Ausdruck. Zum einen fällt auf, dass er *anteçipante* statt *anticipado* schreibt, was sich aus der fehlenden Vokalisierung im Arabischen erklären lässt, zum anderen wäre inhaltlich eine Übersetzung mit *anterior* oder (wie in Z. 54) *en lo pasado* treffender gewesen.

147 superfluidades | Überschuss | superfluitate] In der Edition von Badawi steht فصول *fuṣūl* (Plural von فصل *faṣl* ‘Abschnitt’), was man evtl. als ‘Gelenk’ übersetzen könnte. فضل *faḍl*, pl. فضول *fuḍūl* heißt dagegen ‘Überschuss, Überfluss, Rest’. Der Unterschied in der Orthographie besteht in einem Punkt auf dem zweiten Radikal. Der Lateiner und der Spanier zeigen übereinstimmend die zweite Lesart *(superfluitas)*, was auch dem griechischen Text entspricht: «τοῖς μορίοις περιττωμάτων» (Peck, *HA* V, p. 98). Daher wurde hier zugunsten von *Überschuss* konjiziert.

168 Gattung] In diesem Satz ist völlig ohne Variation nur von *ğins* die Rede, was ich hier in der Regel mit ‘Gattung’ übersetze. Doch scheint dem Sinn nach an dieser Stelle eher ‘Geschlecht’ gemeint zu sein.

174ss. Und von den Gattungen der Fische gibt es keine…] Laut dem griechischen Text ist eigentlich gemeint, dass es Gattungen von Fischen gibt, die weder Weibchen noch Männchen haben. Die arabische Fassung ist hier wohl im Laufe der Überlieferung etwas verunglückt.

188 asi] Die Lesart ist unklar; es könnte auch *a su* gemeint sein.

189 {leeren} Eiern] Diese ‘Windeier’ behandelt Aristoteles im VI. Buch (559b25ss.) ausführlicher, ebenso in *GA* unter 750b2ss.

192/193 acaesçiere otro acaeçimjento | etwas ereignet sich | accidat accidens] عرض *ʿaraḍa* ‘sich zeigen, sich ereignen; geschehen’; عرض *ʿaraḍ* pl. اعراض

ʾaʿrāḍ kann zum einen einfach als Verbalnomen zum Grundverb gelesen werden (häufigste Verwendung hier), oder es bezeichnet das 'Akzidens, die vorübergehende, nicht wesentliche Eigenschaft (Philosophie)' (eher selten in diesem Text). Diese Verwandtschaft des Nomens mit dem Verb im Arabischen wird im Lateinischen *(accidat accidens)* und im Spanischen nachgeahmt durch *acaeçer un acaeçimjento* oder *acaesçer un acçidente* (Z. 217 ss.). Im DiccMed ist *acaimiento* belegt: «s. XIII Acaecimiento: Un acaimiento maravilloso acaesció allí, Alfonso X, *Calila e Dimna,*[10] *Crón. General* (c.1270)». Laut dem DiccAut ist *acaecimiento* in der Bedeutung von 'acontecimiento' beim *Conde Lucanor* belegt. Die Bildung *acaeçimjento* ist in den untersuchten Handschriftenauszügen einmalig.

196 asotiljsaremos | verfeinern | speculabimur] Das altspanische Wort *asotilizar* hat die Bedeutung von *sutilizar* 'verfeinern, schärfen; vervollkommnen'. Der Erstbeleg im DiccMed ist aus dem *Fuero de Juzgo* (1241). In der arabischen Ausgabe steht hier لطف *laṭṭafa*, also II. Stamm mit der Bedeutung 'sanft machen, mildern, mäßigen; verfeinern'. Die Wiedergabe des arabischen Kausativs (II. oder IV. Verbalstamm) erfolgt im Spanischen mit dem Wortbildungsmuster *a-* + *Stamm* + *-ar.*

201/202 espeçias | Arten | modi] صنف *ṣinf,* pl. أصناف *ʾaṣnāf* 'Art, Gattung, Sorte'. Mit dem arabischen Wort könnte also auch 'Gattung' gemeint sein, es wird hier aber gemäß dem Verständnis der europäischen Übersetzer mit 'Art' wiedergegeben.

211 a las veses | manchmal | forte] Cf. II, Z. 34.

217–220 E aqueste acçidente… | dieses Ereignis… | et ille casus…] Der Vergleich der drei Textfassungen sowohl in Wortwahl als auch in Syntax zeigt eindeutig, dass der spanische Text aus dem Arabischen übersetzt ist. Bei Badawi steht zwar هذا *hadā* 'dieser', doch hatten offensichtlich sowohl Scotus als auch der Spanier eine anderslautende Vorlage, was sich auch in dem Wort *casus* zeigt. Normalerweise übersetzt Scotus عرض *ʿaraḍ* mit *accidens* wie z. B. in Z. 193.

247 ~ | Schmetterlinge | apicularum] Für diese Stelle ergeben sich schon in der griechischen Überlieferung Varianten, wie Peck in einer Fußnote anmerkt:

> «Reading ψυλλῶν [Flöhe]; butterflies (ψυχαί) are not spontaneously generated according to Aristotle (see 551a14ss.); fleas are (see 556b21ss.)».

Die Schmetterlinge im arabischen Text lassen sich also aus der bekannten griechischen Überlieferung erklären, die *apis*, also Bienen, bei Scotus mögen das Ergebnis eines Missverständnisses sein (*papilio* hieße der Schmetterling auf Lateinisch).

---

[10] Cacho Blecua und Lacarra legen in ihrer Edition von *Calila e Dimna* dar (Madrid 1984), warum das Werk auf 1251 datiert werden muss (p.14–19). Anderslautende Datierungen z. B. im TDMS (auf 1280) werden daher im weiteren Verlauf ohne wiederholte Kommentare korrigiert.

254 conujene nos desir | wir müssen erwähnen | rememorabimus] Der spanische Text ist wörtlich aus dem Arabischen übersetzt, während der Lateiner eine andere Vorlage gehabt haben muss.

259 ementamos | wir beschrieben | narravimus] Das Verb وصف *waṣafa* wird oft (z. B. VI, Z. 19) mit *desir* wiedergegeben. Die Uneinheitlichkeit zeigt, dass im Spanischen die Terminologie noch offen war.

Kommentar zu Liber VI

16ss. E las sasones de su caualgar… | Was die Zeit des Bespringens… | Et oportet…] Für das VI. Buch gilt, was bereits über das V. (Z. 5) gesagt wurde: der lateinische Text basiert auf einer anderen als der vorliegenden arabischen Quelle, was man auch daran sehen kann, dass die Texte inhaltlich nicht übereinstimmen. Die spanische Übersetzung dagegen arbeitete offensichtlich mit der bekannten arabischen Vorlage.

19–22 es diuerso no semejante | verschieden und nicht ähnlich | ~] Der Spanier übersetzt hier wie an vielen anderen Stellen des VI. Buches wörtlich aus dem Arabischen, ohne die in seiner Zielsprache notwendigen Ergänzungen vorzunehmen. Im Arabischen werden sowohl Appositionen und Attribute, als auch adjektivische Prädikate in der Regel ohne Verbindungspartikel aneinander gereiht, was man als asyndetische Reihung bezeichnet: مختلف غير متشابه *muḫtalifun ġayru mutašābihin*, doch müsste es ins Spanische übersetzt *es diuerso* e *non semejante* heißen. Diese Stelle ist ein eindeutiger Beweis für eine arabisch-spanische Übersetzungsarbeit, zumal die Ergänzung im Lateinischen ohnehin fehlt. (Cf. z. B. auch IX, Z. 63; X, Z. 43; XI, Z. 10; XIII, Z. 40.)

38 de las gallinas de grande cuerpo | von den Hühnern, welche groß an Körper sind | ~] Wieder ist die Wortstellung aus dem Arabischen beibehalten worden: من الدجاج العظيم الجثة *mina l-daǧāǧi l-ʿaẓīmi l-ǧuṯṯati*. Im nun folgenden Text wird diese Konstruktion allerdings mit ‘großen Hühnern’ wiedergegeben werden.

49–61 Et galine cubantes sunt…] Inhaltlich weicht der Scotus-Text hier deutlich von der überlieferten arabischen Fassung ab, während die spanische Übersetzung darauf beruht.

79ss. & las gangas & las palomas montesinas | die Turteltaube und die Landtaube | et huiusmodi] Insgesamt geht die Reihenfolge etwas durcheinander, aber es kann festgehalten werden, dass der Spanier jedenfalls nicht aus dem Lateinischen übersetzt haben kann. *Gangas* ist ‘das Flughuhn’, also keine Taubenart.

96 apos] Im DiccMed ist unter *apos* die Bedeutung ‘después de’ angegeben mit Belegen aus dem 13. und 14. Jahrhundert.

100 pico trastornado | gekrümmte Klauen | uncorum unguium] معقف مخاليب *muʿaqqafun maḫālībin* ‘gekrümmt an Klauen, Krallen’. Die lateinische Übersetzung gibt das Arabische wörtlich wieder, das Spanische ist nur mit einer anderen Quelle zu erklären.

113 yeruas | Nest | ~] Bei Badawi liest man عششش *ʿušaš*, das ist der Plural von عشّة *ʿušša* und bedeutet 'Hütte, Laube', während 'Nest' عشّ *ʿušš* wäre. Hier wird daher dem Sinn nach mit 'Nest' übersetzt. Der Spanier folgte noch einer anderen Lesart, indem er عشب *ʿušb* 'Gras, Kraut, Pflanze' interpretierte.

116–250 Vogelnamen] Wie bereits in Kapitel I.2.1 erwähnt, hatte Scotus eine arabische Vorlage, in der ab dem VI. Buch die griechischen Tiernamen oftmals nicht mehr übersetzt, sondern transliteriert waren. Das könnte der Grund sein für die doch zum Teil recht abenteuerlichen Bezeichnungen für Vogelarten, die an sich im europäischen Raum bekannt waren.

Die folgende Tabelle wurde mit Hilfe der griechisch-englischen Ausgabe von Peck erstellt. In eckigen Klammern sind (soweit möglich) die richtigen Namensformen angegeben. Vom Arabischen abweichende Reihenfolgen im spanischen Text wurden für die Tabelle ausgeglichen. Die Vokalisierungen im Arabischen orientieren sich bei den transliterierten Namen am Griechischen.

Zeile[11]	**Griechisch**	**Arabisch**	**Lateinisch**	**Kastilisch**
118	πέρδιξ Rebhuhn	قبج *qabğ* Feldhuhn	*cubeg* [perdix]	*cogujadas*[12] [perdiz, pardilla]
117	ὄρτυξ Wachtel	دراج *durrāğ* Frankolinhuhn	*hairoaz* [coturnix]	*codorrnjsis* [codorniz]
124	κορυδός Lerche	الذي في رأسه قنزعة *allaḏī fī ra'sihi qunzuʿatu*[13]	~ [alauda]	*la aue que tiene en la cabeça vn mon-teçillo de pluma* [alondra]
126	τέτριξ Wiesenpieper?	طاطرقس *ṭāṭriqs*[14]	~ ?	*Ruyseñor*
135	μέροψ Bienenfresser	اروبا *ārūbā*	*brearcia {merobs latine} et robracha* [merops]	*nobiaris* [abejaruco común]
143	κίχλη Drossel	كخلى *kiḫlā / kaḫlā*	*criangel {amones latine}* [turdus]	*cajali* [zoral, tordo]
148	χελιδών Schwalbe	خطاف *ḫuṭāf* Segler, eine Art Schwalbe	*hirundo*	*golondrina*
154	ἔποψ Wiedehopf	هدهد *hudhud* Wiedehopf	*acoz {latine picus marans? cognomine}* [upupa]	*habubilla* [abubilla]

11 Wie immer in den Kommentaren beziehen sich die Zeilenangaben in erster Linie auf den spanischen Text.

12 *Cogujada*. Laut Eintrag im Diccionario de la RAE handelt es sich um die Haubenlerche (im Gegensatz zur Feldlerche).

13 «[der Vogel,] der auf dem Kopf einen Hahnenkamm hat».

14 *Ṭāṭriqs* mit dem Zusatz: «der kleine Vogel mit der schönen Stimme».

Zeile[11]	Griechisch	Arabisch	Lateinisch	Kastilisch
167	κίρκος Habicht, Falke	قرقس *qirqus*	*cignus* [accipiter]	*coques* [halcón]
172	τέτριξ Wiesenpieper?	طاطرقس *ṭāṭriqs*	*tatotiz {est genus picorum et turdi etiam}*?	*tataraquis*
175	οὐράγα ?	اوراجا *'uwrāğā*	*ortaliz* ?	~
233	περιστερά Taube	حمام *ḥamām* Taube	*columba*	*paloma*
233	πέρδιξ Rebhuhn	قبج *qabğ* Feldhuhn	*perdix*	*codornjs*
245	μελεαγρίς Perlhuhn	مالاغرايداس *mālāġrāīdās*	*malagoidez* {meleagridis} [meleagris]	*malagradoz* [gallina de guinea]
247	φασιανός Fasan	فاسيان *fāsīān*	*chachenor* {crearentridi} [phasianus]	~
250	φέγχρις Turmfalke	كنخريس *kanḫarīs*	*forahidoz* ?	*canjaris* [cernícalo vulgar]

151 engeña | ordnet an | ponunt] Man müsste die Abkürzung in der Handschrift wohl am besten als *engendra* auflösen und 'erzeugen' dann im Sinne von 'herstellen' verstehen, was nicht genau der arabischen Vorlage entspricht (هاء *hā'a*, II. Stamm: 'bereit machen; anordnen').

191 ocasion | Unglück | ~] آفة *āfa*, pl.-*āt* 'Schaden, Unglück'. Hier ist im Arabischen offenbar die allgemeine Bedeutung des Wortes gemeint, während es an anderen Stellen (v. X, Z. 93; XI, Z. 103) als philosophischer Begriff verwendet wird. Der Spanier übersetzt etwas freier mit *ocasion* (cf. Kommentar XIX, Z. 35).

251 almagra | Zinnober | militoz] *almagra* leitet sich von مغرة *muġra* ab und heißt 'Zinnober'. Scotus muss hingegen eine Quelle gehabt haben, in der noch das griechische Wort μίλτος zu erkennen war, so dass er nur transliterierte, statt mit *minium* zu übersetzen.

Kommentar zu Liber VII

Eine Bemerkung vorweg

Die überlieferten arabischen Handschriften (cf. Kapitel V.2.) für das VII. und VIII. Buch bieten einen Text, der unmöglich die Grundlage für Scotus gewesen sein kann, da die inhaltlichen Abweichungen zu groß sind (z. B. Z. 82–101). Die spanische Übersetzung folgt hingegen bis ins Detail (z. B. Z. 24/25 und Z. 39) dem lateinischen Scotus-Text.

20 goujerno | Speisen | cibo] Cf. V, Z. 115. Statt *goujerno* benutzt der Spanier auch öfter das Wort *vjanda* (z. B. II, Z. 96).

24 las pasiones de las virtudes | Spuren von Figuren | passiones virtutum] Die lateinische und die spanische Übersetzung lassen sich weder aus der Badawi-Edition, noch dem griechischen Text erklären. Scotus muss mit einer anderen, nicht mehr überlieferten arabische Vorlage gearbeitet haben. Für das Verständnis sei der griechische Text zitiert:

«ἔνεστι γὰρ ἐν τοῖς πλείστοις καὶ τῶν ἄλλων ζῴων ἴχνη τῶν τὴν ψυχὴν τρόπων» (Balme, *HA* VII, p. 56).[15]

Im Griechisch-Arabisch Lexikon von Endress/Gutas ist bereits das arabische أثر *aṯar* in der Übersetzung von ἴχνος 'Spur' bei Themistius' *Commentarius in Aristotelis De anima* 45.35 nachgewiesen.

33–35 como el temor... | Sanftmut und Härte... | sicut temor...] Diese Zeilen sind wörtlich aus dem Lateinischen übersetzt, während der arabische Text deutlich abweicht.

38 agitatio] Es ist ein Schreibfehler anzunehmen, denn es müsste wohl *cogitatio* wie in Z. 60 heißen.

39 abejas | Verstandes | apibus] Der Araber gibt genau den griechischen Text wieder, während *apibus* entweder auf einem Lesefehler oder einer verderbten Vorlage beruht (عقل *ʿaql* 'Verstand' versus نحل *naḥl* 'Biene'). Der spanische Anonymus hat hier zweifelsohne mit dem Lateinischen gearbeitet.

45–57 Und Spuren dieser Formen...] Der Abschnitt soll inhaltlich kurz mit Hilfe der griechisch-englischen Edition erläutert werden. Balme übersetzt den griechischen Text wie folgt (*HA* VII, p.59):

«For some characters differ by the more-and-less compared with man, as does man compared with a majority of the animals, while others differ by anlogy».

Weil allerdings auch dieser Satz nicht wirklich leicht zu verstehen ist, merkt Balme Folgendes an (*HA* VII, p. 59):

«This sentence is not pleonastic, but presents three cases: (1) some animal types differ from man in degrees of the more-and-less, e. g. in courage, where the lion has more than man but the deer less; (2) man shows other differences of more-and-less compared with the generality of animals, e. g. in tameness; (3) other animals show differences of analogy compared with man, e. g. in art and intelligence, where the swallow shows an analogy».

62/63 virtud | Kräfte | virtus] Hier wurde das griech. *dynamis*, arab. قوة *quwwa* mit lat. *virtus* übersetzt, wie es sich auch sonst oft im Text findet (z. B. VIII, Z. 29 oder XVI, Z. 210/211) (cf. außerdem II.1.1).

72 costunbres | ~ | seminibus] Entweder liegt hier im Spanischen ein Übersetzungsfehler vor, der z. B. eine verderbte Vorlage als Ursache gehabt haben könnte, oder der Text in der Chigi-Handschrift weicht von der übrigen Überlieferung ab. Sowohl der spanische als auch der lateinische Text wären allerdings inhaltlich denkbar. Es geht hier um das Heranreifen der Jugend-

[15] «Denn auch bei den meisten Tieren finden sich Spuren von den der Seele zukommenden Eigenschaften» (Aubert/Wimmer, *HA* VII, 1868).

lichen, so dass sich der lateinische Text mit *semen* auf die jungen Männer, der spanische Text mit *costunbres* auf die jungen Frauen beziehen würde, wenn man folgenden Beleg zu *costumbre* aus dem DiccMed zugrunde legt: 'menstruo o regla de las mujeres' (Nebrija).

109 termjnos | Grenze | termina] حد *ḥadd*, pl. حدود *ḥudūd* heißt sowohl 'Grenze' als auch 'Definition'. Im XI. Buch, Z. 44 kommt letztere Bedeutung zum Tragen, hier aber die 'Grenze'.

118 cosa | ~ | ens] Zum einen ist *ens* das Partizip Präsens Aktiv von *esse*, zum anderen hat es substantivische Bedeutung 'das Ding'. So hat es der spanische Anonymus verstanden.

129–134 E quando este genero ... | Und die Gesamtheit der Gattung ... | et hoc genus ...] Hier geht es um die beiden Begriffe ἔμψυχον 'beseelt', und ἄψυχον 'unbeseelt', nach denen Aristoteles auf der *scala naturae* (v. II.1.2) die Lebewesen ordnete. Da Scotus aber den Zusatz *die keine Seelen haben* weglässt, bleibt der Gegensatz unvollständig. Der Spanier folgt in Satzbau und Inhalt eindeutig dem Lateinischen.

146 son continuas | angeheftet | sunt continua] In Buch III wurde لاصقة *lāṣiqa* 'angeheftet' von Scotus mit dem Verb *applicare* wiedergegeben, was im Spanischen zu *aplicar* oder *apegar* führte (III, Z. 41, 50, 53). An dieser Stelle aber nun leistet Scotus die Übertragung des konkreten Begriffs auf die abstraktere Ebene: *continuare*, worin ihm der volkssprachliche Anonymus folgt.

156/157 solmer/kanana | Sūlīnās/Qinā | solinez/kinaria] σωλῆνες: *Sūlīnās* sind die 'Scheidenmuscheln' und πίνναι: *Qinā* die 'Steckmuscheln' (laut Aubert/Wimmer).

171 ~ | 'das Gehende' | ~] Dieser etwas unbeholfene Ausdruck im arabischen Text heißt in der griechischen Vorlage πορευτικά («the animals that move about»), gemeint ist also der Gegensatz von unbeweglichen und beweglichen Lebewesen (zu *Testacea* cf. V, Z. 66).

183 chicho | Ṭaṭū | ticho] τήθυα steht auch im griechischen Text ohne Anmerkung des Herausgebers. Aber vielleicht ist τῆθος, die 'Auster', gemeint.

186 'Aqālīfī] Es handelt sich um eine weitere Transliterierung aus dem Griechischen: ἀκαλήφος 'die Seeanemonen'.

191 ~ | Kraut | ~] غمام *ġamām* ist die Wolke. Laut Lane gibt es für غمامة *ġamāma* die Bedeutung 'herbage', was hier wahrscheinlicher gemeint ist als 'Wolke'. Bei Biberstein-Kazimirski findet man das Verb غم *ġamma*: «1. Couvrir, recouvrir quelque chose; 2. Être d'une végétation riche et luxuriante, de momière à se repéndre partout et a couvrir le sol de son feuillage ou de ses rameux (se dit des plantes)». Wahrscheinlich aber handelt es sich um eine umgangssprachliche Ergänzung des arabischen (syrischen?)[16] Übersetzers; im Griechischen findet sich jedenfalls keine Vorlage dafür.

---

[16] Cf. V.2.3.

212 continuaçion | ~ | commutatio] Da der ganze Abschnitt im Lateinischen anders aufgebaut ist als die vorliegende arabische Quelle, fehlt das Vergleichswort im Arabischen. Jedenfalls aber kann man sehen, dass der Spanier sich verlesen hat, so dass er statt *commutatio continuatio* gelesen hat, was bei gotischen Schriftzeichen leicht nachvollziehbar ist.

239 Geburt] Das sonst mit 'Zeugung' übersetzte *wilād* (cf. V, Z. 34) wird hier in Angleichung mit dem griechischen Text als 'Geburt' wiedergegeben.

254 soliçitan | mühen sich ab | sollicitantur] تعب *taʿiba* 'sich abmühen; müde sein oder werden; IV Mühe verursachen'. Das Arabische entspricht dem griechischen Original. *Sollicito* im Lateinischen heißt '1. stark bewegen, erregen; 2. in Tätigkeit setzen; 3. veranlassen, auffordern', i. e. Scotus bemühte sich um eine möglichst korrekte Wiedergabe des arabischen Textes. Im DiccMed ist das Wort *solicitar* nicht belegt, die neuspanische Bedeutung ('ersuchen, beantragen, bitten; [Fís. *atraer*] anziehen') ist mit Sicherheit nicht gemeint, vielmehr übernimmt der Spanier einfach das lateinische Wort seiner Vorlage.

Kommentar zu Liber VIII

13 modos | Charakteren | modi] شكل *šakl* wird in der vorliegenden arabisch-deutschen Übersetzung in der Regel in Analogie zum Lateinischen mit 'Gestalt, Figur' wiedergegeben (v. Glossar von Oppenraaij). An dieser Stelle aber gibt das griechische ἦθος den Ausschlag für eine Übersetzung mit 'Charakter'. Die lateinische und spanische Version lassen auf eine andere Quelle schließen.

16 nos non sabemos | ~ | nos nescimus] In der überlieferten arabischen Fassung steht an dieser Stelle keine Verneinung, sondern der ganze Satz ist, wie man sieht, anders aufgebaut als die lateinische Übersetzung. Der spanische Übersetzer indessen hält sich so wortwörtlich an seine lateinische Vorlage *(nos non sabemos – nos nescimus)*, dass eine falsche Wortstellung im Spanischen das Resultat ist: Die vor das Verb gesetzte Verneinungspartikel *ne-* belässt der Spanier an dieser Stelle, statt dass er die Verneinung *non* vor das Pronomen stellt. Das reflexive *nos* verwundert allerdings in der lateinischen wie spanischen Übersetzung.

28–30 una virtud natural de los açidentes | eine natürliche Kraft [...] den Kräften – virtus naturalis accidentium] Das griechische δύναμις wird, wie fast immer, mit قوة *quwwa* 'Kraft' übersetzt, was dann in Folge von Scotus mit *virtus* umgesetzt wird. Der spanische Übersetzer übernimmt *virtus*, also: *virtud*, wenn er mit einer lateinischen Quelle arbeitet, während er aus dem Arabischen variiert: *fuerça, vigor, fortalesa, virtud* (v. XIII, Z. 21). Des Weiteren liest man im griechischen Text πάθημα 'Leid, Schaden', was jedoch als philosophischer Terminus die 'vorübergehenden, nicht wesentlichen Eigenschaften' bezeichnet. Interessanterweise übersetzt der arabische Anonymus πάθημα mit قوى *quwan*, dem Plural von قوة *quwwa*, für den es keine Bedeutung im Sinne von *accidens* gibt. Es muss angenommen werden, dass Scotus eine anders lautende Quelle vorlag. Der spanische Text ist jedenfalls nur als eine Übersetzung aus dem Lateinischen zu erklären.

33 habituaçiones | ~ | habitudines] Im DiccAut ist *habituación* aufgeführt als 'La costunbre de hacer alguna cosa. Lat. Habitus'. Allerdings stammt der Beleg aus dem 17. Jahrhundert (B. Aldrete). Vom Zusammenhang her müsste auch eher die Grundbedeutung von *habitudo* 'Haltung, Äußeres' gemeint sein. Die Bildung in der spanischen Handschrift kann man als einen ungewöhnlichen Latinismus ansehen, da sich aus dem lat. Suffix *-tudo* gewöhnlich das im Altspanischen recht produktive Suffix *-dumbre* entwickelte, während das *cultismo*-Suffix *-ción* aus *-tio, -onis* entstand. Ein Nachweis in den anderen hier verwendeten lexikographischen Nachschlagewerken konnte nicht gefunden werden.

59 natura | Charaktere | natura] Üblicherweise steht im arabischen Text طباع *ṭibāʿ* für *natura*, wie z. B. in Z. 159, nicht aber شكل *šakl*. Hier weichen die Vergleichstexte wieder voneinander ab.

81 canes lebreros | Windhunde | canibus leviariis] Der Windhund heißt auf Spanisch *lebrel*, auf Latein *vert(r)agus*. Scotus muss wohl eine Vorlage gehabt haben, die vielleicht selbst schon diese Umschreibung *leviarius* oder ähnlich eingesetzt hatte. Jedenfalls ist *cane* in der spanischen Handschrift (auch Z. 88 und 95) ein Wort, das kommentiert werden sollte. Der Schreibung nach handelt es sich um einen Latinismus, denn die übliche Form wäre *can* gewesen. Dazu sind im DiccMed mehrere Belege für das 13./14. Jahrhundert angeführt (ebenso TDMS), u. a. bei Alfonso und Don Juan Manuel. Corominas geht von einer Bevorzugung des vom lateinischen abgeleiteten Wortes *can* bei den aristokratischen und gebildeten Autoren wie Berceo, Alfonso X oder Don Juan Manuel aus. Für *perro* wird der Erstbeleg mit dem Jahr 1136 *(Documento leonés)* angegeben. Laut Corominas verbreitete sich dieses Wort «de origen incierto» ab 1200 sehr schnell und verdrängte *can* in allen Bereichen des Sprachgebrauchs. Auch für *perro* gibt es zahlreiche Belege aus unterschiedlichen Textgattungen für das 13./14. Jahrhundert (TDMS), so dass sich die Annahme Corominas bezüglich der Bevorzugung je nach Autor nicht ganz halten lässt. Die Verwendung von *cane* hier im Vergleich zu *perro* in Buch XI (Z. 125) deutet aber darauf hin, dass sich der spanische Übersetzer in der Wahl des Wortes von seiner lateinischen Quelle hat leiten lassen.

89 emalaquio | Mūlūṭīya | Malachie] Die Stelle ist in der spanischen Handschrift sehr unleserlich. Laut Scotus könnte eine Verwechslung mit *malakia* vorliegen, was aber sehr abwegig ist. Tatsächlich sind die Molosserhunde gemeint: «one of the most famous breeds of guarddogs» (Balme, Anmerkung zu 608a 28).

134 acuçiosa | ~ | astuciores] Das Nomen *acucia* ist seit dem 13. Jahrhundert mit der Bedeutung *inteligencia* belegt (Alfonso X, *Siete Partidas*).

141 mas | weniger | parve] Es müsste *menos* heißen, nicht *mas*.

169 enujsa | Eifersucht | invida] Hier liegt wohl ein Schreibfehler in der spanischen Handschrift vor. Zwar ist *enviso* sowohl im DiccMed als auch im TDMS für das 13. Jahrhundert bekannt als 'sabio, sagaz', doch müsste es dem Inhalt nach eindeutig *envidia* heißen.

180–184 E mjntio solinus ... | ~ | Mentitur Solinus ...] Diese Zeilen fehlen in der arabischen Fassung.

Kommentar zu Liber IX

13 la madre | Gebärmutter | ~] رحم *raḥim,* pl. ارحام *'arḥām* 'Gebärmutter'. Da die Angabe bei Scotus fehlt, kann dessen Text hier nicht die Vorlage des Spaniers gewesen sein, wofür auch die romanische Form spricht, welche laut TDMS bereits zweimal in der Bedeutung *matriz* nachgewiesen werden konnte und zwar in *Poridat de las poridades* (1250) und *Calila e Dimna* (1251).

18 mançebes & grandesa | Weißhaarigkeit und Alter | tempus senectutis] In der arabischen Edition steht gemäß dem griechischen Text شيب *šaib* 'Weißhaarigkeit; Greisenalter', doch der Spanier übersetzt, als ob in seiner Quelle شباب *šabāb* 'Jugend' oder شاب *šābb* 'Junge, junger Mann' *(mancebo)* gestanden habe. Es handelt sich wohl um einen Lesefehler. Scotus vereinfacht, wie so oft, den arabischen Pleonasmus zu *tempus senectutis,* was sowohl 'Greisenalter' als auch 'graues Haar' bedeuten kann. كبر *kibar* kann man wörtlich mit 'Größe' übersetzen ('grandesa'), in erweitertem Sinne heißt es 'Alter'. Beide Stellen beweisen die Übersetzungsrichtung arabisch-spanisch.

23 declaramos | wir hatten gezeigt | locuti sumus] بان *bāna* 'II klar, deutlich machen; aufzeigen; erklären'. Die spanische Übersetzung verweist eher auf den arabischen Text, denn das lateinische *loquor* bedeutet 'sprechen, deutlich zeigen'.

25 diuersidad & diferençia | Unterschied und Unterscheidung | differentiis] الاختلاف و الفصل *ali-ḫtilāfu wa-l-faṣlu.* Die Aneinanderreihung von Synonymen ist ein typisches Merkmal des Arabischen. Der lateinische Übersetzer vereinfacht in der Regel so wie hier. Der Spanier hingegen hält sich Wort für Wort an seine arabische Quelle.

28 espeçias | Einteilung | ~] Im arabischen Text steht تصنيف *taṣnīf* 'Einteilung', also das Verbalnomen des II. Stammes; vielleicht war es einfach nur ein Interpretationsfehler des Spaniers, oder er hatte eine Vorlage mit صنف *ṣinf* 'Art' (Verbalnomen des I. Stammes). Wahrscheinlich ermangelte es dem Übersetzer an entsprechenden sprachlichen Möglichkeiten in seiner Muttersprache, um den II. Stamm nachzubilden.

34 esperma | Samens | sperma] Hier zeigt es sich, dass das Spanische zum Zeitpunkt der Übersetzung noch nicht fachsprachlich festgelegt war. Einmal heißt es *esperma*, einmal *simjente* (cf. hier Z. 266, oder X, Z. 133). Weder

der arabische noch der lateinische Text variieren hingegen: arabisch زرع *zarʿ* 'Same' und lateinisch *sperma*. Für beide Varianten (*esperma* und *simjente*) gibt es allerdings zahlreiche Belege aus dem 13. Jahrhundert (CORDE).

37 los quatorse años | zweimal sieben Jahre | duorum septenni⟨or⟩um] اسبوع *ʾusbūʿ* 'Siebenheit'. Dieser Begriff steht im Dual und wird im Lateinischen exakt nachgebildet, während der Spanier sozusagen die Umrechnung vornimmt.

47ss. abolon de corotina | Abūlūn aus Qarūṭunā | Alkameon al Karotiki] Abūlūn ist die Lesart aus T. In Badawis Ausgabe steht Alqamāyūn. Gemeint ist jedenfalls Alkameon aus Kroton. Ich zitiere die Anmerkung in Balmes Edition (*HA* IX, p.415):

«An influential 5th-century medico-philosopher, often quoted by Aristoteles, who wrote a book on him (not extant)».

54–61

	Arabisch	**Spanisch**	**Latein**
rau werden	خشن *ḫašuna* 'grob, dick sein od. werden'	*engordeçer* (neuspan. engordar)[17]	*asper*
groß/tief werden	عظم *ʿaẓuma* 'groß werden'	*engrandeçer*	~
glatt	املس *ʾamlas* 'glatt'	*lesne* wird aus *liso* abgeleitet: 'glatt'	~
nicht gleichmäßig	غير مسوّى *ġayr musawwī* 'nicht gleich'	*nj egual*	*inequalis*
scharf (im Sinne von: hoch)	حاد *ḥādd* 'scharf'	*aguda*	*acuta*
schwer (im Sinne von: tief)	ثقيل *ṯaqīl* 'schwer'	~ (v. aber Z. 143: pesada)	*gravis*
nicht zueinander passend	لا ملائم *lā mulāʾim* 'nicht zueinander passend'	*nj vnjforme*	~

In diesem Abschnitt wird versucht, die Vorgänge beim Stimmbruch zu beschreiben. Dabei kann der arabische Text als eine relativ genaue Wiedergabe des griechischen Originals angesehen werden. Der spanische Text wurde eindeutig aus dem Arabischen übersetzt, was man an den Verben im ersten Teil sehen kann (*engordeçer* und *engrandeçer*), die im lateinischen Text fehlen, ebenso wie an anderen fehlenden Angaben. Warum im Spanischen das Wort für *schwer* fehlt, ist unklar.

Die beiden Verben خشن *ḫašuna* 'rau, grob sein, werden' und عظم *ʿaẓuma* 'groß werden' bezeichnen beide einen prozesshaften Vorgang, der im Deutschen problemlos durch das Verb *werden* ausgedrückt werden kann. Der spanische Anonymus entscheidet sich für das Wortbildungsmuster *en- + Adjektiv + -çer*, ebenso Z. 132 *enmagreçer*.

63 cuerdas gordas floxas | die groben und schlaffen Saiten | corde cithare] Im arabischen Text liest man: بالأوتار الخشنة المسترخية *bi-l-ʾautāri l-ḫašinati l-*

[17] *Engordar* ist laut Corominas seit 1251 belegt.

mustarḫiyati. Der spanische Übersetzer übernimmt exakt die Wortstellung (Substantiv + Adjektiv + Adjektiv) und dazu noch die asyndetische Reihung: *gordas [ ] floxas* (cf. VI, Z. 19–22). Die spanische Syntax würde eigentlich eine Kopula verlangen. Der lateinische Text weicht deutlich ab.

64/65 humjdad o humedeçimjento | Feuchtigkeit oder Nässe | moliciem] Der volkssprachliche Übersetzer versucht, den arabischen Pleonasmus nachzuahmen, während der Lateiner einen ganz anderen Satz wiedergibt. Das Wort *humedeçimjento* muss dabei als einmalige Wortbildung angesehen werden sowohl innerhalb dieser Handschrift, als auch unter Berücksichtigung der lexikographischen Nachschlagewerke.

70 caualgar | Geschlechtsverkehr | capreum] Im Anschluss an den vorherigen Kommentar muss angenommen werden, dass dem Lateiner hier eine abweichende, evtl. auch fehlerhafte Quelle gedient haben muss. Drei Zeilen weiter liest man *coitu* als seine übliche Übersetzung für 'Geschlechtsverkehr'. Bei Georges steht *capreus, -a, -um* 'von Ziegen', *caprea* 'wilde Ziege'. Statt einer temporalen Angabe würde hier also ein Beispiel für eine Tierart stehen.

89ss. que non se mudan ... | so verändern sich ... | ~] Wörtlich übersetzt heißt der arabische Text: *so verändern sich ihre Stimmen nicht, außer einer leichten Veränderung*. Der spanische Anonymus ahmt diesen Satzbau genau nach.

96 ~ | gefüllten Gliedmaßen | inguinum] أعضاء المحاشي *'aʿḍā'u l-maḥāšīyu* 'gefüllte Gliedmaßen'. Laut einer Fußnote bei Badawi sind die Genitalien gemeint, so wie es auch Scotus übersetzt hat: *inguen* n (pl.) 'Geschlechtsteile'. In der spanischen Handschrift fehlt die Stelle.

101 Reibung] سحق *saḥaqa* 'zerreiben'. Gemeint ist die Masturbation.

107–110 sondern auch der Schmerz ...] Die Stelle ist im Arabischen sehr umständlich, so dass Badawi in einer Fußnote den griechischen Text zitiert, was hier um des besseren Verständnisses willen auch geschehen soll:

> «And about this time, in connection with the emission of the seed, those who try friction experience not only pleasure as the seed is discharged but also pain». (Balme, *HA* IX, p. 417).

125 perfectas | geschlechtsreif | ~] بلغ *balaġa* bedeutet 'erreichen; reif werden; auch: mannbar werden'. In der spanischen Übersetzung kommt die biologische Bedeutungsebene nicht zum Ausdruck. Es ist wahrscheinlich, dass dafür in der jungen romanischen Sprache noch die Ausdrucksmöglichkeiten fehlten.

137 tetas | Drüsen | mamille] Tatsächlich steht hier in der Ausgabe von Badawi غدة *ġudda* 'Drüse (anatom.)', statt des sonst verwendeten Begriffs ثدى *ṯady* 'weibliche Brust' (cf. hier z. B. Z. 95, oder II, Z. 125/126). Die anderen Übersetzungen weisen keine Irritationen auf.

140ss. las donsellas | des Tieres | puellarum] In der arabischen Ausgabe steht hier الحيوان *al-ḥayawān*, statt des zu erwartenden الجواري *al-ǧawārī*, also Mädchen, wie es auch in den beiden Übersetzungen steht. Es muss entweder ein Lesefehler des Kopisten oder ein Editionsfehler bei Badawi angenommen werden.

149 diosas grandes | bejahrten, älteren | vetularum] المسنّات الكبار *al-musinnātu al-kibāru*. Laut RAE heißt *dioso* 'de muchos años'. Der älteste Beleg für das Wort stammt laut CORDE und TDMS aus *Calila e Dimna* (1251).

161 Blasinstrument] Diese Passage entspricht dem griechischen Text, wurde aber von Scotus und dem Spanier weggelassen. Im Griechischen steht αὐλός 'Röhre; Hülle; Blasinstrument mit doppeltem Rohrblatt', so dass die arabische Übersetzung mit زمارة *zamāra* od. *zumāra* 'Blasinstrument; Stimmlippen' durchaus zutreffend ist.

200–202 ~ | mannbar werden | sompnus pollucio⟨nis⟩] (تحتلمون) حلم *ḥalama* 'nachsinnen, träumen; mannbar werden; VIII mannbar werden'. Offensichtlich erkennt Scotus, dass es hier um den nächtlichen Samenerguss bei heranwachsenden Jungen geht, da er *sompnus pollucionis* konkretisiert.

209 neçesidad | Schadens | ~] Von dem Verb ضر *ḍarra* 'schaden, Schaden zufügen' leitet sich das Nomen ضرورة *ḍarūra* 'Notwendigkeit; Mangel, Not; Schaden' ab. Der spanische Übersetzer hat sich für die erste Bedeutung entschieden, was inhaltlich ein verzerrtes Resultat ergibt. Im X. Buch kommt zweimal das Wort أذا *'aḏan* 'Schaden' vor; hier wäre diese Fehlübersetzung nicht denkbar.

211 parto | Geburt | ~] ولاد *wilād* wird hier sonst meistens mit 'Zeugung' übersetzt, doch dem Sinn nach ist vielleicht eher 'Geburt' gemeint. Das Griechische hilft nicht weiter (cf. Kommentar V, Z. 33/34).

216 poluçion | Mannbarwerden | ~] Bei Badawi steht eigentlich اختلاف *iḫtilāf* 'Unterschied, Verschiedenheit', doch ist eindeutig احتلام *iḥtilām* 'Mannbarwerden' gemeint, was der Spanier entsprechend mit *poluçion* ('Samenerguss') übersetzt. Es muss sich um einen Fehler in der arabischen Handschrift oder Edition handeln, der hier entsprechend konjiziert wurde. *Poluçion* kann übrigens als ein seltener Latinismus angesehen werden, der für das 13. Jahrhundert bisher erst einmal belegt ist, nämlich im *Lapidario* (1250), sonst erst wieder am Ende des 15. Jahrhunderts (CORDE; kein Eintrag im DiccMed).

221–225 de magresa A gordura | von Magerkeit zu Fettheit und Fruchtbarkeit | ad maiorem carnositatem vel ad minorem] Der Zusatz im arabischen Text *und Fruchtbarkeit* fehlt in den anderen Fassungen. Der Spanier übersetzt hier ganz richtig سمن *siman* 'Fettheit' mit *gordura*, doch liest man wenige Zeilen später (Z. 251), dass er خصب *ḫiṣb* 'Fruchtbarkeit' ebenfalls mit *gordura* wiedergibt. Es muss sich folglich um einen Fehler in seiner Vorlage oder um Variationen in der Überlieferung handeln wie man auch am lateinischen Text sieht, der sich deutlich von den anderen beiden unterscheidet.

264 conplision | Konstitution | dispositio] Die Abweichung der lateinischen Fassung ist mit einer anderen Vorlage zu erklären. مزاج *mizāǧ* bezieht sich auf die 'körperliche Konstitution, das Befinden', was von Scotus an anderer

Stelle (650b28) mit *complexio* wiedergegeben wird. Mit *dispositio* übersetzt er in der Regel das arabische حال *ḥāl* 'Zustand'.

Kommentar zu Liber X

5 ensalçado] Das Adjektiv ist seit dem 14. Jahrhundert mit der Bedeutung 'loado' (Juan Manuel, *Conde Lucanor*) belegt, ist aber mit Sicherheit schon viel älter.

18 (+23+24) quiça | manchmal | Forte] Im griechischen Text heißt es: ὀτὲ 'bisweilen, manchmal'. Die zeitliche Bedeutung kann mit dem arabischen ربما *rubbamā* 'manchmal; oft' wiedergegeben werden, ist aber nicht eindeutig, denn ربما *rubbamā* kann auch 'vielleicht' heißen. Dementsprechend wird es im Spanischen einmal mit *quiça* und in Z. 108/109 mit *a las veses* übersetzt (cf. dazu den ausführlichen Kommentar II, Z. 34). Scotus realisiert nur die Bedeutung mit *forte*.

19 se cortara | unterbrochen | ~]قطع *qaṭaʿa* 'schneiden'. انقطع *inqaṭaʿa* 'VII abgeschnitten, getrennt sein oder werden; aufhören'. Im VII. Stamm werden Passiva und Reflexiva zum Grundstamm gebildet. Bei Scotus weicht der ganze Satz vom Arabischen ab, der spanische Übersetzer hingegen hatte diese Quelle und übersetzte sehr genau den VII. Stamm des Verbs mit einer reflexiven Passivkonstruktion.

24+26 anbos | beiden | ~] Die Wiedergabe des Duals ist ein eindeutiger Hinweis auf die arabische Vorlage.

28 se requiera | untersuchen | considerare] فقد *faqada*. Hier liegt das Verb im V. Stamm vor (تفقد *tafaqqada*) und bedeutet 'untersuchen'. Interessant ist die spanische Übersetzung: Im V. Stamm werden Passiva und Reflexiva zum II. Stamm gebildet, was der Spanier folgerichtig mit einer Passivkonstruktion nachbildet. Nur das lateinische *considerare* weicht ab (cf. auch oben, Z. 19).

32–38 sera curada... | mit der Behandlung... | medicinabimur eam...] Die spanische Fassung gibt wörtlich den arabischen Text wieder; die lateinische Fassung von Scotus kann unmöglich als Vorlage gedient haben.

43 perfecta conpljda | vollständig und vollkommen | compleverit] Dies ist ein weiteres Beispiel für die wortwörtliche Übersetzung aus dem Arabischen mit der bereits in IX, Z. 63 erwähnten asyndetischen Koordination der Attribute (cf. VI, Z. 19–22, XI, Z. 10).

49 verbi graçias | wie zum Beispiel | verbi gracia] كقولي *ka-qaulī* ist ein feststehender Ausdruck: 'wie zum Beispiel'. Da der Spanier, so wenig wir auch über ihn wissen, doch ein Gelehrter gewesen sein muss, überrascht es nicht weiter, dass er sich hier der geläufigen lateinischen Formel bedient: *verbi gracia*.

51 enpeçido | geschädigt | non fuerit lesio] Für *enpecer* gibt es Belege aus dem 13.–15. Jahrhundert mit der Bedeutung 'dañar, perjudicar' (DiccMed). In Z. 75 wird auch das Nomen *enpeçimiento* verwendet.

55 arresa | verstärkt | sanus] Das Wort *arresa* ist in dieser Schreibweise in Ursprung und Bedeutung ungeklärt. Wahrscheinlich aber ist *arreziado* 'verstärkt' gemeint: «E arrezio Symon todos los quebrantos de so pueblo» (1260, *Los libros de los Macabeos*; CORDE).

67 & [non] cansare | und nicht ermüdet | ~] Wie in Z. 63 der *Schmerz* so fehlt auch diese Angabe bei Scotus. Überhaupt weicht der lateinische Text in diesem Abschnitt von den anderen beiden ab. Die Negation fehlt in der Madrider Handschrift und wurde daher sinngemäß konjiziert.

89 gelo] Menéndez Pidal schreibt in seinem *Manual de gramática histórica española*,[18] dass zu Beginn des 14. Jahrhunderts eine Entwicklung einsetzte, bei der die Form der verbundenen Personalpronomen *gelo* (Singular und Plural) von *selo* abgelöst wurde. Ein zeitliches Ende für diesen Entwicklungsprozess benennt er nicht.

89 deujede | verhindert | prohibebit] منع *mana'a* 'aufhalten, verhindern'. Das altspanische Verb *devedar* mit der Bedeutung 'vedar, prohibir; impedir' ist für das 13.–15. Jahrhundert belegt (RAE und DiccMed).

93 ocasion | Unglück | ~] Ähnlich wie in VI, Z. 191 ist hier der allgemeinsprachliche Sinn von آفة *'āfa* gemeint, nämlich 'Unglück, Schaden' (cf. XIX, Z. 35). Ein Vergleich mit dem griechischen Originaltext hat ergeben, dass die Verneinung *(erfüllt sie* nicht *ihre natürliche Tätigkeit)* fehl am Platz ist (v. Balme, *HA* X, p.476).

99/100 E conujene que se sepa | Und man muss wissen | ~] و ينبغي ان يعلم *wa-yanbaġī 'an ya'lama*. Statt der sonst häufigen Infinitivkonstruktion *(conujene a saber* z. B. XII, Z. 69/70) fällt hier auf, dass sich der spanische Übersetzer wörtlich und formgetreu an seine arabische Vorlage hält, also auch den Konjunktiv *(ya'lama)* mit *se sepa* übersetzt (v. auch Z. 191 *E digo que conujene que tenga*). Im X. Buch kommt diese Art von Konstruktion sehr oft vor.

132 non enxugara | nimmt nicht auf | ~] Das Wort *enxugar* ist nicht im DiccMed aufgenommen, doch finden sich einige Textstellen im CORDE, z. B. aus dem *Moamín* (1250): «E si les coxieren la leche con piedras e les fizieren tragar d'ella, seerles á atán buena como la cocha pora enxugar la umidad e para endelgadecerla», oder aus dem *Lapidario*: «& enxugar las humidades» (Corp.es.). Beide Textstellen belegen die Bedeutung 'aufnehmen, aufsaugen'. Das arabische Verb سف *saffa* bedeutet im VIII. Stamm 'zu sich nehmen, schlucken (etwas Trockenes)'; bei Biberstein-Kazimirski ist unter anderem bei *saffa* angegeben: «Avoir bu beaucoup d'eau sans étancher la soif». Es geht also offensichtlich darum, etwas aufzusaugen, zu absorbieren, i. e. in diesem Fall, dass die Gebärmutter den Samen aufnimmt bzw. eben nicht *(non enxugara)*.

138 sea curada | behandeln | est currens] علج *'alağa*, VI. Stamm: تعالج *ta'ālağa* 'in ärztlicher Behandlung stehen'. Der VI. Stamm bildet Reflexiva und

[18] Menéndez Pidal, Ramón, ^{5}1925, p. 217.

Passiva zum III. Stamm aus (cf. hier Z. 28 *se requiera*). Wieder überträgt der spanische Übersetzer die arabische Vorlage mit einer Passivkonstruktion.

Für die Übersetzung bei Scotus sind zwei Erklärungen möglich: Entweder hat sich ein Kopist verschrieben oder verlesen, so dass in der Handschrift Vaticanus Chigi nun zu lesen ist *est currens* statt *est curans*, oder es hat aus Unachtsamkeit eine Verwechslung mit dem Verb عجل *ʿaǧila* 'eilen, sich beeilen' stattgefunden.

152 pas | Unversehrtheit | ~] سلامة *salāma* ist die 'Unversehrtheit, das Wohlergehen', während سلام *salām* 'Heil, Friede' bedeutet. Daraus lässt sich leicht das spanische *pas* erklären.

153 aprouechan | sich öffnen | ~] Hierbei handelt es sich um einen graphischen Lesefehler, der ebenfalls nur mit einer arabischen Vorlage zu erklären ist: Statt يتفتح *yatafattaḥu* 'sich öffnen' zu lesen, hat der spanische Übersetzer ينتفع *yantafaʿu* 'Nutzen ziehen' gelesen, also *aprovechar.*

160–162 lo que queda del cuerpo | der übrige Leib | ~] سائر الجسد *sāʾiru l-ǧasadi* 'der übrige Leib'. Im spanischen Text wird das Adjektiv zu einem Relativsatz aufgelöst. Auch im modernen Spanisch ist es unüblich, das Adjektiv *restante* zu verwenden; statt dessen werden in der Regel Verbalkonstruktionen z. B. mit *quedar* oder *sobrar* gebildet.

163 ⟨causa⟩ dolençia | Ursache | ~] Dem Übersetzungsfehler liegt ein polysemes Wort im Arabischen zugrunde. علة *ʿilla* kann sowohl 'Krankheit' als auch 'Ursache' heißen. Auffällig ist, dass im spanischen Manuskript zuerst *causa* geschrieben und dann durchgestrichen wurde. Vermutlich war in der handschriftlichen Vorlage, welche unserem Textzeugen als Quelle zur Abschrift diente, das Wort *causa* nur undeutlich getilgt, so dass der Kopist erst zu spät den Fehler bemerkte.

168–175] Dieser Absatz fehlt in der heutigen arabischen Überlieferung, war jedoch offensichtlich in den iberischen Handschriften noch vorhanden.

177 ***] Das Fehlen einer längeren Textpassage im Vergleich zum griechischen Original ist weder in der spanischen Handschrift noch in der lateinischen in irgendeiner Weise gekennzeichnet. Badawi macht eine Anmerkung und ergänzt den fehlenden Text gemäß dem griechischen Original, doch offensichtlich fehlte die Passage bereits in der arabischen Überlieferung.

213 tañere] Das Wort kommt von lat. *tangere* und ist vom 12.–15. Jahrhundert in der Bedeutung 'tocar; hacer sonar un instrumento músico' nachgewiesen.

Kommentar zu Liber XI

Eine Bemerkung vorab

Im vorliegenden XI. Buch herrscht eine bemerkenswerte Übereinstimmung der drei Texte, sozusagen eine Deckungsgleichheit der Überlieferung (ganz anders als z. B. im VII. Buch). Beachtlich ist auch, dass der untersuchte Handschriftenausschnitt ungekürzt vorliegt, so dass sich ein Textvergleich hervorragend kommentieren lässt.

7/8 deliberaçion & opjñion | Meinung und Ansicht | opinione] Der arabische Übersetzer arbeitet hier mit einer Tautologie: رأي و مذهب *ra'yun wa-madhabun*, was beides gleichermaßen 'Meinung, Ansicht' bedeutet. Scotus vereinfacht daher (wie fast immer) zu einem einzigen Ausdruck: *opinione*, der spanische Anonymus übersetzt hingegen getreu seiner arabischen Quelle.

10 manjfiesto notorio | klar und offensichtlich | manifestum] Wie ich bereits im Kommentar zu Z. 7 erklärte, vereinfacht der Lateiner Doppelungen in der arabischen Vorlage, während der spanische Anonymus Wort für Wort dem arabischen Text folgt. Zudem überträgt der Spanier noch die asyndetische Reihung aus dem Arabischen direkt ins Spanische, i. e., er lässt das *und* zwischen den beiden Adjektiven weg *(manjfiesto [ ] notorio)*, weil es auch im Arabischen nicht steht (cf. VI, Z. 19–22.)

13/14 que se quiere saber | dessen Erkenntnis angestrebt wird | scire rei quaesitae] Aristoteles verwendet den Begriff ἐπιστήμη, der sowohl 'Wissen' als auch 'Erkenntnis' und 'Wissenschaft' bedeuten kann. Ebenso verhält es sich im Arabischen (علم *'ilm*), so dass die Übersetzung einmal *saber* oder *scire* heißen kann, einmal (Z. 46) *sçientia/scientia*. Der Satzbau im Spanischen verrät eindeutig die arabische Vorlage.

17 doctrina | eine gute Bildung | instructionem] Zugrunde liegt das griechische παιδεία 'Erziehung; Unterricht; Bildung', aus dem arabisch ادب *'adab*, pl. آداب *ādāb* 'gute Bildung' wird. Aus der Wurzel 'a-d-b leitet sich das breite Wortfeld zu Erziehung und Bildung ab. Was die spanische Übersetzung – ein *cultismo* – betrifft, so steht im Wörterbuch der RAE unter *doctrina* folgender Eintrag: «enseñanza que se da para instrucción de alguno». Der Erstbeleg dafür stammt aus *Vida de San Millán* von 1220 (TDMS). *Doctrina* und *instructio* sind im Lateinischen nahezu Synonyme.

18/19 del oyr del doctrinado | vom Tun des Gebildeten | ex operatione auditoris docti] In der erhaltenen arabischen Überlieferung fehlt سمع *sam'* 'hören' oder سميع *samī'* 'hörend, Hörer (eines der Attribute Gottes: der Allhörende)', allerdings fehlt diese Stelle bereits im griechischen Text. In der Vorlage des Spaniers müsste aber gestanden haben: *sam'u l-'adībi*, bzw. bei Scotus: *al-samī'u l-'adībi*. Jedenfalls kann der Spanier hier nicht aus dem Lateinischen übersetzt haben, denn sonst müsste es heißen: *es de obra del oyente doctrinado.*

20 julgue | die Beurteilung | iudicare] *julgar* ist im Mittelalter eine durchaus übliche Form an Stelle von *juzgar* (DiccMed). Allerdings übersetzt der Spanier للقضاء *li-l-qaḍā'i* statt القضاء *al-qaḍā'i* – ein graphischer Lesefehler.

27 doctrinante | ausgebildete Gelehrte | doctus] In einem unvokalisierten arabischen Text kann man Aktiv und Passiv nicht unterscheiden, i. e. المؤدب المخرج kann entweder als Aktiv gelesen werden *(al-mu'addibu al-muḫarriğu)*, dann ist es der 'ausbildende Lehrende', oder als Passiv *(al-mu'addabu al-muḫar-*

rağu): der 'ausgebildete Gelehrte'. Man sieht, dass beide Möglichkeiten beim Übersetzen verwirklicht wurden: a) Aktiv: *doctrinante* beim Spanier, b) Passiv: *doctus* beim Lateiner. Dies ist ein Beweis auf grammatikalischer Ebene, dass der spanische Übersetzer hier mit einer arabischen Quelle gearbeitet haben muss. In Z. 34 entscheidet sich der Spanier dann für das Passiv *doctrinado*.

Ein Blick in den griechischen Text bestätigt übrigens die Passiv-Lesart: πεπαιδευμένος 'einer, der erzogen ist'.

35 saber | Erkenntnis | cognitione] Das lateinische Wort *cognitio* bedeutet 'Kenntnis, Erkenntnis', nicht aber 'Wissen'. *Saber* kann aber, ebenso wie das arabische معرفة *maʿrifa*, beide Bedeutungen haben: «conocer una cosa o tener noticia de ella» (RAE).

44 termjnos & saber | bekannte Definitionen | diffinitiones notas] حدود معروفة *ḥudūdun maʿrūfatun* übersetzt Scotus richtig mit *diffinitiones notas*. Der spanische Übersetzer aber liest حدود ومعرفة *ḥudūdun wa-maʿrifatun*, also *termjnos & saber*. In Z. 51 heißt es dann richtig *termjnos sabidos*. حد *ḥadd*, pl. حدود *ḥudūd* heißt konkret zunächst einmal 'Grenze', und abstrakter dann 'Definition'.

53/54 de naturalesa de las anjmallas | von der Natur der Tiere | ex naturis animalium] Bei einer Genitivverbindung im Arabischen (من طباع الحيوان *min ṭibāʿi l-ḥayawāni*) steht das erste Glied, das Nomen regens, ohne Artikel. Der Spanier gibt das Arabische so wörtlich wieder, dass er sogar den Artikel vor *naturalesa* weglässt, obwohl er im Spanischen eigentlich erforderlich wäre. Das ist ein Beweis für die direkte arabisch-spanische Übersetzung.

60 especulaçion | Betrachtung | ~] نظر *naẓar*, pl. انظار *ʾanẓār* 'Sehen, Blick; philosophische Spekulation'. Das Wort fehlt bei Scotus.

71 conosca | abtrennt | separare] Hier hat sich der spanische Anonymus verlesen und statt يفرد *yafradu* (von *abtrennen)* يعرف *yaʿrafu* (von *wissen*) gelesen.

74–82 diga ... / contar ... | beschreibt ... | narrare ...] Dieser Abschnitt zeigt, dass der Spanier Probleme mit dem Verb وصف *waṣafa* 'beschreiben' hatte, denn *describir* stand offenbar noch nicht zur Verfügung. Der Erstbeleg für *describir* findet sich laut Corominas im 15. Jahrhundert beim Marqués de Santillana, laut CORDE bei einem Autor namens Pedro Carillo de Huete, 1454. In den meisten Fällen verwendet der spanische Übersetzer *desir*, hier aber versucht er – vielleicht doch vom Lateinischen beeinflusst – die Übersetzung mit *contar*.

81/82 otra espeçia de las espeçias | einer anderen Art der Arten | et huiusmodi] Das schon oft erwähnte, typisch arabische Stilmittel der Doppelung eines Substantivs im Singular und Plural kann man hier besonders schön sehen. Wie immer glättet Scotus in seiner Übersetzung, während der Spanier worttreu seiner Vorlage folgt.

84/85 en los acçidentes | über die Akzidentien | de accidentibus] عرض *ʿaraḍ*, pl. اعراض *ʾaʿrāḍ* wird in den vorliegenden Synopsen oft als Verbalnomen mit

'Ereignis, Geschehen' übersetzt. Doch scheint es an dieser Stelle angemessener, die philosophische Terminologie wiederzugeben: 'Akzidens, vorübergehende, nicht wesentliche Eigenschaft'. Ob der spanische Übersetzer an dieser Stelle ebenfalls den fachsprachlichen Ausdruck verstand, kann wohl nicht geklärt werden. Laut dem DiccMed wurde *accidente* in Texten des 13. und 14. Jahrhunderts im philosophischen Sinn verwendet. Jedenfalls fällt auf, dass der Spanier statt *fablar de* das arabische *fī* allzu wörtlich mit übersetzt: *fablar en los acçidentes* (v. auch V, Z. 122).

93 aun que] Interlinear ergänzt. Außerdem fehlen direkt davor im Vergleich mit dem arabischen Text die zwei Wörter *son comunes*, aber die Handschrift lässt nichts dergleichen erkennen.

96/97 el Resollar | Atem | vigilia] نفس *nafas* ist der 'Atem' und حرس *ḥarasa* heißt 'wachen'. Vielleicht hatte Scotus eine verderbte Vorlage, so dass er sich verlesen hat. Das folgende *Wachstum und Verfall* fehlt hinwiederum in der spanischen Handschrift.

102 ocasiones | akzidentielle Eigenschaften | ~] Cf. XIX, Z. 35.

113 singularisar | Klassifizierung | ~] Das scheint ein Druckfehler in der arabischen Edition zu sein. Wenn man statt تصنيق *taṣnīq* تصنيف *taṣnīf* liest, dann kann man mit 'Klassifizierung, Einteilung' übersetzen. Der spanische Anonymus versucht recht geschickt eine Interpretation mit *singularisar*.

125 perros | Hunden | canibus] Im Vergleich zum VIII. Buch, in dem im spanischen Text ausschließlich der Latinismus *canes* verwendet wird, arbeitet der Spanier hier mit dem iberoromanischen Lexem *perros*. Daran lässt sich der Einfluss der jeweils anderssprachigen Vorlage erkennen.

127 algo] In der Handschrift liest man *alg* und dann einen hochgestellten Kringel, der sich am ehesten in *algo* auflösen lässt, doch evtl. auch *alguien* meinen könnte.

141/142 diuersificadas... diuersificanse | Unterschiede... Unterscheidung | diversae in differentia] Im arabischen Text wird des Öfteren in اختلاف *iḫtilāf* 'Unterschied' und فصل *faṣl* 'Abtrennung, Scheidung' unterschieden, was hier aber dem Sinn nach und in Analogie mit dem Lateinischen mit *Unterscheidung/differentia* wiedergegeben wird. Bei Kruk steht فضل *faḍl* 'Überschuss, Rest; Exkrement', was aber ein Druckfehler sein muss. اختلاف *iḫtilāf* 'Unterschied' und die entsprechenden Verbformen dazu werden im Lateinischen und Spanischen mit *diversare* bzw. *diuersificar* übersetzt.

142 forma | Form | formae] Hierbei handelt es sich um die Übersetzung des griechischen Begriffs εἶδος (cf. II.1.1).

160 la derechedunbre | das Richtige | recte] Die Form *derechumbre* ist laut DiccMed im 14. Jahrhundert belegt für 'derechura, rectitud' (zur Wortbildung v. II, Z. 161).

180 loado | festgelegt | determinatum] محدود *maḥdūd* heißt 'begrenzt, festliegend' (cf. Z. 107), während ممدوح *mamdūḥ* oder محمود *maḥmūd* die Wörter für 'gelobt' wären. Offensichtlich hat hier der Spanier falsch gelesen.

187 si deuemos desir en ello dicho vniuersal] Hier wurde so wörtlich aus dem Arabischen übersetzt, dass der spanische Text ohne Vergleich nahezu unverständlich ist.

200 ~ | sichtbaren | manifestas] الظاهرة *al-ẓāhira* 'äußerlich sichtbar' fehlt in der spanischen Handschrift (nach *fechos*), sonst hätte er wohl wie in Z. 10 mit *manifiestos* übersetzt.

204 E las partes | und die Teile | et partes] Hier scheint der Spanier eine andere arabische Vorlage gehabt zu haben als der Lateiner oder er hat gekürzt, zumindest ist hier das Lateinische näher an der bekannten arabischen Fassung als die spanische Handschrift.

205 entrevjenen] *entrevenir* ist eine sehr ungebräuchliche Form im Gegensatz zu dem Latinismus *intervenir*; für das Mittelalter findet sich nur ein Beleg bei Kasten im TDMS aus den *Castigos y documentos de bien vivir* aus dem Jahre 1290. Im DiccMed und bei Corominas ist das Wort nicht aufgenommen.

Kommentar zu Liber XII

1 En nonbre de dios] Kruk gibt in ihrer Edition im Apparat an, dass in der Handschrift Ç (Leiden, v. V.2.1) die religiöse Einleitungsformel (Bismi llahi ...) durchaus vorhanden ist.

16 prouaremos | werden wir erläutern | volumus declarare] وضح *waḍaḥa* bedeutet im II. und IV. Stamm 'deutlich machen, erklären; darlegen; erläutern'. In Z. 9 blieb *erläutern* im Lateinischen und Spanischen unübersetzt. Der spanische Anonymus sucht nach einer Ausdrucksmöglichkeit und gelangt zu *prouar*, was sicherlich nicht die gelungenste Wahl ist.

22 apartaremos | wir werden unterscheiden | distinguemus] *apartar* heißt 'trennen, sondern'. Im Spanischen hätte es durchaus das Wort *distinguir* (laut Corominas belegt seit der zweiten Hälfte des 13. Jahrhunderts, z. B. auch *Calila e Dimna*) mit derselben Bedeutung wie im Lateinischen gegeben. Doch فرق *faraqa* enthält beide semantischen Möglichkeiten: 'trennen; einen Unterschied machen'. Im VIII. Buch, Z. 60 übersetzt der Spanier allerdings das lateinische Verb *distinguit* mit *aparta*, i. e. also, dass diese Stelle nicht unbedingt ein Beweis dafür ist, dass der Spanier hier mit der arabischen Quelle arbeitete. Vielmehr zeigt sich, dass *apartar* noch weiter gefasst wurde als heute.

28 espeçias | Arten | modi] نوع *nau*ʿ, pl. انواع *anwā*ʿ heißt 'Art, Art und Weise'. Dementsprechend übersetzt der Spanier mit *espeçias*, aus dem Lateinischen hätte er mit Sicherheit *modo* angegeben.

29 conposiçion | Zusammensetzung | dispositionis] Hier muss Scotus wohl eine verderbte Vorlage gehabt haben, denn sonst (z. B. zwei Zeilen weiter oder in Z. 10) setzt er *compositio* ein, wo im Arabischen تركيب *tarkīb* 'Zusammensetzung' steht.

33 la gente | Leute | dicuntur] Der Bezug auf *die Leute* wird im Lateinischen durch eine Passivkonstruktion dargestellt.

38–48 Und es ist angemessen ...] Der überlieferte arabische Text weicht hier von den anderen beiden Sprachversionen ab.

49 virtudes | Kräfte | virtutes] Cf. VII, Z. 63.

59 Ralesa | Dünnheit | spissitudo] Das Substantiv *raleza* ist erst bei Nebrija belegt, als Adjektiv *ralo* aber schon früher: «Dícese de las cosas, cuyas partes están separadas más de lo regular en su clase» (DiccMed; Alfonso X). سخيف *saḫīf* bedeutet 'applied to garmant or piece of cloth: Thin, flimsy, unsubstantial' (Lane) und geht damit in dieselbe Richtung wie *ralo.*

62 ocasiones | akzidentielle Eigenschaften | forme] Cf. XIX, Z. 35. Hier fällt auf, dass im Lateinischen mit *forme* übersetzt wird, also mit einem ganz anderen Begriff (v. II.1.1). Im Griechischen steht an dieser Stelle πάθη 'Erlebnis; Schicksal; Unglück'.

93–99 E ya sabemos ... | Und wir haben festgestellt ... | Et iam scivimus ...] Der überlieferte arabische Text weicht wiederum von den anderen beiden Sprachversionen ab.

101 ~ | ~ | non] Nur bei Scotus findet man die Verneinung, nicht aber im Arabischen oder Spanischen.

121 E otrosy] Hier wurde in der spanischen Handschrift der Satz falsch getrennt, denn *E otrosy* gehört eigentlich noch zu dem vorhergehenden Satz, müsste also noch vor den Schrägstrich, der das Satzende markiert, in Z. 110 stehen.

123 que es | was ist | quodcumque generatur] كان *kāna* kann sowohl 'sein' als auch 'werden' *(generatur)* bedeuten. Bei Peck (*PA*, XII, p. 109) heißt es: «Everything which is in process of formation». Gemeint ist also ein dynamischer Prozess.

125 primero | Prinzip | primo] Die primäre Bedeutung von اول *'awwal* ist 'der erste', so dass sich beide Übersetzungen daraus erkennen lassen.

128 primero mouedor | bewegenden Prinzip | primo moventi] Es geht hier um die Ursachenlehre, genauer: um die *causa movens* (v. II.1.1). Im griechischen Text heißt es bei Peck (*PA*, XII, p. 108): [ἀρχή] πρῶτη κινοῦσα '(die Ursache) der erste Bewegende / des ersten Bewegers'. Wie dann auch im Lateinischen liegt hier ein Partizip Präsens Aktiv vor. Im Arabischen verhält es sich anders. Die exakte Übersetzung des Griechischen wäre: المحرك الاول *al-muḥarriku l-'awwalu* 'der erste Bewegende', im Text steht aber الاول المحرك *al-'awwalu l-muḥarriku* 'der bewegende Erste/das bewegende Prinzip'. Kruk macht in ihrer Edition keine Anmerkung bezüglich Überlieferungsvarianten, doch zeigen die beiden Folgeübersetzungen eindeutig die Lesart المحرك الاول

al-muḥarriku l-'awwalu, wobei ein weiteres Mal eine Aktiv-Passiv-Divergenz auftritt, die eine direkte arabisch-spanische Übersetzung beweist.

131/32 omne... onbre] In einem Satz variiert die vulgärlateinische Form *omne* mit der volkssprachlichen *onbre,* bei der die Dissimilation mit epenthetischem -b- vollzogen ist. Laut Lapesa (§70.7) gab es bis zu Beginn des 15. Jahrhunderts Unsicherheiten in der Schreibung dieses Wortes.

133 al arbol arbol | und aus dem Baum wächst der Baum | et ex arbor nascitur arbor] و من الشجر تنبت الشجر *wa mina l-šağari tanabatu l-šağaru.* Im Spanischen fehlt ein Verb, welches die Präposition *al* rechtfertigen würde, denn das *engendra* aus dem vorausgehenden Teilsatz kann nicht zur Erklärung dienen. Auch kann man nicht unbedingt sagen, dass der Spanier einfach die Präposition aus dem Arabischen übernommen hätte, denn dann hätte er doch wohl eher *del* gewählt. Ein Blick in den Text von Scotus zeigt, dass dieser sehr genau übersetzt hat. Es mag sich um einen Unachtsamkeitsfehler handeln.

135 sugebra (Z. 165 sugebtos)] Beide Wörter sind auffällig. Oft können -t- und -r- in der Handschrift leicht verwechselt werden, doch an dieser Stelle steht *sugebra,* statt *sugebta.* Die Form ist zu interpretieren als eine semipopuläre Bildung zu *subgeta,* lat. *subiecta* 'zugrunde liegend'. Diese Interpretation wird auch vom griechischen Original her gestützt: aus ὑποκειμένη ὕλη wird arabisch الهيولى الموضوعة *al-hayūlà l-mawḍū'ati* 'die zugrunde liegende Materie'.

Im TDMS von Kasten sind einige populäre Schreibvarianten aufgeführt: *sujeto, sobjecto, sojeto, subgeto, subiepio* u. a. Als Substantiv ist das Wort bei Alfonso X belegt, als Adjektiv in den *Castigos y documentos de bien vivir* aus dem Jahre 1290 (ebenso im CORDE). Im DiccMed und bei Corominas ist das Lexem nicht aufgenommen.

136 de neçesario] Ähnlich wie in Z. 121 wurde hier ein Satz in der spanischen Handschrift falsch getrennt. *De neçesario* gehört eigentlich an den Anfang von Z. 139, diesmal also hinter den Schrägstrich.

143/44 E la fabla E la difiniçion E la sustançia | Aber in dem Wort und der Definition ist die Substanz | in diffinitione autem e⟨s⟩t substantia]

a) Im Arabischen steht immer كلمة *kalima* 'Wort, Rede' als Übersetzung von λόγος, doch einmal entscheidet sich der spanische Übersetzer für *fabla* 'Rede' (Z. 143), einmal für *palabra* 'Wort' (Z. 149). Aus einer lateinischen Vorlage lässt sich das nicht erklären.

b) Wir finden hier durch die arabische Partikel *fa* einen weiteren Beweis dafür, dass die spanische Übersetzung direkt aus dem Arabischen entstanden ist. *Fa* kann einfach heißen 'und, (und) da, (und) dann; denn'. Wenn allerdings eine Konstruktion wie hier vorliegt: ...فاما ...ف *fa-'ammā... fa-...,* dann muss eine entsprechende Syntax für die Übersetzung gewählt werden, so wie man es in der hier vorliegenden deutschen oder lateinischen Übersetzung sieht, und wie man es allerdings auch im spanischen Text Z. 153–

155 erkennt. Der Spanier aber übersieht in Z. 143/44 beim Übersetzen das zweite *fa*, bzw. vielleicht hat er sich auch verlesen, jedenfalls übersetzt er nicht: فالجوهر *fa-l-ǧauharu*, sondern والجوهر *wa-l-ǧauharu*: *E la sustançia.*

150 generaçion | Sein | generationis] كينونة *kainūna* ist das Verbalnomen zu *kāna*, so dass gilt, was im Kommentar zu Z. 123 gesagt wurde. Vielleicht hat der Spanier bewusst *generaçion* in Abgrenzung zu *engendraçion* gewählt.

177 Rectificaçion | Aufstellung | sustentationem] تقويم *taqwīm* 'Aufstellung, Errichtung; Bewertung'. Ähnlich wie in Buch XIII, Z. 15 übersetzt der Spanier hier die Wurzel *q-w-m* richtig mit *rectificar.* Die Wörter *rectificar* und *rectificamiento* sind bislang aus dem 13. Jahrhundert nur in astronomischen Texten bei Alfonso X belegt (TDMS). In den *Canones de Albateni* gibt Bossong allerdings *raṣd* und *qiyās* als arabische Vorlage für *rectificamiento* an ('Beobachtung'), nicht aber *taqwīm*. *Taqwīm* hinwiederum wird in den Canones mit *endereçamiento* übersetzt: 'Korrektion, Berechnung des wahren (Sonnen-, Mond-)Ortes', was im Lateinischen dann die *aequatio* wäre. Wir haben es hier also mit einer von den astronomischen Arbeiten unabhängigen Übersetzung zu tun, denn auch das lateinische *sustentatio* ist eine wörtliche Übersetzung aus dem Arabischen (*sustentare* heißt 'emporhalten; aufrecht erhalten').

Kommentar zu Liber XIII

12 çercan | umgeben | contentorum] Das arabische حدق *ḥadaqa* 'umgeben, umzingeln' (I. u. IV. Verbstamm), kann sowohl mit *çercar* als auch mit *continere* übersetzt werden. Wäre dem Spanier an dieser Stelle der lateinische Text vorgelegen, dann hätte er aller Wahrscheinlichkeit nach ebenfalls das Verb *contener* eingesetzt.

14 lengua | Zähnen | dentes] Im arabischen Text steht أسنان *asnān* 'Zähne', so wie es auch von Scotus verstanden wird, ebenso wie in Z. 12 vom Spanier. Selbiger indes liest hier nun لسان *lisān* 'Zunge'. Die zwei arabischen Wörter sind sich in der Graphie sehr ähnlich, so dass Unachtsamkeit, Lesefehler oder Unleserlichkeit der Quelle die Ursache für den Übersetzungsfehler sein können.

15 Rectificada | umstellt | ~] مقوّم *muqawwam* (Partizip Passiv) heißt eigentlich 'aufgestellt', i. e. also, dass die Zähne um den Mund herum aufgestellt sind. Der Spanier übersetzt das Partizip mit dem Verb *rectificar*, welches er wohl im Sinne von 'aufrichten' einsetzt.

21 fuerça | Kraft | vigorem] قوة *quwwa* 'die Kraft' wird an den meisten Stellen arabisch-lateinisch mit *virtus* übersetzt (cf. Kommentar zu VII, Z. 62/63). In dem hier untersuchten Abschnitt des dreizehnten Buches fällt auf, dass der spanische Anonymus keine feststehende Übersetzung für das arabische Wort hat, sondern mit *vigor* (hier Z. 110), *fuerça* (hier Z. 115), *fortalesa* (Z. 133) oder *virtud* (Z. 156 und Z. 199) übersetzt. Eventuell hat sich der spanische Übersetzer bei seiner Arbeit auch von Glossen leiten lassen.

32 obrar | handelt | agat] فعل *faʿala* heißt ‘tun, machen; eine Tätigkeit ausüben’, also das Verb ‘machen’ in seiner allgemeinen, weiten Bedeutung. Es wird meistens mit *faser* übersetzt, seltener – wie hier – mit *obrar* (v. auch Kommentar zu Z. 128).

33 Resistir | leiden | paciatur] In der lateinischen Ausgabe von Oppenraaij steht *patiatur* (*patior* ‘leiden, dulden’). Dem liegt im griechischen Text παθεῖν ‘erleiden’ zugrunde. Im Arabischen ist لقى *laqiya* ‘begegnen, treffen, zusammentreffen; erfahren, erleiden’ überliefert. Das *resistir* in der spanischen Übersetzung ist wohl eher als eine Wiederholung aus Z. 26 (دفع *dafaʿa* ‘abwehren’) anzusehen.

34 montesinas | wilden | agrestibus] Vom griechischen ἄγριος ausgehend, über das arabische برى *barrī* ‘wörtlich: auf dem Land’ findet sich hier im Spanischen der volkssprachliche Ausdruck *montesino*, der für das 13.–15. Jahrhundert belegt ist (DiccMed) in der Bedeutung ‘Que anda, está o se cría en el monte’.

37/38 conoçimjento | Unterstützung | adiuvamentum] Der Übersetzungsfehler im Spanischen lässt sich nur aus dem Arabischen erklären: معونة *maʿūna* ‘Hilfe, Unterstützung’ und معرفة *maʿrifa* ‘Wissen, Kenntnis’ sind leicht zu verwechseln. Z. 97 hingegen weist die richtige Übersetzung desselben arabischen Wortes aus: *ayuda* (griech. βοήθεια ‘Hilfe; Verteidigung’).

40 siluestres domadas | der wilden und domestizierten Tiere | ~] Die bereits mehrfach erwähnte asyndetische Koordination von Attributen (v. z. B. VI, Z. 19–22) wird von dem spanischen Übersetzer auch hier wieder direkt übernommen, also unter Auslassung der Konjunktion. Die Angabe fehlt bei Scotus gänzlich.

74/75 que no son todos sus dientes agudos | bei denen nicht alle Zähne scharf sind | quae non habent omnes dentes acutos] الحيوان الذى ليس كل اسنانها حادة *al-ḥayawāni lladī laisa kullu ʾasnānihā ḥādatun*. Auffällig ist hier die Nachahmung der arabischen Relativsatz-Konstruktion: Wenn in einem attributiven Relativsatz das Subjekt ein anderes ist als im Hauptsatz, dann muss, um die Verbindung zum Bezugswort wiederherzustellen, ein rückweisendes Pronominalsuffix *(ʿāʾid)* angefügt werden: *ʾasnāni*hā. Im vorliegenden Fall übersetzt der spanische Anonymus dieses *ʿāʾid* mit, wenn er schreibt *todos* sus *dientes*. Aus dem Lateinischen ist der spanische Satz nicht erklärbar.

84 Stimmhervorbringung] تصويت *taṣwīt* wird heute als ‘Abstimmung, Stimmabgabe’ lexikalisiert, doch kann es laut Lane ein Verbalnomen zu صات *ṣāta* ‘einen Laut von sich geben; stimmen’ sein. Im griechischen Text steht διάλεκτος ‘Gespräch, Redeweise, Sprache’.

89 Laute] هجاء *hiğāʾ*, pl. اهجية *ʾahiğiya* ‘Verspottung’ kann im Plural ‘Buchstabierung, Alphabet’ bedeuten, was der griechischen Vorlage mit γράμμα ‘Buchstabe, Alphabet’ entspricht. Dem Sinn nach sind die *Laute* gemeint.

107 fuertes | gezackten | fortes] مؤشّر *mu'aššar* bedeutet 'gezackt, gesägt', doch macht bereits Kruk in einer Anmerkung darauf aufmerksam, dass im Griechischen καρχαρόδοντα stehe, also 'mit scharfen Zähnen'. Dennoch hat offensichtlich in der arabischen Quelle sowohl des Scotus als auch des Spaniers ein anderes Wort gestanden, vielleicht مشدد *mušaddad* 'verstärkt'.

125 Ju[n]ta mente – gleichzeitig – simul] معا *ma'an* bedeutet 'zusammen, zu gleicher Zeit'. Die spanische Übersetzung ist eindeutig auf eine arabische Quelle zurückzuführen.

128 obra | bringt hervor | fecit] صنع *ṣana'a* heißt 'tun, machen; schaffen, hervorbringen; herstellen' und hat daher eine engere, konkretere Bedeutung als فعل *fa'ala* (Z. 32). Daher passt diesmal die spanische Übersetzung sehr gut, da *obrar* für konkretes handwerkliches Tun verwendet wird, während Scotus mit *facere* wieder allgemein bleibt.

133/34 Resistir a lo abomynable | Abwehr von Unannehmlichkeiten | ~] Hier stimmen wieder die arabische und die spanische Version überein, während der Teil bei Scotus fehlt.

150–155 la Naturalesa pone ... | die Natur bringt ... hervor ... | natura non dat ...] Dieser Abschnitt ist inhaltlich recht schwierig, daher sei Pecks' Übersetzung zum besseren Verständnis zitiert (*PA*, XIII, p. 211):

«Nature allots defensive and offensive organs only to those creatures which can make use of them or allots them 'in a greater degree', and 'in the greatest degree' to the animals which can use them to the greatest extent».

Wie man sieht, ist schon in der arabischen Überlieferung etwas verloren gegangen, so dass die europäischen Folgeübersetzer ganz offensichtlich den Inhalt nicht mehr haben nachvollziehen können.

157 abejon | Stachel | aculeum] *Abejón* heißt 'Drohne'; eine Bedeutung im Sinne von 'Stachel' *(aguijón)* konnte nicht gefunden werden. Vielleicht sind hier auch die beiden Wörter *abeja* und *aguijón* zu einem Wort verschmolzen worden.

Im Mittellateinischen Wörterbuch (Lehmann und Stroux) findet man unter *calceus* folgenden Eintrag: «de parte capitis animalium A: *aculeus* 'Stachel, Stechrüssel'; B: *proboscis* 'Rüssel'».

176–180 pues los mjenbros ... | Denn die Glieder ... | Membra vero ...] Dieser Abschnitt wurde so wörtlich aus dem Arabischen ins Spanische übertragen, dass der spanische Text ohne das Arabische daneben nicht verständlich ist.

181/182 ⟨que son⟩ que los han | nicht | non] In der spanischen Handschrift fehlt die Verneinung. Vielleicht war sie in der Vorlage für diese Abschrift noch vorhanden, denn es findet sich unmittelbar davor eine Streichung ⟨*que son*⟩. Vorstellbar wäre also, dass der Schreiber *que non los han* hatte abschreiben wollen, dabei einen Fehler machte und mit *que los han* fortfuhr.

191–193 de los machos de las vacas & de sus fenbras | der männlichen und der weiblichen Kühe | vaccarum et taurorum] Die Lösung von Scotus ist eindeutig gelungener als die wörtliche Wiedergabe der arabischen Quelle im Spanischen.

208 safaris | S[a]karus/S[a]qārūs – tehakariz] Im arabischen Text steht سقاروس *saqārūs* als Transliteration der griechischen Vorlage (Peck: σκάρος). Nach der modernen Nomenklatur sind Scaridae die Papageienfische, von denen im Mittelmeer nur eine Art vorkommt. Der Spanier hatte vielleicht eine verderbte Quelle, in der er سفاريس *s[a]fārīs* las.

Kommentar zu Liber XIV

9 Intestinos | inneren Organe | intestinorum] Hier folgt der Spanier offenbar der lateinischen Version als Vorlage, denn aus dem Arabischen hätte er wohl mit *partes interiores* oder *partes de dentro* übersetzt. In Z. 117 steht auch im arabischen Text das Wort für 'Darm, Eingeweide': معاء *miʿā'*, woraus man sehen kann, dass dieser Begriff durchaus verwendet wurde, und nicht immer nur die allgemeinere Umschreibung *innere Organe.*

25 Mauergeckos] Cf. II, Z. 173–176.

34–36 branchos | Kiemen | brancos] Im Arabisch-Lateinischen Wörterbuch von Freytag findet man folgenden Eintrag: «نغنغ *nuġnuġ*, pl. نغانغ *naġāniġ*: Isthmus gulae et gutturis; Locus inter columellam et venas in gutture; Caro in gutture apud ossa maxillae; iuba galli; Carnosa vulva». (Cf. auch Biberstein-Kazimirski: «gorge, canal de la gorge, surtout la partie comprise entre la luette et les veines appelées».) Damit sind zwar wahrlich nicht explizit die *Kiemen* beschrieben, aber die Bedeutung ist rein aus der anatomischen Lokalisierung ableitbar. Im griechischen Text ist unzweifelhaft von βράγχια die Rede.

47 ~ | nicht | {non}] Bei Aristoteles heißt es διὰ τὴν ἀναιμότητα τοῦ πλεύμονος (because there lung is bloodless). Die Verneinung im Arabischen ist also inhaltlich fehl am Platz; in der lateinischen Überlieferung gibt es Handschriften mit oder ohne Verneinung an dieser Stelle (v. Oppenraaij).

Wenn man die Verneinung in der arabischen Quelle belässt, dann muss man allerdings in Z. 50 in der deutschen Übersetzung fortfahren mit *sondern* an Stelle von *so dass.*

51–53 decljna | sich neigt | declinat] (ميل) مال *māla* 'sich neigen' ist die Übersetzung für τρέπεται 'wendet sich (hin, zu)'. An dieser Stelle übersetzt der Lateiner wörtlich, cf. aber XVII, Z. 94.

76 tiros | Nattern | tiros] Der arabische Übersetzer gibt griech. ἔχεις entsprechend mit افاع *'afʿan,* pl. افاعى *'afāʿin* 'Schlange, Natter' wieder. Überraschenderweise findet sich bei Scotus statt *vipera* oder *aspis* das Wort *tiros*. Georges gibt unter *tiro* an 'junger Soldat', eine Bedeutung zoologischer Art konnte auch in anderen Wörterbüchern nicht gefunden werden. Der spanische Übersetzer folgt jedenfalls der lateinischen Vorlage, indem er *tiros* schreibt, was 'Salamander' oder 'Froschlurch' heißen kann (RAE).

82 çeleti | Ṣalāḫī | celeci] Gemeint sind die Selachoidea, die Knorpelfische (cf. XVII, Z. 51). Die spanische Übersetzung ist eindeutig aus dem Lateinischen entstanden. Hier liegt ein Graphieproblem mit der gotischen Schrift, in welcher die lateinischen Handschriften geschrieben sind, zugrunde: -eci- und -eti- können leicht verwechselt werden.

86 monte | Land | agresti] Cf. Kommentar XIII, Z. 34. Wie man sehen kann, lässt sich der spanische Übersetzer hier nicht zu einem Latinismus verleiten (wie z. B. im VIII. Buch mit *canes*), sondern bleibt bei dem populärsprachlichen Ausdruck.

91 delantera | Innern | {anteriori} {interiori}] Oppenraaij gibt in ihrem Kommentar an, dass sehr wohl *anteriori* geschrieben stehe, sie konjiziert aber gemäß dem arabischen Text zu *interiori*. Der Spanier muss allerdings eine lateinische Vorlage mit *anteriori* gehabt haben, aus dem Arabischen lässt sich *delantera* nicht erklären: statt جوف *ǧauf* hätte er مقدم *muqaddam* oder متقدم *mutaqaddim* lesen müssen, was nicht sehr wahrscheinlich ist (v. auch Z. 103).

96 quexadas | Kiefern | mandibula] Im DiccMed ist für das 15. Jahrhundert die Form *quijada* nachgewiesen: «Cada uno de los huesos de la cabeza del animal en que están encajados los dientes y las muelas».

144 cuelga | zusammenhängend | pendet] علق *ʿaliqa* ‘hangen, hängen; aufgehängt sein’. Das Partizip Präsens Aktiv متعلق *mutaʿalliq* ‘anhänglich, zusammenhängend’ wird von Scotus als *pendet* übersetzt und flektiert. Der Spanier folgt eindeutig dem lateinischen Vorbild.

156/157 contexida sobre | verwebt mit | contextum super] Es ist sehr interessant zu sehen, wie trotz einer semitischen Zwischenstufe dasselbe produktive Wortbildungsmuster im Griechischen wie im Lateinischen angewendet wird, um eine möglichst hohe Anschaulichkeit zu gewinnen. Aristoteles verwendete das Wort παρυφάσμενος, eine Zusammensetzung aus dem Partizip von ὑφαίνειν (‘weben’) mit dem vielseitigen Adverb παρά ‘daneben; neben ... weg; von Seiten; entlang’, um auszudrücken, dass die Gallenblase auf ihrer gesamten Länge am Darm anliegt, als wäre sie mit diesem verwebt. Im Arabischen gibt es nicht die Möglichkeit, mit Vorsilben ein Verb zu modifizieren; und so liest man hier nur منسوج *mansūǧ* ‘gewebt; gewebter Stoff’. Scotus aber will ebenfalls verdeutlichen, wie eng die Gallenblase auf den Eingeweiden aufliegt, und greift daher zum gleichen Wortbildungsmuster wie Aristoteles. Sein Ergebnis lautet dann *con-textum*. Der spanische Übersetzer folgt exakt dem lateinischen Text, die Präposition *sobre* mit eingeschlossen.

159–161 anne | Amīā | amie] Es geht hier um die Amiidae, die Kahlhechte oder Schlammfische. In der spanischen Handschrift steht eindeutig *anne* und nicht *amie* geschrieben, doch ist der Unterschied in der gotischen Schrift nur minimal auszumachen, wenn überhaupt. Dieser auf der Graphie beruhende Lesartfehler lässt sich nur mit einer lateinischen Vorlage erklären (v. *celeti*).

167 fingen | behaupten | fingunt] زعم *zaʿama* bedeutet 'behaupten, vorgeben', während lat. *fingere* 'sich denken, vorstellen' heißt. Der spanische Anonymus übernimmt einfach das Verb seiner lateinischen Vorlage. Laut Corominas findet sich der Erstbeleg für diese *cultismo*-Form in der *Gran Conquista de Ultramar*, also um 1300, während die populäre Form *heñir* erst 1495 belegt ist.

172 punge | beißt | pungit] Das griechische δάκνειν 'beißen, stechen' wird wortgenau ins Arabische übersetzt mit لدغ *ladaġa* 'beißen, stechen'. Erst bei Scotus kommt es zu einer Verengung des Begriffs, denn *pungere* bedeutet nur 'stechen', nicht aber 'beißen' (das hieße *mordere*). Der spanische Anonymus folgt offensichtlich dem Lateiner, sonst hätte man *morder* erwarten können. Im DiccMed datiert der Erstbeleg für *pungir* aus dem 13. Jahrhundert: «Et al su hombre pungióle con una aguja en los pies» (*Bocados de oro*, um 1250).

175 [*]] In der arabischen Überlieferung fehlt der interessante Teilsatz, dass die Galle auch den Teil der Seele beißen soll, der um die Leber herum ist.

176 deuemos | wir müssen | debes] Oppenrraaij gibt Lesartvarianten mit *debemus* an, so dass man es hier also mit einem Überlieferungsproblem zu tun hat.

182 Baraqs] برقس: Man könnte auch noch anders als *Baraqs* vokalisieren, jedenfalls handelt es sich hierbei um eine Transliteration aus dem griechischen πρόξ 'Hirschkalb, Reh', das dem arabischen Übersetzer vielleicht unter anderem deshalb befremdlich vorkam, weil er bereits zuvor ἔλαφος (Hirsch) mit ἐλέφας, dem 'Elefanten' verwechselt hatte.

190 coqui | Fūqī | koki] Der arabische Übersetzer transliterierte ein weiteres Mal das Griechische, nämlich den Tiernamen φώκη für 'Robbe, Seehund'. Scotus las offenbar قوقي *qūqī* statt فوقي *fūqī*. In der spanischen Handschrift steht nur *coq* geschrieben mit einem Abkürzungszeichen über dem *-q*, das man auch als *coque* auflösen könnte.

210/211 sentido & genero | Zustand dieser Gattung | genere sensuum] Scotus muss anstelle von حال *ḥāl* 'Zustand' etwas graphisch Ähnliches aus dem Wortfeld حس *ḥassa* 'fühlen, empfinden' gelesen haben, was allerdings keinen Sinn ergibt.

Kommentar zu Liber XV

1 × aquj se acaba...] Die Überschrift wurde im Nachhinein vom selben Schreiber am oberen Blattrand angefügt und per Kreuz die Stelle im Text markiert, wo sie stehen sollte.

10–25 ya declaramos... | Wir beschrieben bereits... | Et iam narravimus...] Das lateinische Wort *narrare* übersetzt der Spanier manchmal mit *contar* (z. B. IV, Z. 22; XVII, Z. 12), hier mit *declarar* (ebenso Z. 20). Zu Beginn des XVI. Buches, Z. 7 steht auch im lateinischen Text *declaravimus*, was aber eher selten verwendet wird.

24 por que es final mente | 'Worumwillen' | propter quam finaliter] من اجل شيء *min ağli šai'in* ist die wörtliche Übersetzung von ἕνεκά του. Aristoteles belässt das Fragepronomen als Eigennamen für die Ursache, die er benennen will, nämlich in diesem Falle die *causa finalis* (v. II.1.1). Auch die anderen Ursachen werden im Folgenden aufgezählt. Scotus hatte entweder eine andere arabische Vorlage, in welcher das *finaliter* explizit ausgedrückt wurde, oder er erkannte die philosophische Terminologie aus dem Zusammenhang (v. auch hier den Kommentar zu Z. 31). Der Spanier jedenfalls folgt Scotus mit seiner Übersetzung.

Die Textstelle Z. 20–25 lautet bei Peck (*GA* I, p. 2):

«ὑπόκειται γὰρ αἰτίαι τέτταρες, τό τε οὗ ἕνεκα ὡς τέλος, καί ὁ λόγος τῆς οὐσίας [...]».[19]

27–48 [/]] Im spanischen Text fehlt hier die wichtige Weiterführung der vier Ursachen. Dieses inhaltliche Manko fällt jedoch von der sprachlichen Struktur des Textes her nicht auf.

31 ~ | Vollendung | finis] Hier wird τέλος mit تمام *tamām* 'Vollendung' im Sinne von 'ins Ziel gekommen sein' verstanden *(causa finalis)*.

45 ~ | Wort | verbum] Hiermit wird die *causa formalis* bezeichnet (v. II.1.1).

69 causa motiua | bewegenden Ursache | causam moventem] محركة *muḥarraka/ muḥarrika* kann sowohl als Aktiv als auch als Passiv gelesen werden. Der lateinische Übersetzer fasst das Partizip als Aktiv auf *(causa movens)*,[20] während der spanische Kultismus *motiua* vom Passiv hergeleitet werden muss. Das Partizip Passiv im Spanischen müsste allerdings *movido* heißen. Die Form *motivo* ist das erste Mal bei Nebrija belegt (DiccMed). Da es sich hierbei um eine philosophische Terminologie handelt, kann an dieser Stelle nicht notwendig gefolgert werden, der Spanier habe aus dem Arabischen übersetzt und statt des Aktivs ein Passiv verstanden, sondern seinerseits versucht, eine Terminologie zu etablieren. Die Form *motiua* bleibt jedenfalls bemerkenswert.

140/141 cuerpo anuloso | mit eingekerbtem Körper | anulosi corporis] Cf. ausführlicher Kommentar zu IV, Z. 79.

192 porruemos] Die Lesung in der Handschrift ist sicher, aber es muss sich wohl um einen Kopistenfehler handeln, der zu *ponemos* konjiziert werden müsste.

199–202 tiene principio macho & fenbra | Anfänge bei der Zeugung... | animalium habent principium] Das Lateinische ergibt sich aus der Übersetzung von الحيوان اوايل *al-ḥayawānu 'awāīli,* wobei man *'awā'il* lesen muss; *'awā'il* (pl.) bezeichnet die 'Anfänge'. In der lateinischen Übersetzung ist der Satz klar und inhaltlich richtig: Die Zeugung der Tiere hat einen Anfang, nämlich Männchen und Weibchen. Das spanische Ergebnis ist

---

[19] «As we know, there are four basic Causes: (1) 'that for the sake of which' the thing exists, considered as its 'End'; (2) the *logos* of the things essence ...» (Peck, *GA* I, p.3).

[20] Oppenraaij gibt in ihrer Edition keine Lesartvarianten an.

dagegen unbefriedigend, es sei denn, man ergänzt einen Doppelpunkt: *tiene principio: macho & fenbra*. Da aber die Arbeit mit Interpunktionszeichen nicht mittelalterlichem Usus entspricht, wäre eher eine Übersetzung wie *tiene principio que es ...* zu erwarten gewesen.

221 anbos | beiden | ambobus] Es kommt relativ selten vor, dass Scotus wie hier den Dual aus dem Arabischen in entsprechender Weise wiedergibt.

222 mjstion | Mischung | mixtione] *mijstion* ist eine *cultismo*-Übersetzung aus dem Lateinischen. Während die Vulgärform *mezcla* seit dem 13. Jahrhundert belegt ist (*Sacrificios de la misa* von 1220, TDMS; aber kein Eintrag für *mistion*), findet sich der Latinismus *mistión* das erste Mal in den *Poesias* von Juan Tallante (15. Jahrhundert; DiccMed).

Kommentar zu Liber XVI

7/8 auemos declarado | wir sagten | declaravimus] Anders als in IX, Z. 23 und XV, Z. 10 handelt es sich hier um die Übersetzung aus dem Lateinischen. Das arabische Verb قال *qāla* wird in den meisten Fällen mit *dicere* bzw. *decir* wiedergegeben.

14 ~ | und die Gesamtheit | omnes] Brugman konjiziert gemäß dem griechischen Text zu وكلمة *wa-kalima* 'und das Wort'. In den Handschriften steht aber وكلية *wa-kuliya* 'und die Gesamtheit'.

39 ~ | das Darüber | ~] Laut Peck ist 'the upper cosmos' gemeint. Die Angabe fehlt bei Scotus und infolge davon in der spanischen Handschrift.

42 ~ | ewig | {a}eterne] Die Angabe fehlt im spanischen Text.

43–45 contingentes | dass sie sind oder nicht sind | contingentes] Hier liegt die Vermutung nahe, dass es sich wie in VIII, Z. 29 um die 'kontingenten Eigenschaften' handelt, doch zeigt ein Blick in den griechischen Text, dass hier das Arabische sehr genau das Original wiedergibt. Daraus folgt, dass Scotus eine andere als die uns überlieferte arabische Quelle vorliegen hatte, und dass zudem der spanische Anonymus wörtlich dem Lateinischen folgt.

49 ser mejoradas | des Vorzüglichsten | meliorationis] Die Superlativkonstruktion im Arabischen الامثل في الاشياء *al-'amṯalu fi-l-'ašyā'i* wird von Scotus nicht aufgenommen. Der Spanier wiederum formt die lateinische Vorlage in eine Passivkonstruktion um.

70/71 E el anjmado ... | und dass derjenige, der eine Seele besitzt ... | et animatum ...] Im Arabischen steht ein Relativsatz, während Scotus mit Partizipien arbeitet. Daraus kann man ersehen, dass der Spanier der lateinischen Vorlage folgt und nicht der arabischen.

75 E el que es / es ... | so ist das Sein ... | et quod est ens ...] Hier merkt man, wie der spanische Übersetzer mit den ungewöhnlichen lateinischen Partizipien kämpft. An anderer Stelle übersetzt er *ens* mit *cosa* (VII, Z. 118).

78 priuaçion | Nicht-Existenz | privatione] عدم *'adima* 'berauben, ermangeln'. Als Substantiv *'adam* hat es heute die Bedeutungen 'Nicht-Sein, Mangel oder Verlust', aber die lateinische Übersetzung *privatio* lässt sich wohl unmittelbar aus dem Verb ableiten.

91 generaçion | Gezeugte | generatio] Im arabischen Text steht ein Partizip Passiv, dem im Lateinischen *generatum* entsprechen würde. Man beachte die Übereinstimmung zwischen der lateinischen und der spanischen Übersetzung.

92–94 ⟨num⟩ cuento | Zahl | numerum] Interessanterweise korrigiert sich hier der spanische Schreiber: er fängt mit *num* an, streicht das aber durch und fährt mit *cuento* fort. Die Lesung *cuento* in der Handschrift ist sicher, aber vielleicht sollte trotzdem *cuenta* da stehen, was mehrfach in Texten aus Alfonsos Skriptorien bekannt ist (TDMS).

109 generaçion | Gattung | generatio] In diesem Fall liest man im Arabischen das Wort *ǧins*, das üblicherweise von Scotus mit *genus* übersetzt wird.

167 comunjcaçion | Teilhaberschaft | comunicationem] شرك *šaraka* bedeutet 'Anteil haben, Teilhaber sein' und wird von Scotus gewöhnlich wie hier mit *communicare* übersetzt. Der Spanier folgt Scotus in seiner Übersetzung (cf. II, Z. 20).

189 espermatisan | auswerfen | spermatizant] لقى *laqiya* wird hier in Übereinstimmung mit dem griechischen Text nach dem IV. Stamm übersetzt, also 'werfen, abgeben'; man könnte aber auch den I. Stamm verstehen mit 'empfangen'.

195 mejores | das Edelste | nobiliora] Hier liegt wohl ein Lesefehler vor. Wahrscheinlich hat der spanische Anonymus statt *nobiliora meliora* gelesen.

239 vollkommen werden] Konjektur von Brugman: يكمل *yakamala* 'vollkommen, vollendet sein oder werden', IV. 'vervollkommnen, vollenden'; statt عمل *ʿamala* 'tun, handeln, durchführen'.

266 tod*os* und **299** engendr*an*] Hier ist der Seitenrand des Manuskripts abgeschnitten, so dass jeweils die letzte Silbe fehlt.

Kommentar zu Liber XVII

5 *X*] Cf. Kommentar zu V, Z. 10.

11 mañero | Fehlen von Zeugung | sterilitatis] Der Eintrag im DiccMed lautet: «*mañero, -a* adj. [3.] s. XIV estéril, infecunda». Das Nomen *esterilidad* ist erst bei Nebrija belegt.

11+9 tractado | Rede | tractatu] Im ersten Buch, Z. 10/11 wird قول *qaul* 'Wort; Rede' mit *libro* übersetzt (Scotus: *librum*). Hier folgt der Spanier mit *tractado* eindeutig seiner lateinischen Vorlage.

39 espermatisando | ausleeren | spermatizando] Im arabischen Text steht das Verb فضا *faḍā* 'leer machen, leeren', anders als in XVI, Z. 189 (لقى *laqiya* 'werfen, abgeben'). Die Stelle hier spricht deutlich für die lateinisch-spanische Übersetzungsrichtung.

43/44 cascara | Schale | teste] In Buch V, Z. 65/66 übersetzt Scotus خزف *ḫazaf* mit *testa*, der Spanier hat ebenfalls *tiesto*. Im VI. Buch, Z. 189 steht ebenso wie hier قشر *qišr* '(Eier-)Schale', und der Spanier übersetzt mit *caxcara*, im lateinischen Text fehlt das Wort. Diese drei Stellen erlauben folgende Deutungen: 1.) Im V. Buch überträgt der Spanier exakt aus dem Arabischen, ohne das Lateinische zu kennen. 2.) Im VI. Buch gibt es keine andere Möglichkeit als eine arabische Quelle, da die Stelle bei Scotus fehlt. 3.) Hier nun könnte der spanische Anonymus mit dem Arabischen gearbeitet haben, was aber nicht zwingend der Fall gewesen sein muss, da *testa* im Lateinischen ebenso die Bedeutung '(Eier-)Schale' trägt. Es ist auch das einzige, was dem Kontext nach einen Sinn ergibt.

51 çeleti | die auf Griechisch Ṣālāḫī | Celeti] In den anderen Texten fehlt der Zusatz *die auf Griechisch*. Die Rede ist von den Selachoidea, den Knorpelfischen (v. auch XIV, Z. 82). Oppenraaij gibt ein weitere Variante an: *celici.*

61 madre] Bedauerlicherweise ist hier der Seitenrand der Handschrift nach dem *m-* abgeschnitten, so dass gemäß dem Lateinischen und der Textstelle IX, Z. 13 *madre* ergänzt wurde. Interessant wäre aber gewesen, ob hier vielleicht die cultismo-Variante *matriz* gestanden hätte.

82 Windeier] Cf. Kommentar zu V, Z. 189.

93/94 vñas rrebueltas | gekrümmten Klauen | uncorum unguium] Sehr treffend übersetzt Scotus معقف *muʿaqqaf* 'gekrümmt' mit *uncus* mit derselben Bedeutung. Im TDMS finden sich unter dem Lexem *rebuelto, -a* mehrer Einträge: «adj. 1. convolutado, serpenteado, *General Estoria* (1270); [...] 4. trastornado, *Poema de Fernan González* (1260); 5. vuelto, pasado, *Gen. Estoria*» (übrigens: kein Eintrag im DiccMed). Zumindest der erste Eintrag ist bildlich doch recht nahe an den beiden Vorlagen, inhaltlich passen auch die anderen Bedeutungen ('gekrümmt' auf Neuspanisch hieße 'encorvado, curvado, torcido').

94 pasa en | neigt er sich zu | transit] (ميل) مال *māla* 'sich neigen' hat auch im Arabisch-Lateinischen Wörterbuch (Freytag) und im Arabisch-Französischen (Dozy) keine andere Bedeutung als im Wörterbuch von Wehr, i. e. *declineo* oder *inclineo* sind sehr wohl richtig, *transeo* aber ist nicht direkt als Wortbedeutung belegt. *Māla* könnte man aber auch mit 'sich entfernen' übersetzen, womit man aber noch nicht den transformativen Charakter getroffen hätte, der offenbar gemeint ist und im spanischen Wort *pasa* ebenso enthalten ist wie im lateinischen *transit* (cf. XIV, Z. 51).

99 agudo | heiß | accutum] Brugman konjiziert حاد *ḥādd* 'scharf, spitz' zu حار *ḥārr* 'heiß'. Entweder hatte Scotus eine Quelle mit حاد *ḥādd*, oder er hat sich verlesen.

111 madurar | ausgedehnt werden | maturare] مد *madda* heißt 'ausdehnen, ausstrecken', nicht aber 'reif werden' oder Ähnliches. Der spanische Übersetzer folgt der lateinischen Fassung.

117 Nachkommen] In der arabischen Edition steht das übliche *wilād*, das sonst mit 'Zeugung' übersetzt wird, doch scheint hier die Interpretation mit 'Nachkommen' angemessener.

130 cubeg | Rebhühner | cobeg] قبج *qabǧ* ‘eine Art Feldhuhn’ (Wehr). Im VI. Buch, Z. 118 übersetzt der Spanier *qabǧ* mit *cogujadas*, das ist die Haubenlerche. An dieser Stelle übernimmt er einfach *cubeg* aus der lateinischen Quelle (ebenso Z. 148).

137/38 & son de mucha engendraçion] Dieser Zusatz fehlt in den anderen Texten. Vielleicht gab eine Glosse Anlass dazu.

189/191 virtud | Ausscheidung | humiditatem] Scotus übersetzt, als stünde in seiner Vorlage رطوبة *rutūba*, der Spanier, als läse er *virtus* (قوة *quwwa*). An verschiedenen anderen Stellen, z. B. hier Z. 166, gibt Scotus فضلة *faḍla* richtig mit *superfluitas* wieder. Hier muss eine verderbte Überlieferung in den verschiedenen Quellen angenommen werden.

195 duanor | Ādrīānūs | drinoz] In anderen lateinischen Handschriften sind laut Oppenraaij die Lesarten *drianoz, ducanor, duanoz* überliefert.

234 partidos | fest | fixos] ثابت *ṯābit* heißt ‘fest’, also *fixum*. Für das Spanische gibt es keine schlüssige Erklärung.

242 sieres | Qanḫarīs | fieriz] Gemeint ist der Turmfalke (cf. VI, Z. 250).

Kommentar zu Liber XIX

5–25 778a10–15] Dieser Abschnitt wird in der griechischen Ausgabe von Peck als Schluss des XVIII. Buches angesehen, ebenso wie in der arabischen Edition und in der spanischen Handschrift. In der Edition des lateinischen Textes von Oppenraaij findet man hingegen keinen Hinweis darauf, dass es in der lateinischen Überlieferung Varianten bezüglich der Zuordnung des Abschnitts gegeben habe: Er erscheint also immer als Beginn des XIX. Buches statt als Schluss des XVIII.

35 ocasiones | akzidentielle Eigenschaften | accidentibus]

> (778a16) «Περὶ δὲ τῶν παθημάτων οἷς διαφέρουσι τὰ μόρια τῶν ζῴων θεωρτηέον νῦν. λέγ’ δὲ τὰ τοιαῦτα παθήματα τῶν μορίων, οἷον γλαυκότητα ὀμμάτων καὶ μελανίαν, καὶ φωνῆς ὀξύτητα καὶ βαρύτητα, καὶ χρώματος καί τριχῶν ἢ πτερῶν διαφοράς» *(Peck, GA V, p. 484).*

Das griechische Wort πάθημα ‘Leid, Unglück’ trägt in philosophischen Texten zudem die Bedeutung ‘akzidentielle Eigenschaft, Affekt’. Im Arabischen wird es wörtlich wiedergegeben mit آفة *’āfa*, pl. آفات *’āfāt* ‘Unglück, Schaden’, es kann aber ebenfalls schon als fachsprachlicher Terminus verstanden werden.[21] Entsprechend lautet die lateinische Übersetzung von Scotus für das arabische *’āfa accidens* (statt z. B. *damnum* oder *malum*). Der spanische Anonymus versucht seinerseits eine Interpretation, indem er *ocasiones* übersetzt (ebenso Z. 49). Im DiccMed ist *ocasion* im 13. Jahrhundert in der Bedeutung ‘caída, desaventura, daño grave’ belegt, so dass wir hier im Spanischen ein eng gefasstes Verständnis der arabischen Vorlage

[21] Endress & Gutas: *A Greek and Arabic Lexicon*, 1998. Die Autoren geben mehrere Referenzstellen aus *PA* und *GA* an.

hätten *(Calila e Dimna, Judizio)*. Auch andere Belegstellen aus dem CORDE (z.B. *Primera partida*, 1256, *Judizio de las estrellas*, 1254) lassen kein philosophisches Verständnis des Begriffs erkennen.

Die Stelle hier kann nur als arabisch-spanischer Übersetzungsvorgang erklärt werden, da das lateinische *accidens* ('das Zufällige, Unwesentliche') keinen Spielraum für eine Interpretation mit *ocasion* lässt. Weitere Vergleichsstellen aus den untersuchten Synopsen: VI, Z. 191, X, Z. 93, XI, Z. 62.

39–42 cartenura & color garço | die blaue und die tiefblaue Farbe | virorem] Das spanische Wort *cartenura* konnte nicht geklärt werden. Unter *garzo* findet sich im DiccMed folgender Eintrag: «fin s. XIII, de color azulado, aplicado especialmente a los ojos. Origen incierto, no es seguro pero sí posible que sea variante fonética de *zarco* (por metatésis del árabe *zárqa*, de donde viene esta palabra castellana, en **qarza*».

Interessanterweise weicht Scotus gänzlich ab, indem er von *viror* 'grüne Farbe' spricht. Hier muss ein Fehler in seiner Vorlage angenommen werden.

59/60 cuernos | Zeiten | etates] قرن *qarn*, pl. قرون *qurūn* heißt 'Horn (eines Tieres; Blasinstrument); Jahrhundert'. Der Spanier übersetzt nach der ersten Bedeutung, Scotus hingegen erfasst den temporalen Sinn. Es handelt sich hierbei eindeutig um unterschiedliche Übersetzungsergebnisse eines polysemen Wortes.

74 grandes | im hohen Alter | in senectute] Wieder übersetzt der Spanier wörtlich aus dem Arabischen (كبر *kibar* 'groß'), ohne eine weitere Interpretation vorzunehmen.

97 Getragene] محمول *maḥmūl* ist ein Partizip und heißt 'getragen', gemeint ist aber wohl der 'Embryo'. In Z. 140 steht im arabischen Text جنين *ǧanīn* 'Embryo, Fötus'.

107 fieri] *ferus* oder *fera* bezeichnet das 'wilde Tier'; für die Form *fieri* konnte in den Wörterbüchern kein Nachweis gefunden werden. Weder in der griechischen noch in der arabischen Edition lässt sich eine entsprechende Vorlage für diese Bedeutung finden.

117 en njnguna gujsa | durchaus nicht | non omnino] Um die Verstärkung der Negation البتة *al-batta* auszudrücken, haben sowohl Scotus als auch der Spanier jeweils eine eigene Form gewählt.

128 **] Hiermit ist eine Lakune im arabischen Text markiert.

139 plantas | Bäume | arbores] In den meisten Fällen (z.B. V, Z. 108; VI, Z. 146 oder XII, Z. 133) übersetzt der Spanier شجر *šaǧar* mit *arbol*, hier entscheidet er sich für *plantas*. Diese Inkonsequenz mag in seiner Vorlage begründet liegen oder in einer plötzlichen Einsicht in die hyperonyme Bedeutung des arabischen Terminus (cf. V, Z. 122).

140ss. en el vientre en comjenço de su crjaçion | in seiner ersten angeborenen Natur | in prima creatione] Die Angabe *en el vientre* findet sich nur in der spanischen Handschrift. *Comjenço* dagegen ist die Übersetzung von اول

'awwal, was als Elativ verstanden werden kann (Scotus: *prima*) oder aber als Substantiv: 'erster Teil, Anfang'. In der arabischen Edition von Brugman steht des Weiteren خلقته *ḫilqatihi* '[in] seiner angeborenen Natur', denkbar wäre aber auch خلقه *ḫalqihi* '[in] seiner Erschaffung'. Die letztere Lesart findet sich in der lateinischen und in der spanischen Übersetzung wieder.

189ss. Ca los ojos garços...] Die spanische Version weicht inhaltlich von den anderen Vergleichstexten ab. Hier kommen Kürzungen zum Tragen, die ihre Ursache in Verständnisschwierigkeiten des Übersetzers gehabt haben könnten. Umgekehrt kann es auch sein, dass der spanische Text aufgrund der Kürzungen einem späteren Leser schwer verständlich bleibt, während der Übersetzer selbst noch keine Schwierigkeiten hatte. Das angewandte Kürzungsverfahren besteht in einer Zusammenfassung von mehreren Sätzen oder Abschnitten in wenigen Worten.

3. Die religiösen Formeln zu Beginn und am Ende der einzelnen Bücher

I	a)[22] En nonbre de dios aqui...
	b) ~
II	a) ~
	b) Aqui se acaba el segundo ljbro de los anjmales gloria & laus ihsu.
III	a) en nonbre del señor aqui...
	b) Aqui se acaba el terçero ljbro de los anjmales gloria & laus al que crio el omne & los mjnerales
IV	a) en nonbre del señor aqui...
	b) ~
V	a) en nonbre de dios aqui...
	b) ~
VI	a) En nonbre de dios poderoso aqui...
	b) Aqui se acaba el sesto ljbro de aristotiles de animalibus loores & gloria a dios
VII	a) ~
	b) acabose el septimo de los animales loores a dios señor de los celestiales
VIII	a) ~
	b) Aqui se acaba el ljbro ochauo de los animales de aristotiles loores a dios
IX	a) E comjença en su nonbre el noueno ljbro
	b) gloria sea a dios & ensalçado
X	a) & comjença el deseno
	b) ~
XI	a) ~
	b) ~
XII	a) En nonbre de dios aqui...
	b) ~
XIII	a) ~
	b) ~
XIV	a) ~
	b) ~
XV	a) ~
	b) Aqui se acaba el quinseno de los anjmales loores a dios
XVI	a) & comjença el dies & seseno
	b) Aqui se acaba el desimo sesto ljbro de los anjmales
XVII	a) & comjença el dies & seteno con la ayuda de dios
	b) ~

[22] a) Einleitungsformel zu Beginn des Kapitels, b) Formel am Ende des Kapitels oder zur Überleitung zum nächsten.

XVIII a) ~
b) ~
XIX a) ~
b) Aqui se acaba el ljbro deçimo nono de animalibus de aristotiles & por consiguiente todo el ljbro laus & gloria ihsus amen.

VIII. Philologisch-historische Einordnung der Handschrift Mss 10198

1. Textbestand und Kürzungen

Die folgende Tabelle stellt den Textbestand der spanischen Handschrift Mss 10198 im Vergleich mit der lateinischen Handschrift Vaticanus Chigi dar; die Spalten zu einer weiteren (lat.) Handschrift Mss 3347 und den arabischen Ausgaben (rechte Spalte) sind nur zur Ergänzung gedacht.

Wie man sieht, finden sich die Lücken am Ende der Bücher V, VI und XIV, die bereits in der arabischen Überlieferung auftreten, einheitlich in den europäischen Übersetzungen wieder. Des Weiteren kann man anhand der Ausrufezeichen sehen, in welchen Büchern der spanischen Handschrift gekürzt wurde. Dabei handelt es sich um das relative Verhältnis von Textmengen, das sich an der lateinischen, ungekürzten Fassung orientiert: Einer Seite der Chigi-Handschrift entsprechen etwa 1,3 Seiten der spanischen Handschrift.

Der Vergleich erbringt folgende Ergebnisse: Zehn von neunzehn Büchern entsprechen ungefähr in ihrem Umfang der lateinischen Vergleichshandschrift, Buch I ist relativ leicht verringert, aber insgesamt sechs Bücher sind zu zwei Dritteln oder mehr gekürzt! Da sind zu nennen die Bücher VI und VIII der *HA*, XII von *PA* und XVII–XIX von *GA*. Die Kürzungen treten unabhängig davon auf, aus welcher Quelle übersetzt wurde, und sie werden in der Handschrift weder explizit eingeführt noch in irgendeiner Weise graphisch markiert.

		Mss 10198	Kürzungen[1]	Vorlage: Arabisch Latein	Vaticanus Chigi E.VIII.251	Mss 3347	Badawi Kruk Brugman
HA	I	1–5v	!	A	1ra–6ra	1	p. 6
	II	5v–10v		L	6ra–9vb	5	p. 52
	III	11–18v		L	9vb–14vb	8r/v	p. 95
	IV	18v–26		L	14vb–19vb	15	p. 148
	V	26–28v		A	19vb–22vb	20v	p. 201
			Am Ende des Buches fehlen 550a1–558b11.				
	VI	28v–31	!!!	A	22vb–28ra	24	p. 241
			Am Ende des Buches fehlen 575b30–581a9.				
	VII (8)[2]	31v–38v		L	28ra–34ra	30	p. 303
	VIII (9)	38v–46	!!!	L	34ra–43rb	–	p. 371
	IX (7)	46–51		A	43rb–45vb	39	p. 461
	X	51–54		A	45vb–47vb	41v	p. 485
PA	XI	54v–59		A	47vb–50vb	43v	p. 5
	XII	59–62v	!!!	A	50vb–57ra	47	p. 23
	XIII	62v–71		A	57ra–62vb	54	p. 58
	XIV	71–80		L	62vb–72ra	60	p. 100
			Am Ende des Buches fehlen 697b30–715a1.				
GA	XV	80v–85	!!	L	72ra–79vb	69v	p. 1
	XVI	85–89	!!	L	79vb–88rb	76v	p. 50
	XVII	89–91	!!!	L	88rb–94rb	84v	p. 96
	XVIII	91v–92	!!!!	??	94rb–103rb	91	p. 134
	XIX	92v–93	!!!!	A	103rb–108rb	97v	p. 173

1.1 Kürzungsmethoden

Es lassen sich hauptsächlich drei Verfahrensweisen finden:

1) In der Regel handelt es sich um Auslassungen von Textpassagen unterschiedlicher Länge wie z. B. in Buch XV, Z. 183ss., wo ca. eine Spalte griechischer Text nach der Bekkerschen Ausgabe fehlt, oder ca. 15–20 Zeilen in Buch XVII, Z. 73ss.[3] Dies ist die häufigste Kürzungsmethode.

2) Im zweiten Fall geht es um ein punktuelles, kleinräumiges Vorgehen, bei dem einzelne Sätze in der Übersetzung fehlen, wie z. B. in Buch V, Z. 85–88 oder IX, Z. 157–166. Das Ergebnis in der spanischen Handschrift ist dementsprechend nicht immer ein zusammenhängender Text, wenn man sich z. B. XIII,

[1] Näherungsweise: ! = 1/3 gekürzt; !! = 1/2 gekürzt; !!! = 2/3 gekürzt; !!!! mehr als 2/3 gekürzt.

[2] Die Zahlen in Klammern beziehen sich auf die Reihenfolge bei Bekker.

[3] Eine weitere Stelle aus der Handschrift ist z. B. mitten im zweiten Buch (Mss 10198, f. 8v) zu finden, wo die Abschnitte 503b29–504b12 fehlen, was etwa zwei Spalten bei Bekker entspricht.

Z. 55–76 anschaut, oder XIX, Z. 122–139: «Ca la vida es espeçialmente en el velar dexando el anjmal que es entre los anjmales que se mueuen E las plantas». Vor allem bereitet das *dexando* mitten im Satz Schwierigkeiten bei der Zuordnung: bezieht es sich auf *velar* oder auf *el anjmal*? Es fehlt der Zusammenhang, der bei der Textkürzung verlorengegangen ist.

In Buch XV fehlt der Text der Z. 27–49; das Ergebnis erweist sich zwar als vordergründig kohärent, doch die Lektüre des arabischen und lateinischen Abschnitts zeigt, dass von der Ursachenlehre (v. II.1.1) die Hälfte gestrichen wurde. Hier wie auch an anderen Stellen (IX, Z. 157ss. die *Blasinstrumente* oder XIII, Z. 84ss. die *Stimmhervorbringung* und *Laute*) könnte die Ursache für die Auslassung der Stelle in Schwierigkeiten beim Verständnis sowohl inhaltlicher als auch sprachlicher Art begründet sein.

3) Die letzte Kürzungsmethode wurde am drastischsten im Buch XVIII angewendet. Ganze Abschnitte des Quellentextes werden in einem oder in wenigen Sätzen zusammengefasst, so dass ein Übersetzungsvergleich wie in den anderen Büchern unmöglich ist. Hier stehen den gut zwanzig Seiten der lateinischen Handschrift nur noch zwei Seiten in der spanischen gegenüber. Um diese Kürzungsmethode zu verdeutlichen, seien zwei Beispiele aus dem XIX. Buch angeführt: nach Z. 92 fehlt ca. eine Spalte (griechischen) Textes und es geht weiter in Z. 95 mit *E una de las cosas que los acaeçe*, ohne dass klar wäre, wer mit *los* gemeint ist. Ebenso ergeht es dem Leser bei den Z. 125–146 (XIX. Buch), welche in der spanischen Handschrift als fortlaufender Satz gelesen werden müssen, aber eigentlich keinen Sinn ergeben.

Die altspanische Übersetzung *Libro de los animales* ist, soweit bekannt, nur in dieser einen Handschrift überliefert, bei der es sich um eine relativ saubere Abschrift aus der ersten Hälfte des 15. Jahrhunderts von nur einer Schreiberhand und ohne Glossen handelt. Daraus ergibt sich für die Interpretation der nachgewiesenen Kürzungen die Schwierigkeit, dass deren Zeitpunkt und Verursacher nicht mehr festgestellt werden können. Im Laufe der Überlieferung können den Kopisten Fehler unterlaufen sein, es können Seiten verloren gegangen oder unleserlich geworden sein etc. Vielleicht hat aber auch schon der Übersetzer gekürzt, oder vielleicht hat er mit einer unvollständigen Vorlage gearbeitet.

1.2 Analyse der Kürzungen nach inhaltlichen Kriterien

Im Folgenden wird die Frage erörtert werden, ob die Themenschwerpunkte der einzelnen Bücher (v. II.2) ein Konzept für die Textstreichungen erkennen lassen.

Eine eindeutige Bevorzugung oder Vernachlässigung humanbiologischer Themen ist nicht gegeben. Grundsätzlich sind die Ausführungen über Anatomie und Physiologie sowohl in der *HA* als auch in *PA* nicht oder nur wenig von den Kürzungen betroffen, sehr wohl aber die Erörterungen, die das Verhalten der Tiere betreffen, wie z. B. Paarungsverhalten, Geburt und Aufzucht der Nachkommen in Buch VI (Vögel, Fische, Landwirbeltiere). Auch Buch VIII [Bekker

IX][4] über das Sozialverhalten der Tiere ist stark reduziert, während das siebte Buch [Bekker VIII] über die Ernährung, Wanderungen, Überwinterungsstrategien etc. nahezu ohne Einschränkung in die spanische Handschrift eingegangen ist, obwohl es doch dem achten inhaltlich vergleichbar ist. Die Methodendiskussion in Buch XI ist nicht gekürzt worden. Im zwölften Buch behandelt Aristoteles die Elemente sowie die homogenen (Blut, Fett, Knochen) und die heterogenen Teile des Körpers, also Organe und Extremitäten, mit dem Ziel der Ergründung des *telos*. Während hier sehr stark gekürzt wurde, werden z. B. in Buch III die Ausführungen über die gleichteiligen Stoffe ohne größere Eingriffe wiedergegeben. Solche Befunde lassen keinen inhaltlichen Plan erkennen.

Bei den letzten fünf Büchern *(De generatione animalium)* ist es offensichtlich, dass der Textbestand in zunehmendem Maße reduziert worden ist. Zunächst drängt sich eine pragmatische Interpretation auf, die äußere Umstände wie Zeitdruck, Geldmangel des Auftraggebers oder Ähnliches in Rechnung stellt. Nichtsdestotrotz muss aber auch in Erwägung gezogen werden, dass die Bücher von *GA*, wie bereits unter II.2.4 dargelegt, einen viel stärker philosophischen und spekulativen Charakter haben als die Bücher der *HA* und *PA*. Dieser Umstand verlangt umso größere Beachtung, wenn man folgendes Zitat von Castro in die Überlegungen mit einbezieht:

> «Das 'theoretische' Problem vom Wesen der Natur beschäftigte den weisen König nicht im geringsten – eine intellektuelle Haltung, die er mit den Juden teilte, welche sich weit mehr für Moral, Recht, Astrologie und die angewandten Wissenschaften interessierten als für reine Mathematik und Philosophie».[5]

Im Rahmen der volkssprachlichen Übersetzungen spielen philosophische Texte weder im 13. noch im 14. Jahrhundert eine große Rolle. Dass Alfonso kein Interesse diesbezüglich bekundete, ist hinreichend bekannt (cf. den Exkurs *Philosophie im Abseits* am Ende von IV.2.). Castro macht dafür den jüdischen Einfluss verantwortlich, ohne den seiner Meinung nach ohnehin das geistige Panorama des 13. Jahrhunderts nicht zu denken und zu verstehen ist. Darauf wird in den folgenden Abschnitten noch häufiger eingegangen werden.

Für die Kürzungen im Bestand von *GA* sollte man auch in Betracht ziehen, dass die eher theoretischen Fragestellungen bereits in der Kommentarliteratur, z. B. von Averroes oder Petrus Hispanus (cf. III.2.2 und V.3.3), besprochen worden waren und auf diese zurückgegriffen werden konnte.

1.3 Conclusio zu den Textkürzungen

Aus der Analyse des Textbestandes können nur ganz vorsichtig Schlüsse gezogen werden, weil wir zum einen nicht wissen, wann und wie die Eingriffe im Text vorgenommen wurden, und weil zum anderen auch die inhaltliche Betrachtung kein kohärentes Bild ergibt. So können also nur die herausgearbeite-

---

[4] Bezüglich der unterschiedlichen Buchzählung v. II.2.2.

[5] Castro 1957, p. 465.

ten Tendenzen zusammengefasst werden: 1.) Das spezifisch aristotelisch-zoologische Gedankengut – und damit sind das vielfältige und reichhaltige Material zur vergleichenden Anatomie des Tierreichs oder die methodologischen Überlegungen zur Wissenschaft von den Lebewesen gemeint – ist weitgehend unangetastet geblieben, während Informationen, die zu den Lehrinhalten einer Medizinausbildung gehören (z. B. die Elementenlehre), vernachlässigt werden. 2.) Die Bücher von *GA* mit ihrem philosophisch-spekulativen Charakter könnten den wissenschaftlichen Tendenzen der Entstehungszeit zum Opfer gefallen sein. 3.) Äußerliche Bedingungen wie Geld oder Zeitdruck können nicht sicher als Ursachen für die Eingriffe in den Textbestand gefasst werden. Zweifelsohne aber wären sie plausible Gründe für den Umgang mit einem Text des Aristoteles, den man sonst sehr zu schätzen wusste.

2. Ergebnisse der sprachlichen Untersuchungen

Diesem Kapitel liegen Überlegungen zugrunde, welche Bossong in seinem Werk *Probleme der Übersetzung wissenschaftlicher Werke aus dem Arabischen ins Altspanische*[6] zum Prozess der Akkulturierung darlegte (v. auch Kapitel IV.1.2), also der Auseinandersetzung mit und Aneignung von Leistungen der überlegenen Kultur vor allem im schriftsprachlichen Bereich. Er unterteilt diesen Prozess in zwei weitere Vorgänge, in die Universalisierung und die Komplektisierung. Die Universalisierung bezieht sich auf den lexikalischen Bereich einer Sprache, auf die «Ausweitung ihrer Ausdrucksmöglichkeiten auf neue, ihr bis zu einem gegebenen Zeitpunkt nicht verfügbare Gebiete des menschlichen Wissens».[7] Bei der Komplektisierung handelt es sich um Veränderungen der inneren Struktur der Sprache. Die syntaktischen Ausdrucksmöglichkeiten passen sich den gestiegenen Anforderungen an eine Sprache an und werden immer komplexer.

Im Bereich der Komplektisierung gliedert sich die altspanische Fassung der aristotelischen Tierbücher in die Reihe der anderen wissenschaftlichen Übersetzungen aus dem Arabischen im 13. Jahrhundert ein. Was allerdings die Universalisierung betrifft, so kann hervorgehoben werden, dass es für das breite Spektrum an zoologischem Wissen, wie es in diesen Schriften zum Ausdruck kommt, mit aller Wahrscheinlichkeit keine Vorläufer gegeben hat und dass daher auch keine festgelegte Terminologie zur Verfügung stand, außer bei einigen anatomisch-medizinischen Begriffen.

[6] Bossong 1979.
[7] Bossong 1979, p. 87.

2.1 Lexik und Syntax: Universalisierungen, Etymologien und Komplektisierungen

Universalisierungen

Für die Einteilung der sprachlichen Befunde wird ebenfalls auf die Arbeit von Bossong zurückgegriffen.[8] Er gliedert die auftretenden Phänomene in a) direkte Übernahmen, also die Arabismen im engeren Sinne, b) direkte Nachbildungen und c) indirekte Übernahmen.

a) Bei den direkten Übernahmen wird das Sprachmaterial der Stimulussprache (in diesem Fall Arabisch) in die Responsesprache (in diesem Fall Kastilisch) übernommen, wie z. B. bei *fulano* (v. I, Z. 121).[9] Bossong konstatiert allerdings, dass lautliche Arabismen in den von ihm untersuchten Texten insgesamt nur eine untergeordnete Rolle spielten. Die Untersuchung der übersetzten Tierbücher bestätigt das auch für die altspanische Aristoteles-Version, denn hier konnten keine neuen Arabismen festgestellt werden.

b) Von direkten Nachbildungen spricht man dann, wenn versucht wird, ein Muster der Stimulussprache mit den Mitteln der Responsesprache nachzubilden. Hier zeigt sich in besonderer Weise die tief greifende akkulturierende Wirkung des Arabischen, da – wie eben erwähnt – in den wenigsten Fällen eine direkte lautliche Übernahme der Fachterminologie aus dem Arabischen vorgenommen wurde, was der durchaus leichtere und gewissermaßen auch auf der Hand liegende Weg gewesen wäre. Vielmehr wurde das dahinter stehende Funktionsprinzip des Arabischen übernommen, das im Grunde ein System deverbaler Derivationen darstellt, was im Folgenden ausführlich besprochen werden soll. Auf diese Art und Weise entstehen prinzipiell mono- und polyseme Termini.[10]

c) Zuletzt seien noch die indirekten Übernahmen erklärt, die dann zustande kommen, wenn zwei Stimulussprachen auf die Responsesprache einwirken. Im Falle der altkastilischen Übersetzungsarbeiten heißt das, dass im Arabischen ein bestimmter Terminus verwendet wird, der mit Hilfe einer Anleihe aus dem Lateinischen ins Spanische übertragen wird. Das Ergebnis ist in diesem Fall ein arabisch induzierter *cultismo*. Das Belegmaterial zu den indirekten Übernahmen wird im Anschluss an die direkten Nachbildungen besprochen werden.

---

8 Bossong 1979, p. 93ss.

9 *Fulano* ist bereits im 12. Jahrhundert belegt.

10 Für die Verwendung dieser Begriffe verweise ich auf Bossong: «Ich möchte jene Termini, die ohne jeden Kontext eindeutig sind, da sie nur innerhalb bestimmter wissenschaftlicher Theorien einen Sinn haben, als *unisem* bezeichnen. *Monosem* sollen diejenigen Begriffe heißen, die durch einen wissenschaftlichen Makrokontext eindeutig werden und nur außerhalb eines solchen auch andere Bedeutungen haben können. Alle Signifikate, die in einem wissenschaftlichen Makrokontext mehrere wissenschaftliche Sememe bereitstellen, sollen *plurisem* genannt werden. *Polysem* nenne ich diejenigen Signifikate, die auch in wissenschaftlichen Makrokontexten nicht-wissenschaftliche Sememe repräsentieren können» (Bossong 1979, p. 50).

Direkte Nachbildungen

Als Beispiele für direkte Nachbildungen seien, wie angekündigt, Fälle aus dem Bereich des Verbalsystems besprochen. Die Ergebnisse sind überwiegend polysem. Charakteristisch für das Arabische als eine semitische Sprache ist die Dreikonsonantenstruktur als Basis für lexikalische Einheiten. Drei so genannte Wurzelkonsonanten bilden die Grundform der Verben aus, und davon ausgehend werden mit Hilfe von Vokalen, Prä-, In- und Suffixen ganze Wortfelder geschaffen. Dasselbe Verfahren wird auch bei der Verbalmorphologie selbst verwirklicht, so dass von einem Grundstamm ausgehend mehrere weitere Verbalstämme gebildet werden (z. B. durch Verdoppelung eines Wurzelkonsonanten, durch Infixe etc.). Es gibt zehn gebräuchliche und darüber hinaus noch 3–4 weitere seltene Stämme; welche und wie viele davon von einer Wurzel jeweils realisiert werden, ist nicht festgelegt. Für jeden Verbalstamm kann man (vereinfacht) eine Grundfunktion benennen. So bildet z. B. der II. Stamm kausative Verben zum Grundstamm:

درس *darasa* 'lernen' (I. Stamm) → درّس *darrasa* 'lehren' (II. Stamm).

Aus den alfonsinischen wissenschaftlichen Übersetzungen ist als Nachbildung das Wortbildungsmuster *a-* + *Stamm* + *-ar* bekannt.[11] Dieses Muster findet sich im I. Buch, Z. 70–73: شبه *šabbaha* 'II angleichen, ähnlich sein' wird ins Spanische mit *asemejar* übersetzt, ebenso wie im V. Buch, Z. 196 der *HA* in der Übersetzung *asotilizar*[12] für den II. Stamm des Verbes لطف *laṭṭafa* 'verfeinern' steht.

Weitere Beispiele für den akkulturierenden Einfluss arabischer Verben stellen die Fälle dar, in denen die Funktionen eines Verbalstammes mit den morphologischen Mitteln des Spanischen reproduziert werden. So bildet der V. Verbalstamm Passiva und Reflexiva zum II. Stamm aus; entsprechend wird z. B. im X. Buch, Z. 27/28 mit einer reflexiven Passivkonstruktion übersetzt: تفقد *tafaqqada* (V. Stamm) heißt 'untersuchen' *(man muss untersuchen)*, was dann in der spanischen Handschrift lautet: *conujene que se requiera* (ebenso X, Z. 19). Aber auch der VI. Verbalstamm bildet Passiva und Reflexiva aus, diesmal allerdings zum III. Stamm. Ein Beispiel dazu findet sich ebenfalls im X. Buch, Z. 138: علج *ʿalağa*, VI. Stamm: تعالج *taʿālağa* 'in ärztlicher Behandlung stehen' wird ins Spanische mit *sea curada* übersetzt.

Nach diesen Ausführungen ist nachvollziehbar, dass die zu den Stämmen gebildeten Partizipien weitere Schwierigkeiten in sich bergen. Zum einen kann oft aufgrund der fehlenden Vokalisierung keine eindeutige Entscheidung bezüglich des Genus Verbi getroffen werden, zum anderen muss der jeweilige Aspekt beachtet werden. Das Ringen um den adäquaten Ausdruck erkennt man in Buch XI, wo es um *doctrinante* und *doctrinado* geht.

---

[11] Cf. z. B. *Los canones de Albateni*, Bossong 1978.

[12] Erstbeleg von 1241 (DiccMed).

Die Grundbedeutung zu أدب *'aduba* wird mit 'wohlerzogen sein' angegeben, dementsprechend lautet der II., kausative Stamm 'gut/wohl erziehen, bilden'. Nun sieht sich der spanische Anonymus mit dem Partizip des II. Stammes konfrontiert: المؤدب المخرج, was entweder als *al-mu'addibu al-muḫarriğu* vokalisiert werden kann, das bezeichnet den 'ausbildenden Lehrenden', oder, in der Passivlesart *al-mu'addabu al-muḫarrağu*, 'den ausgebildeten Gelehrten'. Gemäß dem oben genannten Wortbildungsmuster hätte *el adoctrinante/adoctrinado* das Ergebnis sein können, doch geht der kausative Aspekt bei der Partizipbildung verloren bzw. es wird versucht, ihn durch die Entscheidung für das Aktiv *doctrinante* auszudrücken. Allerdings entschließt sich der Übersetzer im gleichen Fall ein paar Zeilen später für *doctrinado* (cf. auch XII, Z. 128 *primero mouedor*). Das Ringen mit der eigenen Sprache in Auseinandersetzung mit komplexen Vorgaben ist hier eindeutig zu erkennen.

Die lexikalischen Möglichkeiten des arabischen Verbalsystems erschöpfen sich freilich nicht in einer bestimmten Anzahl an Verbalstämmen und Partizipien, sondern grundsätzlich kann zu jedem Verbalstamm auch ein Verbalnomen gebildet werden. Zu den direkten Nachbildungen können daher auch all die Fälle gezählt werden, in denen der spanische Übersetzer die passende Entsprechung in seiner Sprache zu bilden versucht. Als Beispiel hierzu soll die Stelle IX, Z. 28 besprochen werden,[13] in welcher das Ergebnis allerdings als misslungen bewertet werden muss. Im Arabischen steht ein Verbalnomen des II. Stammes, nämlich تصنيف *taṣnīf* 'Einteilung; Klassifikation'. Der Spanier erkennt zweifelsohne die Wurzel صنف ṣ-n-f, die ihm von صنف *ṣinf* 'Art' (Verbalnomen des I. Stammes) her bekannt ist, doch weiß er offensichtlich nicht, wie er dazu einen Kausativ bilden soll, und übersetzt daher mit *espeçias*, also nach dem I. Stamm. Das Verb صنف *ṣanafa* ist aktuell übrigens nur im II. Stamm lexikalisiert.

Eine gelungene Übersetzung liegt in Buch I, Z. 136 vor, wo von dem Verb لأم *la'ama* 'verbinden' das Verbalnomen zum III. Stamm, nämlich ملاءمة *mulā'ama* 'Übereinstimmung' verwendet wird. Die spanische Handschrift gibt das Wort mit *conuenjençia* wieder.

Als letztes Beispiel dafür, welche Herausforderungen arabische Verben an die spanischen Gelehrten stellten, sollen die Wortbildungen nach dem Muster *en- + Stamm + -çer* wiedergegeben werden (IX. Buch, Z. 54/55 und 132), exemplarisch an dem Verb *engrandeçer*, das laut Corominas 1251 *(Calila)* erstbelegt ist. Das Verb عظم *'aẓuma* 'groß werden' bezeichnet also einen prozesshaften Vorgang, der im Deutschen problemlos durch das Verb *werden* ausgedrückt werden kann. عظم *'iẓam, 'uẓm* ist die 'Größe', عظيم *'aẓīm* 'groß' lautet das Adjektiv dazu. Dem spanischen Übersetzer stellt sich also das Problem, ein Adjektiv in ein mutatives Verb umwandeln zu müssen, was er mit Hilfe eines präpositionalen Präfixes und einer Verbendung löst, die bei

[13] Einige weitere Beispiele: I, Z. 27 *abrevjacion* (und dazu V, Z. 20); I, Z. 136+145 *conuenjençia* und *non comunican*; XII, Z. 177 *rectificaçion* und dazu XIII, Z. 15, etc.

mutativen Verben vorkommt (Bsp. *acae-cer, cre-cer*; cf. ähnliche Bildung mit temporalem Aspekt: *a-noche-cer*). Sowohl *engordeçer* als auch *engrandeçer* sind wissenschaftlich monoseme Begriffe, da sie hier auf die Vorgänge des Stimmbruchs bezogen zwar eindeutig sind, aber auch in nicht-wissenschaftlichen Kontexten funktionieren.

Man sieht also, dass die arabischen Texte die Übersetzer vor tief greifende Probleme stellten, die sich mit Hilfe von direkten Übernahmen nur unzureichend hätten lösen lassen. Der Ausbau der bereits vorhandenen Strukturen der jungen romanischen Sprache wurde dadurch in äußerst produktiver Weise angeregt und gefördert. Die Ergebnisse nennt Bossong «semantische Arabismen»,[14] denn zum Teil mag es für zeitgenössische Rezipienten in der Tat nach wenig *romançe* geklungen haben, was da an Verbkonstruktionen zu lesen war.

Nach den Ausführungen zum Verbalsystem folgen nun andere Belegstellen aus den Textsynopsen, um den sprachhistorisch so bedeutsamen Akkulturierungsprozess zu dokumentieren. Die Auseinandersetzung mit fachsprachlich festgelegten Termini in den Quellentexten und den Möglichkeiten der Zielsprache für die Übersetzung erkennt man z. B. an Stellen wie im I. Buch, Z. 58/59, wo sich der Übersetzer selbst verbessert bzw. zu einem Ausdruck noch einen zweiten hinzufügt, weil er sich ob der Exaktheit unsicher ist. Hier z. B. fügt er dem *non compuestas* noch ein *o synples* hinzu. Des Weiteren sind Stellen zu nennen, in denen der Spanier in der Übersetzung eines Wortes variiert: وصف *waṣafa* 'beschreiben', lat. *narrare* wird im Spanischen aus Ermangelung von *describir*[15] meist mit *desir* oder aber *contar* oder *ementar* wiedergegeben (cf. Kommentare V, Z. 259 und XI, Z. 74). Ebenso uneinheitlich verhalten sich beide Übersetzer (Scotus also mit eingeschlossen) bei der Angabe anatomisch-topographischer Bezeichnungen. Für den spanischen Übersetzer ist zu ergänzen, dass diese Divergenzen auch unabhängig von der sprachlichen Quelle bestehen, wie man den Buchangaben entnehmen kann.

باطناً *bāṭinan* 'innerlich':
a) lat. *intrinsecum* V, Z. 18; IV, Z. 19; *interius* III, Z. 15; IV, Z. 47; *interior* I, Z. 23
b) span. *intrinsico* I, Z. 26; IV, Z. 30; V, Z. 17; *dentro* III, Z. 15; IV, Z. 48

ظاهراً *ẓāhiran* 'äußerlich':
a) lat. *aparentium* I, Z. 24; *extrinsecum* V, Z. 16; *extra* XVI, Z. 273
b) span. *extrinsico* I, Z. 26; V, Z. 18; *de fuera* XVI, Z. 272.

Zum einen fällt auf, dass Scotus sogar noch eine Variationsmöglichkeit mehr verwirklicht als der spanische Übersetzer, zum anderen sieht man bei letzterem, dass er zwischen Latinismus und Populärform schwankt, wobei interessanterweise die Populärformen ausschließlich in lateinisch-spanisch übersetzten Bü-

---

[14] Bossong 1979, p. 106.
[15] Erstbeleg für *describir* laut Corominas: Marqués de Santillana (15. Jahrhundert).

chern vorkommen. Von einer Bevorzugung der *cultismo*-Form im unmittelbaren Einflussbereich des Lateinischen kann also hier nicht die Rede sein.

Zu den Fachtermini im engeren Sinne gehören die Folgeübersetzungen zu *dynamis* und die Bezeichnung des Geschlechtsverkehrs. Wie bereits im XIII. Buch, Z. 21 kommentiert wurde, variiert der spanische Gelehrte bei der Übersetzung des arabischen قوة *quwwa* 'die Kraft' für griech. δύναμις mit *fuerça*, *vigor*, *fortalesa* oder *virtud*, wo Scotus einheitlich mit *virtus* übersetzt. Ebenso konsequent zeigt sich der lateinische Text mit dem Lexem *coitus*, was der Spanier aus dem Arabischen entweder mit *ayuntamiento* (I, Z. 22; V, Z. 155) oder mit *caualgar* (insg. fünfmal), am häufigsten aber mit *coytu* übersetzt und zwar unabhängig von der Vorlage (insg. zwölfmal). Daraus ist – anders als bei den anatomischen Loci – eine eindeutige Präferenz für die *cultismo*-Form als Fachterminus zu erkennen.

Hieran schließt sich der divergierende Gebrauch von *esperma*, einem Latinismus, und *simjiente*, der Populärform, an. Sowohl die arabische als auch die lateinische Quelle geben jeweils invariabel eine Form vor, doch schwankt der Spanier zwischen *cultismo* und *romançe* (cf. Kommentar IX, Z. 34). Der Terminus war offensichtlich fachsprachlich noch nicht festgelegt.

Eine Sonderstellung bei der Untersuchung der verschiedensprachigen Aristoteles-Übersetzungen nimmt das Nomen عرض *ʿaraḍ*, Pl. اعراض *ʾaʿrāḍ* 'Ereignis, Geschehen; Akzidens, die vorübergehende, nicht wesentliche Eigenschaft (Philosophie)' ein (Wehr), da es sich um ein wissenschaftlich polysemes Lexem handelt. In der Mehrzahl der Fälle kann es einfach als Verbalnomen zu عرض *ʿaraḍa* mit 'Ereignis' wiedergeben werden, doch lässt z. B. der inhaltliche Kontext des XI. Buches die Vermutung zu, dass hier der philosophische Terminus gemeint ist. Vielleicht trifft das auch noch für weitere Textstellen zu (z. B. in *GA*). Die Polysemie setzt sich in den Folgesprachen fort und wird auch in den Tierbüchern realisiert. So ist im Mittellateinischen Wörterbuch von Lehmann & Stroux der Eintrag zu *accidens* aufgeteilt in: «I. gener. Vorfall, Ereignis; äußerer Umstand; II. philos. Akzidenz: das Unwesentliche, Zufällige; Eigenschaft, Merkmal». Ebenso liest man im DiccMed, dass das Lexem *accidente* für das 13.–15. Jahrhundert in der Bedeutung «Acontecimiento imprevisto; Filos. Lo que no es esencial al ser o el resultado de acaecimiento fortuito» belegt ist – auch bei Alfonso X. Corominas und das DiccAut bestätigen diese Angaben. Wie für das Arabische gilt auch für das Lateinische und Spanische, dass in den Tierbüchern mit einiger Sicherheit verschiedene Sememe realisiert worden sind.

Im Anschluss daran muss ein Wort besprochen werden, dessen angemessene Wiedergabe als besonders anspruchsvoll im Sinne der Universalisierung angesehen werden kann (Kommentar XIX, Z. 35): πάθημα 'Leid, Unglück' trägt in philosophischen Texten die Bedeutung 'akzidentielle Eigenschaft, Affekt', wir haben es also offensichtlich im Griechischen mit einem wissenschaftlich monosemen Begriff zu tun. Das arabische آفة *ʾāfa* trägt zunächst keine andere

Bedeutung als 'Unglück, Schaden', kann dann aber ebenfalls schon als fachsprachlicher Terminus verstanden werden (v. Endress & Gutas, *A Greek and Arabic Lexicon*). Nun wird der spanische Anonymus mit diesem Begriff konfrontiert und übersetzt nach der ersten Bedeutung mit *ocasion* 'caída, desaventura, daño grave' (DiccMed, TDMS). Ob ein Verständnis im Sinne von 'Akzidenz' für den Spanier gegeben war, bleibt ungeklärt, es gibt jedenfalls keine Belege, die eine solche Annahme stützen würden. Scotus seinerseits versteht *accidens*.

Indirekte Übernahmen

Indirekte Übernahmen sind indirekte Lehnwörter aus dem Lateinischen, die der arabischen Vorlage nachgebildet sind. Das Lateinische bot im Gegensatz zum Arabischen zweifelsohne den großen Vorteil, dass den daraus entlehnten Termini aufgrund der genetischen Verwandtschaft der beiden Sprachen ein hohes Maß an Transparenz eigen war, zumal die eigene romanische Sprache als Einheit mit der lateinischen Sprache und Kultur gesehen wurden.[16] Ein Latinismus wurde folglich anders wahrgenommen als ein Arabismus. So diente denn das Lateinische als unerschöpfliche Quelle zur Deckung von Wortschatzlücken, wenn ein Übersetzer mit direkter Nachbildung nicht zum erwünschten Ergebnis kam. Es sei noch angemerkt, dass die so entstandenen Fachbegriffe neben der großen sprachlichen Transparenz auch den Vorteil hatten, unisem, eventuell auch plurisem zu sein, «in jedem Fall Lexeme, die keine anderen als wissenschaftliche Sememe enthalten».[17]

Neun Latinismen konnten in den Tierbüchern eindeutig nachgewiesen werden:

I, Z. 44	volatiles
III, Z. 81	espondilo
III, Z. 137	luxuria
V, Z. 45	generaçion
VIII, Z. 33	habituaçion
VIII, Z. 81	cane
IX, Z. 216	poluçión
XI, Z. 17	doctrina
XIV, Z. 167	fingir
XV, Z. 222	mjstion

Dazu kommt noch der *semicultismo* aus dem II. Buch, Z. 109: *cartilagre.*

Die Lexeme *espondilo, luxuria, habituaçion, poluçion, doctrina* und *volatil* (eventuell plurisem) können als uniseme Einheiten angesehen werden, da sie außerhalb eines wissenschaftlichen Kontextes nicht vorkommen. Dabei ist zu erwähnen, dass es sich bei *habituaçion* um eine einmalige Bildung handeln

---

[16] Bossong 1979, p. 160.
[17] Bossong 1979, p. 158.

dürfte, jedenfalls lassen sich in den einschlägigen lexikographischen Werken dazu keine Angaben finden. Die Form *generaçion* in der Bedeutung von *genus,* Pl. *genera* muss ebenfalls als einmaliger Ausdruck angesehen werden, denn sonst wird *generaçion* im Sinne von *generatio* verwendet (III, Z. 24 oder VII, Z. 15).

Bei *fingir* handelt es sich keineswegs um einen unisemen Terminus, vielmehr stammt der Erstbeleg aus einem historiographischen Prosatext um 1300. Noch einmal anders sieht es bei den beiden Beispielen *cane* und *mjstion* aus, wo der lateinische Lautstand unmittelbar übernommen wurde, allerdings ohne Notwendigkeit, denn *mezclar* hätte den Belegen nach bereits zur Verfügung gestanden, und *can* und *perro* ebenfalls. Daher trifft hier nicht zu, was oben über die indirekten Übernahmen gesagt worden ist.

Zu der Bezeichnung *cane* im Vergleich zu *perro* muss noch eine Anmerkung gemacht werden. Laut Corominas kommt das Wort *perro* erst gegen 1200 auf «y gana rápidamente terreno a su competidor [*can*], y lo relega desde el s. XIV». Im 13. und 14. Jahrhundert koexistierten beide Bezeichnungen parallel nebeneinander und sind auch beide zahlreich belegt (TDMS).[18] In den vorliegenden Tierbüchern wird *cane* in der lateinisch-spanischen, und *perro* in der arabisch-spanischen Übersetzung verwendet.

Jedenfalls ist das Wort *mjstion* – und in eingeschränktem Maße auch *cane* – ein sehr schönes Beispiele dafür, wie sehr sich der Übersetzer bisweilen von seinem Quellentext hat vereinnahmen lassen, wie es auch an den Stellen der Fall ist, in denen syntaktische Strukturen aus dem Arabischen detailgenau abgebildet werden (s. u.).

Universalisierungen im Einflussbereich zweier Stimulussprachen

Die altspanische Übersetzung der aristotelischen Tierbücher ist ein bislang einmaliges Zeugnis für das Einwirken der beiden Stimulussprachen Arabisch und Latein auf das junge romanische Idiom, werden hier doch in einem Gesamtwerk beide Sprachquellen gleichermaßen genutzt, um zum erwünschten Endergebnis zu kommen. Hinter diesen beiden Quellen aber steht der griechische Text des Aristoteles. Schwierigkeiten des arabischen Übersetzers mit der originalsprachlichen Vorlage wirken sich daher unausweichlich auf die Folgeübersetzungen aus, was sich unschwer an den unzähligen transliterierten Tiernamen feststellen lässt. Doch darf nicht vergessen werden, dass das Griechische seinerseits Stimulussprache nicht nur des Arabischen, sondern auch des Lateinischen gewesen war und dass zudem das Lateinische mit dem Griechischen Gemeinsamkeiten hat, welche mit einer semitischen Sprache nicht bestehen. Nur so ist es zu erklären, dass bisweilen die Scotus-Übersetzung in Wortbildung und Satzbau näher an dem griechischen Original ist als die verwendete arabische Vorlage.[19] Scotus reduziert z. B. die tautologischen Häufungen, wenn

[18] Cf. die Kommentare zu VIII, Z. 81 und XI, Z. 125.

möglich, auf einen Begriff, oder er wandelt Relativsätze in Partizipialkonstruktionen um, womit er dem griechischen Original wieder näher kommt.[20]

Besonders interessant in diesem Zusammenhang sind die griechischen Komposita, die im Arabischen nicht nachgebildet werden können, sondern als Relativsätze oder Genitivverbindungen umgesetzt werden; Bossong führt dafür den Ausdruck «analytische Begrifflichkeit»[21] ein. Das Lateinische verfügt zwar über die Möglichkeit der Kompositabildung, doch verhindert die arabische Zwischenstufe in den meisten Fällen eine Rekonstruktion der griechischen Originale. Mit anderen Worten: Es lassen sich tatsächlich bei Scotus nur vereinzelt Komposita finden, in der spanischen Handschrift sind es noch weniger.

Das einzige Kompositum, das im lateinischen Text (in den behandelten Auszügen) mehrfach vorkommt, ist *quadrupedia* (z. B. V, Z. 98–102), griech. τετράπους ('vierfüßig'). Dieses wird im Arabischen zu einem Relativsatz: الحيوان الذي له اربع ارجل *al-ḥayawānu llaḏī lahu 'arbaʿun 'arǧulun* 'Tiere, die vier Beine haben' (V, Z. 89/99). Scotus macht daraus in seiner Übersetzung *quadrupedia*, bisweilen auch *animalia quadrupedia*, jedenfalls entspricht sein Ergebnis wieder dem griechischen Text. In der spanischen Handschrift liest man sowohl in der Übersetzungsrichtung arabisch-spanisch als auch lateinisch-spanisch den Ausdruck *anjmalias que han quatro pies*, manchmal auch *anjmalias de quatro pies*. Der so aus allgemeinsprachlichen Bestandteilen gebildete analytische Terminus wird allerdings durch die wechselseitige Determination und den Verwendungskontext wissenschaftlich monosem.

Zwei weitere Beispiele lassen ähnliche Bildungsschritte erkennen. Da ist zum einen im IV. Buch, Z. 148 von den Vielfüßlern die Rede. Zugrunde liegt das Kompositum πολυπόδων, das im Arabischen analytisch übersetzt werden muss, nämlich Adjektiv und Substantiv je einzeln: الكثير الارجل *al-kaṯīru l-'arǧuli* 'wörtlich: der Viel an Füßen'. Anders als bei den *quadrupedia* scheint Scotus hier Schwierigkeiten zu haben *(*multipedia?)* und folgt daher dem Arabischen, indem er mit *[animalia] multarum pedum* übersetzt. Die spanische Übertragung mit *de muchos pies* ergibt sich wie selbstverständlich, diesmal übrigens eindeutig aus der lateinischen Vorlage.[22]

In der letzten in diesem Zusammenhang zu erörternden Textstelle (XIV, Z. 156/157) lässt sich der spanische Gelehrte ganz von seiner lateinischen Vorlage leiten. Bei Aristoteles liest man παραυφασμένος ('angewebt'), eine Zusammensetzung aus dem Partizip von ὑφαίνω 'weben' mit dem vielseitigen Adverb παρά 'daneben; neben ... weg; von Seiten; entlang', womit er sich auf

[19] Wie bereits erwähnt (cf. V.3.4), hatte Scotus keine griechische Textvorlage zur Hand.

[20] Oppenraaij, Einleitung zu *GA* 1992 und Artikel von 1999.

[21] Bossong 1979, p. 141.

[22] Überraschenderweise findet Scotus zu dem häufig gebrauchten Terminus der lebend gebärenden Tiere ebenfalls kein entsprechendes Kompositum (zumindest aus heutiger Sicht läge *animalia vivipara* auf der Hand): ζωοτόκος 'lebend gebärend', arab. الحيوان الذي يلد حيوانا *al-ḥayawānu llaḏī yalidu ḥayawānan* wird zu *animalia generantia animalia – los animales que engendran animal.*

die Position der Gallenblase bezieht, die auf ihrer gesamten Länge am Darm anliegt, als wäre sie mit diesem verwebt. Der arabische Übersetzer verfügt jedoch nicht über die Möglichkeit, mit Hilfe einer Vorsilbe das Verb zu modifizieren; seine Lösung ist ein schlichtes Partizip Passiv: منسوج *mansūǧ* 'gewebt; gewebter Stoff'. Scotus kehrt nun wieder zu der eigentlichen Aussageabsicht zurück und damit auch unwissentlich zu dem Wortbildungsmuster bei Aristoteles, indem er das Partizip durch ein Adverb verstärkt: *con-textum*. Mit solchen Bildungen hat auch der Spanier keine Schwierigkeiten und folgt daher getreu dem Scotus-Text: *contexida*.[23]

Die drei dargestellten Beispiele veranschaulichen die Komplexität der Universalisierungen im Einflussbereich zweier, um genau zu sein: dreier Stimulussprachen, die auf das Spanische eingewirkt haben.

Etymologien

Die sprachlichen Untersuchungen verfolgen neben Erkenntnissen zur Quellenfrage auch das Ziel der Datierung der Übersetzung.[24] Aus den obigen Ausführungen ist zu erkennen, dass viele Ergebnisse der Sprachanalyse auf eine Zeit hinweisen, in der sich das iberoromanische Idiom noch in der Phase der Akkulturierung befand. Demnach wäre das 13. Jahrhundert, also der Wirkungszeitraum von Alfonso el Sabio, als Entstehungszeit anzunehmen. Nun soll das Sprachmaterial der Synopsen daraufhin überprüft werden, ob eine Datierung auf das 13. Jahrhundert gestützt werden kann.

Die Untersuchungen haben ergeben, dass es im lexikalischen Bereich zwar durchaus einige sprachgeschichtlich bemerkenswerte Fälle gibt,[25] dass allerdings die meisten Wörter für den Zeitraum vom 13. bis zum 15. Jahrhundert belegt sind: *apos*, 13. und 14. Jahrhundert; *ende*, 13.–15. Jahrhundert; *devedar*, 13.–15. Jahrhundert; *otrosi*, 13.–17. Jahrhundert; *tan bien*, ab dem 13. Jahrhundert etc. Allerdings ist nicht auszuschließen, dass auch bei der Datierung eines Erstbeleges auf 1300 der Text trotzdem älter sein könnte; damit wäre dann ein neuer Erstbeleg von vor 1300 erbracht, wie dies häufig bei der Erschließung neuer Texte der Fall ist (v. Bossong 1978, Geary 1987, Hilty 1954 u. a.). So ist z. B. das Wort *sujeto* als Substantiv bei Alfonso X belegt, als Adjektiv aber erst 1290 (v. Kommentar XII, Z. 135). Daher kann vermutet werden, dass auch der adjektivische Gebrauch schon vor 1290 praktiziert worden war. Die Stelle XII, Z. 135 könnte somit der Erstbeleg sein.

Die historische Lexik leistet also insofern einen kleinen Beitrag für die Datierungsfrage der Übersetzung, als das 13. Jahrhundert als Entstehungszeit zumindest nicht ausgeschlossen werden kann, da die meisten Wörter bereits so früh belegt sind.

---

[23] Eine ähnliche Textstelle liegt in II, Z. 17 vor mit *con-semejantes*.

[24] Wie unter I.2 dargelegt, steht der Zeitraum vom 13. Jahrhundert bis zur ersten Hälfte des 15. Jahrhunderts zur Diskussion.

[25] Z. B. *ensalçado* (X, Z. 5) oder *derechedunbre* (XI, Z. 160); *sugebtos* (XII, Z. 135).

Komplektisierungen

Was die arabisch-spanische Übersetzung betrifft, so ist das Ergebnis nicht gerade als sprachliche Meisterleistung zu bezeichnen. Es hat offensichtlich kein Überarbeitungsprozess stattgefunden, der zur Glättung der vor allem syntaktischen Unebenheiten hätte dienen können. Dazu zählt nicht unbedingt das Ausmerzen stilistischer Charakteristika, die den Übersetzungstexten ein unverwechselbar semitisches Gepräge geben wie z. B. der exzessive Gebrauch von *y / e / &* für arabisch *wa-*,[26] der auch in der untersuchten lateinischen Fassung dazugehört.

Ein Textbeispiel aus dem V. Buch, Z. 20–28 soll das veranschaulichen, doch sind ähnliche Fälle im ganzen untersuchten Corpus zu finden (*wa-* und Übersetzungen davon sind hervorgehoben):

& abreujamos la disposiçion de los sentidos & de la bos & del sueño & *del velar* & notificamos la disposiçion de los machos de ellos & de las fenbras	Und wir fassten zusammen den Zustand der Sinne und der Stimme und des Schlafes. Und wir legten den Zustand der Männchen und der Weibchen unter ihnen dar.	et sensuum et vocis et sompnii et masculinitatis et femininitatis.

Wie hier zu sehen ist, schreckt auch der Lateiner nicht davor zurück, die syntaktische Vorgabe zu übernehmen. Ungeachtet des übermäßigen Einsatzes der Konjunktion *et* (*y, e,* etc.) in den Übersetzungstexten hatte diese stilistische Besonderheit keine Auswirkungen auf die innere Struktur der spanischen Syntax.

Die folgenden Textbelege demonstrieren hingegen, dass bei der Übersetzung ins Spanische syntaktische Strukturen entstanden waren, die sicherlich bei einer sprachlichen Überarbeitung des Textes ausgeglichen worden wären. Im XIII. Buch, Z. 192 heißt es z. B. *de los machos de las vacas & de sus fenbras*, statt einfach *toros & vacas*. Ein paar Zeilen zuvor liest man (Z. 176ss.) *pues los mjenbros que son neçesarios que sean en las fenbras otros si son en los machos son menores*. Dem Satz fehlt eine syntaktische Überarbeitung, die den Schluss *son menores* sinnvoll anschließt oder einen Bezug herstellt. Ebenso hätte bei einer Überarbeitung die Stelle auffallen müssen, in welcher der Spanier die arabische Präposition in seine Übersetzung übernimmt: Der Buchtitel في الشجر *fī l-šağari* wird allzu wörtlich mit 'en *las plantas*' (V, Z. 122) statt 'de *las plantas*' übersetzt.

Zu den oberflächlichen Nachbildungen zählen die insgesamt fünf Fälle, in denen die asyndetischen Reihungen von Appositionen oder Attributen ohne Verbindungspartikel aus dem Arabischen direkt übernommen werden, obwohl bei der Übersetzung eine Konjunktion hätte ergänzt werden müssen. So liest man z. B. im VI. Buch, Z. 19–22 im arabischen Text مختلف غير متشابه

[26] Bossong 1979, p. 165.

muḫtalifun ġayru mutašābihin 'verschieden und nicht ähnlich', wobei das *und*, wie gesagt, in der syntaktischen Konstruktion im Arabischen fehlt, was dann im Spanischen *es diuerso* e *non semejante* ergeben müsste, doch tatsächlich steht dort in der Handschrift *es diuerso [ ] non semejante*. Ähnliches liegt den anderen Beispielen zugrunde:

IX, Z. 63 cuerdas gordas floxas – die groben und schlaffen Saiten – corde cithare
X, Z. 43 perfecta conpljda – vollständige und vollkommene – compleverit
XI, Z. 10 manjfiesto notorio – klar und offensichtlich – manifestum
XIII, Z. 40 siluestres domadas – der wilden und domestizierten Tiere – /

Es bleibt zu erwähnen, dass die lateinische Quelle an diesen Stellen in keiner Weise dazu geeignet ist, die asyntaktischen Ergebnisse im Spanischen zu erklären, sondern dass hier vielmehr die Arabizität der spanischen Übersetzung sehr eindrücklich zum Ausdruck kommt.

Ebenfalls erwähnt seien hier noch die Auslassungen von Artikeln an Stellen, an denen sie im Spanischen sehr wohl erforderlich wären: I, Z. 4 *en [ ] nonbre de dios*, oder XI, Z. 53/54 *vio de [ ] naturalesa de las anjmallas*. Bei einer Genitivverbindung im Arabischen steht das Nomen regens immer ohne Artikel und zudem im Status constructus, so dass die (In-)Determination erst aus dem zweiten Glied der Verbindung hervorgeht. In beiden Textstellen lässt der spanische Übersetzer den Artikel vor dem Nomen regens weg, während in der Verbindung von *en nonbre de dios* des Weiteren Indetermination vorliegt, bei *las anjmallas* dagegen Determination. Solche Übersetzungsergebnisse sind eindeutige Beweise dafür, dass mit einer arabischen Vorlage gearbeitet wurde.

Trotz der großen arabischen Vorbildfunktion aber sind solche Fälle nichts als punktuelle Erscheinungen ohne tiefer gehende Nachwirkungen, i. e., sie haben nicht zur Erweiterung der syntaktischen Möglichkeiten der spanischen Sprache beigetragen. Vielmehr gewähren sie einen Einblick in die Arbeit des Übersetzers, indem sie zeigen, wie eng die Übersetzung an der arabischen Vorlage entstanden ist und wie sehr ein distanzierter Blick durch einen Dritten nötig gewesen wäre, um die Rohfassung zu überarbeiten.

Zu einer nachhaltigen Beeinflussung der Syntax kann es nur da kommen, «wo bereits Eigenelemente vorhanden sind, die in die gleiche Richtung weisen wie die jeweiligen arabischen Vorbilder; eine Beeinflussung *ex nihilo* in dem Sinne, dass völlig neue Elemente ins Spanische Eingang finden, lässt sich nicht beobachten».[27] In den Bereich der tatsächlich als syntaktische Arabismen zu bezeichnenden Phänomene fällt ein einziges Beispiel, in dem die Nachahmung eines arabischen Relativsatzes dokumentiert ist (Kommentar zu XIII, Z. 74): «esta es la disposiçion de los dientes en todas las anjmallas que no son todos sus dientes agudos». Wenn in einem attributiven Relativsatz das Subjekt ein anderes ist als im Hauptsatz, dann muss, um die Verbindung zum Bezugswort wieder-

[27] Bossong 1979, p. 174.

herzustellen, ein rückweisendes Pronominalsuffix *(ʿāʾid)* angefügt werden. Das heißt also in diesem Fall, dass durch *sus* Rückbezug auf die *anjmallas* genommen wird (auch wenn *sus* nicht eindeutig genusmarkiert ist). De facto aber ist diese syntaktische Struktur im spanischen Text so häufig und auch in den Büchern, die aus dem Lateinischen übersetzt wurden, dass man nur in den wenigsten Fällen von einer entsprechenden arabischen Vorlage ausgehen kann, was Bossongs Aussage bestätigt. Wie auch bei den Universalisierungen wirkt sich der akkulturierende Einfluss des Arabischen vor allem im Ausbau der immanent bereits angelegten Möglichkeiten der romanischen Vulgärsprache aus.

2.2 Phonetische bzw. orthographische und morphologische Aspekte

Da die Orthographie bis ins 15. Jahrhundert noch nicht festgelegt war, variieren auch in dieser Handschrift Schreibungen mit -u-, -v- oder -b-, ebenso wie von einem initialen f- *(fasta)* über initiales h- *(huyen)* bis hin zum Ausfall des h- *(ay)* alle Schreibungen auftreten. An einer Stelle im XII. Buch (Z. 131/132) kommt sowohl die vulgärlateinische Form *omne* vor als auch *onbre*, aber laut Lapesa[28] gab es diese Unregelmäßigkeiten in der Schrift bis ins 15. Jahrhundert

Nur eine Konsonantengruppe erlaubt eine etwas engere zeitliche Einschränkung, und zwar die durchgehend in den Synopsen zu findende Gruppe -bd-: *çibdad* (IX, Z. 48), *dubda* (VII, Z. 143; XIV, Z. 210) und *cobdo* (VIII, Z. 210). Laut Lloyd[29] war im 14. Jahrhundert bereits der Vorgang abgeschlossen, bei welchem aus dem bilabialen frikativen /b/ ein Halbvokal /w/ geworden war: *ciudad*, der ganz verschwand, wenn der vorhergehende Vokal ein /o/ oder /u/ war: *duda, codo.* Ungeachtet dieser Einschätzung von Lloyd benutzten Autoren wie z. B. Juan Ruiz oder Don Juan Manuel auch im 14. Jahrhundert noch die Schreibung *dubda, cibdad.* Wenn sich in der Schrift diese Konsonantengruppe noch bis ins 14. Jahrhundert hinein hält, so scheint dennoch ihr Vorkommen in einem nicht literarischen Text wie dem *Libro de los animales* auf eine Entstehung im 13. Jahrhundert oder Anfang des 14. Jahrhunderts hinzudeuten.

Auf denselben Zeitraum verweist die folgende Kombination zweier Personalpronomen: *gelo* (X, Z. 89) an Stelle von *se lo*. Menéndez Pidal[30] schreibt, ab Beginn des 14. Jahrhunderts werde die Form *gelo* (Singular und Plural) immer öfter von *selo* abgelöst. Einen zeitlichen Abschluss dieses Vorgangs nennt er nicht.

Andere von Lapesa genannte phonetische und morphologische Merkmale des Sprachwandels vom 13. zum 14. Jahrhundert,[31] wie z. B. die Diminutivbildung *-iello* zu *-illo*, oder der Wandel der Verbalformen der 2. Person *tenié* >

---

28 Lapesa ⁹1988, §53.4.
29 Lloyd 1987, p. 347.
30 Menéndez Pidal, Ramón, 1925, p. 217.
31 Lapesa ⁹1988, §67.

tenía, cantadés > *cantáis*, kommen in der Handschrift nicht vor, weil solche Formen in wissenschaftlichen Texten keine Verwendung finden.

Abschließend kann in Bezug auf die Ergebnisse der Sprachuntersuchungen festgestellt werden, dass sie eine Datierung der Übersetzung ins 13. Jahrhundert bis hin zum Beginn des 14. Jahrhunderts stützen.

3. Die Autor(en)frage

Weder in der altspanischen Handschrift selbst noch in anderen Quellen wie Handschriften, Katalogen oder den angegebenen bibliographischen Referenzen werden Hinweise auf eine oder mehrere konkrete Personen gegeben, die als Übersetzer, Auftraggeber oder Schreiber an dem Text arbeiteten. Daher sollen im Folgenden aus den Ergebnissen der Textarbeit und der Erschließung des historischen Kontextes Überlegungen über Autor(en), Entstehung und Gebrauchskontext angestellt und diskutiert werden.

3.1 Eine Handschrift – drei Sprachen

Es ist äußerst bemerkenswert einen Text vorliegen zu haben, der, wie in den Synopsen nachgewiesen wurde, gleichermaßen aus einer arabischen und einer lateinischen Vorlage übersetzt wurde (v. Tabelle VIII.1.), wobei die Zielsprache jeweils das Kastilische war. Natürlich bietet der hier bearbeitete Ausschnitt aus der Handschrift nur einen geringen Teil – von ca. 180 Seiten wurden gut 18 Seiten in die Textsynopsen aufgenommen –, dessen ungeachtet hat die Bearbeitung dieses Bestandes den Nachweis erbracht, dass verschiedene Quellen benutzt worden sind. Nur ein ebenso gründlich durchgeführter Vergleich der gesamten Handschrift mit der arabischen und der lateinischen Vorlage ließe endgültige Aussagen darüber zu, ob buchweise einer Quelle gefolgt wurde, ob also z. B. das III. Buch vollständig aus dem Lateinischen übersetzt wurde, oder ob im Verlauf eines Buches die Vorlage gewechselt wurde. Stichproben an beliebigen Stellen der Handschrift lassen allerdings vermuten, dass tatsächlich buchweise mit einer bestimmten Vorlage gearbeitet wurde. Zuletzt muss man bei der Diskussion der Ergebnisse immer berücksichtigen, dass keine der hier untersuchten Fassungen die Originalquelle darstellt, wobei besonders die schlechte arabische Überlieferung zur *HA* problematisch ist (cf. dazu V.2).

Aus diesen sprachlichen Gegebenheiten des spanischen Manuskriptes ergibt sich die Frage, ob es sich um einen einzigen Übersetzer gehandelt habe, der beide Sprachen gleichermaßen beherrschte, oder um je einen für die arabische und für die lateinische Quelle. Darüber hinaus muss diskutiert werden, ob es nach Art der Toledaner Übersetzungen auch noch eine dritte Person als mündlichen Vermittler gegeben haben könnte.

Einige Textstellen vermitteln den Eindruck, ein Übersetzer hätte mit zwei Sprachfassungen gleichzeitig gearbeitet. So steht beispielsweise im II. Buch,

Z. 53 im spanischen Text *carrne*, arabisch *kalb* ('Hund') und lateinisch *canis*. Wie bereits besprochen wurde, handelt es sich hierbei um einen Übersetzungsfehler, der sich aus dem Lateinischen erklären lässt. Nur wenige Zeilen später liest man *manos* – *kaʿb* ('Knöchel') – *cahab* (II, Z. 89). Die spanische Übersetzung kann man sich nicht aus der lateinischen Handschrift erklären, welche nur die Transkription des arabischen Wortes bietet. Folglich gibt es zwei Möglichkeiten: 1) Entweder schaute der spanische Anonymus, aus welchen Gründen auch immer, an dieser Stelle in die arabische Quelle, obwohl er doch zuvor offensichtlich mit der lateinischen Version gearbeitet hatte, oder – noch einfacher – er fragte seinen Übersetzerkollegen, der gerade an einem anderen Buch mit der arabischen Fassung arbeitete. 2) Ebenso wäre denkbar, dass ihm seine lateinische Vorlage in einer Glosse Anlass zu der Übersetzung *manos* gab. Hier muss nun die zweite Möglichkeit als die wahrscheinlichere gelten, da *manos* nicht die richtige Wiedergabe von *kaʿb* 'Knöchel' ist, vorausgesetzt, dass *kaʿb* auch in der arabischen Quelle stand und nicht *yad* für 'Hand'. Wie bereits im Kommentar zu dieser Textstelle beschrieben, kann schon in der arabischen Überlieferung von einer Glosse ausgegangen werden, welche den Fachterminus näher erläuterte (nämlich als 'Tarsus'), so dass es nahelag, die Endglieder der Vorderbeine als *manos* zu interpretieren.

Als eine weitere Möglichkeit, die Autor(en)frage zu beleuchten, wurden die Übersetzungsfehler untersucht, um Erkenntnisse über die jeweiligen Sprachkompetenzen zu erhalten. Es gibt aber in den Textsynopsen keine Fehler, die auf eine mangelnde Beherrschung der einen oder der anderen Sprache hindeuten, vielmehr müssen bei den meisten Fehlern 1.) Schwierigkeiten in der graphischen Überlieferung oder 2.) Mehrdeutigkeiten[32] angenommen werden. Daraus ergeben sich Interpretationsspielräume, die sich mit der inhaltlichen Komplexität des Aristotelestextes erklären lassen und außerdem herausgefordert werden durch die Vielzahl transkribierter Tiernamen oder anatomischer Bezeichnungen (wie z. B. bei *kaʿb* – *manos*). Schließlich müssen noch mangelhafte Hilfsmittel oder eine verderbte Überlieferung in Betracht gezogen werden. Die verschiedenen Faktoren können selbstverständlich zusammenwirken.

1.) Schwierigkeiten in der graphischen Überlieferung

Für die Probleme, welche sich aus den arabischen Handschriften ergeben, seien hier einige Beispiele genannt, weitere finden sich in den Kommentaren.[33] In der Regel gehen die graphischen Schwierigkeiten einher mit der inhaltlichen Kom-

---

[32] Um Verwechslungen mit dem oben verwendeten Terminus *wissenschaftlich polysem* bei Bossong zu vermeiden, wird hier der Begriff *Mehrdeutigkeit* im allgemeinen Sinn benutzt, wenn also ein Ausdruck zwei oder mehr Bedeutungen aufweist, deren Bezug zur Grundbedeutung allerdings meist transparent oder rekonstruierbar bleibt.

[33] Weitere Beispiele: VI, Z. 113 *yeruas*; IX, Z. 18 *mançebes*; X, Z. 153 *aprouechan*; XI, Z. 71 *conosca*; XIII, Z. 38 *conoçimjento*.

plexität des Textes, auf welche der/die Übersetzer aller Wahrscheinlichkeit nach schlecht vorbereitet war/en.

- I, Z. 45 nadan – Schwimmer – luporum: Ein Lesefehler[34] (diesmal allerdings des lateinischen Übersetzers) ist denkbar zwischen dem Singular سبع *sabʿ* von 'Raubtier' und سبح *sabaḥa* 'schwimmen', oder zwischen der Pluralform سباع *sibāʿ* 'Raubtiere' und dem Substantiv سباح *subbāḥ* 'die Schwimmer'. Die beiden Schlussbuchstaben ع und ح können in einer Handschrift in der Tat leicht verwechselt werden.
- XI, Z. 20 julgue – die Beurteilung – iudicare: Die Schwierigkeit an dieser Stelle ergibt sich daraus, dass die an den Artikel agglutinierte Präposition *li-* (للقضاء *li-l-qaḍāʾi*) dem einfachen Artikel *al-* (القضاء *al-qaḍāʾ*) sehr ähnlich sieht, so dass es zu Verwechslungen kommen kann. Ein ähnlich gelagerter Fall führt im I. Buch, Z. 145/146 zu einer Verneinung, wo keine hingehört: Dort steht das mit dem Artikel verschmolzene Nomen الاتفاق *ali-ttifāq* (Verbalnomen zu اتفق *ittafaqa* 'übereinkommen'). In der spanischen Handschrift liest man jedoch *non comunican*, weil der Übersetzer offensichtlich لا تفق *lā ttafaqa* gelesen hatte.
- Die unvokalisierten Handschriften bereiten den Übersetzern viele Probleme bei den transliterierten Tiernamen, aber eben auch an einigen Stellen bei der Einschätzung der grammatikalischen Funktion des vorliegenden Wortes. So können z. B. Aktiv und Passiv in der Schrift nicht voneinander unterschieden werden. Ein eindrückliches Beispiel für einen solchen Lesartfehler findet man in Buch XI, Z. 27, das bereits bei den Universalisierungen ausführlich besprochen wurde (*al-muʾaddibu al-muḫarriǧu* vs. *al-muʾaddabu al-muḫarraǧu*, was dann zu *doctrinante* beim Spanier und *doctus* beim Lateiner wurde).[35]
- Die nun folgenden Beispiele beruhen primär auf Lesevarianten, offenbar aber auch auf Schwierigkeiten inhaltlicher Art. Im Buch X, Z. 152 verliest sich der Spanier, so dass statt سلامة *salāma* 'Unversehrtheit', سلام *salām* 'Friede' in seiner Übersetzung steht, was inhaltlich ein leicht schiefes Bild ergibt, aber durchaus noch verständlich ist. Ähnlich verhält es sich bei اسنان *asnān* 'Zähne' vs. لسان *lisān* 'Zunge' in Buch XIII, Z. 14.

Vergleichbare Schwierigkeiten mit der gotischen Schrift aus dem Lateinischen treten vor allem bei Eigennamen auf wie z. B. *huben* statt *bubem* (IV, Z. 120), oder *çeleti* statt *celeci* (XIV, Z. 82) oder *anne* statt *amie* (XIV, Z. 161). Es gibt aber auch Textstellen, bei denen Fehlübersetzungen das Ergebnis des Verlesens sind wie z. B. im VII. Buch, Z. 212 *continuaçion* – *commutatio*, oder XVI, Z. 195 *mejores* (lat. *meliora*) – *nobiliora*.

---

[34] Als *Lesefehler* werden die Vorgänge des Verlesens bezeichnet, als *Lesartfehler* solche Fehler, welche auf fehlende Punkte oder fehlende Vokalisierung des Textes zurückzuführen sind.

[35] Weitere Beispiele zu Aktiv-Passiv-Lesarten: V, Z. 131 *anteçipante*; XII, Z. 128 *mouedor.*

Mehr auf die Unachtsamkeit des Übersetzers denn auf graphische Probleme deuten folgende Textstellen hin: die oben aufgeführte Fehlübersetzung von *carrne* statt *canis* (II, Z. 53) sowie das in der Einleitung angeführte Beispiel (v. I.2.1): *os, oris* n 'Mund' und *os, ossis* n 'Knochen', die im Nominativ und Akkusativ Singular homograph und homophon sind, so dass es beim unachtsamen Übersetzen zu Verwechslungen kommen kann.

2.) Mehrdeutigkeiten

Hierzu wurde schon einiges bei den Untersuchungen der Universalisierungsvorgänge gesagt. An dieser Stelle sollen nun die Belege angeführt werden, die aufgrund der Mehrdeutigkeit des zu übersetzenden Wortes zu einer Fehlinterpretation in der spanischen Handschrift führten.

- IX, Z. 209 neçesidad – Schaden – /: ضرورة *ḍarūra* trägt die Bedeutungen 'Notwendigkeit; Schaden'. Der spanische Übersetzer entscheidet sich für die erste Bedeutung, doch wäre von der inhaltlichen Argumentation her *Schaden* die bessere Wahl gewesen.
- X, Z. 163 ⟨causa⟩ dolençia – Ursache – /: Der Übersetzungsfehler liegt auf der Hand, wenn man sich die Bedeutungen von علة *ʿilla* 'Krankheit; Ursache' ansieht. Wie in dem obigen Beispiel entscheidet sich der Spanier auch hier für die jeweils zuerst genannte Bezeichnung.
- Im folgenden Beispiel (XIX, Z. 60) erhellen sich die Unterschiede zwischen der lateinischen und der spanischen Übersetzung erst durch das Aufzeigen der Mehrdeutigkeit: Die ursprüngliche Bedeutung von قرن *qarn*, pl. قرون *qurūn* ist 'Horn (eines Tieres; Blasinstrument)', doch kann es unter anderem auch 'Jahrhundert' meinen. Entsprechend interpretiert der spanische Übersetzer *cuernos*, der lateinische *[a]etates*.
- Als letztes Beispiel aus dem Arabischen sei noch der schwierige Fall ربما *rubbamā* bzw. *forte* genannt. Der Spanier gibt das Adverb aus beiden Sprachen wahlweise mit *quiça* oder *a las veses* wieder (cf. Kommentar Buch II, Z. 34), wobei leider lexikographische Grundlagen fehlen, um weiterführende Aussagen machen zu können.
- Aus dem lateinischen Quellentext hat nur einmal ein mehrdeutiges Wort zu einem überraschenden Ergebnis im Spanischen geführt (XVII, Z. 44), wo nämlich lat. *teste* nicht mit 'Kopf' oder 'Tonscherbe' wiedergegeben wurde, sondern mit 'Schale': *cascara*.

3.2 Quellenabhängige Übersetzungsunterschiede

Es ist unbestreitbar, dass der Charakter der spanischen Übersetzung je nach verwendeter Quelle ein anderer ist. Die Arabizität bzw. Latinität spricht aus Wortschatz, Stil und Syntax. Dazu wurden in den bisherigen Ausführungen bereits zahlreiche Einzeluntersuchungen durchgeführt. Hier sollen noch einmal kurze Textabschnitte einander gegenübergestellt werden, um das bisher Gesagte zusammenzuführen.

I, Z. 60ss.: arabisch-spanische Übersetzungsrichtung

& son aquellas partes que se parten en partes que paresçen las vnas a las otras asi como quando se parte vna pulpa de carrne en muchas pulpas & algunas partes de las anjmalias se llaman compuestas & son aquellas que se parten en muchas partes que non se asemejan las vnas a las otras	das sind Teile, die sich in Teile teilen, die einander gleichen, {so wie das, was dem in Stücke aufgetrennten Fleisch passiert}, und einige ihrer Teile nennt man zusammengesetzte, das sind solche, die sich in Teile teilen, die einander nicht gleichen.	et sunt partes, que parciuntur in partes similes quasdam quibusdam, sicut partitur frustrum carnis in multa frustra, et quedam partes vocantur composite, et sunt, que partiuntur in partes dissimiles quasdam quibusdam,

Zum einen fällt sofort das arabische Stilmittel der Paronomasie auf: *Teile, die sich in Teile teilen*. Scotus versucht in der Regel solche Häufungen zu vermeiden (daher ist die Stelle durchaus nicht repräsentativ), während der Spanier sich nahezu sklavisch an die Vorlage hält. Zum anderen kann man hier die Bemühungen um die richtige Wiedergabe des arabischen Verbs شبّه *šabbaha* 'II angleichen, ähnlich sein' erkennen, einmal mit *paresçen las vnas a las otras*, dann mit *se asemejan las vnas a las otras*. Der spanische Text wirkt holprig, ein wenig kurzatmig und jedenfalls nicht gerade stilistisch gelungen. Im Vergleich dazu sei eine Textstelle aus dem II. Buch angeführt:

II, Z. 14ss.: lateinisch-spanische Übersetzungsrichtung

Algunos mjenbros de los anjmales son consemejantes & esto es en los modos de las anjmaljas que comunican en genero & otras se diuersifican segun la diuersidad de su genero/·	Einige Teile der Tiere sind sich einander ähnlich, so wie wir schon zuvor sagten. Dies ist der Fall bei den Arten der Tiere, die gattungsgemäß zusammengehören. Und einige Glieder der Tiere unterscheiden sich gemäß ihrem Gattungsunterschied, so wie wir schon oben mehrfach an unterschiedlichen Stellen sagten.	Quedam membra animalium sunt consimilia, et hoc erunt in modis animalium, que genere comunicant; et quedam diversitantur secundum diversitatem sanguinis.

Rein optisch lässt sich auf den ersten Blick erkennen, dass der arabische Text (wenngleich in deutscher Übersetzung) der ausführlichere ist, während der spanische Text im Umfang in etwa dem lateinischen entspricht. Die Einschübe *wie wir schon zuvor sagten* und *wie wir schon oben mehrfach*... würden in einer arabisch-spanischen Übersetzung nicht fehlen, Scotus hingegen sieht sie offensichtlich als überflüssig an und streicht sie daher gänzlich. Dadurch wirkt auch das spanische Übertragungsergebnis nicht so aufgebläht. Stilistisch bemerkenswert ist auch das eben angesprochene *se asemejan las vnas a las otras* im I. Buch, das hier in Folge der lateinischen Vorlage elegant zu *consemejantes* wird. Natürlich ist die sprachliche Verwandtschaft des Spanischen mit dem Lateinischen hier der Grund für die wesentlich gelungenere Übersetzung.

Für die Untersuchung quellenabhängiger Unterschiede wurden Wörter gesucht, die möglichst in beiden Übersetzungsrichtungen vorkommen. Aus der Auswertung der Synopsen hat sich aber leider ergeben, dass nur wenige Wörter in allen untersuchten Textabschnitten vorkommen und konsequent je nach Vorlage anders übersetzt werden. Hierzu gehört die Bezeichnung für die 'Insekten'. Das griechische *entomos* 'eingeschnitten' wird in der arabischen Übersetzung mit 'eingekerbtem Körper' wiedergegeben. Aus dem eingekerbten Körper wird im Lateinischen das Tier mit dem ringförmigen Körper, nämlich das Tier mit *an(n)ulosum corpus*, wobei wohl der Sache nach *ringförmig eingeschnittenen* ergänzt werden darf. Der Spanier wiederum interpretiert die Kerben als Runzeln oder Falten: *fronsido de cuerpo* (z. B. V, Z. 78 oder VI, Z. 9),[36] wenn er das Arabische vorliegen hat, oder er folgt Scotus mit der Formulierung *cuerpo anuloso* (z. B. IV, Z. 79; XV, Z. 140).[37] Am Ende des XII. Buches (fol. 62v/661a15) steht folgender Satz:

> «& las anjmallas fronsidas de cuerpo tienen dentro vn tal mjenbro asi como la espeçia de las formigas & en muchas anjmallas fronsidas de cuero».

Bei Scotus liest man:

> «Animal vero anulosi corporis habet intra os tale membrum, sicut genus formicarum et multa animalia testei corii».

Die spanische Übersetzung *fronsidas de cuero* lässt sich nur aus dem Arabischen erklären, sei es aus Unachtsamkeit beim Lesen oder weil die Stelle in der Vorlage nur leicht unleserlich gewesen sein mag. Das الخزفُ الجلد *al-ḫazafiū l-ǧildi* 'tönern in Bezug auf die Haut' konnte leicht mit المُخزّز الجلد *al-muḫazzazu l-ǧildi* 'eingekerbt in Bezug auf die Haut' verwechselt werden. Das ist der Beweis dafür, dass die Übersetzung von arabisch 'eingekerbt' im Spanischen *fronsida, -o* lautet und nicht *anuloso*.

Bezüglich der Autor(en)frage bedeutet das nun Folgendes: Entweder gab es einen einzigen Übersetzer, der nicht erkannte, dass die Tiere mit dem *einge-*

---

[36] Zu ergänzen wären hier noch weitere *fronsido*-Stellen aus der Handschrift: V, fol. 28r/524b28 oder XII, fol. 62v/661a15).

[37] Cf. auch in der Handschrift: XIV, fol. 73r/678b20; XVII, fol. 91r/758a26.

kerbten Körper dieselben sind, die im Lateinischen als irgendwie ringförmig beschrieben wurden, oder es waren zwei verschiedene Übersetzer, die jeweils nur mit einer sprachlichen Vorlage arbeiteten. Wenn man ein gewisses Maß an Aufmerksamkeit für die Inhalte des zu übersetzenden Textes voraussetzen darf, ist die erste Möglichkeit auszuschließen.

Bei einem weiteren Beispiel handelt es sich um einen philosophischen Begriff, der bereits oben besprochen worden ist. In allen arabisch-spanischen Übersetzungsstellen wird آفة *'āfa* mit *ocasion* wiedergegeben (VI, Z. 190; X, Z. 93; XI, Z. 102). Nur im VIII. Buch, Z. 29 kommt der arabische Terminus in einer lateinisch-spanischen Übersetzung vor, und hier wird lat. *accidens* nicht mit *ocasion*, sondern mit *açidens* erfasst. Auch dieser Befund lässt eher darauf schließen, dass es sich um zwei verschiedene Übersetzer gehandelt hat.

In den untersuchten Abschnitten der spanischen Handschrift kommt das Wort *modo* nur an den Stellen vor, die aus dem Lateinischen übertragen wurden (z. B. II, Z. 18; XIV, Z. 38),[38] während in anderen Büchern aus dem Arabischen die synonymen Wörter *ṣinf* und *nau*^{c} ('Art, Art und Weise') immer mit *espeçia* übersetzt werden (XI, Z. 8; XIX, Z. 57). Relativ einheitlich zeigt sich demgegenüber der Begriff der Gattung: *ğins* – *genus* – *genero*. Die Zeugung *(wilād)* wird von Scotus durchgängig mit *generatio* wiedergegeben. Wo sich der spanische Anonymus nach Scotus richtet, steht in der Handschrift der Latinismus *generaçion*, wo er dem Arabischen folgt, verwendet er die romanische Form *engendraçion*. Doch kommen z. B. beide Begriffe im XVI. Buch nebeneinander vor. Bei allen anderen verglichenen Lexemen gibt es über das Gesamtwerk verteilt jedoch zu viele Varianten und Ausnahmen, als dass sich eindeutige Schlüsse daraus ziehen ließen.

3.3 Jude oder Christ?

Die Frage nach einem oder zwei Übersetzern konnte bisher noch nicht in befriedigender Weise entschieden werden, doch helfen vielleicht Überlegungen bezüglich der Sprachkompetenzen weiter.

Vom Hofe Alfonso X weiß man, dass alle seine Übersetzer aus dem Arabischen Juden waren, während die christlichen Mitarbeiter diesen nur Hilfsdienste leisteten, bzw. bei der Abfassung der Geschichts- und Gesetzeswerke tätig waren. Nur ein Christ, Fernando de Toledo, übersetzte eigenhändig aus dem Arabischen die *Açafeha* des Azarquiel, offenbar ohne jüdische Hilfe. Doch wurde seine Arbeit nicht als gut befunden, so dass später dasselbe Werk noch einmal, diesmal mit jüdischer Hilfe, übertragen wurde;[39] die Arbeit Fernandos indessen ist leider nicht erhalten. Bei den Übersetzungen vom Lateinischen ins Spanische waren wohl keine jüdischen Übersetzer tätig,[40] wobei es natürlich

---

38 Nur im IV. Buch wird lat. *modus* mit *manera* übersetzt, sonst immer mit *modo*.

39 Hilty 1955, p. 48.

40 Pers. Mitteilung Hilty.

nicht auszuschließen ist, dass es auch Juden gab, welche des Lateinischen mächtig waren. Allgemein betrachtet sprächen daher die guten Lateinkenntnisse gegen einen Juden als Autor, die Beherrschung des Arabischen wiederum dafür – oder alternativ für einen Mozaraber.[41]

Um die Bedeutung der Juden bei Hofe verdeutlichen zu können, sei als Beispiel Yehuda ben Mose ha-Kohen (Mosca el Menor)[42] vorgestellt, über den es im Prolog zum *Lapidario* heißt:

> «[Alfonso...] hízolo leer a otro judío, que era su físico y decíanle Yhuda Mosca el menor, que era muy entendido en el arte de astronomía y sabía y entendía bien el arábigo y el latín;[43] y cuando por este judío, su físico, hubo entendido el bien y el gran provecho que en él yacía, mandóselo trasladar de arábigo en lenguaje castellano [...] Ayudóle en esta traducción Garcí Perez, un clerigo que era también muy entendido en este saber de astronomía [...]».[44]

Hier erfährt man, dass dieser jüdische Gelehrte nicht nur als Übersetzer, sondern gleichzeitig auch als Arzt des Königs tätig war. Was allerdings die Übersetzungen anbelangt, so wird gesagt, dass Yehuda dabei von einem weiteren Gelehrten unterstützt wurde. Außerdem bezog ihn der König in den Entscheidungsprozess mit ein, ob ein Buch als übersetzenswert angesehen wurde oder nicht. Vor allem der letzte Punkt beweist, welchen Einfluss zumindest dieser Jude am christlichen Hof hatte.

Es ist durchaus bekannt, dass einige Christen, welche nicht von Hause aus arabisch geprägt waren, dennoch die Schriftsprache der Muslime so gut beherrschten, dass sie keines Mittlers zum Übersetzen bedurften, wie z.B. der Galicier Hugo Sanctalliensis in Tarazona[45] (der allerdings im 12. Jahrhundert lebte), der Katalane Raimundus Lullus, der im Dienste der christlichen Missionierung auf Arabisch schrieb,[46] oder der schon mehrfach erwähnte Galicier Petrus Gallecus. Umgekehrt ist auf muslimischer Seite beispielsweise Al-Riqūtī aus Murcia zu nennen, der auf Latein ebenso wie auf Arabisch unterrichten konnte (v. IV.2.2). Doch ein Araber allein hätte wohl kaum zusätzlich zu der arabischen eine lateinische Quelle gewählt, es sei denn, die arabische wäre so unvollständig oder verderbt gewesen, dass er hätte ausweichen müssen. Ein Muslim als Übersetzer scheidet also der Wahrscheinlichkeit nach aus.

Kehren wir nun zu der Ausgangsfrage zurück, so ergibt sich aus den Ausführungen, dass es in Spanien im 13. Jahrhundert nicht an Gelehrten aller Religionsgemeinschaften mangelte, die grundsätzlich in einer Person über alle

---

41 Cf. bei Hilty 1954, Bossong 1987, Gil 1985, Luff 1999.

42 Am Hofe Alfonso X arbeitete er bis 1272 in den Bereichen Astrologie, Astronomie, Mathematik und Sprachen. Seine Mitarbeit ist unter anderem bezeugt für: *Libro conplido de los iudizios de las estrellas*, *Los IIII libros de las estrellas de la ochaua espera*, *Libro de las cruzes*, *Libro de las Tablas Alfonsíes* (Gil 1985).

43 Mit dem Begriff «latín» konnte allerdings auch die romanische Volkssprache gemeint sein.

44 Aus: Luff 1999, p. 249.

45 Menéndez Pidal, Gonzalo, 1949, p. 282.

46 Vernet 1999, p. 261.

nötigen Sprachkompetenzen verfügten, um die hier zur Diskussion stehende Übersetzung angefertigt haben zu können. Neben den namentlich bekannten Wissenschaftlern wird es noch weitere gegeben haben. Am wahrscheinlichsten aber kann man annehmen, dass ein Jude die Arbeit mit dem arabischen, ein Christ die mit dem lateinischen Text durchführte. Jedenfalls aber wird es sich bei dem/den Übersetzer/n um Spanier gehandelt haben, zumindest legt das die Zielsprache nahe.

Doch muss hier noch eine weitere Überlegung angeschlossen werden. Das kastilische Endprodukt – v. a. dort, wo eine arabische Quelle zugrunde liegt – muss von der sprachlichen Seite her als eine Arbeitsfassung angesehen werden, die keine Überarbeitung erfahren hatte. Man denke nur an die vielen Paronomasien (*acaeçe un acçidente* etc.) oder nehme z. B. folgende Stelle aus dem XI. Buch (Z. 180ss.):

> «agora conujene a saber que espeçifiquemos lo que querremos començar & la fabla en lo tal nj es conosçido si deuemos desir en ello vniuersal como fasen de la çiençia mathematica asi como los astrologos».

Der spanische Text ist ohne den arabischen fast nicht zu verstehen. Nun weiß man, dass die ersten Übersetzungen aus dem Arabischen ins Spanische notwendigerweise unbeholfen und ungelenk waren, mussten doch zunächst noch die Ausdrucksmöglichkeiten im Spanischen geschaffen und geübt werden. Daher ist auch der *Libro conplido* so interessant, weil diese Handschrift den Stand der frühen Arbeiten (50er und 60er Jahre) dokumentiert und nicht wie die meisten anderen Werke zwischen 1276 und 1277 noch einmal sprachlich überarbeitet worden war.[47] Ohne eine systematische, diesen Text mit den altspanischen Tierbüchern vergleichende Untersuchung durchgeführt zu haben, merkt man dennoch gleich, dass der *Libro conplido* die Publizierfassung war, was unter Umständen bei dem Aristotelestext nicht der Fall war. Für den *Libro de los animales* folgt daraus jedenfalls, dass es sich entweder um eine Übersetzung aus der ersten Hälfte des 13. Jahrhunderts handelt oder zumindest um eine sprachlich noch nicht geglättete Rohfassung oder aber, dass die Übertragung von einem nur mittelmäßigen Übersetzer verfasst wurde (v. auch VIII.2). Dann allerdings kann es wohl keiner der großen Gelehrten gewesen sein – wobei auch diese einst jung und ungeübt angefangen hatten.

An Überlegungen über die Anzahl der Übersetzer schließt sich die Frage an, ob es auch ein Team nach Art der Schule von Toledo gewesen sein könnte (v. IV.1): Ein Gelehrter übersetzt mündlich aus dem Arabischen in die romanische Verkehrssprache, ein anderer übersetzt das Gehörte ins Lateinische und schreibt es auf; an strittigen Stellen wird über die beste Lösung diskutiert. Beide Mitarbeiter sind von ihrem Ausbildungsstand her dem Übersetzungsgegenstand gewachsen. Gegen eine solche Zusammenarbeit sprechen meines Erachtens zwei Gesichtspunkte:

---

[47] Bossong 1978, p. 4.

1. Es gibt in den Büchern, die aus dem Arabischen übersetzt wurden, zu viele Lesartfehler, deren Ursachen z. B. fehlende Punktierungen oder andere orthographische Ungenauigkeiten sind (s. o. Bsp. 1). Wenn nun der Schreiber nicht einfach nur eine Schreibkraft war, sondern ein Gelehrter, dann müssten ihm die Sinnwidrigkeiten aufgefallen sein, die er aus dem Munde des Übersetzers hörte, so dass er nachgefragt hätte. Wenn es sich allerdings nur um eine Schreibkraft gehandelt haben sollte, so ist ihre Mitarbeit in der Tat zu vernachlässigen. Am wahrscheinlichsten aber hat derjenige, der übersetzte, auch selbst geschrieben, zumal das Romanische bereits die Zielsprache war, nicht das Lateinische.

2. Es müssten zwei Parallelteams gearbeitet haben (ein arabisch-spanisches und ein lateinisch-spanisches) oder aber ein Schreiber, der mit zwei verschiedenen Übersetzern zusammengearbeitet hätte. Da wir es hier ohnehin mit einer ungewöhnlichen Übersetzungsarbeit zu tun haben, könnte also auch dies eine Neuigkeit sein, wie sie bisher in der Forschungsliteratur noch nicht diskutiert worden ist. Wären nun die Bücher I–X arabisch-spanisch übersetzt und die Bücher XI–XIX lateinisch-spanisch oder umgekehrt, dann hätte man sich einen Wechsel der Übersetzer vorstellen können, der das Heranziehen einer anderen sprachlichen Quelle notwendig machte. Doch sieht die Verteilung eindeutig anders aus (v. Tabelle in VIII. 1) und entkräftet also entsprechende Überlegungen.

Bezüglich der Frage nach einer potentiellen Teamarbeit sei auch noch einmal auf die Biographie des Yehuda ben Mose ha-Kohen (Mosca el Menor) zurückgegriffen. In seiner Person vereinigten sich mehrere Funktionen: Er war Arzt des Königs und dessen Ratgeber in Wissenschaftsfragen und er übersetzte ins Spanische a) als mündliche Zwischenstufe, b) als Zielsprache. Zu a): Im Kapitel über die Übersetzungsaktivitäten in Toledo war er als der Übersetzer der lateinischen Fassung des *Liber completus*... von Aben Ragel genannt worden (IV. 1.2). In dem diesbezüglichen Zitat[48] wird eindeutig gesagt, Yehuda trage mündlich in «ydeoma maternum» vor und Alvarus schreibe auf Latein nieder, was er hörte. Zu b): Im Prolog zum *Lapidario* dagegen (v. Zitat oben) wird er als der Übersetzer genannt, dem von Garcí Perez geholfen wird. Das könnte heißen, dass Letzterer der Schreiber war, dass er den Text des Yehuda zum Korrekturlesen bekam oder dass er für Diskussionen bereit stand. Es bleibt unklar, was mit «Ayudóle» gemeint ist. In jedem Fall arbeitete Yehuda nicht allein. Doch muss die Aktivität des Garcí Perez als eine untergeordnete angesehen werden, da mit der Übersetzung ins Spanische bereits die Zielsprache erreicht war. Ein zweischrittiges Vorgehen ist also eher unwahrscheinlich, zumal wenn die Zielsprache gleichzeitig die «ydeoma maternum» ist.

---

[48] «Hic est liber magnus completus quem Haly Abenragel summus astrologus composuit de Judiciis Astrologie, quem Juda filius Mosse de precepto domini Alfonsi illustrissimi regis Castelle et Legionis transtulit de Arabico in ydeoma maternum, et Alvarus dicti illustrissimi regis factura eius ex precepto transtulit de ydeomate materno in latinum» (Menéndez Pidal, Gonzalo, 1951, p. 365).

Wie wir gesehen haben, mangelte es auf der iberischen Halbinsel im 13. Jahrhundert nicht an Wissenschaftlern, die über alle nötigen Sprachkompetenzen verfügten, um gleichermaßen aus zwei verschiedenen Vorlagen übersetzen zu können. Die Vorstellung aber von einem Übersetzer, der von Buch zu Buch oder gar im Verlaufe eines Buches die Vorlage gewechselt haben soll, erweist sich als unwahrscheinlicher als die Annahme von zwei verschiedenen Personen. Das zeigen auch die zuvor angestellten Analysen. Dennoch könnten Schwierigkeiten in der materiellen Beschaffenheit der einzelnen Vorlagen ein solches Verhalten eines Einzelnen erklären. Von einer Teamarbeit nach Toledaner Schule kann man wohl ebenfalls absehen.

Im Rahmen der Religionsfrage (Jude oder Christ?) sollte noch kurz auf die religiösen Formeln eingegangen werden, welche sich in der spanischen Handschrift relativ häufig im Vergleich zu den anderen Versionen finden, und zwar meist zu Beginn und am Ende eines Buches. In den meisten Fällen sind diese Formeln so allgemein gehalten (*gloria a dios* oder *loores a dios* oder *en nonbre del señor*), dass sie von einem Muslim, Juden oder Christen gleichermaßen stammen könnten. Selbst die Erwähnung Christi am Ende des III. und XIX. Buches ändert nichts an dem Eindruck, dass hier Allgemeinplätze ohne tieferen Hintergrund gesetzt wurden. Rückschlüsse über den jeweiligen Verfasser können hieraus nicht gezogen werden.

4. Die Handschrift Mss 10198 als einziger Textzeuge

Was den äußeren Zustand des einzigen Textzeugen der altspanischen Übersetzung Mss 10198 der Biblioteca Nacional de Madrid betrifft, so ist er erfreulich gut (v. VI.1+2). Neben dem *Libro de los animales* enthält die Handschrift die *Arte de caualleria* des Sextus Julius Frontinus in aragonesischer Sprache, wobei es sich um eine Kriegslehre aus dem 1. Jahrhundert n. Chr. handelt. Ein Werk dieser Art deutet auf einen adligen, ritterlichen Besitzer hin, wie es z. B. der Marqués de Santillana war, in dessen Besitz sich die Handschrift befand.[49] Die Untersuchung der Lagenzählung (v. VI.2) lässt vermuten, dass er beide Werke in einem Skriptorium in Auftrag gegeben hatte, wo sie hernach in einem Pergamenteinband zusammengefügt wurden. Im Auftrag eines Privatmannes (nicht vom königlichen Hof oder von der Universität ausgehend) wurde also die Zoologie des Aristoteles mit einer römischen Kriegslehre verbunden. Zum Kriegshandwerk gehören unter anderem Kenntnisse in der Tierheilkunde, ist man doch auf Reit- und andere Nutztiere angewiesen. Die zoologischen Schriften könnten also in diesem weiten Rahmen von Interesse gewesen sein. Die eben ausgeführten Schlüsse beziehen sich konkret auf den einen überlieferten Textzeugen aus dem 15. Jahrhundert. So drängt sich die Überlegung auf, ob es nicht auch im 13. Jahrhundert wissenschaftlich interessierte adlige Auftrag-

[49] Schiff 1905, Einleitung.

geber gegeben haben könnte wie den Marqués de Santillana im 15. Jahrhundert. Diese Möglichkeit ist natürlich grundsätzlich denkbar, doch lassen sich in der Forschungsliteratur diesbezüglich keine Hinweise finden, an die man anknüpfen könnte, und auch Hilty bestätigte, dass nichts dergleichen bekannt sei.[50] Andere Möglichkeiten für Interessentenkreise werden im Folgenden diskutiert.

5. Überlegungen zum historischen Kontext

5.1 Die wissenschaftlichen Institutionen im 13. Jahrhundert

Betrachtet man die Bildungseinrichtungen, die Alfonso el Sabio ins Leben gerufen bzw. in ihrem Bestand unterstützt hatte, so fallen vor allem Sevilla und Murcia auf, da es sich hierbei nicht um Universitäten wie Paris oder Bologna handelte. Das lateinischsprachige und christlich-theologische Wissen hatte seinen Platz in Palencia oder Salamanca. In Sevilla aber wurden 1254 die «estudios e escuelas generales de latín e arábigo» gegründet, für welche Wissenschaftler und speziell «físicos»,[51] also Mediziner, aus dem Orient geholt wurden (v. IV.2.2). Man weiß leider nicht viel über Lehrinhalte und sonstige Aktivitäten dieses Studium Generale, doch lässt die arabische Orientierung auf einen naturwissenschaftlichen Schwerpunkt schließen. Man könnte sich vorstellen, dass in einem solchen Umfeld eine Übersetzung wie die hier diskutierte entstanden sein könnte: lateinisch-arabische Studien, Mediziner und Naturphilosophen als Lehrer und das alles in einer andalusischen Stadt relativ kurz nach der Reconquista (1248), in der die *convivencia* zum Alltag gehörte. Sevilla war der bevorzugte Aufenthaltsort von Alfonso X, und die meisten seiner wissenschaftlichen Mitarbeiter arbeiteten in Sevilla.[52] In Alfonsos Umkreis wurde aus dem Arabischen übersetzt, was interessant erschien:

> «La obra cultural de Alfonso el Sabio no es una labor unilateral o encauzada en una sola dirección, responde más bien a un plan sistemático que abarcaba todo el saber de la época y se fundamentaba esencialmente en conocer la cultura clásica y oriental, llevando a efecto para ello numerosas traducciones. Debido a esto no nos puede extrañar la redacción o traducción de obras de muy diversa índole, que no es consecuencia de iniciativas aisladas, sino extenso plan de conjunto proyectado por el ansia cultural de Alfonso el Sabio y que tiene un resultado fecundo y espléndido».[53]

Bei der altspanischen Übersetzung der aristotelischen Tierbücher liegen uns keine Hinweise dafür vor, dass sie von Alfonso in Auftrag gegeben oder in einem seiner Skriptorien erarbeitet worden wäre. Nichtsdestotrotz ist es das geistige Klima der alfonsinischen Ära, das man sich für eine solche Unter-

[50] Hilty, pers. Mitteilung.
[51] Beide Zitate aus: Ajo González y Sáinz de Zúñiga 1957, p. 206.
[52] Callaghan 1993, p. 141.
[53] Torres Fontes 1960, p. 57.

nehmung vorstellen muss, zumal die naturphilosophischen Disziplinen deutlich bevorzugt wurden.

Neben Sevilla weist sich Murcia als traditionsreiches Zentrum arabischer Gelehrsamkeit aus, doch gibt es ein Studium arabicum auch in Barcelona (1250), Valencia (1275) und etwa zur gleichen Zeit in Miramar unter der Leitung des Franziskaners Raimundus Lullus.[54] Von diesen Städten käme aber nur Murcia als Entstehungsort der vorliegenden Übersetzung in Frage, da die anderen drei Einrichtungen zum einen im katalanischen Sprachgebiet liegen, zum anderen hauptsächlich eine theologische Zielsetzung verfolgten.[55] In Murcia wurden im 13. Jahrhundert viele Übersetzungen angefertigt, ob auch im medizinischen/veterinärmedizinischen Bereich, ist allerdings nicht bekannt.[56] Indessen wissen wir, dass Petrus Gallecus als Bischof von Cartagena in relativer geographischer Nähe zu Murcia zwischen 1250 und 1267 seinen *Liber de animalibus* erarbeitete, für den er auch arabische Kommentare benutzte (v. V.3.3). Das meiste Quellenmaterial dürfte ihm in Murcia zur Verfügung gestanden haben, wobei an erster Stelle die lateinische *De animalibus*-Fassung von Michael Scotus zu nennen ist.

5.2 Zeitliche Einordnung

Der einzige bekannte Textzeuge der vorliegenden Übersetzung ist, wie schon mehrfach erwähnt, eine Abschrift aus dem 15. Jahrhundert, doch gibt es vor allem historische Gründe dafür, die Entstehungszeit der Übersetzung im 13. Jahrhundert anzuberaumen. Vom Ausgang des 11. Jahrhunderts an lebten in Toledo die Übersetzungstätigkeiten sowie das vielfältige Studium des arabischen und arabisch-vermittelten Wissens bis in die zweite Hälfte des 13. Jahrhunderts unter Alfonso el Sabio fort. Mit Alfonsos Sohn Sancho war ein Endpunkt dieser Tradition erreicht, da nun die Schwerpunkte neu gesetzt wurden (v. IV.1.3). Nach dem jahrhundertelangen Sonderweg Spaniens sollte jetzt eine Annäherung an das restliche, christliche Europa angestrebt werden. Zu diesem Zwecke kam es zu einer Neuorientierung, die von der naturphilosophischen Weltbetrachtung wegführte hin zu einer philosophisch-theologischen.

Wir hatten am Beispiel von Yehuda ben Mose ha-Kohen gesehen, welche Stellung und welchen Einfluss die Juden im Wissenschaftsgeschehen der alfonsinischen Zeit hatten. Im 14. Jahrhundert verschlechterte sich ihre Lage in den christlichen Reichen zusehends, wobei eine Mischung aus wirtschaftlichen Faktoren und religiösem Eifer eine antisemitische Atmosphäre schuf.[57]

---

[54] Burnett 1995, p. 228.

[55] «Where we do see translation of Arabic texts occurring alongside teaching is in the Dominican mission schools of the thirteenth century» (Burnett 1995, p. 228).

[56] Márquez Villanueva 1990, p. 68.

[57] Im Pestjahr 1348 kam es zu heftigen Ausschreitungen gegen Juden, ebenso 1391, als sich die Pogrome von Sevilla ausgehend auf andere Städte ausbreiteten (Kowallik 1993, p. 16).

Die Juden in Al-Andalus hatten sich in Sprache, Kultur und Bildung stark an die muslimische Umgebung assimiliert, i. e. dass ihre Gemeinden auch nach der Eroberung durch christliche Herrscher ein Stück arabisierter Kultur repräsentierten. Eine Abwendung von der arabischen Wissenschaft bedeutete notwendigerweise auch eine Abwendung von einem wichtigen Teil ihrer Repräsentanten, nämlich den Juden. Die mangelnde Wertschätzung sowohl der sprachlichen wie auch der wissenschaftlichen Ressourcen musste Konsequenzen zeigen. Immerhin hielt sich das hohe Ansehen jüdischer Ärzte bis ins 14. Jahrhundert hinein,[58] doch dürfte ihre wissenschaftliche Freiheit stark eingeschränkt gewesen sein. Wenn man also die Beteiligung eines Juden, z. B. eines Arztes wie Yehuda ben Mose ha-Kohen, annehmen will, so kommt das 14. Jahrhundert schwerlich in Frage. Die starke Dominanz der Juden im medizinischen Bereich und die Überlegung, dass die zoologischen Schriften des Aristoteles als Ergänzung zu den Averroes- und Avicenna-Kommentaren vor allem für Ärzte interessant gewesen sein dürften,[59] lassen vermuten, dass zumindest der arabisch-spanische Übersetzer jüdischer Herkunft war.

Für das 13. Jahrhundert spricht demnach nicht nur die geistige Infrastruktur, wie sie unter Alfonso el Sabio gegeben war, um auch solche Übersetzungsprojekte entstehen zu lassen, die, wie die Zoologie, nicht im Mittelpunkt des Interesses standen, sondern auch noch der eben genannte Umstand, dass eine jüdische Beteiligung an dieser Übersetzung wahrscheinlich ist, und umso wahrscheinlicher, je früher man diese ansetzt.

Gegen das 14. Jahrhundert spricht im Vergleich dazu, dass generell die Übersetzungstätigkeiten auf ein Minimum zurückgegangen waren, dass, wenn es noch arabisch-spanische Übersetzungen gab, jene aus dem Bereich der Erzählliteratur stammten und dass es außerdem immer weniger Wissenschaftler in den christlichen Reichen gab, die des Arabischen mächtig waren.

5.3 Mögliche Auftraggeber

Der Auftraggeber ist ebenso wenig namentlich bekannt wie der/die Übersetzer. Nach allen bisherigen Ausführungen gibt es für ihn mehrere Möglichkeiten: Der König selbst, Alfonso el Sabio, könnte die Übersetzung veranlasst haben, vielleicht, weil er von einem Juden an seinem Hof, z. B. seinem Arzt, auf diesen Text aufmerksam gemacht worden war. Dass ein Widmungsschreiben fehlt, muss nicht als Gegenargument gewertet werden, da nicht alle Handschriften aus seinem Skriptorium in dieser Weise eindeutig gekennzeichnet wurden und da zudem solche Widmungen im Laufe der Überlieferung verloren

[58] Hillgarth 1976, II, p. 134.

[59] Flasch bemerkt, dass die Ärzte in Salerno seit dem 11. Jahrhundert das gesamte aristotelische Werk als Grundlage ansahen, nicht nur Aristoteles' naturphilosophische Schriften (Flasch 1986, p. 266).

gehen können. Es wäre jedenfalls denkbar, dass der König in der allgemeinen Wertschätzung des Aristoteles auch diesen Text übersetzen ließ.

Theoretisch könnte man sich auch einen jüdischen Arzt als Auftraggeber vorstellen, denn es spricht ja doch einiges für einen medizinischen Rahmen. Doch konnte ein gebildeter Jude im 13. Jahrhundert – und wahrscheinlich auch noch im 14. Jahrhundert – auf jeden Fall Arabisch, so dass der Auftrag für eine kastilische Fassung nicht aus jüdischen Kreisen zu vermuten ist.

Neben Alfonso könnte eine weitere konkrete Person als Auftraggeber in Frage kommen: Don Gonzalo Pétrez, Bischof von Cuenca, Erzbischof von Toledo.[60] Dieser Mann entstammte einer mozarabischen Familie in Toledo; als dritter Sohn war er für den Kirchendienst bestimmt. Man kann davon ausgehen, dass Don Gonzalo in seiner Familie sowie in der mozarabischen Gemeinde Arabisch sprach, während auf der Straße das *romanze* die Umgangssprache war, und dass er Latein dann erst in der Schule lernte.[61] Sein beruflicher Schwerpunkt sollte später weniger im theologischen Bereich liegen, als vielmehr im juristischen. Von 1266–70 war Don Gonzalo mit zwei weiteren Juristen von Alfonso X damit beauftragt, in Murcia die Landverteilung zu regeln, was seit der Reconquista 1243 noch ausstand und eine politisch sehr diffizile Angelegenheit war. In dieser Zeit lernte Don Gonzalo zweifelsohne Petrus Gallecus kennen, den Bischof der Diözese, mit dem ihn eine enge Freundschaft verband.[62] Beide sprachen Arabisch und teilten ein reges Interesse an den Wissenschaften, für deren Erhalt und Weiterführung Petrus Gallecus das Studium arabicum eingerichtet hatte (v. IV.2.2). 1273 wurde Don Gonzalo dann zum Erzbischof von Toledo ernannt.

Doch der mozarabische Kleriker war nicht nur ein enger Mitarbeiter des Königs in rechtlichen und kirchlichen Angelegenheiten, sondern auch in kulturellen und wissenschaftlichen Projekten. Von Don Gonzalo weiß man, dass er auf seinem Landgut in Alvadiel, unweit von Toledo, eine Schreibwerkstatt unterhielt. Die Wissenschaftler und Übersetzer dort arbeiteten vor allem für die persönlichen Interessen des Bischofs, aber wohl auch zum Teil im Auftrag des Königs. Es wurden sowohl Übersetzungen aus dem Arabischen angefertigt als auch Abschriften von Büchern. Die Mitarbeiter dieses Skriptoriums sind nicht namentlich bekannt bis auf eine Nennung in einer Avicenna-Übersetzung, wo die Zusammenarbeit eines Christen mit einem Juden bezeugt ist.[63]

Der Bischof ließ in den Jahren 1273 und 1280 Inventare seiner Bestände anfertigen, die eine eindeutige Schwerpunktsetzung im naturwissenschaftlichen und philosophischen Bereich zeigen, während Theologie und Recht einen sehr geringen Anteil ausmachen. Burnett sagt über ihn, er sei «the greatest enthusiast

---

60 Laut Gonzálvez Ruiz wird diese Person auch fälschlicherweise mit den Namen Gonzalo García Gudiel oder Gonzalez Peres Gudiel bezeichnet, was jedoch aufgrund der Dokumentenlage nicht zu halten ist (1997, p. 299).

61 Gonzálvez Ruiz 1997, p. 301ss.

62 Gonzálvez Ruiz 1997, p. 322.

63 Gonzálvez Ruiz 1997, p. 326.

for Aristotelian philosophy of the second half of the thirteen century» gewesen.[64] Wenn man das Inventar seiner Bibliothek von 1273[65] mit anderen vergleicht, so ist festzustellen, dass er die vollständigste Sammlung von verfügbaren Texten und lateinischen Übersetzungen aus dem Arabischen besaß – darunter auch die Tierbücher des Aristoteles. Es heißt in diesem Inventar: «Sieto (*sic*, por *siete*) quadernos del libro *De animalibus*, escriptos de la mano del traslador».[66] Es scheint, als hätte er das Autograph von Scotus in Händen gehabt. Tatsächlich meint Gonzálvez Ruiz, die Originalhandschrift könnte über Hermanus Germanicus, welcher mit Scotus in Kontakt gestanden habe, an Don Gonzalo gekommen sein. In diesem Inventar finden sich auch noch zwei weitere interessante Einträge:

[23] Arismética (sic) a Nicómaco, trasladada de nuevo.

[24] Otrossí el exemplario en romanz de que fue trasladada, con quatro quadernos de Ali Abenragel, trasladado de nueuo.

Mit der Nummer [23] ist wohl die *Ética* des Aristoteles in der Übersetzung von Hermann Germanicus gemeint, die offensichtlich, wie man aus [24] entnehmen kann, aus einer *romance*-Vorlage ins Lateinische übersetzt worden war. Die Tatsache, dass diese Zwischenstufe als eigenständiges Volumen in der Bibliothek vorhanden ist, deutet auf eine erst jüngst angefertigte Übersetzung hin; Don Gonzalo hatte die beiden Bücher wohl nach dem Tode des Hermanus Germanicus aus dessen Beständen erstanden.[67] Hermanus Germanicus (Hermán el Alemán) und Don Gonzalo waren Arbeitskollegen in der Kathedrale von Toledo, und wahrscheinlich auch miteinander befreundet. Von Hermann ist bezeugt, dass er das Arabische nicht allzu gut beherrschte, so dass er sich kastilischer Zwischenversionen für seine lateinischen Übersetzungen bediente. In diesem besonderen Falle nun scheint Don Gonzalo beide Sprachfassungen gekauft zu haben. Bei der Handschrift unter [24] ist zudem bemerkenswert, dass die Bücher des Abenragel als «trasladado de nuevo» beschrieben werden. Gonzálvez Ruiz geht davon aus, dass es sich um eine arabisch-kastilische Übersetzung gehandelt haben müsse, auch wenn seine Begründung dafür unklar bleibt. Jedenfalls aber bezeugen die beiden Einträge, dass sich zumindest in diesem einen konkreten Fall ein «exemplario en romanz» neben der lateinischen Fassung in den Beständen des Bischofs befand.

Bezüglich der Tierbücher des Aristoteles finden sich im zweiten Inventar von 1280 drei weitere Einträge:

[22] Item liber de animalibus.

[25] Item liber de animalibus in noua translatione.

[71] Item scripta liber de animalibus in quaternis.

---

[64] Burnett 1999, p. 31.

[65] Das Inventar selbst liegt heute noch in Toledo.

[66] Gonzálvez Ruiz 1997, p. 441.

[67] Gonzálvez Ruiz 1997, p. 432–434.

Gonzálvez Ruiz geht davon aus, dass mit der unter [22] aufgeführten Schrift die arabisch-lateinische Version von Scotus gemeint war, während Nummer [25] die griechisch-lateinische Übersetzung von Moerbecke enthielt, allerdings nur die 10 Bücher der *HA*. Er identifiziert diesen Inventareintrag mit der Handschrift Ms.47–10, ff. 92–202, Biblioteca Capitular de Toledo. Die Tatsache, dass die Bücher unter [71] noch ungebunden waren, deutet auf eine eben erst angefertigte Abschrift hin, hinter welcher Gonzálvez Ruiz ohne Nennung von Gründen eher die griechisch-lateinische Fassung vermutet. Die Handschriften unter [22] und [71] gelten als verloren.

Zusammenfassend kann man also sagen, dass der Bischof a) viele Übersetzungsarbeiten aus dem Arabischen besaß, in einem konkreten Fall auch noch mit einer kastilischen Version dazu; b) dass er zudem selbst Übersetzungen anfertigen ließ, wobei nicht explizit gesagt wird, in welche Sprache, so dass man stillschweigend von Latein als Zielsprache ausgeht; und c) dass er außerdem mindestens drei verschiedene Konvolute mit den zoologischen Schriften des Aristoteles besaß.

Vielleicht war also Don Gonzalo der Auftraggeber, weil er aus irgendwelchen Gründen, die im Dunkeln bleiben, an einer kastilischen Version interessiert war. Aber selbst wenn er es nicht war, so kann man doch daraus ersehen, dass es im 13. Jahrhundert Intellektuelle gab, die kein konkret erkennbares Forschungsinteresse an diesem Text hatten, sehr wohl aber ein breites Interesse an Naturwissenschaften, oder einfach an jeder Aristotelesschrift. Hoch stehende Kleriker verfügten zudem über die nötigen finanziellen Mittel nicht nur zum Sammeln von Handschriften, sondern auch, um selbst als Auftraggeber auftreten zu können. Bei mozarabisch-stämmigen Intellektuellen kann man zudem noch eine gewisse Affinität für arabisch-vermittelte Wissenschaften vermuten, wie das bei Don Gonzalo eindeutig der Fall war.

6. Abschließende Bewertung der Handschrift

Wie es der Untersuchungsgegenstand erwarten lässt, hat die Diskussion der verschiedenen Fragestellungen erbracht, dass man nur unter Vorbehalt und mit Einschränkungen Aussagen machen kann, jedoch lassen die Ergebnisse der Textsynopsen zusammen mit den historischen Hintergründen ein Bild entstehen, das sich aus den jeweils wahrscheinlichsten Möglichkeiten zusammensetzt.

Bezüglich des Textbestandes ist der Conclusio (VIII.1.3) nichts weiter hinzuzufügen. Von besonderem Interesse ist zweifelsohne die Autor(en)frage. Nach den Textergebnissen zu urteilen, haben wir es mit zwei verschiedenen Übersetzern zu tun, die, so legen es die historischen Umstände nahe, sich die Arbeit wie folgt aufteilten: Ein Jude übersetzte aus dem Arabischen, ein Christ aus dem Lateinischen. Sollten sie dabei in derselben Schreibstube gearbeitet haben, so ist ein Austausch untereinander sehr wahrscheinlich. Wenn für die

Kürzungen im Textbestand kein anderer Grund als Zeitdruck verantwortlich gewesen sein sollte, dann könnte das auch die Erklärung dafür abgeben, dass die arabisch-spanische Übersetzung nach einer ungeschliffenen Rohfassung aussieht, für deren Überarbeitung die Zeit fehlte. Der Lateinübersetzer hatte, was die sprachlichen Schwierigkeiten angeht, von Anfang an eine bessere Ausgangsposition, da Struktur und Wortschatz seiner romanischen Muttersprache unzweifelhaft dem Lateinischen verbunden sind. Von einer Teamarbeit oder einem mehrschrittigen Übersetzungsverfahren kann hier wohl Abstand genommen werden, zumindest ist nicht zu erkennen, wo oder wie an längeren Textpassagen zwei Personen gleichzeitig mitgewirkt hätten.

Wenn man eine eilige, unter Zeitdruck entstandene Übersetzungsarbeit annehmen will, dann hätte man damit eine Hypothese dafür, warum mit zwei sprachlich verschiedenen Vorlagen gearbeitet wurde. Denn sollte man einen arabischen und einen lateinischen Übersetzer zur Verfügung gehabt haben, dann setzt man beide gleichzeitig an die Arbeit, auf dass das Werk so schnell wie möglich fertig gestellt werden möge.

Für den geographischen und zeitlichen Rahmen kommen am wahrscheinlichsten Toledo, Sevilla oder Murcia um die Mitte des 13. Jahrhunderts in Frage – also der Wirkungsbereich von Alfonso el Sabio. Toledo wird ohnehin als Übersetzungszentrum in Betracht gezogen und Sevilla ist im Vergleich zu Murcia etwas wahrscheinlicher, da man aus Murcia keine volkssprachlichen Übersetzungen kennt. Die Tierbücher des Aristoteles standen mit Sicherheit nicht im Mittelpunkt des wissenschaftlichen Interesses am königlichen Hofe, doch spricht einiges dafür, dass sich vor allem Mediziner für diesen Text interessiert haben könnten. Um dies zu bestätigen, sei ein langer Bogen gespannt von Avicenna und Averroes über den frühesten lateinischen Kommentar von Petrus Hispanus bis hin zu einem Florilegium, der Handschrift Mss 3338 der Biblioteca Nacional de Madrid *Flor de los libros de animalibus* vom Beginn des 16. Jahrhunderts, wo die Tierbücher zwischen der Tierheilkunde und einem Chirurgietraktat ihren Platz einnehmen. Dass Alfonso selbst kein Interesse für medizinische Fragestellungen hatte, wurde bereits erwähnt (IV.2.2), ebenso aber der Umstand, dass er *fisicos,* also Ärzte, als Naturwissenschaftler nach Sevilla holen ließ. Ein jüdischer Mitarbeiter wie z. B. Yehuda ben Mose (Arzt, Wissenschaftler und Übersetzer) könnte Alfonso nicht nur den Vorschlag unterbreitet haben, die Tierbücher übertragen zu lassen, sondern er könnte auch selbst als einer der beiden Übersetzer in Frage kommen. Konkrete Namen bleiben allerdings nach wie vor im Dunkeln. Die schlechte sprachliche Qualität des arabisch-spanischen Teils, wenn sie ihre Ursache nicht im Zeitmangel hat, lässt entweder auf eine frühe Entstehung oder einen ungeübten Übersetzer schließen.

Ebenso anonym wie die Übersetzer bleibt der Auftraggeber. Wenn es nicht Alfonso selbst war, dann könnte es ein einflussreicher Mann wie Gonzalo Pétrez, Erzbischof von Toledo, gewesen sein oder eine vergleichbare, jedoch namentlich unbekannte Persönlichkeit z. B. aus der gebildeten mozarabischen

Schicht Toledos. Gegen einen Kleriker als Auftraggeber wie den eben genannten Petrus Hispanus oder Petrus Gallecus spricht indessen die Zielsprache: Was wir von diesen Gelehrten wissen, bewegt sich überwiegend im lateinischen Sprachbereich. Gonzalo Pétrez könnte als Sammler vielleicht die spanische Aristotelesübersetzung als etwas Besonderes angesehen haben, aber direkt als Auftraggeber kommt er wohl eher nicht in Frage. Für einen wissenschaftlich interessierten adligen Auftraggeber (wie den Marqués de Santillana im 15. Jahrhundert) fehlen Belege und Hinweise, auf die man eine Hypothese aufbauen könnte (v. VIII.4). Sollte das vorliegende Werk also tatsächlich in unmittelbarer Nähe zum König entstanden sein, dann wirft dieses arabisch-lateinisch-spanische Projekt ein neues Licht auf seine Skriptorien.

Abkürzungen

Abkürzungen für Wörterbücher

CORDE	*Corpus diacrónico del español (www.rae.es)*
Corp.es	*Corpus del español (www.corpusdelespañol.org)*
DiccAut	*Diccionario de Autoridades de la RAE* (1726–39)
DiccMed	*Diccionario medieval español* (Alonso)
GA	*De generatione animalium*
HA	*Historia animalium*
LexMA	*Lexikon des Mittelalters*
PA	*De partibus animalium*
RAE	*Diccionario de la Real Academia Española* (1992)
TDMS	*Tentative Diccionary of Medieval Spanish* (Kasten)

Allgemeine Abkürzungen

cf.	confer	ss.	sequentes
ed.	edidit	s. u.	siehe unten
edd.	ediderunt	u. a.	unter anderem
etc.	et cetera	v	verso
fol.	folio	v.	vide
ff.	folii	vol.	volumen
i. e.	idem est	WB	Wörterbuch
p.	pagina	Z.	Zeile
r	recto	z. B.	zum Beispiel

Bibliographie

1. Handschriften

In den Kapiteln V. und VI. wurden die für die vergleichenden Untersuchungen maßgeblichen Handschriften und Editionen aufgeführt und beschrieben. Bei den im Folgenden genannten Handschriften der Biblioteca Nacional de Madrid und aus dem Real Monasterio de San Lorenzo de El Escorial handelt es sich hauptsächlich um altspanische Textzeugen, die für den wissenschaftsgeschichtlichen Teil dieser Arbeit eingesehen wurden:

Biblioteca Nacional

Mss 685	*Libro del tesoro* (1433)	
Mss 1877	Petri Hispani: *Opera médica* (13. Jahrhundert)	
Mss 3338	Portugues: *Albeitería*; Cordova: *Cirugía* (1510)	
Mss 3340	Avicenna: *De animalibus, cum epistola dedicatoria Michaelis Scoti* (1232)	
Mss 3347	Aristoteles: *De animalibus* (latein.; 13./14. Jahrhundert)	
Mss 3367	Alfonso de la Torre: *Visión delectable* (15. Jahrhundert)	
Mss 3369	*Lucidario* (15. Jahrhundert)	
Mss 3380	Brunetto Latini: *Libro del tesoro* (15. Jahrhundert)	
Mss 3468	*Tratados y recetas de albeitería* (15. Jahrhundert)	
	ff. 19–95:	*Libro de la notomía*[1] *de las bestias*
	ff. 96–7:	*Libro abreviado de todos los libros de que Hipócrates fizo sobre las bestias*
	ff. 134–165:	*Libro de albeiteria del Infante don Fadrique*
	ff. 165–168:	*Dias aciagos e infelices de cada mes y diversas recetas*
Mss 5008	Avicenna: *Compilación de Física* (arabisch; 15. Jahrhundert)	
Mss 5013	Averroes: *Totalidad de la medicina* (arabisch; 15. Jahrhundert)	
Mss 5410	*Vida de los animales, Addemirr, Quemuleddin Abulbea* (arabisch; 808/1405)	
Mss 5644	*Miscelánea histórica, astrológica y moral* (ca. 1450)	
	ff. 4r–69v:	*Historia de las seis edades del mundo*
	ff. 84v–102r:	*Tratado de astronomía y cómputo*
	ff. 107v–112r:	*Descripción de Etiopia y Asia*
Mss 6985	*Lucidario, Visión delectable* (16. Jahrhundert)	
Mss 10106	Ibn Wafid: *Libro de agricultura* (15. Jahrhundert)	

[1] notomía] antiguo: *anatomía* (RAE).

Mss 10198	Aristoteles: *De animalibus*; Sextus Julius Frontinus: *Strategematon* (15. Jahrhundert)
Mss 10204	Sesto J. Frontino: *Sciencia de la cavalleria* (15. Jahrhundert)
Mss 10211	*Libro de agricultura*, Rutilius T. A. Palladius (14. Jahrhundert)
Mss 21530	Ǧālal al-Dīn al-Suyūtī: *Dīwān al-ḥayawān* (arabisch; 911/1505)

El Escorial

V.II.19 (Sign. Ant. III.e.3)	*ff. 6–150rb:*	*Libro de cetrería o caza de las aves, de las propiedades de éstas, sus enfermedades y remedios*
	ff. 150va–162rb:	*Libro de los cuidados y enfermedades de los azores, falcones y gavilanes*
	ff. 162va–166rb:	*Libro de los gavilanes*
e.III.8	*Libro llamado Thesoro*	
P.II.21	*Libro del Tesoro*	

2. Editionen der Quellentexte

2.1 Aristoteles[2]

Historia animalium

Aristoteles, *Thierkunde, kritisch-berichtigter Text mit deutscher Übersetzung, sachlicher und sprachlicher Erklärung und vollständigem Index*, edd. Hermann Aubert /Friedrich Wimmer, 2 vol., Leipzig, Engelmann, 1868.

Aristotelis, *De animalibus historia,* textum recognovit Leonhardus Dittmeyer, Leipzig, Teubner, 1907.

Aristotle, *History of animals*, (griech.-engl.), Books I–IV ed. Arthur Lelie Peck, London, 1965, Books VII–X ed. David M. Balme, London, The Loeb Classical Library, 1991.

Aristutalis, *Kitāb al-Ḥayawān, Übersetzung von Yaḥyā ibn al-Biṭrīq*, ed. ʿAbd-ar-Rahman Badawi, Al Kuwait, Wikalat al-Matbu'at, 1977.

Aristóteles, *Historia de los animales*, ed. José Vara Donado, Madrid, AKAL, 1990.

Aristoteles latinus: De animalibus libri XIX in der Übersetzung des Michael Scotus, Manuskript von Benedikt Konrad Vollmann nach dem Transkript von Christian Hünemörder, als Manuskript gedruckt mit Unterstützung der Münchener Universitätsgesellschaft, München, 1994.

Aristoteles, *De Historia animalium, translatio Guillermi de Morbeka*, Aristoteles Latinus XVII 2.I.1., edd. Peter Beullens/Fernand Bossier, Leiden, Brill, 2000.

---

[2] Die Angaben sind für jedes Werk chronologisch geordnet.

De partibus animalium

Aristotle, *Parts of Animals. Movement of Animals. Progression of Animals.* (griech.-engl.), ed. Arthur Lelie Peck, London, The Loeb Classical Library, 1968.

Aristoteles, *De Partibus Animalium, in arabice vertit Johanna ibn al-Batriq*. Edidit, annotavit et Prolegomenis instruxit Abdurrahman Badawi, Kuwait, Wikalat al-Matbu'at, 1978.

Aristoteles semitico-latinus: The arabic version of Aristotle's Parts of animals, Book XI–XIV of the Kitāb al-Ḥayawān, a critical edition with introduction and selected glossary, ed. Remke Kruk, Amsterdam/Oxford, North-Holland, 1979.

Aristotle, *De animalibus, Michael Scot's arabic-latin translation*, ed. Aafke M. I. van Oppenraaij, Aristoteles semitico-latinus 5, vol. 2, Leiden, Brill, 1998.

De generatione animalium

Aristotle, *Generation of animals, the arabic translation commonly ascribed to Yaḥyā ibn al-Biṭrīq*, edited with introduction and glossary by Jan Brugman and Hendrik J. Drossaart Lulofs, Leiden, Brill, 1971.

Aristotle, *Generation of Animals*, (griech.-engl.), ed. Arthur Lelie Peck, London, The Loeb Classical Library, 1979.

Aristotle, *De animalibus, Michael Scot's arabic-latin translation*, ed. Aafke M. I. van Oppenraaij, Aristoteles semitico-latinus 5, vol. 3, Leiden, Brill, 1992.

2.2 Weitere Texte

(al-Battānī), *Los canones de Albateni*, ed. Georg Bossong, Tübingen, Niemeyer, 1978.

Alcalá, Pedro de, *El vocabulario de Pedro de Alcalá*, edición por Elena Pezzi, Almería, Editorial Cajal, 1989.

Aly Aben Ragel, *El libro conplido en los iudizios de las estrellas*, introducción y edición por Gerold Hilty, Madrid, Aguirre Torre, 1954.

Aristoteles, *Über die Seele* (griechisch-deutsch), ed. Horst Seidl, Hamburg, Meiner, 1995.

Aristoteles, *Metaphysik*, ed. Paul Gohlke, Paderborn, Schöningh, [3]1972.

Ibn al-Baitar, *Die Dioskurides-Erklärung des Ibn al-Baitar: ein Beitrag zur arabischen Pflanzensymbolik des MA*, ed. Albert Dietrich, Göttingen, Vandenhoeck und Ruprecht, 1991.

Ibn al-Bazyar, Muhammad Ibn 'Abdallah ibn 'Umar, *Kitāb al-Ǧawāriḥ, Libro de los animales que cazan*, edición, estudio, notas y vocabulario de José Manuel Fradejas Rueda, Madrid, Casariego, 1987.

Calila e Dimna, edición, introducción y notas de Juan Manuel Cacho Blecua y María Jesús Lacarra, Madrid, Castalia, 1984.

(Gallecus, Petrus), *Petri Galleci opera omnia quae exstant: Summa de astronomia; Liber de animalibus; Regitiua domus*, ed. José Martínez Gázquez, Firenze, Sismel, 2000.

Historia del Conde Fernán González, a facsimile and paleographic edition by John S. Geary, Madison, Hispanic Seminary of Medieval Studies, 1987.

Juan Manuel, *Libro de la caza*, in: *Obras completas*, edición de Juan Manuel Cacho Blecua, Madrid, Gredos, 1981.

Konrad von Megenberg, *Das Buch der Natur*, ed. Franz Pfeiffer, Hildesheim, Olms, 1962.

Latini, Brunetto, *Libro del tesoro, versión castellana de Li Livres dou Tresor*, edición y estudio de Spurgeon Baldwin, Madison, Hispanic Seminary of Medieval Studies, 1989.

(Lucidario), *Los Lucidarios españoles*, ed. Richard P. Kinkade, Madrid, Gredos, 1969.

(Lucidarius), *Der deutsche Lucidarius, kritischer Text nach den Handschriften*, edd. Dagmar Gottschall/Georg Steer, Tübingen, Niemeyer, 1994.

Ibn al-Nadim, Muhammad ibn Ishaq, *Kitab al-Fihrist*, mit Anmerkungen ediert von Gustav Flügel, Leipzig, [s. n.], 1871/1872.

Sextus Julius Frontinus, *Strategematon, texto y concordancia de la Biblioteca Nacional de Madrid, MS. 10198 de Sexto Julio Frontino*, ed. Enrique Jiménez Ríos, Madison, Hispanic Seminary of Medieval Studies, 1992.

Villena, Enrique de Aragón, *Tratado de astrología*, edición por Pedro M. Cátedra, introducción de Julio Samsó, Madrid, Río Tinto Minera, 1980.

3. Sekundärliteratur

Abeele, Baudouin van den, *Le ‹De animalibus› d'Aristote dans le monde latin: modalités de sa réception médiévale*, Frühmittelalterliche Studien 33 (1999), 287–318.

Ackermann, Silke, *Michael Scotus*, in: Robert Bautier/Robert Auty/Norbert Angermann (edd.), *Lexikon des Mittelalters*, vol. 6, München, Artemis, 1993, 606.

Ajo González de Rapariegos y Sainz de Zúñiga, Cándido M., *Historia de las universidades hispánicas. Orígenes y desarollo desde su aparición hasta nuestros días*, Madrid, Ed. La Normal, 1957.

Alborg, Juan Luis, *Historia de la literatura española,* vol. 1: *Edad Media y renacimiento*, Madrid, Gredos, ²1972.

Albrecht, Jörn, *Fachsprache und Terminologie in Geschichte und Gegenwart*, Tübingen, Narr, 1992.

DiccMed = Alonso, Martín, *Diccionario Medieval Español. Desde las Glosas Emilianenses y Silenses (s. X)*, 2 vol., Salamanca, Universidad Pontificia, 1986.

Alvar, Carlos/Lucía Megías, José Manuel (edd.), *La literatura en la época de Sancho IV*, Acalá de Henares, Universidad de Alcalá de Henares, 1996.

Amador de los Ríos, José, *Historia crítica de la literatura española*, 6 vol., Reprint der Ausgabe Madrid 1861–1875, Hildesheim, Olms, 1970.

Amato, Angelo, *Nestorius*, in: Michael Buchberger/Walter Kasper (edd.), *Lexikon für Theologie und Kirche*, vol. 7, Freiburg im Breisgau, Herder, ³1998, 745–749.

Anawati, Georges Chehata, *Avempace*, in: Robert-Henri Bautier/Robert Auty/Norbert Angermann (edd.), *Lexikon des Mittelalters*, vol. 1, München, Artemis, 1991, 1288.

Andrés, Gregorio de, *Los manuscritos de Juan de Ferreras en la Biblioteca Nacional*, Revista Española de Teología 43 (1983), 159–169.

Angenendt, Arnold, *Geschichte der Religiosität im Mittelalter*, Darmstadt, Primus, ²2000.

Anzulewicz, Henryk, *Die aristotelische Biologie in den Frühwerken des Albertus Magnus*, in: Carlos Steel/Guy Guldentops/Pieter Beullens (edd.), *Aristotle's animals in the Middle Ages and Renaissance*, Leuven, Leuven University Press, 1999, 159–165.

Arié, Rachel, *España musulmana (Siglos VIII–XV)*, tomo III de *Historia de España*, dirigida por Manuel Tuñón de Lara, Barcelona, Labor, 1982.

Asín Palacios, Miguel, *El ‹Libro de los Animales› de Jáhiz*, Isis 14 (1930), 20–54.

– *Glosario de voces romances por un botánico anónimo hispano musulmán (s. XI–XII)*, Madrid, CSIC, 1943.

Asúa, Miguel J. C. de, *The organization of discourse on animals in the 13th Century: Peter of Spain, Albert the Great and the commentaries on ‹De animalibus›*, Dissertation Abstracts International 52 (1992), 3695-A.

– *Medicine and Philosophy in Peter of Spain's Commentary on ‹De animalibus›*, in: Carlos Steel/Guy Guldentops/Pieter Beullens (edd.), *Aristotle's animals in the Middle Ages and Renaissance*, Leuven, Leuven University Press, 1999, 189–211.

Bäumer, Änne, *Geschichte der Biologie*, vol. I: *Biologie von der Antike bis zur Renaissance*, vol. II: *Zoologie der Renaissance – Renaissance der Zoologie*, Frankfurt am Main, Lang, 1991.

Baldwin, Spurgeon, *The Medieval Castilian Bestiary from Brunetto Latini's ‹Tesoro›, study and edition*, Exeter, University of Exeter, 1982.
– *Brunetto Latini's Tresor: Approaching the end of an era*, La Corónica XIV (1986), 177–193.
Ballesteros Beretta, Antonio, *Alfonso X el Sabio*, Barcelona, Salvat, 1963.
Balme, David M., *‹genos› und ‹eidos› in der Biologie des Aristoteles*, in: Gustav A. Seeck (ed.), *Die Naturphilosophie des Aristoteles*, Darmstadt, Wissenschaftliche Buchgesellschaft, 1975, 139–171.
Baumstark, Anton, *Geschichte der syrischen Literatur*, Bonn, Marcus und Weber, 1922.
LexMA = Robert Bautier/Robert Auty/Norbert Angermann (edd.), *Lexikon des Mittelalters*, 9 vol., München, Artemis, 1980–1998.
Beaujouan, Guy/Yvonne Poulle-Drieux/Jeanne-Marie Dureau-Lapeyssonnie, *Médicine humaine et vétérinaire à la fin du moyen âge*, Genève, Droz, 1966.
Beaujouan, Guy, *La science en Espagne aux XIVe et XVe siècles*, Paris, Université de Paris, 1967.
– *Manuscrits médicaux du moyen âge conservés en Espagne*, Melanges de la Casa de Velázquez 8 (1972), 180.
Beullens, Pieter, *A 13th-Century Florilegium from Aristotele's Books on Animals: ‹Auctoritates extracte de libro Aristotelis de naturis animalium›*, in: Carlos Steel/Guy Guldentops/Pieter Beullens (ed.): *Aristotle's animals in the Middle Ages and Renaissance*, Leuven, Leuven University Press, 1999, 69–95.
Biberstein-Kazimirski, Albin de, *Dictionaire arabe-français*, 2 vol., París/Beyrouth, Maisonneuve/Librairie du Liban, 1860.
Biblioteca Nacional, *Inventario General de manuscritos de la Biblioteca Nacional de Madrid*, 12 vol, Madrid, Ministerio de Cultura, Dirección General de Libro y Bibliotecas, 1953–1988.
Blanco, Emilio, *La enseñanza en la época de Sancho IV: escritos pedagógicos*, in: Carlos Alvar/José Manuel Lucía Megías (edd.), *La literatura en la época de Sancho IV*, Acalá de Henares, Universidad de Alcalá de Henares, 1996, 313–322.
Boor, Helmut de, *Über Fabel und Bîspel*, München, Bayerische Akademie der Wissenschaften, 1966.
Bossong, Georg, *Probleme der Übersetzung wissenschaftlicher Werke aus dem Arabischen ins Altspanische*, Tübingen, Niemeyer, 1979.
– *Science in the vernacular languages: The Case of Alfonso X el Sabio*, in: Mercé Comes/Roser Puig/Julio Samsó (edd.), *De Astronomia Alphonsi Regis. Actas del Simposio sobre Astronomía Alfonsí celebrado en Berkley (Agosto 1985)*, Barcelona, Universidad de Barcelona, 1987, 13–21.
– *Sprachwissenschaft und Sprachphilosophie in der Romania*, Tübingen, Narr, 1990.
Brinkmann, Hennig, *Die «zweite Sprache» und die Dichtung des Mittelalters*, in: Albert Zimmermann (ed.), *Methoden in Wissenschaft und Kunst des Mittelalters*, Berlin, de Gruyter, 1970, 155–171.
– *Mittelalterliche Hermeneutik*, Tübingen, Niemeyer, 1980.
Buchberger, Michael/Kasper, Walter (edd.), *Lexikon für Theologie und Kirche*, Freiburg im Breisgau, Herder, ^{3}1993–2001.
Burckhardt, Titus, *Die maurische Kultur in Spanien*, München, Callwey, 1970.
Burnett, Charles, *Some Comments on the Translating of Works from Arabic into Latin in the Mid-Twelfth Century*, in: Albert Zimmermann (ed.), *Orientalische Kultur und europäisches Mittelalter*, Miscellanea Mediaevalia 17 (1985), 161–171.
– (ed.), *Glosses and Commentaries on Aristotelian Logical Text: the Syriac, Arabic and Medieval Latin Traditions*, London, Warburg Institute, University of London, 1993.
– *Magister Iohannes Hispanus: Towards the identity of a Toledan Translator*, in: *Comprendre et maîtriser la nature au Moyen Age. Mélanges d'histoire des sciences offerts à Guy Beaujouan*, Genève, Droz, 1994, 425–436 (= 1994a).

– *Michael Scot and the transmission of the scientific culture from Toledo to Bologna via the court of Frederick II Hohenstaufen*, Micrologus 2 (1994), 101–126 (= 1994b).
– *The Institutional Context of Arabic-Latin Translations of the Middle Ages: A Reassessment of the «School of Toledo»*, in: Olga Weijers (ed.), *Vocabulary of Teaching and Research between Middle Ages and Renaissance*, CIVICIMA, Etudes sur le vocabulaire intellectuel du moyen âge VIII, Turnhout, Brepols, 1995, 214–235.
– *The Coherence of the Arabic-Latin Translation Programe in Toledo in the Twelfth Century*, Berlin, Max-Planck-Institut für Wissenschaftsgeschichte, Preprint 78, 1997.
– *Natural Philosophy, Secrets and Magic in Castile in the Middle Ages*, 1999 (noch nicht veröffentlicht).

Burns, Robert I. (ed.), *Emperor of Culture. Alfonso X the Learned of Castile and his Thirteenth-Century Renaissance*, Philadelphia, University of Pennsylvania Press, 1990.
– *Stupor Mundi: Alfonso X of Castile, the Learned*, in: Robert I. Burns (ed.), *Emperor of Culture. Alfonso X the Learned of Castile and his Thirteenth-Century Renaissance*, Philadelphia, University of Pennsylvania Press, 1990, 1–13.

Burrichter, Clemens (ed.), *Grundlegung der historischen Wissenschaftsforschung*, Basel/Stuttgart, Schwabe, 1979.

O'Callaghan, Joseph F., *The Learned King. The Reign of Alfonso X of Castile*, Philadelphia, University of Pennsylvania Press, 1993.
– *Alfonso X, the Cortes and Governement in Medieval Spain*, Aldershot, Ashgate, 1998.

Canguilhem, Georges, *Wissenschaftsgeschichte und Epistemiologie: gesammelte Aufsätze*, Frankfurt/Main, Suhrkamp, 1979.

Cantarino, Vicente, *Entre monjes y musulmanes. El conflicto que fue España*, Madrid, Alhambra, 1978.

Castro, Américo, *Spanien, Vision und Wirklichkeit*, Köln, Kiepenheuer & Witsch, 1957.
– *La realidad histórica de España*, Mexico, Porrua, 1966.

Castro, Manuel de, *La biblioteca de los franciscanos de Val de Dios de Santiago (1222–30)*, Archivo Ibero-Americano 209–212 (1993), 151–162.

Corominas, Joan/Pascual, José A., *Diccionario crítico etimológico castellano e hispánico*, 6 vol., Madrid, Gredos, 1980–1997.

Corriente, Federico, *Diccionario de arabismos y voces afines en iberorromance*, Madrid, Gredos, 1999.

Corsi, Pietro, *Information Sources in the History of Science and Medicine*, London, Butterworth Scientific, 1983.

Craddock, Jerry R., *The Legislative Works of Alfonso el Sabio*, in: Robert I. Burns (ed.), *Emperor of Culture. Alfonso X the Learned of Castile and his Thirteenth-Century Renaissance*, Philadelphia, University of Pennsylvania Press, 1990, 182–197.

Craemer-Ruegenberg, Ingrid, *Die Naturphilosophie des Aristoteles*, Freiburg/München, Alber, 1980.

Crombie, Alistair C., *Von Augustinus bis Galilei. Die Emanzipation der Naturwissenschaft*, München, Deutscher Taschenbuch Verlag, 1977.

Curtius, Ernst R., *Europäische Literatur und lateinisches Mittelalter*, Bern, Francke, ^{6}1967.

Daiber, Hans, *Salient Trends of the Arabic Aristotle*, in: Gerhard Endress/Remke Kruk (edd.), *The ancient tradition in Christian and Islamic Hellenism*, Leiden, CNWS Publications, 1977, 29–42.

Díaz y Díaz, Manuel C., *Index Scriptorum Latinorum Medii Aevi Hispanorum*, 2 vol., Salamanca, Universidad de Salamanca, 1958/1959.

Dod, Bernhard G., *Aristoteles latinus*, in: Norman Kretzmann (ed.), *The Cambridge History of Later Medieval Philosophy*, Cambridge, Cambridge University Press, 1982, 45–79.

Dodds, Jerrilynn Denise (ed.), *Al-Andalus. The art of islamic Spain*, New York, Abrams, 1992.

Domínguez Bordona, Jesús, *Manuscritos con pinturas*, Madrid, Centro de Estudios Históricos, 1933.

Dozy, Reinhart P. A., *Supplément aux dictionaires arabes*, 2 vol., Leiden, Brill, 1927.

Draper, John William, *Historia de los conflictos entre la religión y la ciencia*, Faksimile der zweiten spanischen Fassung (Madrid, 1885), Barcelona, Alta Fulla, 1987.

Drossaart Lulofs, Hendrik J., *Aristoteles Arabus*, in: Paul Moraux (ed.), *Aristoteles in der neueren Forschung*, Darmstadt, Wissenschaftliche Buchgesellschaft, 1968, 400–420.

Düring, Ingemar, *Louis, Aristote, Histoire des animaux*, Gnomon 37 (1965), 664–666.

– *Aristoteles. Darstellung und Interpretation seines Denkens*, Heidelberg, Winter, 1966.

– *Die Methode des Aristoteles in der Biologie*, in: Gustav A. Seeck (ed.), *Die Naturphilosophie des Aristoteles*, Darmstadt, Wissenschaftliche Buchgesellschaft, 1975, 49–58.

Eis, Gerhard, *Mittelalterliche Fachliteratur*, Stuttgart, Metzler, 1962.

Eisenhardt, Peter/Linhard, Frank/Petanides, Kaisar, *Die Geburt der Naturwissenschaften aus dem Geist des Griechentums*, in: Peter Eisenhardt (ed.), *Der Weg der Wahrheit: Aufsätze zur Einheit der Wissenschaftsgeschichte. Festgabe zum 60. Geburtstag von Walter G. Saltzer*, Hildesheim, Olms, 1999, 1–18.

Eisenstein, Herbert, *Einführung in die arabische Zoographie. Das tierkundliche Wissen in der arabisch-islamischen Literatur*, Berlin, Reimer, 1991.

Endress, Gerhard, *Die wissenschaftliche Literatur*, in: Helmut Gätje (ed.), *Grundriss der arabischen Philologie*, vol. II: *Literatur*, Wiesbaden, Reichert, 1987, 400–506, fortgesetzt in: Wolfdietrich Fischer (ed.), *Grundriss der arabischen Philologie*, vol. III, *Supplement*, Wiesbaden, Reichert, 1992, 3–152.

Endress, Gerhard/Gutas, Dimitri (edd.), *A Greek and Arabic Lexicon (Fascicle 5)*, Leiden, Brill, 1998.

Exposición de la Biblioteca de los Mendoza del Infantado en el siglo XV, Madrid, Biblioteca Nacional, 1958.

Faulhaber, Charles Bailey/Gómez Moreno, Ángel et al., *Bibliography of Old Spanish Texts*, Madison, Hispanic Seminary of Medieval Studies, [3]1984.

Fischer, Hermann, *Mittelalterliche Pflanzenkunde*, München, Münchner Drucke, 1929.

Flasch, Kurt, *Das philosophische Denken im Mittelalter*, Stuttgart, Reclam, 1986.

Freytag, Georgius Wilhelmus, *Lexicon Arabico-Latinum*, 4 vol., Halle, Schwetschke, 1837.

Freytag, Hartmut, *«Quae sunt per allegoriam dicta.» Das theologische Verständnis der Allegorie in der frühchristlichen und mittelalterlichen Exegese von Galater 4,21–31*, in: Hans Fromm/Wolfgang Harms/Uwe Ruberg (edd.), *Verbum et signum*, vol. I: *Beiträge zur mediävistischen Bedeutungsforschung. Friedrich Ohly zum 60. Geburtstag*, München, Fink, 1975, 27–43.

Fried, Johannes, *«... correptus est per ipsum imperatorem.» Das zweite Falkenbuch Friedrichs II*, in: Rudolf Schieffer (ed.), *Mittelalterliche Texte, Überlieferung – Befunde – Deutungen*, Hannover, Hahnsche Buchhandlung, 1996, 93–124 (= 1996a).

– *Kaiser Friedrich II. als Jäger oder Ein zweites Falkenbuch Kaiser Friedrichs II.?*, Nachrichten der Akademie der Wissenschaften in Göttingen (1996), 115–156 (= 1996b).

Fries, Albert, *Albertus Magnus*, in: Kurt Ruh/Burghart Wachinger/Gundolf Keil (edd.), *Die deutsche Literatur des Mittelalters: Verfasserlexikon. Begründet von Wolfgang Stammler, fortgeführt von Karl Langosch*, vol. 1, Berlin/New York, de Gruyter, [2]1978, 124–135.

Fritz, Kurt v., *Teleologie*, in: Gustav A. Seeck (ed.), *Die Naturphilosophie des Aristoteles*, Darmstadt, Wissenschaftliche Buchgesellschaft, 1975, 243–250.

Funes, Leonardo, *La blasfemia del Rey Sabio: Itinerario narrativo de una leyenda, primera parte*, Incipit 13 (1993), 51–70.
– *La blasfemia del Rey Sabio: Itinerario narrativo de una leyenda, segunda parte*, Incipit 14 (1994), 69–101.
Furlani, Guiseppe, *Le antiche versioni araba, latina ed ebraica del «De partibus animalium» di Aristotele*, Rivista degli Studi Orientali IX (1921–23), 237–257.
Galmés de Fuentes, Álvaro, *Influencias sintácticas y estilísticas del árabe en la prosa medieval castellana*, Madrid, Gredos, [2]1996.
Georges, Karl Ernst, *Ausführliches lateinisch-deutsches Handwörterbuch*, 2 vol., Nachdr. der 8., verbesserten und vermehrten Auflage von Heinrich Georges, Darmstadt, Wissenschaftliche Buchgesellschaft, [11]1962.
Gerhardt, Mia I., *Zoologie médiévale*, in: Albert Zimmermann (ed.), *Methoden in Wissenschaft und Kunst des Mittelalters*, Berlin, de Gruyter, 1970, 231–248.
Gil, José S., *La escuela de traductores de Toledo y los colaboradores judíos*, Toledo, CSIC, 1985.
Glessgen, Martin-Dietrich, *Die Falkenheilkunde des «Moamin» im Spiegel ihrer* volgarizzamenti. *Studien zur Romania Arabica*, 2 vol., Tübingen, Niemeyer, 1996.
– *Die Frage des «Zweiten Falkenbuchs» Friedrichs II. und die lateinische Tradition des «Moamin»*, in: Johannes Fried (ed.): *Wissenskultur und gesellschaftlicher Wandel*, im Druck.
Glick, Thomas F., *Islamic and christian Spain in the Early Middle Ages*, Princeton, Princeton University Press, 1979.
Glunz, Hans H., *Die Literarästhetik des europäischen Mittelalters*, Bochum, Pöppinghaus, 1937.
Gómez Redondo, Fernando, *Historia de la prosa medieval castellana. Tomo I: La creación del discurso prosístico: el entramado cortesano*, Madrid, Cátedra, 1998.
Gómez Sánchez-Romate, María José, *Los castigos y los premios: infierno, purgatorio y paraíso en el «Lucidario»*, in: Carlos Alvar/José Manuel Lucía Megías (edd.), *La literatura en la época de Sancho IV*, Acalá de Henares, Universidad de Alcalá de Henares, 1996, 367–378.
González Palencia, Ángel, *Historia de la España musulmana*, Barcelona, Labor, 1925.
– *Historia de la literatura arábigo-española*, Barcelona, Labor, [2]1945.
Gonzálvez Ruiz, Ramón, *Hombres y libros de Toledo (1086–1300)*, Madrid, Fundación Ramón Areces, 1997.
Grabmann, Martin, *Mittelalterliche lateinische Aristotelesübersetzungen und Aristoteleskommentare in Handschriften spanischer Bibliotheken*, München, Bayerische Akademie der Wissenschaften, 1928.
– *Methoden und Hilfsmittel des Aristotelesstudiums im Mittelalter*, München, Bayerische Akademie der Wissenschaften, 1939.
– *Die Aristoteleskommentare des Heinrich von Brüssel und der Einfluss Alberts des Großen auf die mittelalterliche Aristoteleserklärung*, München, Bayerische Akademie der Wissenschaften, 1944.
– *Mittelalterliches Geistesleben*, 3 vol., München, Hueber, 1926–1956.
Gutas, Dimitri, *Aspects of Literary Form and Genre in Arabic Logical Works*, in: Charles Burnett (ed.), *Glosses and Commentaries on Aristotelian Logical Texts*, London, Warburg Institute, University of London, 1993, 29–76.
Haro, Marta, *Función y contexto del diálogo en el «Lucidario»*, in: Carlos Alvar/José Manuel Lucía Megías (edd.), *La literatura en la época de Sancho IV*, Acalá de Henares, Universidad de Alcalá de Henares, 1996, 379–397.
Harvey, Leonard P., *Los ‹Lucidarios› Españoles. Estudio y edición de Richard Kinkade*, Medium Aevum XXXVIII (1969), 347–350.
Haskins, Charles Homer, *Studies in the History of Medieval Science*, Harvard, Harvard University Press, 1927.

Henkel, Nikolaus, *Studien zum Physiologus im Mittelalter*, Tübingen, Niemeyer, 1976.
Hentschel, Erwin/Wagner, Günther, *Zoologisches Wörterbuch*, Stuttgart, UTB/Fischer, ^{4}1990.
Herrera, Joseph, *Catálogo de algunos autores españoles, que han escrito de veterinaria, de equitación y de agricultura*, Madrid, Imprenta de Joseph Herrera, 1790.
Hertel, Dieter/Untermann, Jürgen (edd.), *Andalusien zwischen Vorgeschichte und Mittelalter*, Köln, Böhlau, 1992.
Hillgarth, Jocelyn N., *The Spanish Kingdoms. 1250–1516*, Oxford, Clarendon Press, 1976.
Hilty, Gerold, *El libro conplido en los iudizios de las estrellas*, Al-Andalus 20 (1955), 1–74.
– *Es posible recuperar la lengua del autor del «Libro de Apolonio» a través de la única copia conservada?*, Vox Romanica 48 (1989), 187–207.
– *La fecha y el autor del «Libro de Alexandre»*, Zeitschrift für romanische Philologie 113 (1997), 563–567.
Hitos Natera, Maria del Pilar, *Índice de manuscritos existentes en la Biblioteca Nacional de Madrid, de interés a la historia de la Farmacia y ciencias afines*, Boletín de la Sociedad Española de Historia de la Farmacia, Año XIX–XX, 74 (1968–1969), 64–67.
Hödl, Ludwig, *Maimonides*, in: Robert Bautier/Robert Auty/Norbert Angermann (edd.), *Lexikon des Mittelalters*, vol. 6, München, Artemis, 1993, 127.
Höffe, Otfried, *Aristoteles*, München, Beck, ^{2}1999.
Holloway, Julia B., *Alfonso el Sabio, Brunetto Latini and Dante Alighieri*, Thought 60 (1985), 468–483.
Hottinger, Arnold, *Kalila und Dimna. Ein Versuch zur Darstellung der arabisch-altspanischen Übersetzungskunst*, Bern, Francke, 1958.
– *Die Mauren: arabische Kultur in Spanien*, München, Fink, 1995.
Hünemörder, Christian, *Die Bedeutung und Arbeitsweise des Thomas von Cantimpré und sein Beitrag zur Naturkunde des Mittelalters*, Medizinhistorisches Journal 3 (1968), 345–357.
– *Aristoteles «Historia animalium». Ziel, Datierung und Struktur*, in: Wolfgang Kullmann/Sabine Föllinger (edd.), *Aristotelische Biologie*, Stuttgart, Steiner, 1997, 397–403.
– *Der Text des Michael Scotus um die Mitte des 13. Jhd. und Thomas Cantimpratensis III*, in: Carlos Steel/Guy Guldentops/Pieter Beullens (edd.), *Aristotle's animals in the Middle Ages and Renaissance*, Leuven, Leuven University Press, 1999, 238–248.
Hunke, Sigrid, *Allahs Sonne über dem Abendland*, Frankfurt am Main, Fischer, 1960.
Ineichen, Gustav, *Arabisch-orientalische Sprachkontakte in der Romania. Ein Beitrag zur Kulturgeschichte des Mittelalters*, Tübingen, Niemeyer, 1997.
Jahn, Ilse (ed.), *Geschichte der Biologie. Theorien, Methoden, Institutionen, Kurzbiographien*, Jena et al., Fischer, ^{3}1998.
Jantsch, Heinz G., *Studien zum Symbolischen in frühmittelalterlicher Literatur*, Tübingen, Niemeyer, 1959.
Jauss, Hans Robert, *Untersuchungen zur mittelalterlichen Tierdichtung*, Tübingen, Niemeyer, 1959.
Jauss, Hans Robert/Ebel, U., *Entstehung und Struktur der allegorischen Dichtung*, in: Hans Robert Jauss (ed.), *Grundriss der romanischen Literaturen des Mittelalters*, vol. 6,1, Heidelberg, Winter, 1968, 147–244.
Jayussi, Salma Khadra (ed.), *The legacy of Muslim Spain*, Leiden, Brill, 1992.
Jourdain, Amable L. M., *Forschungen über Alter und Ursprung der lateinischen Übersetzungen des Aristoteles. Aus dem Französischen übersetzt, ergänzt und berichtigt von Adolf Stahr*, Halle, Verlag der Buchhandlung des Waisenhauses, 1831.
Kasten, Lloyd, *Alfonso el Sabio and the Thirteen-Century Spanish Language*, in: Robert I. Burns (ed.), *Emperor of Culture. Alfonso X the Learned of Castile and his Thirteenth-Century Renaissance*, Philadelphia, University of Pennsylvania Press, 1990, 33–45.

TDMS = Kasten, Lloyd A./Cody, Florian C., *Tentative Dictionary of Medieval Spanish*, New York, Hispanic Seminary of Medieval Studies, ²2001.

Kinkade, Richard P., *Sancho IV: puente literario entre Alfonso el Sabio y Juan Manuel*, Publications of the Modern Language Association 87 (1972), 1039–1051.

Kitchell, Kenneth F./Resnick, Irven M., *Hildegard as a Medieval «Zoologist»: The Animals of the «Physica»*, in: Maud Burnett McInerney (ed.), *Hildegard of Bingen. A Book of Essays*, New York, Garland Publishing, 1998, 25–52.

Köhler, Theodor Wolfram, *Die Wissenschaftstheoretische und inhaltliche Bedeutung der Rezeption von «De animalibus» für den philosophisch-anthropologischen Diskurs im 13. Jahrhundert*, in: Carlos Steel/Guy Guldentops/Pieter Beullens (edd.), *Aristotle's animals in the Middle Ages and Renaissance*, Leuven, Leuven University Press, 1999, 249–274.

Kollesch, Jutta, *Die anatomischen Untersuchungen des Aristoteles und ihr Stellenwert als Forschungsmethode in der aristotelischen Biologie*, in: Wolfgang Kullmann/Sabine Föllinger (ed.), *Aristotelische Biologie*, Stuttgart, Steiner, 1997, 367–373.

Konetzke, Richard, *Probleme der Beziehungen zwischen Islam und Christentum im spanischen Mittelalter*, in: Paul Wilpert (ed.), *Antike und Orient im Mittelalter*, Berlin, de Gruyter, ²1971, 219–240.

Kowallik, Sabine, *Skizze der Geschichte der sephardischen Juden*, in: Sabine Kowallik/Johannes Kramer (edd.), *Romanojudaica*, Gerbrunn, Lehmann, 1993, 11–22.

Krüger, Reinhard, *Das Überleben des Erdkugelmodells in der Spätantike (ca. 60 v. u. Z. – ca. 550). Eine Welt ohne Amerika*, vol. II, Berlin, Weidler, 2000.

– *Das lateinische Mittelalter und die Tradition des antiken Erdkugelmodells (ca. 550 – ca. 1080). Eine Welt ohne Amerika*, vol. III, Berlin, Weidler, 2000.

Kruk, Remke, *Some late medieval zoological texts and their sources*, in: Actas del XII Congreso de la U. E. A. I. (Málaga 1984), Madrid, [s. n.], 1986, 423–429.

– *On animals: Excerpts of Aristotle and Ibn Sīnā in Marwazīs «Ṭabāʾiʿ al-Ḥayawān»*, in: Carlos Steel/Guy Guldentops/Pieter Beullens (edd.), *Aristotle's animals in the Middle Ages and Renaissance*, Leuven, Leuven University Press, 1999, 96–125.

Kullmann, Wolfgang, *Die Teleologie in der aristotelischen Biologie. Aristoteles als Zoologe, Embryologe und Genetiker*, Heidelberg, Winter, 1979.

– *Notwendigkeit in der Natur bei Aristoteles*, in: Jürgen Wiesner (ed.), *Aristoteles – Werk und Wirkung*, vol. 1: *Aristoteles und seine Schule*, Berlin, de Gruyter, 1985, 207–238.

– *Aristoteles und die moderne Wissenschaft*, Stuttgart, Steiner, 1998.

Kullmann, Wolfgang/Föllinger, Sabine, *Aristotelische Biologie. Intentionen, Methoden, Ergebnisse. Akten des Symposiums über Aristoteles' Biologie vom 24.–28. Juli 1995 in Bad Homburg*, Stuttgart, Steiner, 1997.

Kurth, Dan, *Der «Weg der Wahrheit» – thematischer Ursprung und metatheoretische Invarianz in der Geschichte der Naturwissenschaft*, in: Peter Eisenhardt (ed.), *Der Weg der Wahrheit: Aufsätze zur Einheit der Wissenschaftsgeschichte. Festgabe zum 60. Geburtstag von Walter G. Saltzer*, Hildesheim, Olms, 1999, 393–410.

Kurz, Gerhard, *Metapher, Allegorie und Symbol*, Göttingen, Vandenhoeck und Ruprecht, ⁴1997.

A. L.¹ = Lacombe, Georgius, *Aristoteles Latinus, codices descripsit Georgius Lacombe in societatem operis adsumptis A. Birkenmajer, M. Dulong, Aet. Franceschini. Pars prior*, Roma, Libreria dello Stato, 1939.

A. L.² = *Aristoteles Latinus, codices descripsit. Idem, Supplementis indicibusque instruxit L. Minio-Paluello*, Roma, Libreria dello Stato, 1955.

Lane, Edward William, *An Arabic-English lexicon*, London, Williams and Norgate, 1863–1893.

Lapesa, Rafael, *Historia de la lengua española*, Madrid, Gredos, ⁹1988.

Lebsanft, Franz/Glessgen, Martin-Dietrich (edd.), *Historische Semantik in den romanischen Sprachen*, Tübingen, Niemeyer, 2004.

LeGoff, Jacques, *Die Intellektuellen im Mittelalter*, Stuttgart, Klett-Cotta, 1986.
Lehmann, Paul/Stroux, Johannes, *Mittellateinisches Wörterbuch. Bis zum ausgehenden 13. Jahrhundert*, bisher erschienen: 2 vol. [vol. 1 (1967): A–B, vol. 2 (1999): C], München, Beck, 1967–.
López-Baralt, Luce, *Huellas del Islam en la literatura española: de Juan Ruiz a Juan Goytisolo*, Madrid, Hiperión, 1985.
Lloyd, Paul M., *From Latin to Spanish*, vol. I: *Historical Phonology and Morphology of the Spanish Language*, Memoirs of the American Philosophical Society 173, Philadelphia, American Philosophical Society, 1987.
Luff, Robert, *Wissensvermittlung im europäischen Mittelalter*, Tübingen, Niemeyer, 1999.
Magán, Fernando, *El enxienplo del unicornio en el Lucidario de Sancho IV*, in: Carlos Alvar/José Manuel Lucía Megías (edd.), *La literatura en la época de Sancho IV*, Acalá de Henares, Universidad de Acalá de Henares, 1996, 453–468.
Mann, Vivian B./Glick, Thomas F./Dodds, Jerrilynn Denise, *«Convivencia». Jews, Moslems and Christians in the Medieval Spain*, New York, Braziller, 1992.
Mansion, Augustin, *Das Werk des Aristoteles in seiner Entstehung*, in: Paul Moraux (ed.), *Aristoteles in der neueren Forschung*, Darmstadt, Wissenschaftliche Buchgesellschaft, 1968, 1–66.
Maróth, Miklós, *Die Araber und die antike Wissenschaftstheorie*, Leiden, Brill, 1994 [Ungarisches Original von 1943].
Márquez Villanueva, Francisco, *Los «Lucidarios» españoles. Estudio y edición de Richard Kinkade*, Romance Philology XXVI (1972), 483–486.
– *The Alfonsine Cultural Concept*, in: Francisco Márquez Villanueva/Carlos A. Vega (edd.), *Alfonso X of Castile. The learned King (1221–84)*, Harvard studies in Romance languages 43, Harvard, Harvard University Press, 1990, 76–109.
Martínez Arancón, Ana, *Historia de la Filosofía española*, Madrid, Ediciones Libertarias, 1986.
Martínez Gázquez, José, *Traducciones árabo-latinas en Murcia*, Filologia Mediolatina 2 (1995), 249–257.
Mayr, Ernst, *Die Entwicklung der biologischen Gedankenwelt. Vielfalt, Evolution und Vererbung*, Heidelberg, Springer, 1984.
Mayerhöfer, Josef (ed.), *Lexikon der Geschichte der Naturwissenschaften*, 2 vol., Wien, Hollinek, 1959–1971.
McGrath, Alister E., *Naturwissenschaft und Religion*, Freiburg i.Br., Herder, 2001.
Mehrach, Mohamed, *Towards a text-based model for translation evaluation*, Diss. Nijmwegen, 1998.
Meier, Christel, *Überlegungen zum gegenwärtigen Stand der Allegorieforschung*, Frühmittelalterliche Studien 10 (1976), 1–69.
– *Argumentationsformen kritischer Reflexion zwischen Naturwissenschaft und Allegorese*, Frühmittelalterliche Studien 12 (1978), 116–159.
Mendoza, Carlos, *La leyenda de las plantas. Mitos, tradiciones, creencias y teorías relativos a los vegetales*, Barcelona, Alta Fulla, 1889.
Menéndez Pidal, Gonzalo, *Precedentes orientales*, in: Guillermo Díaz-Plaja (ed.), *Historia general de las literaturas hispánicas*, vol. I, Barcelona, Barna, 1949, 277–287.
– *Cómo trabajaron las escuelas alfonsíes*, Nueva Revista de Filología Hispánica V-4 (1951), 363–380.
Menéndez Pidal, Ramón, *Manual de gramática histórica española*, Madrid, Clásica española, ^{5}1925.
– *Alfonso X el Sabio. La prosa romance primitiva en España*, in: Guillermo Díaz-Plaja (ed.), *Historia general de las literaturas hispánicas*, vol. I, Barcelona, Barna, 1949, 425–449.
– *España y la introducción de la ciencia árabe en Occidente*, in: id., *España, eslabón entre la cristianidad y el Islam*, Madrid, Espasa-Calpe, 1956, 33–60.

Metzeltin, Michael, *Los «Lucidarios» españoles. Estudio y edición de Richard P. Kinkade*, Vox Romanica 31 (1972), 191–196.
Millas Vallicrosa, José M., *El literalismo de los traductores de la corte de Alfonso el Sabio*, Al-Andalus 1 (1933), 155–187.
– *Las traducciones orientales en los manuscritos de la Biblioteca Catedral de Toledo*, Madrid/Barcelona, Casa Provincial de Caridad, 1942.
– *Nuevas aportaciones para el estudio de la transmisión de la ciencia a Europa a través de España*, Barcelona, Casa Provincial de Caridad, 1943.
– *Estudios sobre historia de la ciencia española*, 2 vol., Barcelona, CSIC, 1949.
– *Nuevos estudios sobre historia de la ciencia española*, Barcelona, Casa Provincial de Caridad, 1960.
Minnis, Alistair J., *Late-Medieval discussion of «compilatio» and the role of the «compilator»*, Beiträge zur Geschichte der deutschen Sprache und Literatur 101 (1979), 385–421.
Mitre Fernández, Emilio, *Cristianos, musulmanes y hebreos: la difícil convivencia de la España*, Madrid, Anaya, 1988.
Moldenhauer, Gerhard, *Zur Geschichte der Tiererzählung in der mittelalterlichen spanischen Literatur*, Voretzsch Festschrift, Halle, Niemeyer, 1927, 480–513.
Moraux, Paul, *Aristoteles Graecus. Die griechischen Manuskripte des Aristoteles*, vol. 1: *Alexandrien*, Berlin, de Gruyter, 1976.
Müller, Bodo, *Diccionario del español medieval*, bisher erschienen: 2 vol. und 2 fasc. [vol. 1 (1994): *a – ademas*; vol. 2 (1995): *ademas – albañal*; vol. 3, fasc. 21 (2001): *albañal – albudeca*; vol. 3, fasc. 22 (2002): *albufera – alrededores*], Heidelberg, Winter, 1994–.
Nabielek, Rainer, *Biologische Kenntnisse und Überlieferungen im Mittelalter (4.–15. Jahrhundert)*, in: Ilse Jahn, *Geschichte der Biologie*, Jena et al., Fischer, ^{3}1998, 88–160.
Nachbin, J., *Noticias sobre el «Lucidario» español y problemas relacionados con su estudio*, Revista de Filología Española XXII (1935), 225–273, XXIII (1936), 1–44, 143–182.
Navarro Peiro, Ángeles, *¿Qué importancia tuvo la producción literaria de los judíos en al-Andalus y en la España cristiana?*, in: Ángel Sáenz-Badillos (ed.), *Judíos entre árabes y cristianos*, Córdoba, El Almendro, 2000, 53–72.
Newald, Richard, *Nachleben des antiken Geistes im Abendland bis zum Beginn des Humanismus*, Tübingen, Niemeyer, 1960.
Neumann-Holzschuh, Ingrid, *Die Satzgliedanordnung im Spanischen. Eine diachrone Analyse*, Tübingen, Niemeyer, 1997.
Neuschäfer, Hans-Jörg, *Spanische Literaturgeschichte*, Stuttgart, Metzler, 1997.
Niederehe, Hans-Josef, *Die Sprachauffassung Alfons des Weisen*, Tübingen, Niemeyer, 1975.
Niermeyer, Jan Frederik, *Mediae latinitatis lexicon minus*, Leiden, Brill, 1976.
Ohly, Friedrich, *Vom geistigen Sinn des Wortes im Mittelalter*, Darmstadt, Wissenschaftliche Buchgesellschaft, 1966.
Oppenraaij, Aafke M. I. van, *Michael Scot's arabic-latin translation of Aristotele's Books on animals*, in: Carlos Steel/Guy Guldentops/Pieter Beullens (edd.), *Aristotele's animals in the Middle Ages and Renaissance*, Leuven, Leuven University Press, 1999, 31–43.
Oppenraaij, Aafke M. I. van/Schoonheim, P. L., *Bibliography of the works of Hendrik J. Drossaart Lulofs*, in: Gerhard Endress/Remke Kruk (ed.), *The ancient tradition in Christian and Islamic Hellenism*, Leiden, CNWS Publications, 1977, 11–15.
Palau Claveras, Agustín, *Bibliografía hispánica de veterinaria y equitación anteriores a 1901*, Madrid, Universidad Complutense, 1973.
Pape, Wilhelm, *Griechisch-deutsches Handwörterbuch*, 2 vol., [Braunschweig, ^{3}1914], (Nachdruck: Graz, Akademische Druck- und Verlagsanstalt, 1954).

Pellat, Charles, *Ḥayawān, Absatz 7, Zoology among the Muslims*, in: Clifford Edmund Bosworth (ed.), *The Encyclopaedia of Islam*, 12 vol., Leiden, Brill, 1960–2004 [1971], vol. 3, 311–313.
– *Maskh*, in: Clifford Edmund Bosworth (ed.), *The Encyclopaedia of Islam*, 12 vol., Leiden, Brill, 1960–2004 [1991], vol. 6, 736–738.
Pelzer, Auguste, *Un traducteur inconnu: Pierre Gallego, franciscain et premier évêque de Carthagène*, Miscellanea Franz Ehrle I, Roma, 1924, 407–456.
Peters, Francis E., *Aristoteles Arabus. The oriental translations and commentaries on the aristotelian corpus*, Leiden, Brill, 1968a.
– *Aristotle and the Arabs: The Aristotelian Tradition in Islam*, New York, New York University Press, 1968b.
Pharies, David, *Diccionario etimológico de los sufijos españoles y de otros elementos finales*, Biblioteca Románica Hispánica, Madrid, Gredos, 2002.
Piltz, Anders, *The world of medieval learning*, Oxford, Blackwell, 1981.
Randall, John Herman, *Die Bedeutung der Naturphilosophie des Aristoteles*, in: Gustav A. Seeck (ed.), *Die Naturphilosophie des Aristoteles*, Darmstadt, Wissenschaftliche Buchgesellschaft, 1975, 235–242.
Rashdall, Hastings, *The Universities of Europe in the Middle Ages*, Oxford, Clarendon, 1936.
DiccAut = Real Academia Española, *Diccionario de la lengua castellana, en que se explica el verdadero sentido de las voces, su naturaleza y calidad, con las phrases o modos de hablar, los proverbios o refranes, y otras cosas convenientes al uso de la lengua. [Diccionario de Autoridades]*. Dedicado al Rey nuestro Señor Don Phelipe V. (que Dios guarde) a cuyas reales expensas se hace esta obra. Compuesto por la Real Academia Española, 6 vol. [I (1726): A–B; II (1729): C; III (1732): D–F; IV (1734): G–N; V (1737): O–R; VI (1739): S–Z; Madrid, Imprenta de Francisco del Hierro, Impresor de la Real Academia Española], Facsimile, Madrid, Gredos, 1964.
RAE = Real Academia Española, *Diccionario de la lengua española*, 2 vol., Madrid, Espasa-Calpe, ^{21}1992.
CORDE = Real Academia Española, *Banco de datos (CORDE). Corpus diacrónico del español.* http://www.rae.es
Regenbogen, Otto, *Bemerkungen zur «Historia animalium»*, in: Gustav A. Seeck (ed.), *Die Naturphilosophie des Aristoteles*, Darmstadt, Wissenschaftliche Buchgesellschaft, 1975, 107–114.
Ribera y Tarrago, Juan, *Biblioteca y Bibliófilos en la España musulmana*, in: *Disertaciones y opúsculos*, vol. I: *Literatura, historia y cultura árabe*, Madrid, Estanislao Maestre, 1928, 181–228.
Richthofen, Erich von, *La metamorfosis de la épica medieval*, Madrid, Fundación Universitaria Española, 1989.
Riesco Terrero, Ángel, *Diccionario de abreviaturas hispanas de los siglos XIII al XVIII*, Salamanca, Varona, 1983.
Riu Riu, Manuel, *Manual de la Historia de España*, vol. II: *Edad Media (711–1500)*, Madrid, Espasa-Calpe, 1989.
Rocamora, J. M., *Catálogo abreviado de los manuscritos de la biblioteca del Excmo. Señor Duque de Osuna e Infantado*, Madrid, Fortanet, 1882, 8.
Roth, Norman, *Jewish Translaters at the Court of Alfonso X*, Thought 60 (1985), 439–455.
– *Jewish Collaborators in Alfonso's Scientific Work*, in: Robert I. Burns (ed.), *Emperor of Culture. Alfonso X the Learned of Castile and his Thirteenth-Century Renaissance*, Philadelphia, University of Pennsylvania Press, 1990, 59–71.
Rudberg, Gunnar, *Die Tiergeschichte des Michael Scotus*, Eranos 9 (1909), 92–128.
Ruh, Kurt/Wachinger, Burghart/Keil, Gundolf (edd.), *Die deutsche Literatur des Mittelalters: Verfasserlexikon. Begründet von Wolfgang Stammler, fortgeführt von Karl Langosch*, 11 vol., Berlin, New York, Walter de Gruyter, ^{2}1978–2004.

Sáenz-Badillos, Ángel (ed.), *Judíos entre árabes y cristianos*, Córdoba, El Almendro, 2000.
Salinas Espinosa, Concepcíon, *La clasificación y selección de las ciencias en el «Libro del tesoro» de Brunetto Latini*, in: Carlos Alvar/José Manuel Lucía Megías (edd.), *La literatura en la época de Sancho IV*, Alcalá de Henares, Universidad de Alcalá de Henares, 1996, 501–510.
Sánchez-Albornoz, Claudio, *El Islam de España y el Occidente*, Madrid, Espasa-Calpe, 1974a.
– *De la invasión islámica al estado continental*, Sevilla, Servicio de Publicaciones de la Universidad de Sevilla, 1974b.
– *De la Andalucía islámica a la de hoy*, Madrid, Rialp, 1983.
Sarton, George, *A guide to the history of science*, Waltham (Massachussets), Chronica Botanica, 1952.
– *A History of Science*, vol. I: *Ancient Science through the Golden Age of Grece*, Cambridge, Havard University Press, 1952.
Schiff, Mario, *La Bibliothèque du Marquis de Santillane*, Paris, Bouillon, ²1905.
Schipperges, Heinrich, *Handschriftenstudien in spanischen Bibliotheken zum Arabismus des lateinischen Mittelalters*, Sudhoffs Archiv 52 (1968/1969), 3–29.
Schubert, Rudolph/Wagner, Günther, *Botanisches Wörterbuch*, Stuttgart, UTB/Ulmer, ¹⁰1991.
Seeck, Gustav Adolf (ed.), *Die Naturphilosophie des Aristoteles*, Wege der Forschung CCXXV, Darmstadt, Wissenschaftliche Buchgesellschaft, 1975.
Sezgin, Fuat, *Geschichte des arabischen Schrifttums*, vol. 3: *Medizin – Pharmazie – Zoologie – Tierheilkunde*, Leiden, Brill, 1970.
Simek, Rudolph, *Erde und Kosmos im Mittelalter*, München, Beck, 1992.
Simon Diaz, José, *Bibliografía de la literatura hispánica*, Madrid, CSIC, 1963.
Slaby, Rudolf/Grossmann, Rudolf, *Wörterbuch der spanischen und deutschen Sprache*, 2 vol., Leipzig, Tauchnitz, 1932 (Spanisch-Deutsch), ²1941 (Deutsch-Spanisch).
Sonderegger, Erwin, *Aristoteles. Ein Porträt*, in: Michael Erler/Andreas Graeser (edd.), *Philosophen des Altertums von der Frühzeit bis zur Klassik*, Darmstadt, Wissenschaftliche Buchgesellschaft, 2000, 163–181.
Speer, Andreas, *Die entdeckte Natur: Untersuchungen zu Begründungsversuchen einer «scientia naturalis» im 12. Jahrhundert*, Leiden, Brill, 1995.
Steel, Carlos/Guldentops, Guy/Beullens, Pieter (edd.), *Aristotle's animals in the Middle Ages and Renaissance*, Leuven, Leuven University Press, 1999.
Steinschneider, Moritz, *Die arabischen Übersetzungen aus dem Griechischen (Einleitung)*, in: *Beiheft V zum Centralblatt für Bibliothekswesen*, [Leipzig, 1889, 51–82], Nachdruck, Graz, Akademische Druck- und Verlagsanstalt, 1960.
– *Die arabischen Übersetzungen aus dem Griechischen*, in: *12. Beiheft zum Centralblatt für Bibliothekswesen*, [Leipzig, 1893, 127–240], Nachdruck: Graz, Akademische Druck- und Verlagsanstalt, 1960.
– *Die europäischen Übersetzungen aus dem Arabischen bis Mitte des 17. Jahrhundert*, in: *Sitzungsberichte der Kaiserlichen Akademie der Wissenschaften in Wien (1904/1905)*, Wien, 1904 (Fotografischer Nachdruck: Graz, Akademische Druck- und Verlagsanstalt, 1956).
– *Die hebräischen Übersetzungen des Mittelalters und die Juden als Dolmetscher*, Berlin, 1893 (unveränderter Abdruck: Graz, Akademische Druck- und Verlagsanstalt, 1956).
Störig, Hans Joachim, *Kleine Weltgeschichte der Wissenschaft*, Stuttgart, Kohlhammer, 1965.
Stolze, Radegundis, *Übersetzungstheorien. Eine Einführung*, Tübingen, Narr, ²1997.
Strunz, Franz, *Albertus Magnus. Weisheit und Naturforschung im Mittelalter*, Leipzig, König, 1926.

Sturlese, Loris, *Philosophie im deutschen Lucidarius?*, Beiträge zur Geschichte der deutschen Sprache und Literatur 114 (1992), 249–277.

Tedeschi, Mario, *Polémica y convivencia de las tres religiones*, Madrid, Mapfre, 1992.

Terés, Elias, *'Abbās b. Firnās*, Al-Andalus 25 (1960), 239–249.

Thorndike, Lynn, *A History of Magic and Experimental Science*, 8 Bände, vol. 1 und 2 London, Macmillan, 1923, vol. 3–8 New York, Columbia University Press, 1934–1958.

Timm, Albrecht, *Einführung in die Wissenschaftsgeschichte*, München, Fink, 1973.

Torres Fontes, Juan, *La cultura murciana en el reinado de Alfonso X*, Murgetana 14 (1960), 57–89.

Türk, Monika, *«La theologia es saber que fabla de Dios e de los angeles» – Die Rezeption des Elucidarium in Spanien*, in: Ernstpeter Ruhe (ed.), *Elucidarium und Lucidaires. Zur Rezeption des Werks von Honorius Augustodunensis in der Romania und in England*, Wiesbaden, Reichert, 1993, 75–147.

Ullmann, Manfred, *Die Medizin im Islam*, Leiden, Brill, 1970.

– *Die Natur- und Geheimwissenschaften im Islam*, Leiden, Brill, 1972.

Valls i Subirà, Oriol, *La historia del papel en España, siglos XV–XVI*, 3 vol., Madrid, Empresa Nacional de Celulosas, 1980.

Vázquez de Benito, Concepción/Herrera, Maria Teresa, *Los arabismos de los textos médicos latinos y castellanos de la Edad Media y de la Modernidad*, Madrid, CSIC, 1989.

Vernet, Juan, *Historia de la ciencia española*, Madrid, Instituto de España Cátedra «Alfonso X el Sabio», 1975.

– *La cultura hispanoárabe en Oriente y Occidente*, Barcelona, Ariel, 1978.

– *Historia de la ciencia árabe*, Madrid, Real Academia de Ciencias Exactas, Físicas y Naturales, 1981.

– *De ʿAbd Al-Rahman I a Isabel II. Estudios sobre la historia de la ciencia y de la cultura española ofrecida al autor por sus discipulos con ocasión de su LXV aniversario*, Barcelona, Promociones y Publ. Univ., 1989.

– *Lo que Europa debe al Islam de España*, Barcelona, El Acantilado, 1999.

Vicens Vives, Jaime, *Atlas de historia de España*, Barcelona, Teide, ^{5}1965.

Viguera Molíns, Maria J., *Sobre la historia de los judíos en Al-Andalus*, in: Ángel Sáenz-Badillos (ed.), *Judíos entre árabes y cristianos*, Córdoba, El Almendro, 2000, 31–51.

Viña Liste, José Maria (ed.), *Cronología de la literatura española, tomo I: Edad Media*, Madrid, Cátedra, 1991.

Vones, Ludwig, *Geschichte der Iberischen Halbinsel im Mittelalter (711–1480)*, Sigmaringen, Thorbecke, 1993.

Walde, Alois, *Lateinisch-etymologisches Wörterbuch*, 3 vol., Heidelberg, Winter, ^{3}1938–1956.

Walzer, Richard, *New light on the Arabic Translation of Aristotle*, Oriens 6 (1953), 91–142.

Wartelle, André, *Inventaire des manuscripts grecs d'Aristote et de ses commentateurs*, Paris, Les Belles Lettres, 1963.

Watt, W. Montgomery, *Historia de la España islámica*, Madrid, Alianza Editorial, 1970.

Wehr, Hans, *Arabisches Wörterbuch für die Schriftsprache der Gegenwart*, Arabisch-Deutsch, Wiesbaden, Harrassowitz, ^{5}1985.

Weiss, Burghard, *Wie finde ich Informationen zur Geschichte der Naturwissenschaften und Technik*, Berlin, Spitz, ^{2}1990.

Wenrich, Joannes Georgius, *De auctorum graecorum versionibus et commentariis syriacis arabicis armeniacis persicisque*, Lipsiae, Vogel, 1842.

Wiedemann, Eilhard, *Aufsätze zur arabischen Wissenschaftsgeschichte*, 2 vol., Hildesheim, Olms, 1970.

Wilson, Edward O., *Der Wert der Vielfalt. Die Bedrohung des Artenreichtums und das Überleben des Menschen*, München, Piper, 1995.
– *Die Einheit des Wissens*, Berlin, Siedler, 1998.
Wingate, Sybil D., *The medieval latin versions of the Aristotelian scientific corpus, with special references to biological work*, London, 1931 (Nachdruck: Dubuque/Iowa, Brown, 1962).
Wolf, Norbert, *Wissensorganisierende und wissensvermittelnde Literatur im Mittelalter*, Wiesbaden, Reichert, 1987.
Wright, William, *A grammar of Arabic Language*, Cambridge, University Press, ^{3}1977.
Wüstenfeld, Ferdinand, *Geschichte der arabischen Ärzte und Naturforscher*, Göttingen, Vandenhoeck und Ruprecht, 1840.
– *Die Übersetzungen arabischer Werke in das Lateinische seit dem XI. Jahrhundert*, Abhandlungen der königlichen Gesellschaft der Wissenschaften zu Göttingen, Historisch-philologische Classe XXII.2 vom Jahre 1877, Göttingen, Dieterich'sche Verlags-Buchhandlung, 1877.
Wußing, Hans, *Geschichte der Naturwissenschaften*, Köln, Deubner, 1983.
Zamora Vicente, Alonso, *Diccionario histórico de la lengua española de la Real Academia española*, bisher erschienen: 2 vol. und 3 fasc. [vol. 1 (1972): *A – Alá*; vol. 2 (1992): *álaba – antígrafo*; vol. 3, fasc. 1 (1993): *antigramatical – aonio*; vol. 3, fasc. 2 (1996): *aonio – apasanca*; vol. 4, fasc. 1 (1996): *b – bajoca*], Madrid, RAE, 1972–.
Zarco Cuevas, Julián, *Catálogo de los manuscritos castellanos de la Real Biblioteca de El Escorial*, 3 vol., Madrid/San Lorenzo de El Escorial, Imprenta Helénica/Imp. del Real Monasterio, 1924–1929.
Zimmermann, Albert, *Aristotelisches Erbe im arabisch-lateinischen Mittelalter*, Berlin, de Gruyter, 1986.
– (ed.), *Mensch und Natur im Mittelalter*, 2 vol., Berlin, de Gruyter, 1991/92.
Zöckler, Otto, *Geschichte der Beziehung zwischen Theologie und Naturwissenschaft, mit besondrer Rücksicht auf Schöpfungsgeschichte*, 2 vol., Gütersloh, Bertelsmann, 1887/1889.

Register

Personenregister

Sach- und Ortsnamenregister

Bei Fragen zur Produktsicherheit wenden Sie sich bitte an:
If you have any questions regarding product safety,
please contact:

Walter de Gruyter GmbH
Genthiner Straße 13
10785 Berlin
productsafety@degruyterbrill.com